U0184476

地基动力特性测试指南

Guide for Measurement Method of Dynamic Properties of Subsoil

郑建国　徐　建　主编

中国建筑工业出版社

图书在版编目（CIP）数据

地基动力特性测试指南 = Guide for Measurement Method of Dynamic Properties of Subsoil / 郑建国，徐建主编. — 北京：中国建筑工业出版社，2022.11

ISBN 978-7-112-28083-4

Ⅰ.①地… Ⅱ.①郑… ②徐… Ⅲ.①地基一动力特性一测试技术一指南 Ⅳ.①TU47-62

中国版本图书馆 CIP 数据核字(2022)第 200415 号

本书是根据国家标准《地基动力特性测试规范》GB/T 50269—2015 的修订原则和相关规定，组织标准主要起草人员编写而成的。本书在编写过程中，系统总结了国内外近年来在地基动力特性测试领域的最新研究成果和工程实践，主要内容包括概述、激振与测振、模型基础动力参数测试、振动衰减测试、地脉动测试、波速测试、循环荷载板测试、振动三轴测试、共振柱测试、空心圆柱动扭剪测试。本书注重对《地基动力特性测试规范》应用中主要问题的阐述，紧密结合工程实际。本书不仅是现行国家标准《地基动力特性测试规范》应用的指导教材，也是从事地基动力特性测试技术人员的重要参考书。

本书可供从事地基动力特性测试或应用测试成果的科研、勘察、设计、施工、检测及产品开发人员使用。

责任编辑：刘瑞霞　梁瀛元　咸大庆
责任校对：孙　莹

地基动力特性测试指南
Guide for Measurement Method of Dynamic Properties of Subsoil
郑建国　徐　建　主编
*
中国建筑工业出版社出版、发行（北京海淀三里河路 9 号）
各地新华书店、建筑书店经销
北京红光制版公司制版
天津翔远印刷有限公司印刷
*
开本：787 毫米×1092 毫米　1/16　印张：17　字数：423 千字
2023 年 2 月第一版　　2023 年 2 月第一次印刷
定价：**79.00** 元
ISBN 978-7-112-28083-4
(40121)

本书编委会

主　编：郑建国　徐　建
编　委：钱春宇　刘金光　韩　煊　王建刚　陈龙珠　蔡袁强
徐　辉　胡明祎　郭　林　张　凯

本书编写分工

第一章：概述
徐　建　郑建国　胡明祎
第二章：激振与测振
徐　建　钱春宇
第三章：模型基础动力参数测试
刘金光　钱春宇
第四章：振动衰减测试
王建刚　张　凯
第五章：地脉动测试
郑建国　钱春宇
第六章：波速测试
韩　煊　蔡袁强
第七章：循环荷载板测试
钱春宇　张　凯
第八章：振动三轴测试
陈龙珠
第九章：共振柱测试
陈龙珠
第十章：空心圆柱动扭剪测试
蔡袁强　郭　林

前　言

地基动力特性是指地基土在各种动力荷载作用下表现出的工程性质。土体在动力荷载作用下的特性远比其在静力荷载作用下的特性复杂，通过地基动力特性测试获得土体在动力荷载作用下的反应和动力参数，既可为建（构）筑物抗震分析和动力机器基础设计提供依据，还可评价地基土的类别、检测地基土的加固效果等。

近年来，由于我国工业建设的需要，并随着科技、计算机技术和新的测试技术的发展，地基动力理论日益完善，浩繁的计算工作得以简化，地基动力特性测试为新的理论和设计方法提供合理的岩土体参数，为精确计算动力响应提供了有利条件，并为工程安全提出科学的依据。它既是应用科学，又是工程技术。本书涉及的内容较广，有较新的测试手段和研究成果，也有结合岩土工程的应用，目的是为从事该领域的专业技术人员提供系统的、全面的测试方法介绍，用以指导实际工作。

本书主要内容包括：概述、激振与测振、模型基础动力参数测试、振动衰减测试、地脉动测试、波速测试、循环荷载板测试、振动三轴测试、共振柱测试、空心圆柱动扭剪测试。

在本书编写过程中，得到了中国建筑工业出版社的大力支持，并参考了一些学者的著作和论文，在此深表感谢。

书中不妥之处，请批评指正。

全国工程勘察设计大师
机械工业勘察设计研究院有限公司总工程师　郑建国

中国工程院院士
中国机械工业集团有限公司首席科学家　徐　建

2022年6月

目　录

第一章　概　　述

第一节　地基动力特性参数及其影响因素

土动力学是土力学的一个分支，它是研究动荷载作用下土的变形和强度特性以及土体稳定性的一门学科，是土力学、结构力学、地震工程学以及土工抗震学等结合的产物。它研究的对象不仅包括性质复杂的岩土介质，还包括了各种特性的动力荷载，涉及领域广泛。土动力学早期研究动力机器作用和地震作用，后来研究海洋风浪、交通运输和施工振动等动力作用，都是从工程的实际需要出发，具有很强的针对性。

土在动力荷载作用下的特性与其在静力荷载作用下的特性有明显的区别，且更为复杂，其影响因素除了与静力性质相同的因素（如土的粒径、孔隙比、含水率、侧限压力等）外，还有载荷时间（在土中形成一定的应力或应变所需要的时间）、重复（或周期）效应和应变幅值等因素。研究土的动力特性，必须区别两种不同应变幅值的情况（表 1-1-1），在小应变幅（$<10^{-4}$）情况下，主要是研究土的刚度系数、弹性模量、剪切模量和阻尼，为建筑物地基、动力机器基础和土工构筑物的动态反应分析提供必要的计算参数；而在大应变幅（$>10^{-4}$）情况下，则主要研究土的动变形（振动压密或振陷）和动强度（振动液化是特殊条件下的动强度问题）。在动力机器基础等的动态反应分析中，不论把土看作什么样的介质、采用什么样的计算模式，都要首先确定土的动力特性参数，而计算方法无论如何严密，都不会高于土的动力特性参数的测定精度。可见正确测定土的动力特性参数是非常重要的。

土的动力性质随应变幅值的变化　　　　**表 1-1-1**

<table>
<tr><td colspan="2">应变大小</td><td>10^{-6}</td><td>10^{-5}</td><td>10^{-4}</td><td>10^{-3}</td><td>10^{-2}</td><td>10^{-1}</td></tr>
<tr><td colspan="2">现象</td><td colspan="2">波动、振动</td><td colspan="2">开裂、不均匀下沉</td><td colspan="2">压实、滑动、液化</td></tr>
<tr><td colspan="2">力学特性</td><td colspan="2">弹性</td><td colspan="2">弹塑性</td><td colspan="2">破坏</td></tr>
<tr><td colspan="2">动力特性参数</td><td colspan="4">弹性（或剪切）模量、泊松比、阻尼系数</td><td colspan="2">内摩擦角、黏聚力</td></tr>
<tr><td rowspan="3">原位测定</td><td>波速法</td><td colspan="6"></td></tr>
<tr><td>模型基础试验</td><td colspan="6"></td></tr>
<tr><td>循环载荷板试验</td><td colspan="6"></td></tr>
<tr><td rowspan="3">室内测定</td><td>弯曲元法</td><td colspan="6"></td></tr>
<tr><td>共振柱法</td><td colspan="6"></td></tr>
<tr><td>动三轴、动扭剪</td><td colspan="6"></td></tr>
</table>

注：由表中可以看出，当应变在 $10^{-6}\sim10^{-4}$ 范围内时，土的特性属于弹性性质，一般由火车、汽车行驶以及机器基础等产生的振动都属于这种程度的振动。当应变在 $10^{-4}\sim10^{-2}$ 范围内时，土表现为弹塑性性质，打桩所产生的振动属于这种情况。应变超过 10^{-2} 时，土将破坏或产生液化、压密等现象。

室内和现场测试技术方法各有优势和缺点，各有其适应范围，特别是由于地基土结构性的影响，有时单纯采用室内测试或现场测试不能有效地达到研究目的，因而建议根据工程实际需求，以室内和现场联合测试为最优方法。

影响动力机器基础振动计算最关键的动力参数为地基刚度系数、地基惯性作用和阻尼比。基础振动对周围建筑物、精密设备、仪器仪表和环境等影响的动力特性有土的动沉陷和振动在地基中传播的性能，弹性波在传播过程中，由于土体的非弹性阻抗作用及振动能量的扩散，其振动强度随着离振源距离的增加（包括水平距离和深度）而减弱，这种性能对基础振动影响周围建筑物、设备、仪器、环境等的计算非常重要。波速是场地土的类型划分和场地土层的地震反应分析的重要参数。土的动剪切模量、动弹性模量、动强度等在水利水电工程中的应用则更为广泛，这些动力参数的选取是否符合现场地基的实际情况，是振动计算与实际是否相符的关键，因此，在动力机器基础、高层建筑及重要厂房等工程设计前，应通过试验确定地基刚度系数、阻尼比、参振质量、地基能量吸收系数、场地的卓越周期、卓越频率等地基动力参数。

一、地基刚度

刚性基础置于弹性半空间的振动，其振动体系可归纳为四种主要振动类型，即：竖向、水平、水平轴回转、竖轴扭转振动。为了能用简单的数学形式运算，以表达基础的振动响应，一般假定刚性基础支承在弹簧上，因而对于弹簧刚度的取值，就成为计算基础振动的主要问题。静载试验所得到的压力-沉降曲线（p-s 曲线）如图 1-1-1 所示。

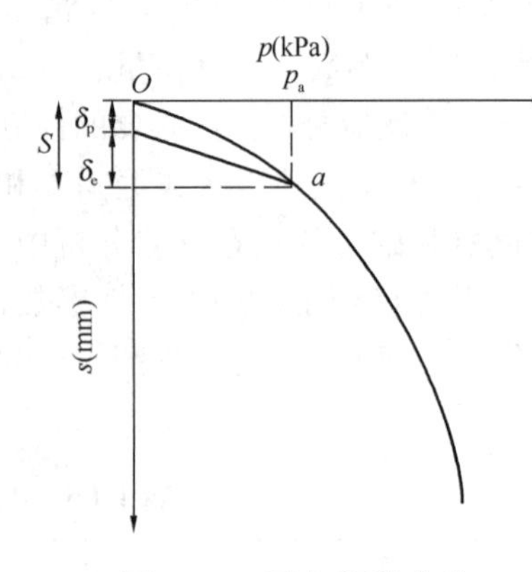

图 1-1-1　压力-沉降曲线

当荷载较小时（在比例极限以内），压力与沉降基本上呈线性关系，如图中 $\overline{oa}$ 线段，但由 a 点卸荷到零，p-s 曲线不能回到原点，这是因为土不是完全弹性体。土的变形由两部分组成：①不可恢复的塑性变形 δ_p；②可恢复的弹性变形 δ_e 。

在直线变形阶段以内，若取单元体的压应力为 σ ，相应于无侧限条件下的总应变为 ε_0 ，两者之比称为土的变形模量 E_0 ，可按下式计算：

$$E_0 = \frac{\sigma}{\varepsilon_0} \tag{1-1-1}$$

而弹性模量为：

$$E = \frac{\sigma}{\varepsilon_e} \tag{1-1-2}$$

式中　ε_e ——弹性应变。

一般土的弹性模量要比变形模量大十几倍。

下面用一个半无限土体上反复加、卸荷试验的实例来说明如何从总变形中分出弹性变形，并引出地基刚度的概念。

底面积为 1.40m^{2}的刚性荷载板，放置在黄土地基上，通过油压千斤顶反复加、卸荷。第一次加荷到 $p=34$kPa，然后卸荷到零。此后按 $\Delta p=17$kPa 的荷载增量遂级加荷、卸荷，最后得到如图 1-1-2 所示的 p-s 滞回曲线。

根据滞回曲线中每一级荷载的最大值和它所对应的弹性变形，可得 p-δ_e 曲线（图 1-1-3）。从该曲线可以看出 p 与 δ_e 成正比的线性关系：

$$p = C \cdot \delta_e \tag{1-1-3}$$

式中 p——荷载板单位面积上的压力；

δ_e——地基土弹性变形；

C——比例系数，与土的性质、荷载面积等因素有关。

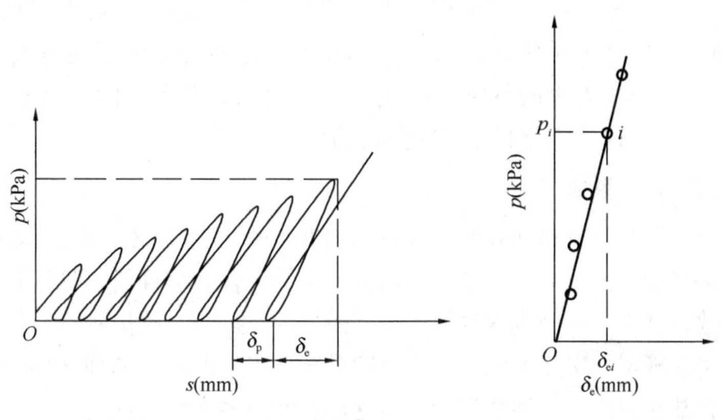

图 1-1-2 p-s 滞回曲线　　图 1-1-3 p-δ_e 曲线

试验表明：在比例极限以内反复加、卸荷可以得到压力 p 与弹性变形 δ_e 之间的直线正比关系，使用多年的铁路路基就是一例。

多数机器基础的底板具有较大的刚度、基底压力分布不均匀，在工程中为计算方便、一般假定为均匀分布。中心受压时，总压力 P 与基础弹性变形 δ_e 之间呈线性关系为：

$$P = \int_A p \, \mathrm{d}A = C \cdot A\delta_e \tag{1-1-4}$$

则

$$C \cdot A = \frac{P}{\delta_e}$$

令

$$K = C \cdot A$$

于是

$$K = \frac{P}{\delta_e} \tag{1-1-5}$$

式中 K 称为地基刚度，它的物理意义是：在一定受荷面积 A 下，基础产生单位竖向位移所需要的总荷载。K 值的大小反映了地基的刚度，它与受荷面积 A 和比例系数 C 有关。C 值的物理意义是：在单位受荷面积下，基础产生单位竖向位移所需的荷载，称“地基刚度系数”。

动力作用下的地基刚度，大致具有如下特性：

（1）地基刚度与外力作用的时间有关。作用的时间越短（即作用的速度越快），地基强度、弹性模量也越高，相应的地基刚度也越大，但是当考虑到动力作用的强度和往复次数，即考虑到疲劳时情况就发生变化。

（2）地基刚度与土的性质有关。土质越好，刚度也越大，但土并非理想的弹性体，而黏性土与砂类土又不同，例如黏土地基，其压缩性比密砂类土高 5～6 倍，因此，其弹性性质比砂类土要高很多。例如，静态承载能力相同的黏土和砂土，其动态地基刚度是不相同的，一般黏土比砂土高很多。而同性质的黏土，即使是静态承载力相同，当其状态不同时（如可塑或软塑——同时孔隙比也不同时），地基刚度也是有差别的。

（3）地基刚度与基础底面积及形状有关。底面积越小，则刚度越大；反之，底面积越大，刚度越小。但是，当基础底面大于 $5m^2$ 时，地基刚度随底面积变化的程度比基础底面小于 $5m^2$ 的变化要小一些。相同底面积的矩形基础，以正方形底面的刚度为最小。

（4）地基刚度与振动体系中作用力的大小有关。在砂类土中作用力大的，地基刚度也大，但在砂类土中，作用力大时的地基刚度，相对地比黏性土中的地基刚度值要小些。不过当基底面积较大时，这些因素的影响就相对地减小。

二、地基土的刚度系数

地基土的刚度系数是指地基单位弹性位移（转角）所需的力（力矩），即单位面积上的地基刚度。该系数是基础底面以下影响范围内所有土层的综合性物理量，是计算动力机器基础动力反应重要的参数，其中以抗压刚度系数为主，而抗弯、抗剪、抗扭刚度系数一般根据与抗压刚度系数之间的关系确定。实践证明，抗压刚度系数不仅与地基土的弹性性能有关，还与基础形状、基底面积、基底静压力、埋置深度、振动加速度等多种因素有关。

1. 地基抗压刚度系数 C_z

块体（即基础）在竖向力 P_z 作用下（无偏心）只产生竖向变位，假定压力在比例极限以内，且均匀分布（图 1-1-4），则有：

$$P_z = C_z \delta_e$$

于是

$$C_z = \frac{p_z}{\delta_e} \tag{1-1-6}$$

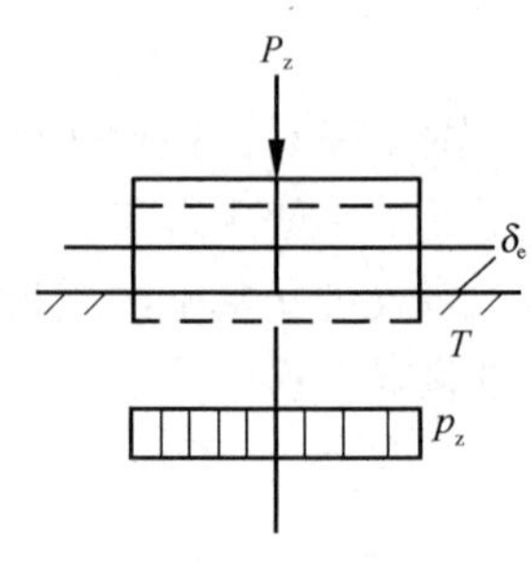

图 1-1-4　竖向变位

式中　p_z ——基底压力（kN/m^2）；

δ_e ——基础竖向弹性变位（m）；

C_z ——地基抗压刚度系数（kN/m^3）。

对整个基底面积积分可得：

$$P_z = \int_A p_z \mathrm{d}A = \int_A C_z \delta_e \mathrm{d}A = C_z A \delta_e = K_z \delta_e$$

则

$$K_z = C_z A = \frac{P_z}{\delta_e} \tag{1-1-7}$$

式中　K_z ——地基抗压刚度（kN/m）；

A——基底面积（m^2）。

2. 地基抗弯刚度系数 C_φ

块体基础在压力矩 M_φ 作用下，产生弹性转动角变位 φ。假定基底压力由底面形心开始呈线性分布（图 1-1-5），某点的压力（ p_z ）与该点的弹性变位成正比关系，即：

$$P_z = C_\varphi \delta_e = C_\varphi \cdot x \cdot \varphi$$

于是

$$C_{\varphi}=\frac{p_{z}}{x\cdot\varphi} \tag{1-1-8}$$

式中　p_z——基底任意一点的压力（kN/m^2）；

x——由通过基底形心的 y 轴到任一点的距离（m）；

φ——基础角变位（rad）；

C_{φ}——地基抗弯刚度系数（kN/m^3）。

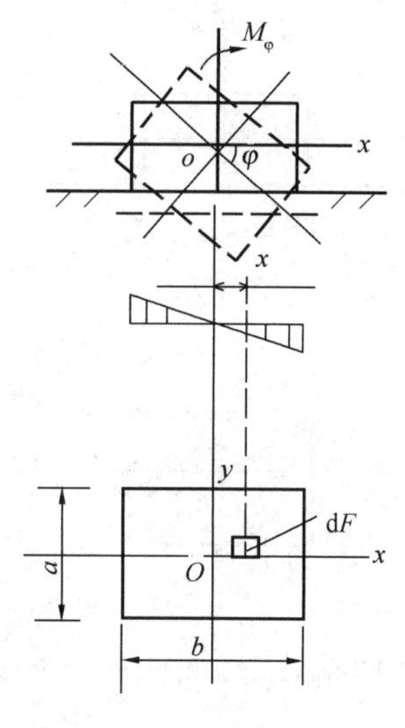

图 1-1-5　摇摆变位

如果力矩作用在 xOy 平面内，在微元面积 dA 上，压力 p_z 引起的反力矩为：

$$dM_{\varphi}=p_{z}x dA=C_{\varphi}\cdot x\cdot\varphi\cdot x dA$$

对整个基底面积积分，可得：

$$M_{\varphi}=\int_{A}p_{z}x dA=\int_{A}C_{\varphi}\cdot x\cdot\varphi\cdot x dA=C_{\varphi}\cdot I_{y}\cdot\varphi$$

令　　　　$K_{\varphi}=C_{\varphi}\cdot I_{y}$

则

$$K_{\varphi}=C_{\varphi}\cdot I_{y}=\frac{M_{\varphi}}{\varphi} \tag{1-1-9}$$

式中　K_{φ}——地基抗弯刚度（$kN\cdot m$）；

I_y——基础对通过其底面形心并垂直于回转面的 y 轴的面积矩（m^4）。

3．地基抗剪刚度系数 C_x

块体基础在水平剪力 P_x 作用下（P_x 作用于基底处），产生水平弹性变位，如图 1-1-6 所示。试验表明：水平剪力 P_x 与水平向弹性变位也成正比关系，即：

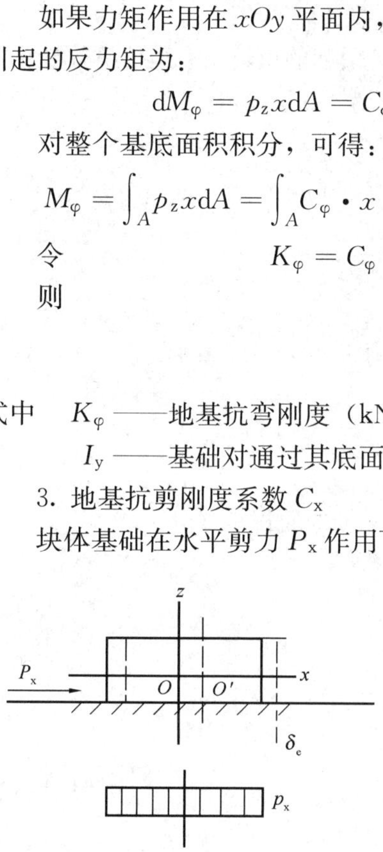

$$P_{x}=C_{x}\cdot\delta_{e}$$

于是

$$C_{x}=\frac{P_{x}}{\delta_{e}} \tag{1-1-10}$$

式中　δ_e——地基表面在水平方向的弹性变位（m）；

C_x——地基抗剪刚度系数（kN/m^3）。

图 1-1-6　水平变位

对整个基底面积积分，可得：

$$P_{x}=\int_{A}P_{x}dA=\int_{A}C_{x}\cdot\delta_{e}dA=C_{x}\cdot A\cdot\delta_{e}=K_{x}\cdot\delta_{e}$$

则

$$K_{x}=C_{x}A=\frac{P_{x}}{\delta_{e}} \tag{1-1-11}$$

式中　K_x——地基抗剪刚度（kN/m）。

4．地基抗扭刚度系数 C_{ψ}

块体基础在扭转力矩的作用下，产生绕通过其重心并垂直于扭转面的 z 轴之扭转角变位 ψ，假定基底的水平剪力（切线方向）从转动中心向外按线性关系增大，如图 1-1-7 所示；且基底内任一点的剪力 p_x 与水平弹性变位（切线方向）成正比关系，即：

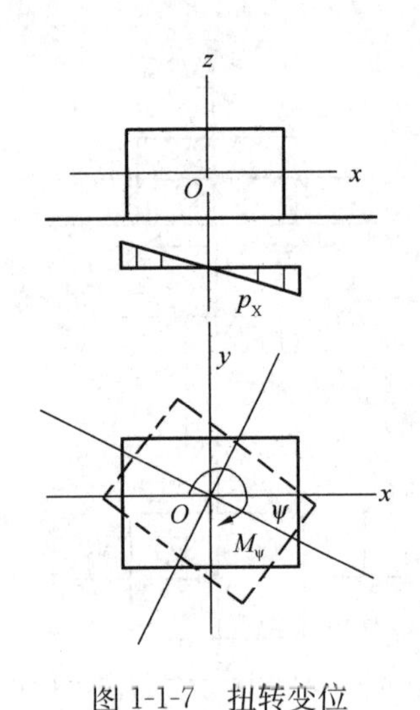

图 1-1-7　扭转变位

$$p_x = C_\psi \delta_e = C_\psi \rho \psi$$

于是

$$C_\psi = \frac{p_x}{\rho\psi} \tag{1-1-12}$$

式中　ρ——基础转动中心到任一点的水平距离（m）；

ψ——基础扭转角变位（rad）；

p_x——基底任一点处的水平剪力（kN/m^2）；

C_ψ——地基抗扭刚度系数（kN/m^3）。

在微元面积 dA 上剪力 p_x 引起的扭转反力矩按下式计算：

$$dM_\psi = p_x \rho dA = C_\psi \rho \psi \rho dA$$

对整个基底面积积分，可得：

$$M_\psi = \int_A p_x \rho dA = \int_A C_\psi \rho \psi \rho dA = C_\psi \psi \int_A \rho^2 dA$$

而

$$\rho^2 = x^2 + y^2$$

则

$$M_\psi = C_\psi \psi \left[\int_A x^2 dA + \int_A y^2 dA\right] = C_\psi \psi [I_x + I_y] = C_\psi \psi I_z = K_\psi \psi$$

于是

$$K_\psi = C_\psi I_z = \frac{M_\psi}{\psi} \tag{1-1-13}$$

式中　I_z——基础底面对通过其形心并垂直于扭转面的 z 轴的面积矩（m^4）。

综上所述，天然地基刚度可分别按以下公式计算：

地基抗压刚度

$$K_z = C_z A \tag{1-1-14}$$

地基抗弯刚度

$$K_\varphi = C_\varphi I_y (C_\varphi I_x) \tag{1-1-15}$$

地基抗剪刚度

$$K_x = C_x A \tag{1-1-16}$$

地基抗扭刚度

$$K_\psi = C_\psi I_z \tag{1-1-17}$$

地基刚度系数是分析动力机器基础动力反应的最关键参数，其取值合理与否，是设计基础能否满足振动要求的关键。基础的振动大小不仅与机器的扰力有关，还与扰力的频率与基础的固有频率是否产生共振有关，因而在进行设计时，不是将地基刚度系数取得越小就越安全。对于低频机器，机器的扰力频率小于基础的固有频率，二者不会产生共振，地基刚度系数取得偏小，计算的振幅偏大，设计偏安全；然而，对于中频机器，机器的扰力频率大于基础的固有频率，若地基刚度系数取值偏小，计算得到的固有频率将远离机器的扰力频率，从而使计算振幅偏小，设计偏于不安全（图 1-1-8）。对于卧式活塞式压缩机，存在一、二阶波的频率与基础耦合振动第一振型和第二振型固有频率的共振问题（图 1-1-9），若一、二阶波的频率为 A、B 两点，均在基础实际的第一振型固有频率 f_1 前，地基刚度系数取得偏小，计算的 f_1' 小于实际的 f_1，而接近二阶波的频率 B，使计算的振幅比实际振幅大，偏于安全；如一、二阶波的频率为 C、D 两点，因地基刚度系数取得偏小使计算

的 f'_1、f'_2 远离 C、D，则计算的振幅为 C'、D'小于实际的振幅 C、D，就不安全。

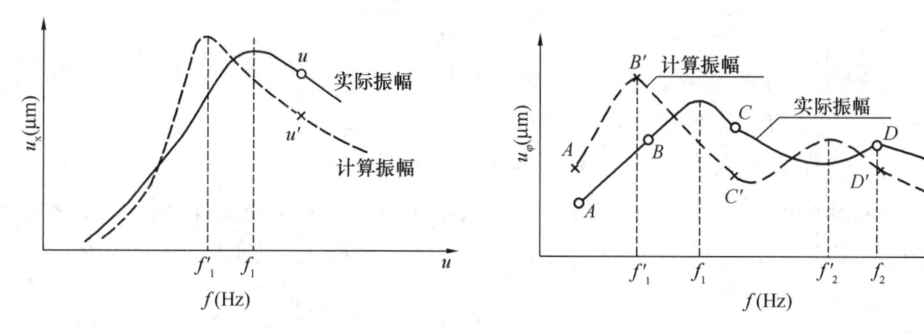

图 1-1-8　计算振幅小于实际振幅（竖向振动）　图 1-1-9　计算与实际的对比图（水平回转振动）

5. 影响地基刚度系数的主要因素

（1）基底静压力的影响

根据国内外对基础底面积相同而基底静压力不同的基础振动试验资料分析后表明：地基刚度系数随基底静压力的加大而增加（图 1-1-10～图 1-1-12）。

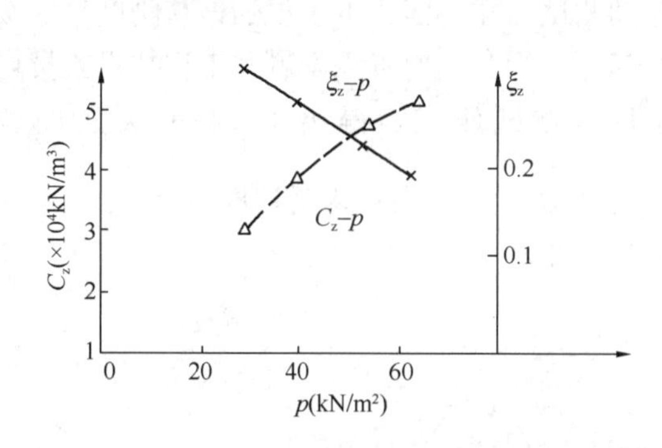

图 1-1-10　C_z与 ξ_z随压力 p 变化的曲线图

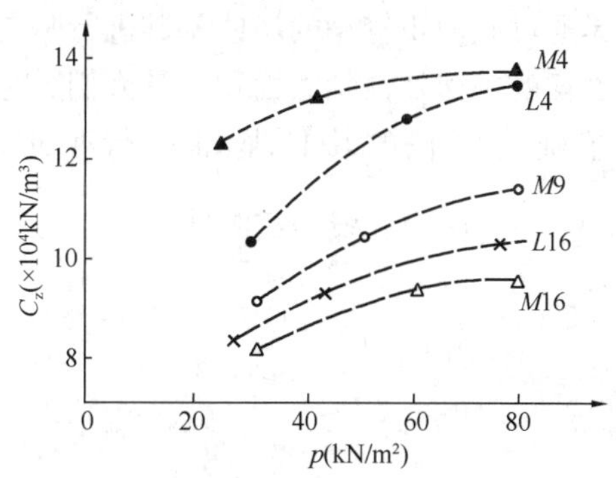

图 1-1-11　C_z 随压力 p 变化的曲线图

注：M—中砂；L—黄土状粉质黏土；
4、9、16 为基础底面积。

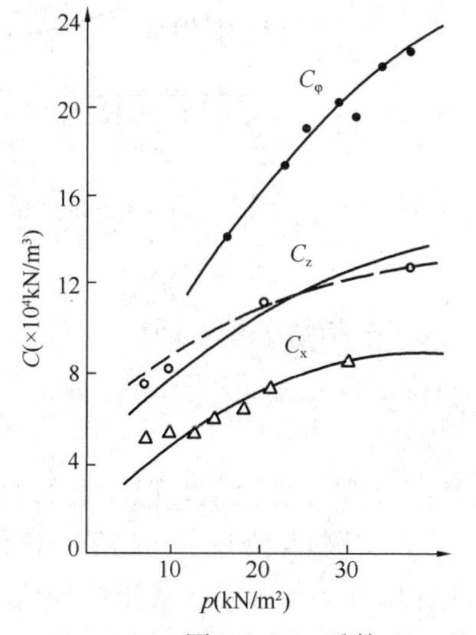

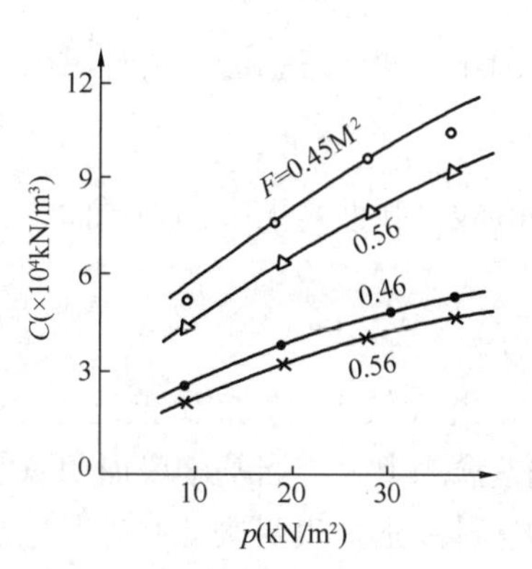

图 1-1-12　系数 C_x、C_φ 和 C_z 随压力 P 变化的曲线图

C_z、C_x随 P 的变化规律，可采用下列计算公式表达：

$$C_{z2} = C_{z1}\sqrt[3]{\frac{P_2}{P_1}} \tag{1-1-18}$$

式中 P_2、P_1——分别为基底静压力（kN/m^2）；

C_{z2}、C_{z1}——压力分别为 P_2、P_1时的地基抗压刚度系数（kN/m^3）。

由于 C_z值随基底静压力 P 的增加而增长，只限于小应力的范围内；当 $P>50kN/m^2$后则趋于平稳（图 1-1-13）；当基底静压力 $P>50kN/m^2$，取 $P=50kN/m^2$。图中

$$\xi = \frac{C_{z(p)}}{C_{z(p)max}} \tag{1-1-19}$$

式中 $C_{z(p)}$——压力为 P 时的地基抗压刚度系数（kN/m^3）；

$C_{z(p)max}$——最大压力时的地基抗压刚度系数（kN/m^3）。

（2）基础底面积 A 的影响

在四种振型的地基刚度系数中，抗压刚度系数 C_z 的准确确定很重要。在工程设计中往往是通过底面积较小的块体基础进行竖向振动测试。在小面积下求得的地基刚度系数按照什么样的规律外推到大面积上是人们关注的问题。为此国内不少学者和工程技术人员对不同基础底面积的块体基础进行了现场振动测试研究，得出了 C_z-A 关系曲线（图 1-1-14）。图中ⓐ线是实测曲线，C_z 与 A 呈 $-\left(\frac{1}{4}\sim\frac{1}{6}\right)$ 指数关系，即：

$$C_z \propto A^{-\left(\frac{1}{4}\sim\frac{1}{6}\right)}$$

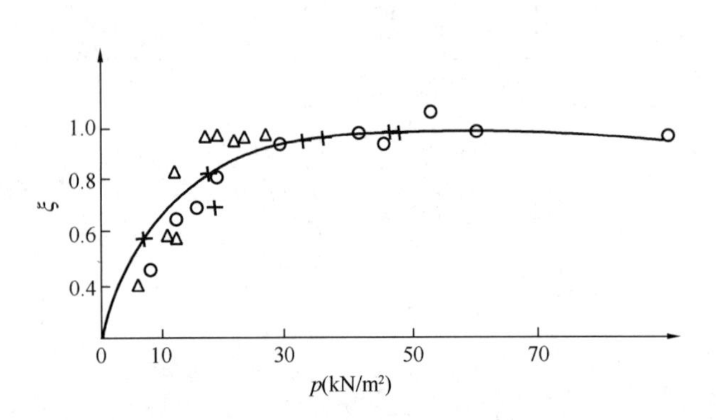

图 1-1-13 系数 ξ 与基底静压力 p 的关系

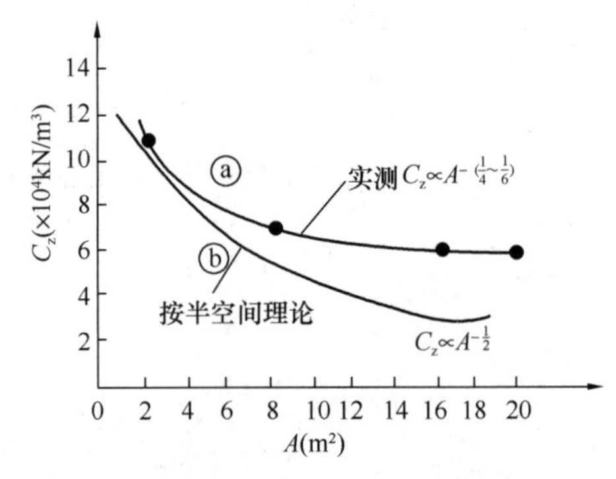

图 1-1-14 C_z-A 关系

图中ⓑ线是弹性半无限体理论曲线；C_z 与 A 呈 $-\frac{1}{2}$ 指数关系，即：

$$C_z \propto A^{-\frac{1}{2}} \tag{1-1-20}$$

此外，当 A 较小时，实测值还是比较接近弹性半无限体理论值，但随着面积的增大，二者的偏差愈来愈大。当基础底面积 A 大于 $20m^2$后，实测 C_z 值基本上趋于一定值。理论与实测的这种差别，表明振动基础对地基土的影响深度并不像弹性半无限体理论所假定的为无限大，而是一个有限弹性层，根据大量实测资料分析，得到以下外推公式：

$$C_z = C_{z0}\frac{1}{0.4+0.6\sqrt[3]{\frac{A}{A_0}}} \tag{1-1-21}$$

式中　C_{z0} ——小面积块体基础抗压刚度实测值（kN/m^3）；

A_0 ——小面积块体基础底面积（m^2）；

A ——实际基础底面积（m^2）。

C_z 值随着基础底面积的增加而减小，其规律可采用下列三种计算方法：

1）弹性半空间理论计算方法：

$$C_z = \frac{1.1284E_d}{1-\mu^2}\frac{1}{\sqrt{A}} \tag{1-1-22}$$

式中　E_d——地基土动弹性模量（kPa）；

μ——地基土的泊松比。

2）现行国家标准《动力机器基础设计标准》GB 50040 的计算方法：

$$C_{z(A)} = C_{z(20)}\sqrt[3]{\frac{20}{A}} \tag{1-1-23}$$

式中　$C_{z(20)}$——基础底面积为 $20m^2$ 时的地基抗压刚度系数。

3）苏联《动力机器基础设计规范》的计算方法：

$$C_{z(A)} = C_{z(10)}\left[\frac{1}{2}\left(1+\sqrt{\frac{10}{A}}\right)\right] \tag{1-1-24}$$

几种计算方法与实测的对比见图 1-1-15。

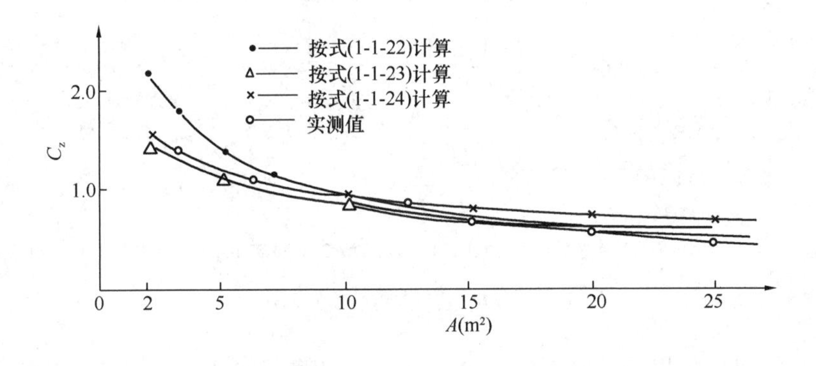

图 1-1-15　C_z 随 A 的变化曲线

（3）基础埋置深度的影响

埋置基础四周的土体对基础产生“超载效应”（相当于基础底面以上作用了超载 $q=\gamma h$，γ 为土重度，h 为埋深）和“环抱效应”（基础四周土体紧贴基础侧壁产生束缚作用），使基础的自振频率和振幅发生改变，这种改变的原因可归结为地基刚度和阻尼比的变化，因此需要对这两个参数进行修正。

国内外学者对埋置基础振动问题进行过一些试验研究。国外的理论研究主要是通过两种途径：一是遵循弹性半无限体（或称弹性半空间）理论，假定基础底面以下的土为弹性半空间体，而基础四周的土是由一系列无限薄的弹性层所组成的独立弹性体，在弹性半空间与四周弹性层之间满足某种边界条件；另一是将弹性半空间划分成有限个单元模型，用数值方法求解，即将无限介质分成有限个静定单元，并列出其刚度的有限单元法。这些研究成果虽然做了一些试验作对比，但仍偏重于理论研究，而且基本上是近似分析解。我国学者对埋置基础研究主要是从模型试验和实际基础的测试出发，在各种不同地基土（黏性土、粉土、黄土、砂土等）上对 1.0m×1.0m×0.9m～3.5m×3.5m×1.5m 大小的块体基础进行振动测试，频率由低到高逐渐改变。由此可绘成动力反应曲线（幅频曲线）。在同一试验中改变埋深比 $\delta_b = \frac{h}{A}$ ，测出不同的幅频曲线，如图 1-1-16 所示。然后绘出共振频率比（ $R_f = \frac{f_h}{f_0}$ ）与埋深比（δ_b ）关系曲线和共振振幅比（ $R_u = \frac{u_h}{u_0}$ ）与埋深比（ δ_b ）关系曲线。其中，f_h 和 u_h 分别是有埋深情况下的频率和振幅，f_0 和 u_0 分别为无埋深情况下的频率和振幅。

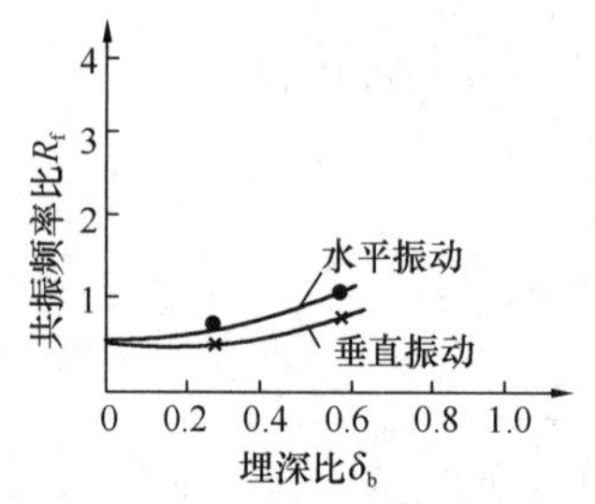

(a) 1.6m×2.5m×2.05m基础，在老黏土上（b=1.23）

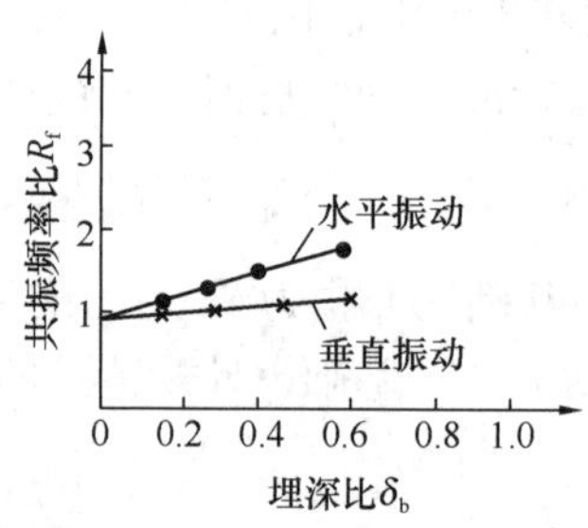

(b) 2m×2.5m×1.55m基础，在老黏土上（b=0.86）

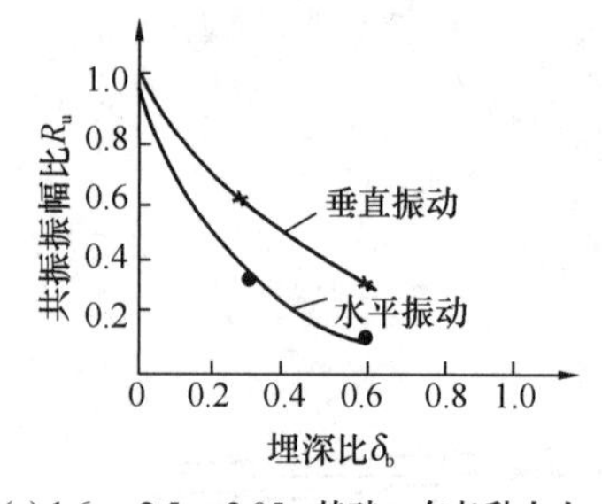

(c) 1.6m×2.5m×2.05m基础，在老黏土上（b=1.23）

(d) 2m×2.5m×1.55m基础，在老黏土上（b=0.86）

图 1-1-16 R_f- δ_b 与 R_u- δ_b 关系曲线

由图 1-1-16 可以看出：随着埋深比 δ_b 的增大，共振频率比 R_f 提高，共振振幅比 R_u 降低。表明基础四周土体对基础振动有着不可忽视的影响，特别是对水平-摇摆振动更为明显。所以水平-摇摆耦合振动基础埋深修正系数应大于竖向振动埋深修正系数，如图 1-1-17、图 1-1-18 所示。图中各条线是在不同基础特征值质量比 $b = \frac{m}{\rho_s \cdot A^{3/2}}$（$m$ 为基础质量，包括机器；ρ_s 为土密度；A 为基础底面积）的条件下试验所得。

基础自振频率的提高是由地基刚度增加所引起的，因此用地基刚度修正的办法能较好地反映出埋置基础动力特性变化的实质。为了使问题简化，把基础四周土的弹性作用全部折算到基底，并假定无埋深时的地基刚度为 K_{z0} 、$K_{\varphi0}$ 、K_{x0} 和 $K_{\psi0}$ ，有埋深时的地基刚度为 K_z 、K_φ 、K_x 和 K_ψ，同样，无埋深时自振圆频率为 λ_{z0} 、$\lambda_{\varphi0}$ 、λ_{x0} 和 $\lambda_{\psi0}$ ，有埋深时自振圆频率为 λ_z 、λ_φ 、λ_x 和 λ_ψ ，如不计土的参振质量，则可以写出：

$$K_z = m\lambda_z^2 ; K_{z0} = m\lambda_{z0}^2$$

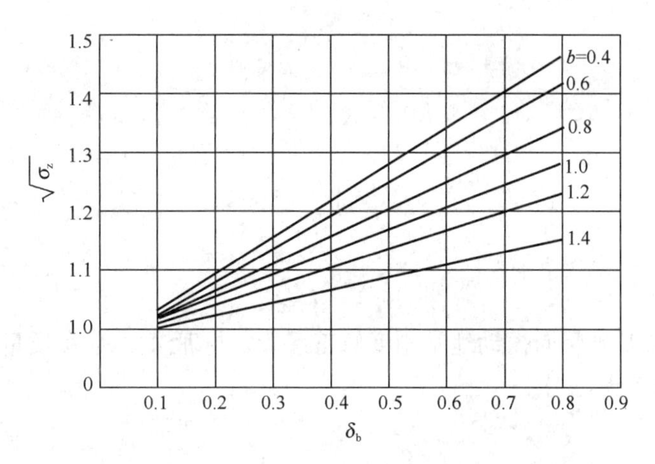

图 1-1-17　基础埋深对抗压刚度的修正系数
（黏性土、粉土、砂土）

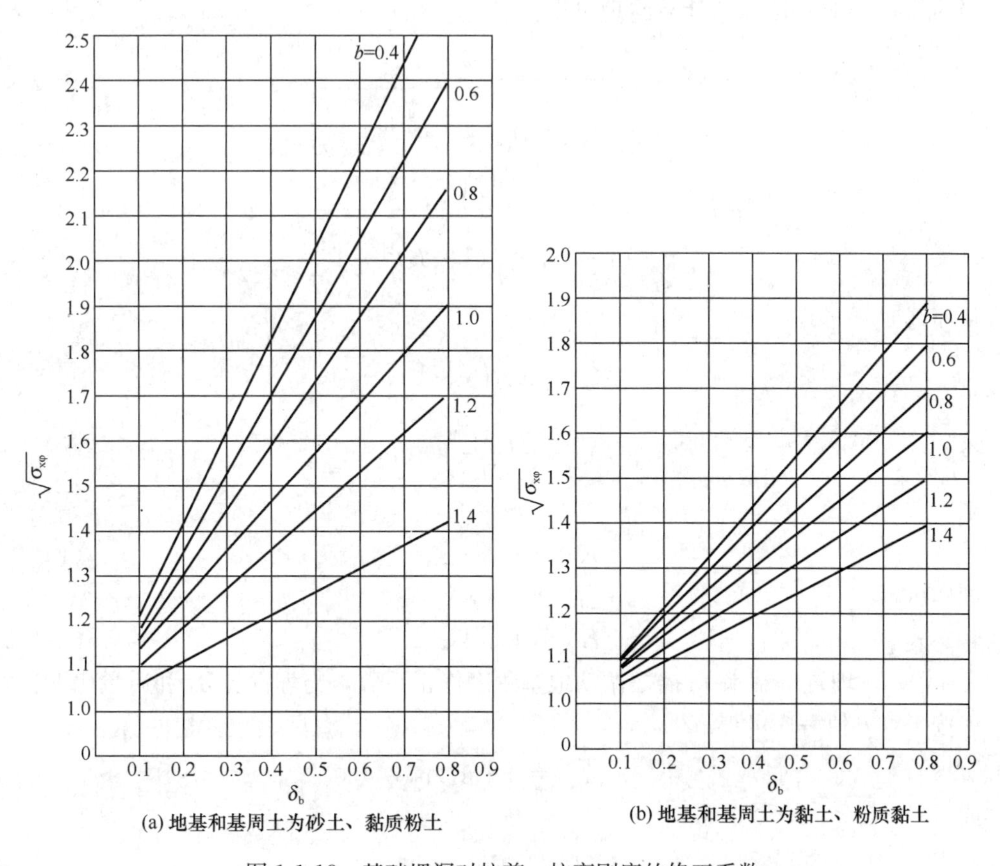

图 1-1-18　基础埋深对抗剪、抗弯刚度的修正系数

$$\frac{K_z}{K_{z0}}=\frac{\lambda_z^2}{\lambda_{z0}^2}$$

于是

$$K_z=K_{z0}\left(\frac{\lambda_z}{\lambda_{z0}}\right)^2$$

令

$$\alpha_z=\left(\frac{\lambda_z}{\lambda_{z0}}\right)^2$$

则

$$K_z=K_{z0}\alpha_z \tag{1-1-25}$$

式中 α_z——埋置基础竖向振动地基刚度修正系数，与埋深比 δ_b 和质量比 b 有关。

如按平均 b 值考虑可得：

$$\sqrt{\alpha_z}=1+0.4\delta_b$$

或

$$\alpha_z=(1+0.4\delta_b)^2 \tag{1-1-26}$$

当 $\delta_b>0.6$ 时，按 0.6 计。同理可得：

$$K_x=\frac{2m\lambda_1^2}{(1+B)-\sqrt{(1-B)^2+4\dfrac{h_2^2}{r^2}}}$$

$$K_{x0}=\frac{2m\lambda_{1,0}^2}{(1+B)-\sqrt{(1-B)^2+4\dfrac{h_2^2}{r^2}}}$$

从而得

$$K_x=K_{x0}\left(\frac{\lambda_1}{\lambda_{1,0}}\right)^2$$

令

$$\alpha_{x\varphi}=\left(\frac{\lambda_1}{\lambda_{1,0}}\right)^2$$

则

$$K_x=K_{x0}\cdot\alpha_{x\varphi} \tag{1-1-27}$$

同样可得

$$K_\varphi=K_{\varphi0}\cdot\alpha_{x\varphi} \tag{1-1-28}$$

式中 $\alpha_{x\varphi}$——埋置基础水平-摇摆振动地基刚度修正系数，与埋深比 δ_b 和质量比 b 有关。

如按平均 b 值考虑可得：

$$\sqrt{\alpha_{x\varphi}}=1+1.2\delta_b$$

或

$$\alpha_{x\varphi}=(1+1.2\delta_b)^2 \tag{1-1-29}$$

当 $\delta_b>0.6$ 时，按 0.6 计。同样可得扭转振动：

$$K_\psi=I_{m\psi}\cdot\lambda_\psi^2\text{；}K_{\psi0}=I_{m\psi}\cdot\lambda_{\psi0}^2$$

于是

$$K_{\psi} = K_{\psi 0}\left(\frac{\lambda_{\psi}}{\lambda_{\psi 0}}\right)^{2}$$

令

$$\alpha_{\psi} = \left(\frac{\lambda_{\psi}}{\lambda_{\psi 0}}\right)^{2}$$

则

$$K_{y} = K_{y0}\alpha_{y} \tag{1-1-30}$$

式中 α_{ψ}——埋置基础扭转振动地基刚度修正系数，可参照 $\alpha_{x\varphi}$ 取值。

基础与刚性地面相连，对水平-摇摆振动和扭转振动有一定影响。例如某厂有一台 $108m^{3}/min$ 的制氧机基础，振动测试结果表明：当没有与刚性地面相连时，第一主频为10.5Hz；当做上混凝土刚性地坪并与之相连后，测得第一主频为15.7Hz，提高了49%，但是地坪对刚度的影响与很多因素有关，如地坪厚度、地坪与基础连接方式、地坪与基础相对位置等，需作具体分析。

综上所述，基础四周的土体能提高地基刚度，从而提高基础的固有频率（图1-1-19），埋置深度对基底尺寸的比值越大，其影响越大。

（4）地基土性能的影响

在基础尺寸、形状、荷载等条件相同时，C_{z} 值的大小主要取决于地基土的性质，地基土愈密实，变形愈小、强度愈高，则 C_{z} 值愈大。

（5）基础上动荷载大小的影响

在同一个基础上，采用不同的激振力做强迫振动试验时，振动线位移随激振力的增加而增大，而共振频率则随激振力的增加而有所减小（图1-1-20），当力矩增加约7倍时，共振频率从1800r/min降低至1450r/min，即降低约19%，这说明建造在地基土上基础的振动具有非线性性能。但当共振峰的振动线位移小于150μm时，动荷载的大小对共振频率基本上没有影响。因此，对周期性振动的机器基础设计和地基动力特性的测试，可不考虑动荷载大小的影响。

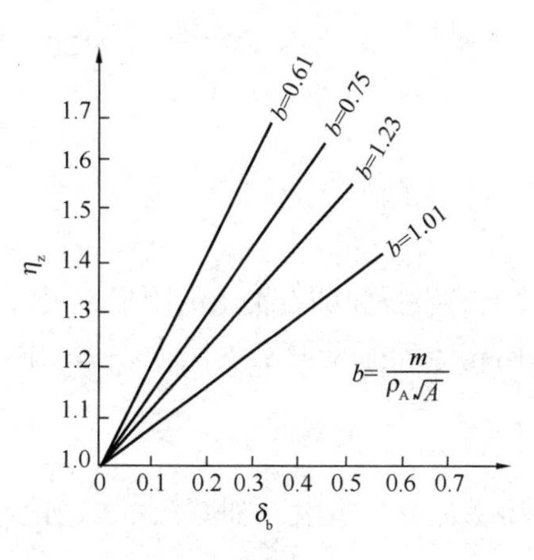

图1-1-19 基础埋深比 δ_{b} 与 C_{z} 提高系数 η_{z} 的关系

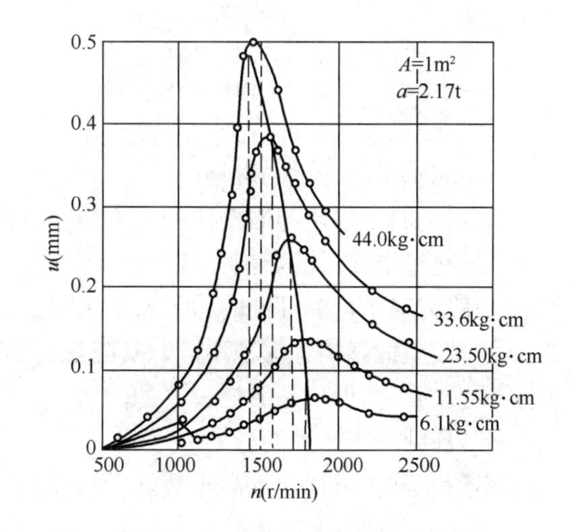

图1-1-20 实测基础幅频响应曲线

三、地基土的阻尼

地基土的阻尼是影响动力机器基础动力反应的重要参数，阻尼比为振动体系的实际阻尼系数与临界阻尼系数之比。对于强迫振动的共振区，振动线位移主要为阻尼控制，当无阻尼共振时，基础的振动线位移就趋近于无穷大，当有阻尼共振时，基础振动线位移趋向于有限值（图 1-1-21）。随着阻尼比ζ值的增大，峰值振动线位移逐渐减小，当$\zeta=0.707$时，曲线峰值完全消失，这时振动线位移在所有频率下均小于静位移。

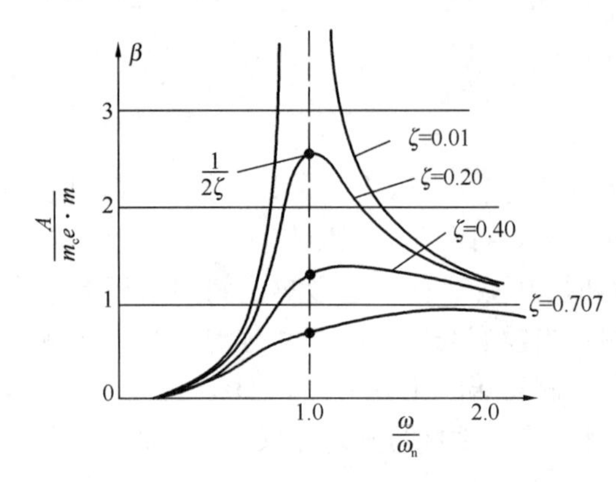

图 1-1-21　β随ζ和ω/ω_n的变化

现行国家标准《动力机器基础设计标准》GB 50040 给出的是黏滞阻尼，这是通过现场强迫振动和自由振动实测资料反算的值，并以黏滞阻尼系数C与临界阻尼系数$C_c=2\sqrt{KM}$之比（阻尼比ζ）来表示。

根据大量实测资料分析，地基土的阻尼比主要与下列因素有关：

1. 基础几何尺寸的影响

当基底静压力相同时，阻尼比随基础底面积的增加而提高（图 1-1-22），随基础高度的增加而降低。

2. 基底静压力的影响

当基础几何尺寸相同而基底静压力不相同时，阻尼比随静压力的增加而减小（图 1-1-23）。

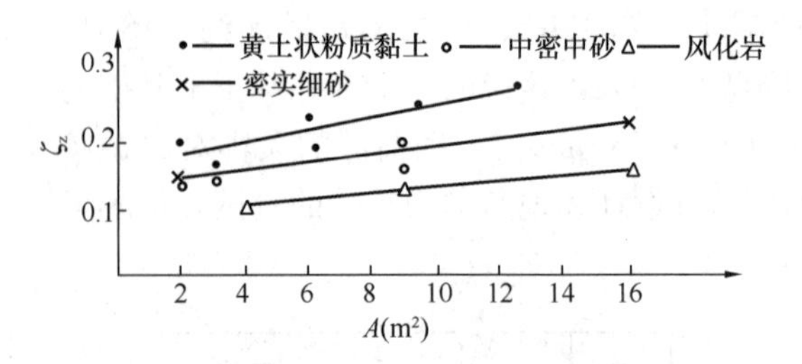

图 1-1-22　ζ_z与基础底面积A的关系

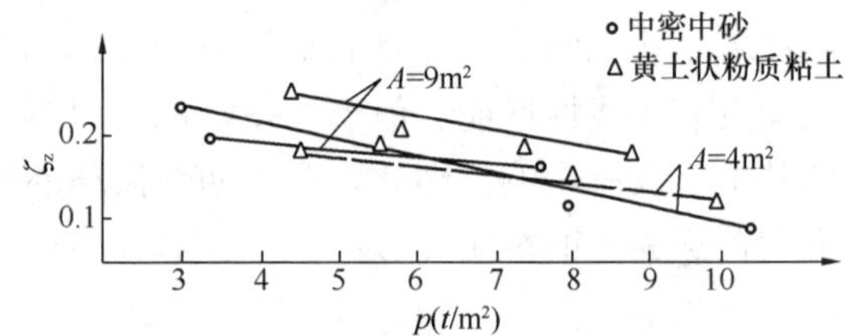

图 1-1-23　ζ_z与基底土压力的关系

3. 地基土泊松比的影响

地基土的阻尼比与泊松比的关系是：其泊松比越大，阻尼比就越大，反之则减小。

4. 地基土性质的影响

一般情况下，黏性土的阻尼比要大于粉土和砂土，岩石和砾石类土的阻尼比最小。

5. 振型的影响：振型不同，其阻尼比也不相同，竖向振型的阻尼比大，水平回转与扭转振型的小，振型是影响较大的因素。

6. 基础埋置深度的影响

实测表明：阻尼比提高系数β与埋深比δ_b和质量比b也有关。如图 1-1-24 所示竖向振动β_z-δ_b曲线，若取平均b值可得：

$$\beta_z=1+\delta_b \tag{1-1-31}$$

水平-摇摆振动和扭转振动（图 1-1-25），取平均 b 值，得：

$$\beta_{x\varphi}(\beta_{\psi}) = 1 + 2\delta_b \tag{1-1-32}$$

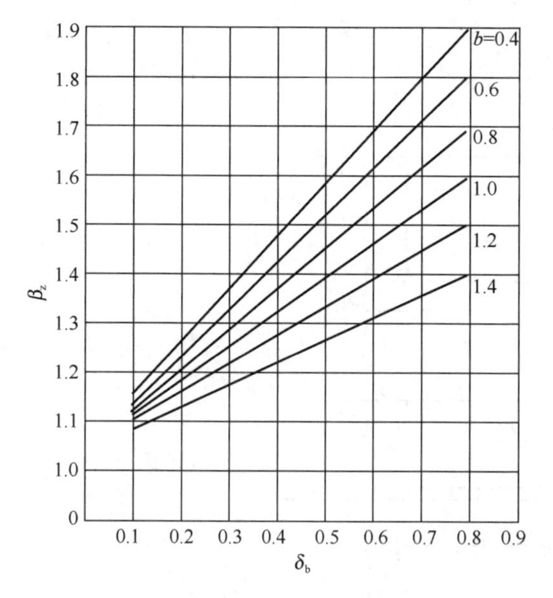

图 1-1-24　基础埋深对竖向阻尼比的修正（黏性土）

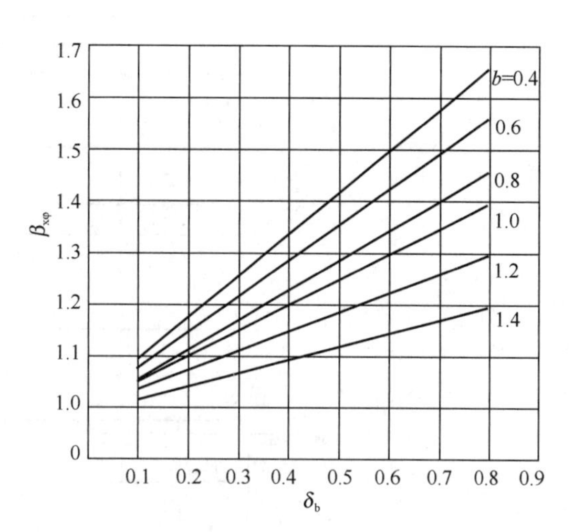

图 1-1-25　基础埋深对水平-摇摆阻尼比的修正（黏性土）

阻尼比的计算：

（1）竖向振动

黏性土

$$\beta_z = \frac{0.16}{\sqrt{b}} \tag{1-1-33}$$

粉土、砂土

$$\beta_z = \frac{0.11}{\sqrt{b}} \tag{1-1-34}$$

式中　b——质量比。

（2）水平-摇摆振动

第一振型　$\beta_{x\varphi1} = 0.5\beta_z$

第二振型　$\beta_{x\varphi2} = \beta_{x\varphi1}$　(1-1-35)

（3）扭转振动

$$\beta_{\psi} = \beta_{x\varphi1} \tag{1-1-36}$$

综上所述，增大基础埋深有提高阻尼比的作用，基础埋置深度与基础底面积平方根的比值越大，阻尼比增加越明显。

四、分层土地基刚度

在基底以下地基土弹性变形影响范围以内由不同土层所组成时，则不能直接按上述方法确定地基刚度，而是采用弹性变形相等的匀质土等代值，其方法如下：

假设：①地基土受荷后的应力、应变性状为弹性阶段；②按平面问题考虑；③以静代动；④应力扩散按$\theta-26°$角向深度方向传递，影响深度为$2B$（B为基础宽度）；⑤以基础中心点的位移代表整个基础位移，计算简图如图1-1-26所示。

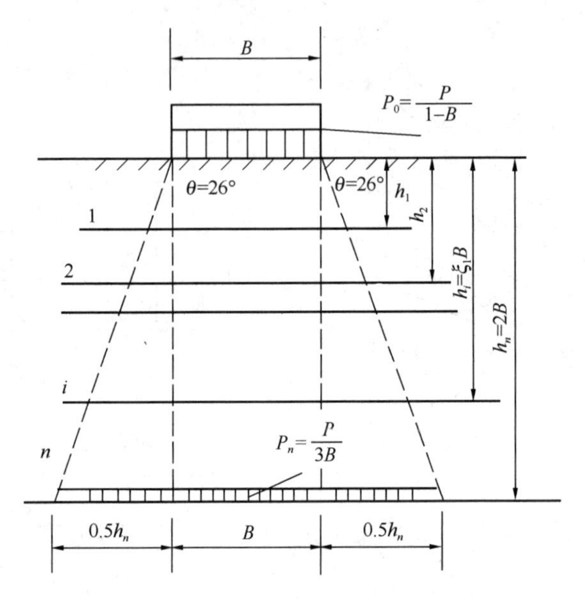

图1-1-26　分层土地基抗压刚度计算图

在$2B$范围内的总弹性变形为：

$$\delta_{\Sigma z}=\frac{\frac{P}{B}-\frac{P}{3B}}{C_{\Sigma z}}=\frac{0.667P}{BC_{\Sigma z}} \tag{1-1-37}$$

式中　$C_{\Sigma z}$——分层土地基综合抗压刚度系数（kN/m³）；

P——基础所受总荷（kN/m）。

各分层土的弹性变形之总和为：

$$\delta_1+\delta_1+\cdots+\delta_i+\cdots+\delta_n=\sum_{i=1}^{n}\delta_i=\sum_{i=1}^{n}\frac{\Delta p_i}{C_{\Sigma zi}}$$

$$=\sum_{i=1}^{n}\frac{\frac{P}{B+\zeta_{i-1}B}-\frac{P}{B+\zeta_i B}}{C_{zi}}$$

$$=\frac{P}{B}\sum_{i=1}^{n}\frac{\frac{1}{1+\zeta_{i-1}}-\frac{1}{1+\zeta_i}}{C_{zi}}$$

由$\delta_{\Sigma x}=\sum_{i=1}^{n}\delta_i$可得：

$$C_{\Sigma z}=\frac{0.667}{\sum_{i=1}^{n}\frac{1}{C_{zi}}\left(\frac{1}{1+\zeta_{i-1}}-\frac{1}{1+\zeta_i}\right)} \tag{1-1-38}$$

式中　$C_{\Sigma z}$——分层土地基综合抗压刚度系数（kN/m³）。

地基刚度的确定方法同前。

五、桩基刚度和阻尼

当天然地基不能满足设计要求时可采用桩基。但是在动力作用下采用桩基和在静力作用下采用桩基有不同目的，前者主要是为了提高振动体系的自振频率，避免共振，或减少静位移；后者主要是满足承载力需要。

试验表明：在一定压力以内，单桩压力与弹性变形也呈线性关系。按下式计算：

$$P = k\delta_e$$

式中　P——作用于单桩上的荷载（kN）；

δ_e——桩的弹性变形（m）；

k——与土的性质、桩长、桩入土时间等因素有关的比例系数，称“单桩刚度”（kN/m）。

桩基抗压刚度 K_{pz} 的测试方法与天然地基抗压刚度测试方法相同，因此所用的计算公式也一样，当测得桩基竖向振动幅频曲线后，按下式计算阻尼比：

$$D_{pzi}^2 = \frac{1}{2}\left[1-\sqrt{\frac{\beta_i^2-1}{\alpha_i^4-\alpha_i^2+\beta_i^2}}\right] \tag{1-1-39}$$

式中　$\alpha_i = \dfrac{f_m}{f_i}$（变扰力）；

$\alpha_i = \dfrac{f_i}{f_m}$（常扰力）；

$\beta_i = \dfrac{u_m}{u_i}$

自振频率按下式计算：

$$f_{pzi} = f_{mi}\sqrt{1-2\zeta_{pzi}^2}\text{（变扰力）}$$

$$f_{pzi} = \frac{f_{mi}}{\sqrt{1-2\zeta_{pzi}^2}}\text{（常扰力）}$$

于是桩基抗压刚度：

$$K_z = m_z(2\pi f_{pzi})^2 \tag{1-1-40}$$

桩基抗弯刚度：

$$K_{p\varphi} = K_{pz}\sum_{i=1}^{n} r_i^2$$

式中　K_{pz}——单桩抗压刚度，可近似按 $K_{pz} = \dfrac{K_z}{n_p}$ 计算；

n_p——桩数；

r_i——第 i 根桩的轴线至承台（基础）底面形心回转轴的距离（m）；

m_z——总质量，包括承台（基础）机械式激振器及部分桩土参振质量。

桩基抗剪和抗扭刚度主要取决于桩周土的作用大小，此外还与桩身材料、横截面尺寸等因素有关。当桩长细比 $\dfrac{L}{d}\geqslant 25$ 后，桩长影响不大。在工程设计中，一般参照天然地基抗剪（或抗扭）刚度适当提高。

桩基刚度与阻尼比，比天然地基复杂。它涉及桩数、桩间距、桩材料等诸多因素，不能简单地认为群桩刚度就是单桩刚度之总和，也不能忽视桩身弹性变形的影响。

六、地基土的参振质量

为拟合现场模型基础振动试验中实测幅频响应曲线上共振峰点的频率值，计算时需在原有基础质量上设置一定数量的附加质量，才能够获得与实测曲线符合更优的结果，这部分附加质量称为地基土的参振质量。

现行国家标准《地基动力特性测试规范》GB 50269 中给出了参振质量的计算公式，地基刚度和质量均考虑参振质量的影响。

影响地基土参振质量最主要的因素是基础的底面积和土体的类别，即基础的底面积大，土体的参振质量大，黏性土的参振质量比砂性土和无粘结力的散体颗粒土的参振质量大，因此，在现场试验提供资料时，既要考虑试验基础与设计基础底面积的差别，也要注意土的类别，一般试验基础下面的土与设计基础下面土的类别应该一样，关于基础底面积的影响，应将试验基础计算的在竖向、水平回转向和扭转向的地基参振质量分别乘以设计基础底面积与试验基础底面积的比值或采用 m_s/m_f 的比值，后者为设计基础的土参振质量等于设计基础的质量乘以试验基础的 m_s/m_f 比值。

有时测试资料计算的 m_s 值特别大，为安全考虑，当测试的地基土参振质量 m_s 大于测试基础的质量 m_f 时，则应取 m_s 等于 m_f。

七、地基土的振动压密

在非密实的砂性土中建造振动较大的机器基础（如锻锤基础），其振动能使厂房柱基产生较大的不均匀沉陷，使房屋和建筑物遭受不同程度的损坏，这种现象不仅在锻锤工作中，在周期性作用的不平衡机器影响下也会产生这种现象。

1. 基础在静荷载和动荷载共同作用时，地基土的状态可分为三个阶段：

第一阶段：压密阶段，当静荷载不大和振动强度微弱时，基础的沉陷仅是由于地基土孔隙比的减小。只有在松散的和中密的砂性土中才能产生相当于第一阶段的沉陷；而在黏性土和密实的砂性土中，是不可能产生这种沉陷的。

第二阶段：形成初始剪切阶段，这阶段的沉陷在于：靠近基础的地基层出现充分发展的塑性变形区，当出现这样的区域时，即使在本基础上作用不大的动荷载，或基础的地基受到外来振源的微弱振动，都能引起沉陷绝对值显著的增长，且有可能增加非均匀性的沉陷，并会大量延长稳定时间。

第三阶段：破坏阶段，沉陷带有急剧变化的性能，一直到基础处于新的、较稳定的状态或在土中某一深度处才停止其沉陷。

2. 在振动影响下，地基土的抗剪强度降低与下列因素有关：

（1）内摩擦系数和土的物理性能的变化引起黏着力的改变，已有的试验资料说明，在强烈的振动作用下，这种变化可能非常大，如在饱和的砂性土内，当砂土液化时，在振动影响下的压密过程中，可观察到内摩擦力几乎完全消失掉。

（2）振动时地基土应力状态的变化，在振动作用下，会降低地基土的有效的抗剪强度。

在黏性土或在密实的砂土上（当自然地层条件下土的密度 $D \geqslant$ 极限密度 D_0 时）设计周期性作用的机器基础时，其动沉陷问题可不考虑；对于 $D < D_0$ 的砂土，当在地层内有振动加速度超过临界值（$a > a_{kp}$）的区域时，则可能产生动沉陷；对非饱和砂土，由于土压密可能产生动沉陷；对饱和砂土，在地层内形成以砂土的部分或全部液化为条件的剪切阶段，由于这种情况的沉陷可能非常大，因此不允许在饱和砂土中建造动力机器基础。

八、地基土的能量吸收

在振动波的传递过程中，由于地基土的非弹性阻抗作用及振动能量的扩散，振动强度随离振源距离（包括沿地面水平距离和沿竖向深度）的增加而衰减。

有一些动力机器基础，除了要测试地基土动力参数外，还要求实测振波沿地面的衰减，求出地基土的能量吸收系数 α，这是为了满足厂区总图布置的需要，即要计算有振动的设备基础的振动对计算机房、中心试验室、居民区等振动的影响。还有一些压缩机车间，按工艺要求，必须在同一车间内布置低频压缩机和高频机器时，则应计算低频机器基础的振动对高频机器的影响。因此地基土能量吸收系数 α 值的取用是否符合实际非常重要。

影响振动在地基土中衰减的因素，除与地基土的种类和物理状态有关外，还与下列因素有关：

（1）距离的影响：离振源距离近的地面衰减得快，随着距离的增加，振幅的减少就比较缓慢，周期性振动和冲击振动均是这个规律。

（2）基础底面积的影响：基础底面积越小，衰减越快。

（3）振源频率的影响：频率越高，衰减越快（图 1-1-27）。

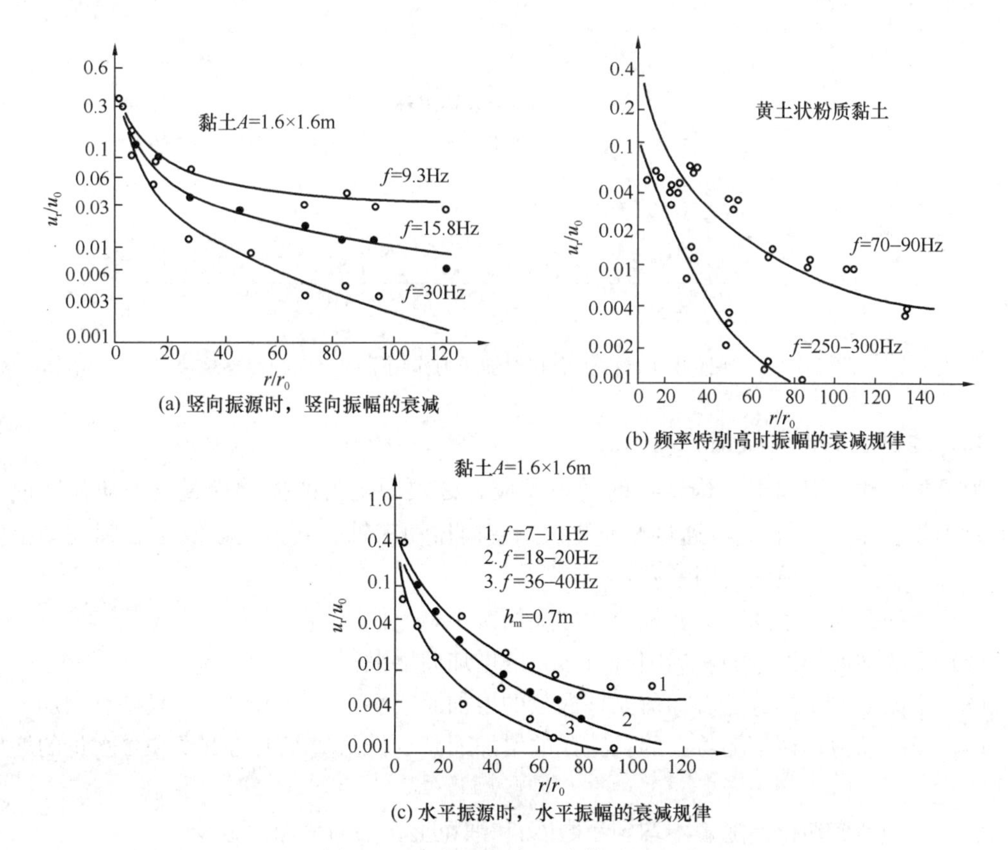

(a) 竖向振源时，竖向振幅的衰减

(b) 频率特别高时振幅的衰减规律

(c) 水平振源时，水平振幅的衰减规律

图 1-1-27　振源频率对波传递的影响

（4）基础埋置的影响：基础埋置时的振动衰减比明置基础的衰减慢，基础埋深越大，其衰减越慢（图 1-1-28）。

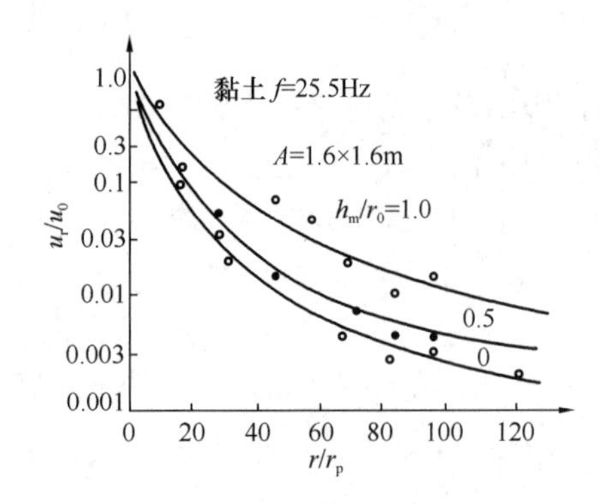

图 1-1-28 振源基础埋置深度对波传递的影响

注：u_0——振源振幅；

u_r——距振源中心为 r 处，地基土表面的振幅；

r_0——振源基础的当量半径，$r_0=\sqrt{\frac{A}{\pi}}$。

明置基础由基底传出的能量决定离振源某点的振动大小，基础埋置时，受到基底及基础四侧土体传出能量的影响，由于动力机器基础均有一定的埋深，因此，基础振动衰减测试时，基础应埋置，其目的就是为了测试值能较接近机器基础的实际情况。

（5）地面荷载的影响：机器基础振动时，传到离振源同一距离和同一标高处的自由地面振幅比具有附加压力的地面振幅大得多，如锻锤基础振动时，离锤基距离最近的柱基振幅约为其边上地面振幅的 1/3～1/2，这种情况有利于减小厂房和设备基础等的振动。

土体表面在附加压力作用下的振幅与无压力时的振幅之比，对离振源不同距离是有差异的，一般来讲，距振源较近时，其振幅比值较小，反之则偏大。但对不同距离，其比值均小于 0.4（图 1-1-29）。

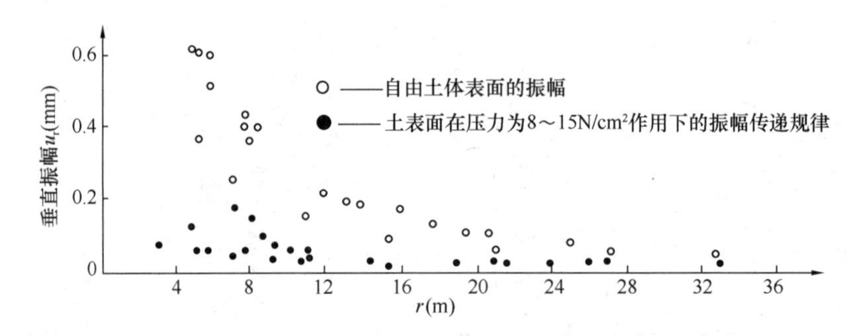

图 1-1-29 弹性波在自由土面和附加压力作用下的土面的传递规律

九、地基土的振动模量

为了预估地基土和土工构筑物的动态反应，必须确定土的振动模量——动弹性模量 E_d 和动剪切模量 G_d，它们可通过波速测试、室内振动三轴、共振柱以及空心圆柱动扭剪测试求得。影响振动模量的因素有：

（1）土的振动模量随着应变幅值的增加而减小；

（2）土的动剪切模量随着周围有效压力的增加而增大；

（3）土的动剪切模量随着加荷循环次数的增加而减小，但对黏性土，只略有增加；

（4）土的动剪切模量随着土的孔隙比的增加而减少，并随着土的重度和含水量的增加而增大；

（5）土的动剪切模量随着不均匀系数 C_u 和细粒土含量的增加而减少。

与其他材料相比，地基土的动、静模量差别很大。如钢材：在常温时，$E_s=E_d$；木材：抗弯时 $E_s=0.87E_d$、抗压时 $E_s=0.71E_d$；钢筋混凝土结构：$E_s=(0.63\sim0.91)E_d$；地基土与土质的好坏有关，如软土：E_s 远小于 E_d，$E_s\approx0.125E_d$；黏土：$E_s=(0.2\sim$

0.3）E_d。土的动弹性模量比变形模量大得多，这是由于动弹性模量为微应变，时间效应较短等原因造成的。

第二节　《地基动力特性测试规范》简述

一、标准编制的原则

地基动力特性参数，是机器基础振动和隔振设计以及在动载荷作用下各类建筑物、构筑物的动力反应及地基动力稳定性分析必需的资料。

不同的工程，需用的测试方法和动力参数也不相同，如：用模型基础振动测试和振动衰减测试的资料可计算地基刚度系数、阻尼比、参振质量和地基土能量吸收系数，主要应用于动力机器基础的振动设计、精密仪器仪表的隔振设计以及评估振动对周围环境的影响等；地脉动测试可确定场地土的卓越周期和线位移，可应用于工程抗震和隔振设计；波速测试主要用于场地土的类型划分、场地土层的地震反应分析，以及用波速计算泊松比、动弹性模量、动剪切模量，也可计算地基刚度系数；循环荷载板测试可计算地基的弹性模量、地基的刚度系数，一般可用于大型机床、水压机、高速公路、铁路等工程设计；振动三轴和共振柱测试可确定地基土的动模量、阻尼比、动强度等参数，可用于对建筑物和构筑物进行动力反应分析以及对地基土和边坡土进行动力稳定性分析。上述举例说明，相同类型的动力参数，可采用不同的测试、分析方法，因此应根据不同工程设计的实际需要，选择有关的测试、计算方法。如动力机器基础设计所需的动力参数，应优先选用模型基础振动测试，因模型基础振动测试与动力机器基础的振动是同一种振动类型，将试验基础实测计算的地基动力特性参数，依据基底面积、基底静压力、基础埋深等修正后，最符合设计基础的实际情况。另外，从国外的资料看，也可用弹性半空间理论来计算机器基础的振动，其地基刚度系数则采用地基土的波速进行计算，这说明不同的计算理论体系需采用不同的测试方法和计算方法。对于特殊工程，尚应采用几种方法分别测试，以便综合分析、评价场地土层的动力特性。

标准编制的原则是，为了使现场和室内的测试、分析、计算方法统一化，为工程建设抗震和振动控制提供符合实际的地基动力特性参数，做到技术先进，确保质量和安全。

二、标准编制的简要过程

现行国家标准《地基动力特性测试规范》GB/T 50269—2015是在《地基动力特性测试规范》GB/T 50269—1997基础上修订而成。上一版规范至本次启动修订已时隔十余年，在这期间，土的动力特性测试技术有了一定的发展，测试仪器设备有了更新替代；另外《动力机器基础设计标准》《工程隔振设计标准》《建筑振动荷载标准》《建筑工程容许振动标准》等形成了新的工程振动控制标准体系；因此，为了能做到技术先进、确保质量，有必要对上一版规范进行修订。

本次修订过程分为六个阶段开展工作。

1. 第一阶段（准备阶段）

机械工业勘察设计研究院有限公司和中国机械工业集团有限公司通过研究国内外地基动力特性测试工作现状及水平，收集有关科研资料及工程实践经验，并在此基础上向住房和城乡建设部标准定额司提出技术标准修订项目申请。住房和城乡建设部以《关于印发

2010年工程建设标准规范制订、修订计划的通知》（建标〔2010〕43号）下达了标准修订任务。

根据下达的计划要求，以机械工业勘察设计研究院有限公司和中国机械工业集团有限公司作为主编单位，会同北京、上海、河南、浙江等多个地区的设计、科研和教学单位组成规范编制组，开展标准的修订工作。在西安召开了修订组成立暨第一次工作会议，会议一致通过了该标准编制工作大纲、分工和进度计划。

2. 第二阶段（初稿编写阶段）

在此阶段中，各参编单位根据分工要求，对所需资料进一步整理和分析，对标准中的重点问题进行专题研究，如模型基础动力参数测试技术与方法；地脉动测试、振动衰减测试技术与方法；循环载荷板测试技术与方法；振动三轴测试、共振柱测试技术与方法；弯曲元法测试、空心圆柱动扭剪测试技术与方法等。在此基础上，修订组提出征求意见稿初稿，在北京召开了修订组第二次工作会议。对标准讨论稿逐章、逐节和逐条地进行了讨论，修订组成员集思广益，对标准的进一步完善提出了很多建议性的意见，对部分还不够成熟的内容提出了需进一步工作后再研究或暂时不纳入标准的建议。

3. 第三阶段（征求意见稿编写阶段）

根据修订组第二次工作会议对征求意见稿初稿提出了意见，标准修订组进行了大量的研究工作，对模型基础动力测试中涉及的计算公式进行了系统的推导和校核，按照先进性、实用性、经济性的原则，对征求意见稿初稿进一步完善，形成正式征求意见稿，并向全国范围内有关设计、科研、教学和生产单位广泛征求意见，共寄出60份征求意见稿，共收到17名专家合计181条意见。

4. 第四阶段（送审稿编制阶段）

此阶段先由标准修订组各单位返回的征求意见稿专家意见，逐条进行认真分析，并对每一条意见提出初步处理意见。之后修订组在温州召开了第三次工作会议，会议根据专家意见，对征求意见稿进行了逐条修改和审定，将原标准中第4章“激振法测试”改为“模型基础动力参数测试”，并根据计算机技术和测试仪器发展，对该章相应内容进行了修改；对原标准中基础扭转振动参振总质量的计算公式修改了一处错误，并增加变扰力时基础扭转振动参振总质量计算公式；对波速测试内容进行了重大修改，增加弯曲元法测试，按照单孔法、跨孔法、面波法和弯曲元法分节制定相应规定，并根据当前波速测试技术的发展对内容进行了扩充；将振动三轴测试和共振柱测试分独立章节编制；增加“空心圆柱动扭剪测试”一章等内容，最终形成了标准的送审稿。

5. 第五阶段（规范审查阶段）

标准组织单位中国机械工业勘察设计协会在郑州主持召开了标准审查会。会议对标准送审稿进行了认真细致的审查。审查意见：在大量科学试验和总结工程实践经验基础上，对国内外相关标准进行了分析比较，修订完善了适合我国国情的地基动力特性测试规范。本标准明确了适用条件和测试方法，具有科学性、合理性、可靠性和先进性，使地基工程动力特性测试有章可循，其可满足我国工程建设中动力机器基础设计、隔振和抗震设计的需要，可产生显著的经济效益和社会效益；通过本标准的修订，使我国地基动力特性参数的测试方法及技术体系更加完整，其中增补的空心圆柱动扭剪测试及弯曲元测试等内容填补了我国此类标准的空白。

该标准内容丰富，与国家现行相关标准相协调，符合我国国情及技术标准编制的要求，总体上达到了国际先进水平。审查会还对标准提出了许多建设性意见。

6. 第六阶段（完成报批稿阶段）

在认真研究审查会中专家提出意见的基础上，标准修订组对标准送审稿按照《工程建设标准编写规定》的要求进行修改完善，完成报批稿。

三、标准编制的主要内容

1. 地基动力特性测试的基本规定

（1）测试方案

为了做好测试工作，在测试前，应制定测试方案，将测试目的和要求、内容、方法、仪器布置、加载方法、数据分析方法等列出，以便顺利进行测试，保证测试结果满足工程设计的需要。当采用模型基础进行动力参数测试时，应根据工程设计的要求，确定模型基础的位置、数量、尺寸，在测试方案中附上模型基础的设计图，采用机械式激振设备时，要明确预埋螺栓的位置和尺寸，并确保浇筑模型基础的质量。

（2）具备资料

地基动力特性测试应具备的资料主要包括：场地的岩土工程勘察资料，场地的地下设施、地下管道、电缆等的平面图和纵剖面图，场地及其邻近的振动干扰源等，其目的是在现场选择测点时，避开这些干扰源和地下管道、电缆等的影响。

（3）仪器设备

根据我国计量法的要求，测试所用的计量器具必须送至法定计量检定单位进行定期检定，且使用时必须在计量检定的有效期内，以保证测试数据的准确可靠性和可追溯性。虽然计量器具在有效计量检定周期之内，但由于现场测试工作的环境较差，使用期间仍可能由于使用不当或环境恶劣造成计量器具的受损或计量参数发生变化。因此，要求测试前对仪器设备进行检测调试，发现问题后应重新检定。

（4）测点选择

测试场地应尽可能选择在离建筑场地及邻近地区干扰振源较远的位置。实在无法避开干扰振源时，选择外界干扰源停机的间隙进行测试。由于测点布设在水泥、沥青路面、地下管线和电缆上时会影响测试数据的准确性和代表性，因此，应避开这些地方。

（5）测试报告

测试报告应包括原始资料、测试结果、测试分析和测试结论等内容，其中测试结果、测试分析和测试结论等内容随各章测试方法不同而各不相同。

2. 模型基础动力参数测试

采用混凝土模型基础强迫振动或自由振动测试方法，为置于天然地基、人工地基或桩基上的动力机器基础的设计提供动力参数。周期性振动机器的基础，应采用强迫振动测试方法。模型基础应分别在明置和埋置两种情况下进行振动测试。

桩基的模型基础测试，应提供单桩的抗压刚度；桩基抗剪和抗扭刚度系数；桩基竖向和水平回转向第一振型以及扭转向的阻尼比；桩基竖向和水平回转向以及扭转向的参振总质量。

天然地基和人工地基的模型基础测试，应根据实际工程需要提供地基抗压、抗剪、抗弯和抗扭刚度系数；地基竖向、水平回转向第一振型及扭转向的阻尼比；地基基础竖向、水平回转向及扭转向的参振总质量。

由模型基础试验实测计算的地基动力参数，用于实际机器基础的振动和隔振设计时，应根据基础设计情况（基底压力、基础底面积、基础埋深、桩基数量等），对试验测得的地基动力参数进行换算。

3. 振动衰减测试

振动衰减测试是在距离振源不同位置布设传感器，测得振动波沿地面衰减的规律，求出地基土的能量吸收系数 α。

由于生产工艺的需要，在一个车间内同时设置有低转速和高转速的动力机器基础。一般低转速机器的扰力较大，基础振幅也较大，而高转速的动力机器基础振幅控制很严，因此设计中需要计算低转速机器基础的振动对高转速机器基础的影响，计算值是否符合实际，还与这个车间的地基能量吸收系数 α 有关。因此，事先应在现场做基础强迫振动试验，实测振动波在地基中的衰减，以便根据振幅随距离的衰减计算 α 值，提供设计应用。设计人员应按设计基础的距离选用 α 值，以计算低转速机器基础振动对高转速机器基础的影响。

用于振动衰减测试时的基础应埋置。当进行周期性振动衰减测试时，激振频率应采用不同频率进行对比测试，其中应包括设计基础的机器扰力频率。测点应沿设计基础需要测试振动衰减的方向进行布置。由于近距离衰减快，远距离衰减慢，测点布置以近密远疏为原则。

4. 地脉动测试

地脉动是由气象变化、潮汐、海浪等自然力和交通运输、动力机器等人为扰力引起的波动，经地层多重反射和折射，由四面八方传播到测试点的多维波群随机集合而成。随时间作不规则的随机振动，其振幅为小于几微米的微弱振动。它具有平稳随机过程的特性，即地脉动信号的频率特性不随时间的改变而有明显的不同，它主要反映场地地基土层结构的动力特性。地脉动测试为工程抗震和隔振设计提供场地的卓越周期和脉动幅值。

5. 波速测试

波速测试的方法较多，该规范涉及单孔法、跨孔法、表面波速法及弯曲元法。随着基础理论研究、设备水平的不断提高以及工程实践经验的积累，波速在工程中的应用范围不断得到增加，一般包括：计算岩土动力参数，动弹性模量、动剪切模量、动泊松比；计算地基刚度和阻尼比；划分场地抗震类别；估算场地卓越周期；判定砂土地基的液化；检验地基加固处理的效果。

（1）单孔法

用单孔法时，延迟时间对求第一测点的波速值有影响，其他各测点的波速虽然是用时间差计算的，但由于不是同一次激发的，如果延迟时间不稳定，则对计算波速值仍有影响。此外，如在同一孔工作过程中换用触发器，为避免由于前后两触发器延迟时间的不同造成误差，可以用后一触发器重复测试前几个测点的方法解决。单孔法测试亦可采用与静力触探装置安装在一起的波速测试探头。

（2）跨孔法

跨孔法剪切波振源宜采用剪切波锤，亦可采用标准贯入试验装置；压缩波振源宜采用电火花或爆炸等。

（3）面波法

面波法应根据任务要求和测试条件采用稳态法或瞬态法，当场地条件较简单时，可采用单端激振法，当场地条件复杂时可采用双端激振法。在具有钻孔资料的场地，面波测点宜尽量靠近钻孔。

（4）弯曲元法

弯曲元法是一种较新的室内波速测试方法，可以研究动力加载历史对最大动剪切模量和最大动弹性模量的影响。弯曲元的核心是两片压电陶瓷片，一个作为激发元，一个作为接收元，它们能够实现机械能（振动波）与电能（电信号）之间的相互转化。试样安装应保证弯曲元与试样直接紧密接触，滤纸或其他保护膜应为弯曲元的插入留出空隙。

6. 循环载荷板测试

循环荷载板测试，是将一个刚性压板，置于地基表面，在压板上反复进行加荷、卸荷试验，量测各级荷载作用下的变形和回弹量，绘制滞回曲线，根据每级荷载卸荷时的回弹变形量，确定相应的弹性变形值和地基抗压刚度系数。

加荷装置可采用载荷台或采用反力架、液压和稳压等设备。载荷台或反力架应稳固、安全可靠，其承受荷载能力应大于最大测试荷载的1.5倍。当采用千斤顶加荷时，其反力支撑可采用荷载台、地锚、坑壁斜撑和平洞顶板支撑等。

7. 振动三轴测试

土质地基、边坡以及工程建（构）筑物在地震和其他动荷载作用下的动力反应分析和安全评估，需要有土的动变形和强度性质参数。振动三轴测试是一种测定地基土动力特性较为常见的室内方法。振动三轴测试可测定土的动剪切模量、动弹性模量和阻尼比，还可用于测定土的动强度（含饱和砂土的抗液化强度）和动孔隙水压力，适用的应变幅范围一般为10^{-4}～10^{-2}。

8. 共振柱测试

共振柱测试是根据线性黏弹体模型由实测数据来计算土的动弹模和阻尼比的，因此要求黏性土、粉土土和砂土试样在试验中承受的应变幅一般不超过10^{-4}。由于各自测试应变幅范围的限制，往往需要将共振柱测试和振动三轴测试的结果综合考虑，才能获得较为完整的动剪切模量比、阻尼比与剪应变幅的关系曲线，或动弹性模量比、阻尼比对轴应变幅的关系曲线。

9. 空心圆柱动扭剪测试

与常规三轴试验相比，空心扭剪试验具有以下优点：试样为空心薄壁，应力应变分布更均匀；试验过程中可以实现主应力轴连续旋转；可以任意控制主应力的大小；可以实现非三轴复杂应力路径试验，为经受地震、波浪和交通等动力作用的工程场地、边坡、建（构）筑物进行动力反应分析提供动力特性参数。

第二章　激振与测振

第一节　概　　述

地基动力特性测试一般都要通过激振-振动测量-信号分析处理三个基本环节。激振的目的是向地基施加某种动荷载，使其最大限度地模拟实际土体的动力作用或激振的频率能覆盖测试对象的动力特性；振动测量的基本要求是尽可能把地基、基础受动荷载作用下所表现出来的动力响应和性状，通过传感器将土体的振动物理量转变为电量，并经适调放大器将信号放大、变换、滤波、归一化等适调环节后，最后进行显示记录（图 2-1-1）。

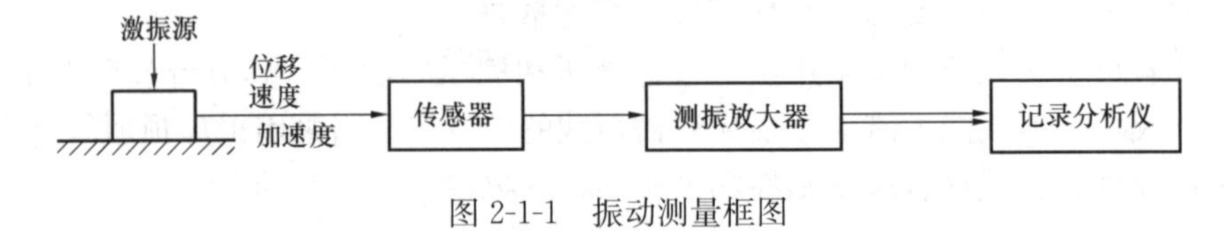

图 2-1-1　振动测量框图

传统振动测量是将连续变化的振动和物理量转变为连续电信号，通常将这些连续变化的电信号称为模拟量。模拟量信号的缺点是显示、记录的精度低，抗干扰能力差，不便于对信号作进一步的分析处理。

为了提高振动测量精度和速度，要对信号作进一步处理，往往需要将连续的模拟信号转变为离散的数字信号，这个过程称为数据采集。随后将采集的数据进一步处理分析、存储和显示。动态信号分析的主要手段就是将时间域变化的信号变换为在频率域中有效值或均方值随频率的分布，也就是进行谱分析。动态信号分析的核心是离散傅里叶变换。当前发展的数字处理器（DSP）为快速傅里叶变换和加窗处理等提供条件，开辟了软、硬件结合的动态信号处理新途径。动态信号采集与分析过程见图 2-1-2。

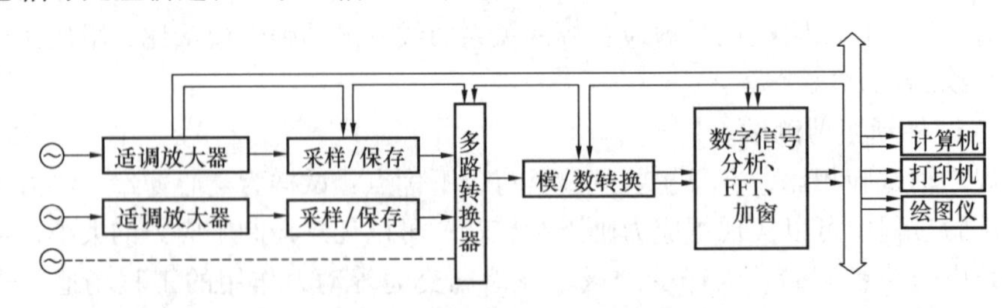

图 2-1-2　信号采集分析过程框图

实际测量分析的物理量往往是被测对象（机械结构、桩-土系统等）在一定条件下对某种激励的动态响应，它能在一定程度上反映被测系统的动态性能，如果是线性的激励和响应，则系统的输入、输出之间存在着简单的因果关系（图 2-1-3），因此可以通过对被测系统输入、输出物理量的测量和分析来确定系统的动态特性。

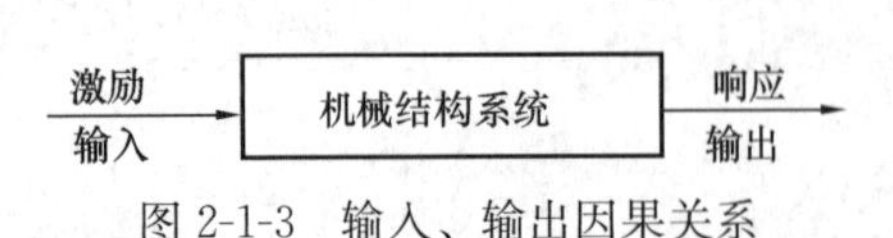

图 2-1-3　输入、输出因果关系

第二节 激 振 设 备

按激振方式可分为稳态激振和瞬态激振，稳态激振能产生单一频率成分的简谐波，在频谱图上是一条竖直线，激振频率可以根据试验需要调节，瞬态激振的时域波形为一较窄的脉冲，在频谱图中频带较宽，其频率成分比较丰富，但分配到每一频率成分的能量较小（图 2-2-1）。

1. 瞬态激振：瞬态激振如球击、力锤、力棒等，它以改变激振能量大小和锤头的材质来改变激励脉冲的能量和脉冲宽度。一般来说，铁球的重量大，碰撞时接触的时间较长，其激励脉冲的幅值大，脉冲宽度较宽，其脉冲频谱的低频成分丰富，较适合于动力参数法的振源，以击起桩-土体系的固有振动频率。采用力棒激励，具有能量集中的特点。如在力锤上安装锤头的材料不同，如钢头、铝头、塑料头、橡胶头，则产生的力谱特性也不同（图 2-2-2）。锤头由硬到软的不同材质，将使激励脉冲的宽度由窄变宽，而力谱的宽度由宽变窄。也就是说，锤头硬，激励脉冲波形窄，力谱频带宽，高频成分丰富；锤头软，激励脉冲波形宽，力谱频带窄，低频成分较丰富。

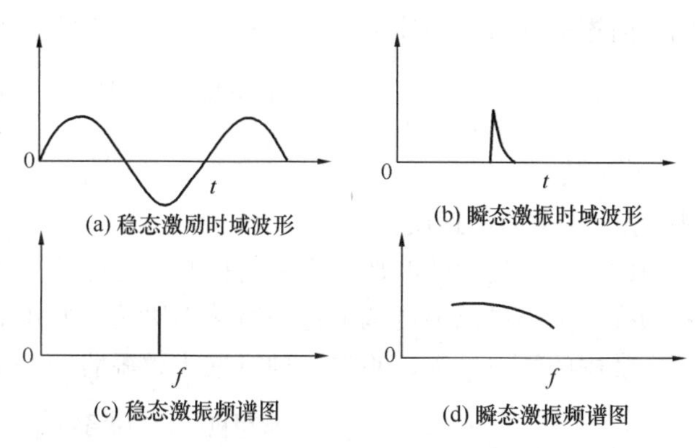

图 2-2-1 稳态和瞬态激振的时域波形及频谱图

2. 稳态激振：能产生简谐波的稳态激振器有三种，即机械式偏心块激振器、电磁激振器和电液激振器。

（1）机械式偏心块激振器：这是一种利用旋转机械偏心质量块的离心力，给试验基础施加周期性简谐力的装置，其工作原理如图 2-2-3 所示。

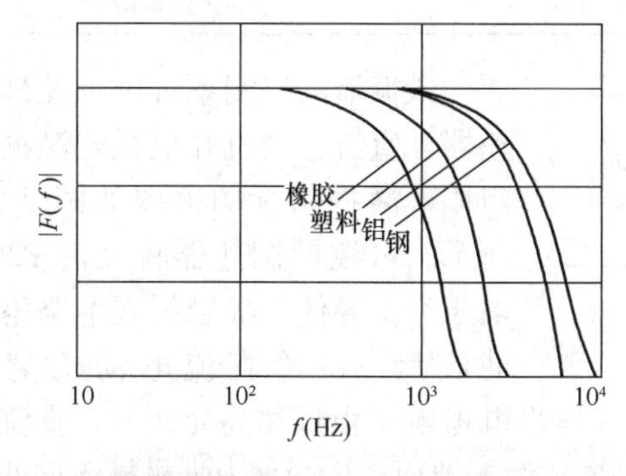

图 2-2-2 不同锤头材料力谱特性

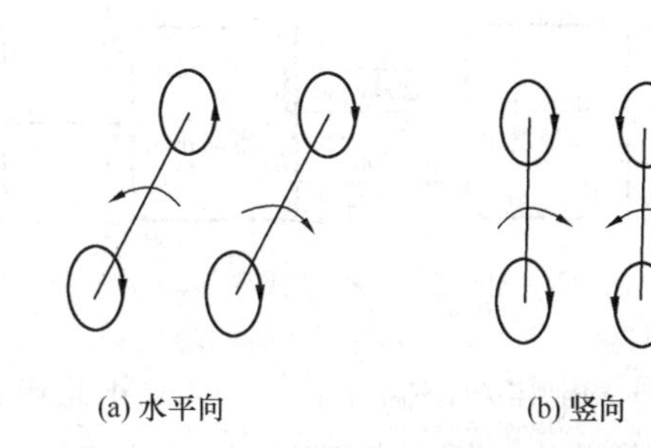

图 2-2-3 机械式激振器

由图 2-2-3 可知，在两个平行轴上各安装两个偏心质量块，由于质量块安装的位置和轴旋转的方向不同，可产生水平、竖向两个方向的激振扰力，以模拟动力机器基础的水平振动或竖向振动情况。图 2-2-3（a）所示两组反相旋转的质量块安装在沿轴互成 90°的位置上，则惯性力在垂直方向的分力互相抵消，而在水平方向上的分力叠加起来，在此情况下，激振器的最大水平扰力 F_{VH} 为：

$$F_{VH}=4Me\omega^2 \quad (2\text{-}2\text{-}1)$$

式中 e——质量块距旋转中心的距离；

ω——质量块旋转的圆频率；

M——偏心块的质量。

同理，图 2-2-3（b）所示的组合，当绕水平轴旋转时，可产生竖向扰力，由于每一循环的竖向振动受重力加速度影响，故上、下扰力略有不同，其最大与最小扰力分别为：

$$\begin{aligned}F_{vzmax}&=4M(e\omega^2+g)\\F_{vzmin}&=4M(e\omega^2-g)\end{aligned} \quad (2\text{-}2\text{-}2)$$

式中 g——重力加速度。

因此，竖向扰力的波形上下不是很好对称的简谐波，这在低频时较为明显。机械式激振器的扰力大小可以通过调节每一组偏心块质量的相对位置（即角度）来实现，一般分为六档。常用的强迫振动试验的三种机械式激振器 $m_e \cdot e$ 值见表 2-2-1。

常用机械式激振器 $m_e \cdot e$ 值 **表 2-2-1**

档数	型号		
	中型（Ns^2）	小型（Ns^2）	大型（Ns^2）
1	0.825×10^{-1}	0.1338×10^{-1}	0.467
2	0.155	0.3032×10^{-1}	0.741
3	0.3275	0.4554×10^{-1}	1.205
4	0.4667	0.5849×10^{-1}	1.640
5	0.5567	0.6553×10^{-1}	1.98
6	0.5878	0.6752×10^{-1}	2.20
7	—	—	2.273

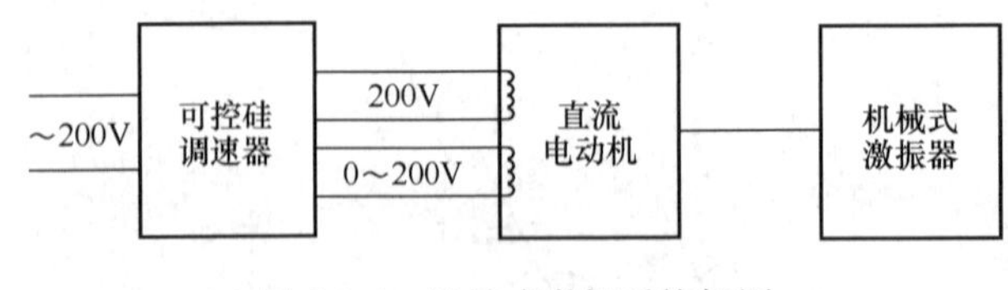

图 2-2-4 机械式激振系统框图

激振器的控制系统由可控硅调速器、直流电动机和机械式激振器组成，激振系统的框图如图 2-2-4 所示。可控硅调速器将交流 220V 电压经半导体二极管桥式电路整流滤波后，供给直流电动机直流 200V 励磁电压和可调（0～200）V 电枢电压，这样当电枢电压由低往高变化时，直流电动机的转速也由低到高变化，通过皮带轮带动机械式激振器而产生激振力，机械激振器的激振频率也随直流电机转速的变化而变化。

（2）电磁激振器：这是一种将电能转换为机械能的换能器，它由永久磁铁、铁芯及磁极组成的磁路系统，线圈、骨架及顶杆组成的可动部分，以及支承弹簧、壳体等部分构成，其结构原理如图 2-2-5 所示。

磁路系统的气隙中能产生很强的恒定磁场，当交变电流输入位于气隙中的可动线圈时，磁场作用于载流导体，对动圈产生与气隙磁场强度、线圈有效长度以及输入电流强度成正比的轴向电磁感应力 $f(t)$ 为：

$$f(t)=B\cdot l\cdot i(t)\cdot 10^{-4} \tag{2-2-3}$$

式中　B——磁场强度（Gs）；

l——线圈有效长度（m）；

$i(t)$——电流强度（A）。

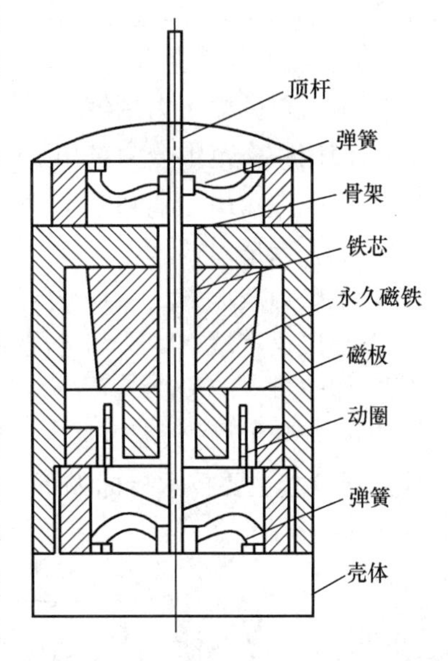

图 2-2-5　电磁激振器结构原理图

电磁感应力通过固定线圈的骨架和顶杆将激振力传递给试件，电磁激振系统组成如图 2-2-6 所示。

信号发生器可产生一定工作频率范围的简谐波或调制波，输出一定的电压，经功率放大器放大，输出电流以推动电磁激振器工作。信号发生器可分为模拟、数字和计算机辅助三种类型。模拟信号发生器的精度、稳定度和可控性较差，已逐渐被数字信号发生器代替。计算机辅助信号发生器是将所需信号波形预先存放在存贮器中，由频率可控的时钟和时序逻辑电路按一定节拍读出存贮器的数据，然后经锁存寄存器和数模转换器以及模拟滤波电路将数据变换成对应的模拟电压信号，它可产生正弦、快速扫描、随机等多种激振信号。

图 2-2-6　电磁激振系统方框图

目前适用于岩土工程原位测试的电磁激振系统，技术指标如下：

DZ-80 型起振机（图 2-2-7）在结构上采用永磁场、空气弹簧等新技术，产品结构紧凑，

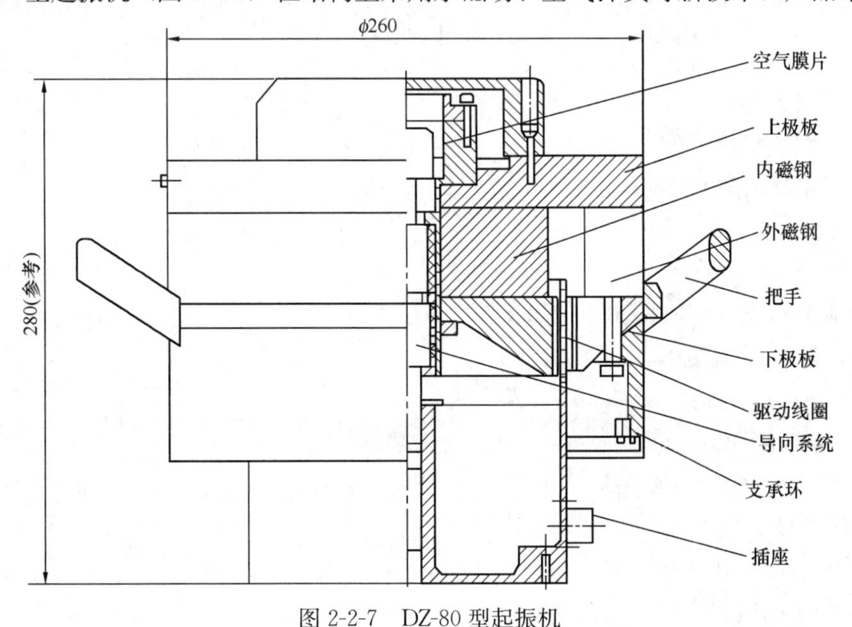

图 2-2-7　DZ-80 型起振机

激振力较大，DZ-80 型起振机由 GF-80 功率放大器驱动。

DZ-80 型起振机主要技术指标如下：

① 最大正弦输出力幅值≥700N

② 使用频率范围全力输出 5～1500Hz

③ 减小力输出 3～2000Hz

④ 最大振幅±20mm

⑤ 激振力波形失真＜10％

⑥ 起振机重量本体＜500N

⑦ 加配重＜800N

GF-80 型功率放大器（图 2-2-8），是一种线性度较高，性能稳定可靠，结构紧凑的功率放大器，其主要技术指标如下：

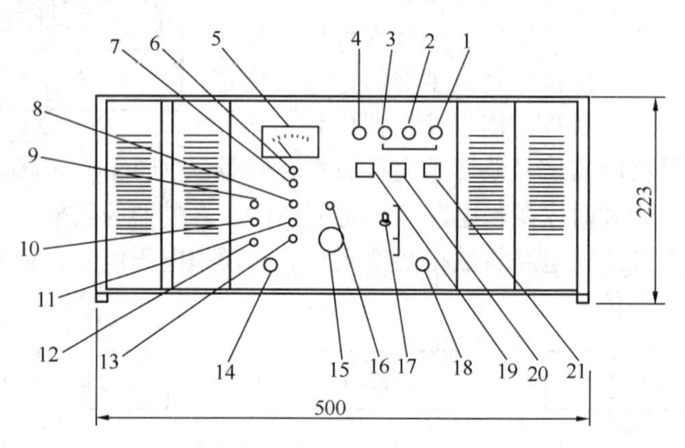

图 2-2-8 GF-80 型功率放大器

1、2、3、4—电源保险丝；5—输出电流表头；6—机械调零；7—电气调零；8—过流指示；9—小功率电源指示；10—熔丝熔断指示；11—行程指示（用于振动台时）；12—削波指示；13—湿度显示；14—信号输入插座；15—信号调节旋钮；16—增益指示；17—输入方式开关；18—监测插座；19—电源 1 按钮；20—电源 2 开按钮；21—电源 2 关按钮

① 最大输出功率 600VA

② 最大输出电流有效值 25A

③ 输出电压有效值 24V

④ 工作频率范围满功率 5～5000Hz

⑤ 半功率 0～10kHz

⑥ 谐波失真度 5～5000Hz 内＜0.5％

⑦ 输出阻抗低阻输出＜0.001Ω

⑧ 高阻输出＞200Ω

⑨ 输入阻抗 10Ω

⑩ 工作环境温度 5～40℃

⑪ 湿度 90％（＋25℃）

⑫ 供电要求三相四线制 50～60Hz　380V（－10％～＋5％）

⑬ 消耗功率 1400VA

⑭ 重量<35kg

（3）电液激振器：这是一种特殊的电-液装置，将模拟电信号变成指令信号，输送给液压系统，按照模拟信号的频率和波形，带动液压系统周期性地做往复运动。图 2-2-9 是电液激振系统原理图。

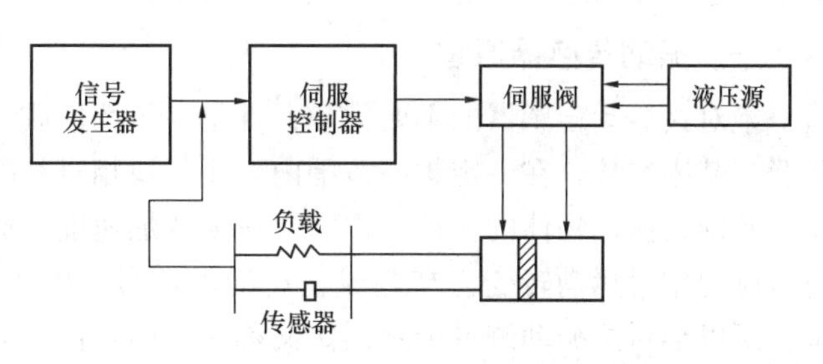

图 2-2-9　电液激振系统原理图

它由电气和液压两部分组成。电气部分的功能是用信号发生器输出的模拟信号经伺服控制器放大后输出电流给伺服阀，伺服阀一方面由液压源供给压力介质，同时又连通执行机构按模拟信号做机械运动，输出力或位移到负载上。由于负载本身的刚度和阻尼作用，可能吸收执行机构的能量，会使原来的指令信号发生失真，因此负载上的传感器，将信息反馈到伺服控制器中去，从而可精确地控制系统输出量使其恒定。液压系统部分就是用电路系统输入的模拟指令信号驱动伺服阀工作，调节液压源的补给，使工作油缸的流量和压力按输入指令信号而变，即油缸输出的激振力和位移符合信号的特征。这种电液激振系统具有很大的推力/重量比，推力可达数吨至数十吨，频率范围为 0～200Hz，最大振幅可达几十毫米。如 E-1A 电子液压振动台，最大推力 100kN、最大振幅±25mm、频率范围 0.5～100Hz、最大负载 300kg、满载时最大加速度 3.5g、可作竖向与水平振动。

表 2-2-2 给出了三种不同类型激振系统的对比。

三种激振系统的对比　　表 2-2-2

激振系统		工作频率	抗力大小	输出波形	重量	成本	用途
机械	瞬态	几 Hz～2000Hz	冲击力小	衰减自由振动	轻便	低廉	块体基础、桩基检测、表面波测试及各种模态分析（任意场合）
	稳态	几 Hz～50Hz	常扰力随 f 变化，中、小	简谐波	较轻	低	块体基础、表面波测试（野外）
电磁		几 Hz～1500Hz	恒扰力 1000N，中、小	正弦波、方波、人工随机波	较轻	较贵	桩基、表面波测试，振动台，块体基础、桥梁、结构振动试验（室内、野外）
电液		200Hz 以下	恒扰力，中、大	正弦波、方波、人工随机波	较重	贵	振动台（室内）

第三节　振动传感器

传感器是指将机械物理量转换为与之成比例的电信号的机电转换装置。能将物体的振动量转变为电量的机电转换器件，称为振动传感器、拾振器或检波器。按测量的振动力学参数可分为位移传感器、速度传感器和加速度传感器。从力学原理上又可分为绝对式传感器和相对式传感器。相对式传感器需要选定某一不动点为参数测量与被测物体间的相对振动量，这在测试时不易实现，因此在岩土工程振动测量中主要采用绝对式传感器。

一、振动传感器原理

绝对式振动传感器的主要力学元件是一个惯性质量块、阻尼器和支承弹簧。质量块经弹簧与基座连接，在一定频率范围内，质量块相对基座的运动（位移、速度或加速度）与作为基础的振动物体的振动（位移、速度或加速度）成正比。传感器敏感元件再把质量块与基座的相对运动转变为与之成正比的电信号，以实现相对于惯性坐标系的绝对振动测量。所以绝对式振动测量传感器，又称为惯性式传感器，其力学原理如下：

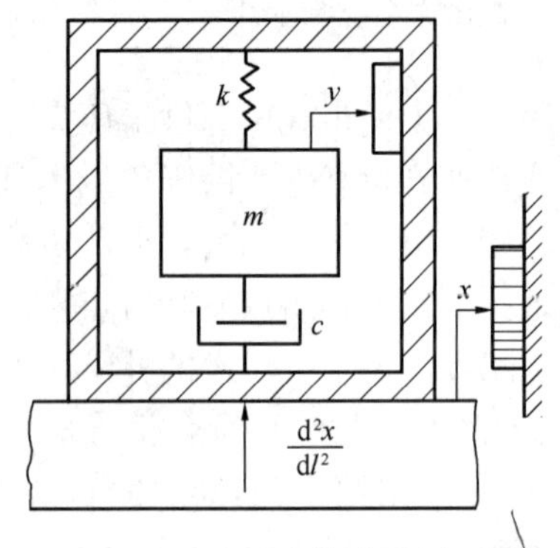

图 2-3-1　绝对式传感器原理图

设惯性质量为 m，弹性元件的刚度为 k，运动时的阻尼系数为 c，如不计弹簧和阻尼元件的质量，绝对式传感器的运动可以简化为一单自由度系统，如图 2-3-1，设基础运动为 $x(t)$，惯性质量的绝对运动为 $z(t)$，则基座的相对运动为：

$$y(t)=z(t)-x(t) \tag{2-3-1}$$

根据惯性力、阻尼力、弹性力三者之间的平衡关系，可写出动力学方程：

$$-m\ddot{z}-c(\dot{z}-\dot{x})-k(z-x)=0 \tag{2-3-2}$$

以基础运动 $x(t)$ 为输入，惯性质量的绝对运动为 $z(t)$，则对基座的相对运动 $y(t)=z(t)-x(t)$ 为输出，整理后可得

$$m\ddot{y}+c\dot{y}+ky=-m\ddot{x} \tag{2-3-3}$$

对方程两边进行拉普拉斯变换，并设系统初始条件为零，可得到惯性式传感器的传递函数

$$H(s)=\frac{y(s)}{x(s)}=\frac{-ms^2}{ms^2+cs+k} \tag{2-3-4}$$

令 $s=j\omega$，可得位移振动传感器的频率特性（幅频特性和相频特性）：

$$H(\omega)=\frac{y(\omega)}{x(\omega)}=\frac{u^2}{\sqrt{(1-u^2)+(2\zeta u)^2}} \tag{2-3-5}$$

$$\theta(\omega)=\arctan\frac{2\zeta u}{1-u^2} \tag{2-3-6}$$

式中　$u=\frac{\omega}{\omega_0},\omega_0=\sqrt{\frac{k}{m}},\zeta=\frac{c}{2m\omega_0}$。

图 2-3-2 为绝对式位移振动传感器的特性曲线。当被测振动频率 ω 远大于传感器固有频率 ω_0 时，$H(\omega)\rightarrow1$，幅频特性几乎与频率无关，即惯性式位移传感器可用于测量频率远高于传感器固有频率的振动；位移传感器的 $\zeta=0.6\sim0.7$ 为最佳阻尼比，这时很快进入平坦区使工作使用频率范围扩大，但相移也有所增加，绝对式位移传感器的位移不允许超过其内部可动部分行程的振动位移。

如果能够测量惯性质量相对于基座的运动速度 $\dot{y}(t)$（如相对于速度敏感元件，如磁场中运动的线圈），并将基础振动速度 $\dot{x}(t)$ 当成输入，$\dot{y}(t)$ 作为输出，这就是惯性式速度振

动传感器的原理，速度传感器频率响应为：

$$H(\omega)=\frac{y(\omega)}{\dot{x}(\omega)}=\frac{u}{\sqrt{(1-u^2)^2+(2\zeta u)^2}} \tag{2-3-7}$$

$$\theta(\omega)=\arctan\frac{2\zeta u}{1-u^2} \tag{2-3-8}$$

其幅频、相频特性与图 2-3-2 类似。

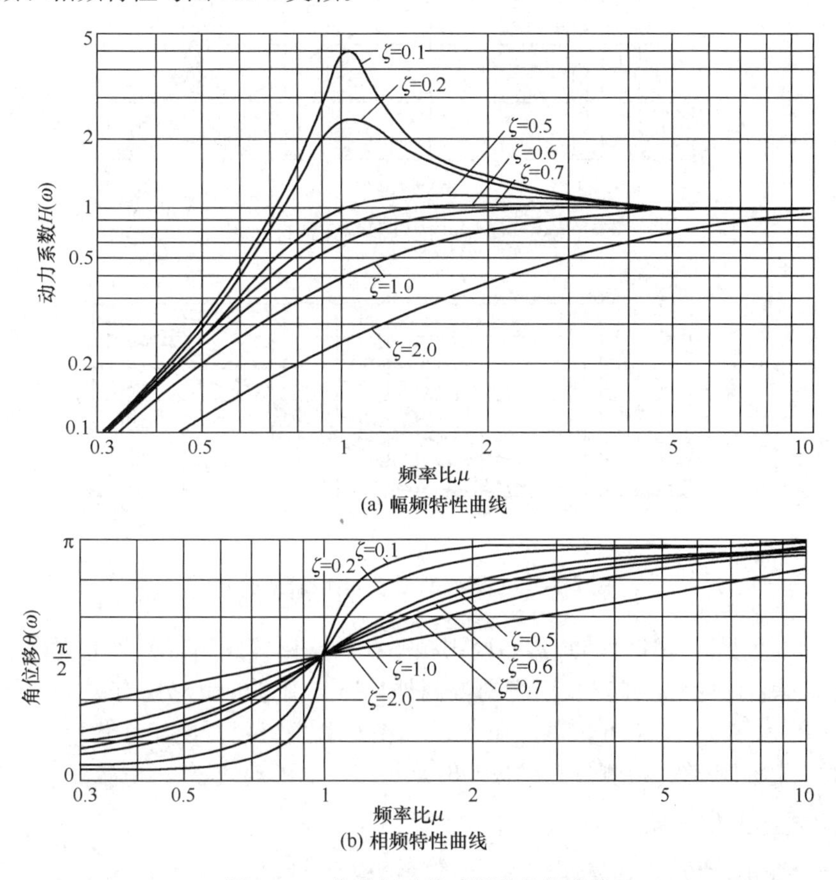

图 2-3-2　位移振动传感器的特性曲线

惯性速度传感器也用于测量远高于传感器固有频率的振动，适当的阻尼能扩大测量频率的范围。当 $\zeta=0.6$ 时，最低测量频率可达 $1.2\omega_0$。

但增大阻尼将产生信号相位失真，因为相位失真随频率而变化，从而会使输出响应信号的波形发生畸变。

由于构成传感器的惯性质量块具有弹性，而弹簧也有质量，因此达到一定频率时，将产生弹性共振，使可测的高频受到限制。

绝对式振动测量原理也可用于加速度测量。这时输入为基础振动加速度 $\ddot{x}(t)$，输出为由敏感元件产生的惯性质量相对于基座的位移信号，传感器敏感元件产生的电信号与基础振动加速度成正比，加速度传感器的幅频特性表达式为：

$$H(\omega)=\frac{y(\omega)}{\ddot{x}(\omega)}=\frac{1}{\omega_n^2}\frac{1}{\sqrt{(1-u^2)^2+2(\zeta u)^2}} \tag{2-3-9}$$

幅频、相频特性曲线如图 2-3-3、图 2-3-4 所示。

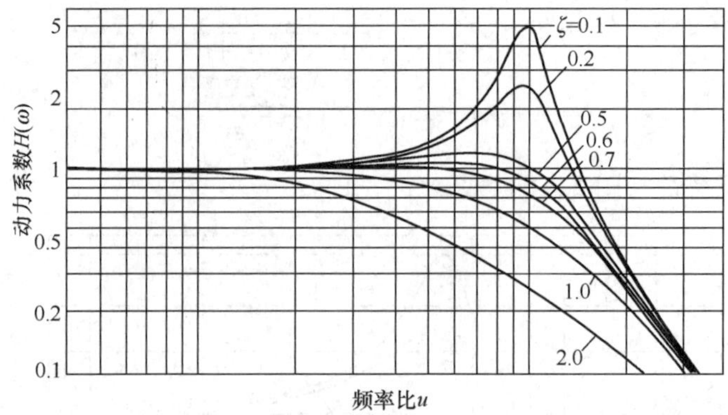

图 2-3-3　加速度传感器幅频特性曲线

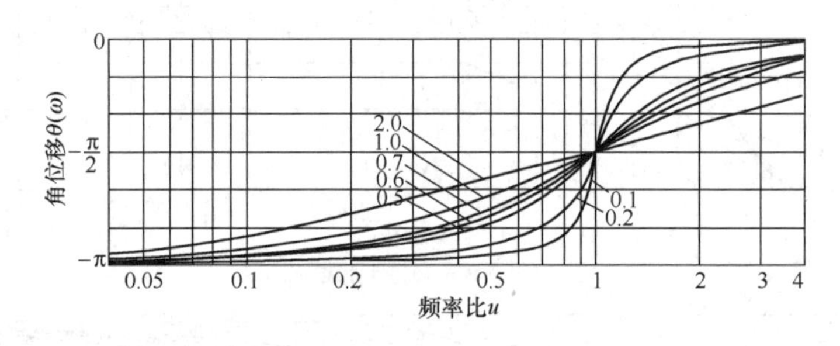

图 2-3-4　加速度传感器相频特性曲线

由图 2-3-3 可见，加速度传感器的使用频率在低于传感器固有频率范围内。使用频率的上限除受到固有频率 ω_n 和安装刚度的限制外，还与引进的阻尼比有关。为了扩展其频率上限，采用 $\zeta=0.6\sim0.7$ 可扩展上限工作频率。引进阻尼，使相移角增大，当 $\zeta=0.7$ 时，非常接近比例相移，在测量合成振动时，可减小波形畸变。

二、磁式速度传感器

这里将介绍振动传感器的机电变换原理、结构及使用的有关问题。

磁式速度传感器是一种基于电磁感应原理的机电变换器件。根据楞次定律，当导体以速度 v 垂直于磁场方向运动时，导体上将产生感应电动势，感应电动势 e 可由下式表示：

$$e = Blv \cdot 10^{-4}(\mathrm{V}) \tag{2-3-10}$$

式中　B——磁路气隙中的磁通密度（Gs）；

l——磁场内导线的有效长度（m）；

v——导线切割磁力线相对运动速度（m/s）。

磁式速度传感器的敏感元件为处于由永久磁铁产生的同心圆状空隙磁路中的环形测量线圈，见图 2-3-5。磁式速度传感器有两种结构形式：一种是把测量线圈固定在传感器壳体上；让弹簧支承磁钢组成可动系统；另一种是把磁钢固定在壳体上，弹簧支承测量线圈组成可动系统，两种结构的原理是一样的。当线圈与磁体产生相对运动时，测量线圈即产生与运动速度成正比的电压信号。在使用频率范围内，线圈与磁铁的相对运动反映振动物体在传感器固定点的振动速度。

磁式速度传感器的固有频率不可能很低，为了扩展低频测量范围，可利用测量线圈产生的电磁阻尼力，或由介质来适当增加阻尼，通常以 $\zeta=0.6\sim0.7$ 为最佳阻尼比。但阻尼比的增大，将在低频段引起较大的相移，因此在速度传感器出厂检验时，不仅要有灵敏度校准曲线，还应有角位移校准曲线。电动式速度传感器在使用频率范围内能输出较强的电压信号，且不易受电磁场和声场的干扰，测量电路也比较简单，因此在土木、岩土工程、机械、地震监测等方面都得到广泛的应用。

图 2-3-6 为磁式速度传感器构造示意图。

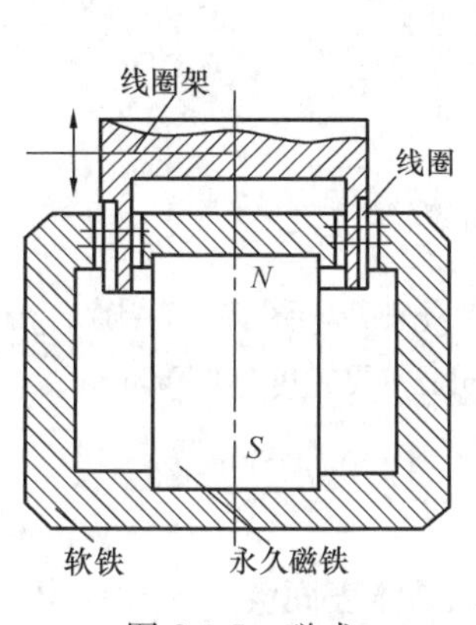

图 2-3-5　磁式速度传感器

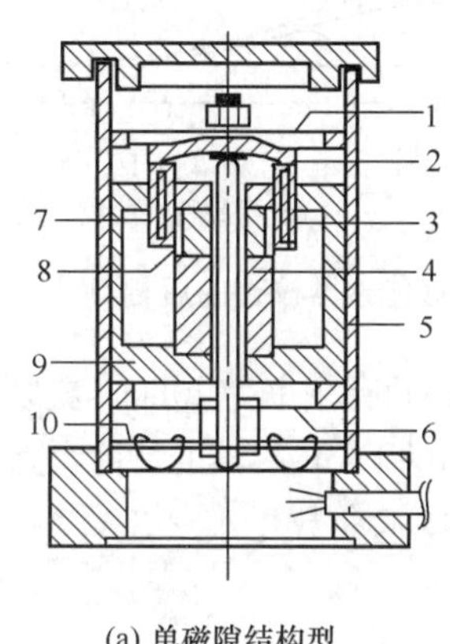

(a) 单磁隙结构型

1—上弹簧片；2—线圈架；3—线圈；4—磁钢；5—壳体；6—下弹簧片；7—紫铜阻尼环；8—补偿线圈；9—导磁体；10—接线板

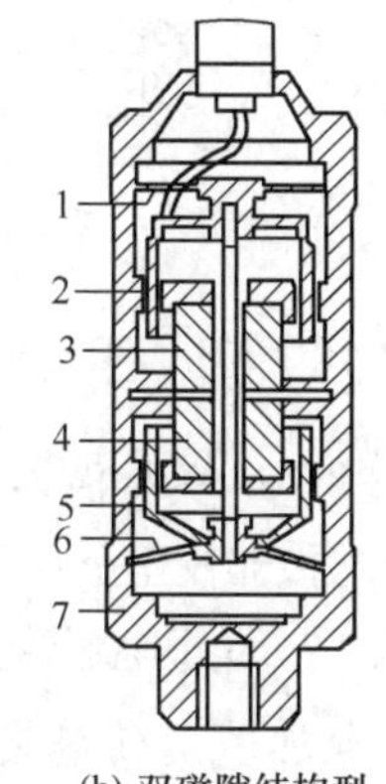

(b) 双磁隙结构型

1—上弹簧片；2—线圈；3、4—磁钢；5—阻尼环；6—下弹簧片；7—外壳

图 2-3-6　磁式速度传感器构造示意图

最近我国研制了新型传感器，在岩土工程振动测量中具有良好的应用前景。这种 DP 型地震式低频振动传感器是将机械结构固有频率较高的地震检波器经低频扩展（校正）电路，使其输出特性的固有频率降为原检波器的 1/60～1/20。从而既保持了原检波器的抗振、耐冲击、高稳定度等特点，又具有良好的输出特性。其工作原理如图 2-3-7 所示。

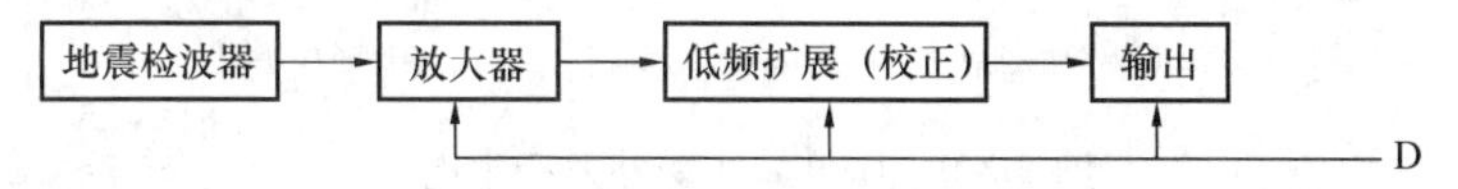

图 2-3-7　DP 型振动传感器工作原理

校正电路由放大和低频扩展两部分组成，如放大器中为直接放大，则输出电压正比于传感器壳体（安装基座）的振动速度，即为速度型传感器；如放大器中内置积分环节、输出电压正比于传感器壳体的位移，即为位移型传感器。校正电路的核心是检波器低频段传递函数降低时，通过低频扩展反馈电路给以放大补偿，从而提高了低频段传递函数，使 DP 型振动传感器低频段的幅频特性保持平直，扩展了 DP 型振动传感器的低频使用范围。这种传感器以电路设计的固有频率和阻尼比作为输出特性，它对检波器结构参数的一致性并无要求，而是通过在振动台上精心调试以后，使其输出特性严格控制在所要求的范围内，以保证同类传感器有较好的一致性。图 2-3-8 是 DP 型振动传感器校正前后的幅频、相频率特性曲线。

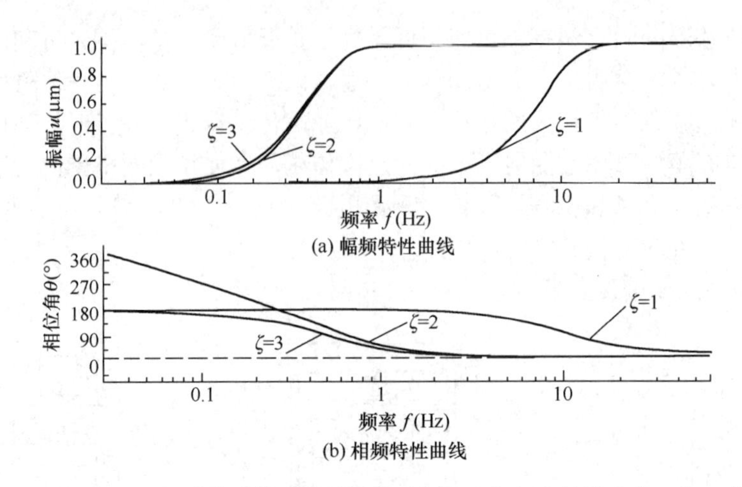

图 2-3-8　DP 型振动位移传感器校正前后幅频、相频率特性曲线（归一化）

图中 2-3-8（a）为检波器特性，固有频率为 10Hz，灵敏度为 32mV/mm/s，图 2-3-8（b）为将上述 10Hz 检波器校正至 0.5Hz 后的 DP 传感器的特性，固有频率 0.5Hz，灵敏度为 10V/mm。

目前国内外部分速度传感器技术参数见表 2-3-1。

三、压电加速度传感器

压电加速度传感器是利用晶体材料在受外力作用产生变形时，晶体表面会产生相应电信号的原理而制成的传感器，由于它受到振动信号时，输出端产生与振动加速度成正比的电荷量，因而称为加速度传感器。

在沿特定方向切成压电晶体薄片，并在两面镀上电极，当在薄片沿厚度垂直或剪切方向加外力 F 时，在电极表面将产生电荷 q，电荷正、负号随外力的方向改变（图 2-3-9）。

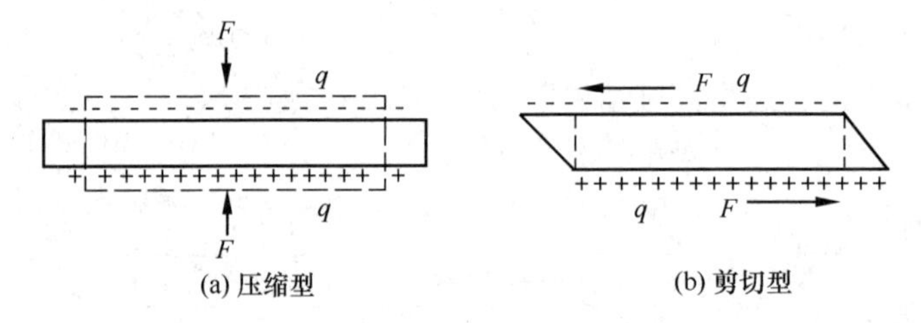

图 2-3-9　压电晶体受外力产生电荷

压电晶体输出电荷 q 与所加外力下成正比：

$$q=dF \tag{2-3-11}$$

式中　d——电压常数（C/N），与晶体切割方向和受力变形状态有关。

压电晶体如同一种电容器，设电容器为 C，电极面之间的距离为 δ，介电常数为 ε，电极面积为 S，则两电极面之间的开路电压 e_0 为：

$$e_0=\frac{q}{C}=\frac{d}{\varepsilon S}\delta F(\mathrm{V}) \tag{2-3-12}$$

式中　$\frac{d}{\varepsilon}$——对单位外力，单位厚度电容器的开路电压，称为电压灵敏度，是评价压电晶体灵敏度的重要参数。

国内外部分速度传感器技术参数 表 2-3-1

技术参数 / 型号	速度灵敏度 (mV/mm/s)	频率范围 (Hz)	测量方向 (铅垂为0°)	最大位移 (mm)	固有频率 (Hz)	阻尼比	质量 (kg)	外形尺寸备注	
CD-1	60	10～500	0°～180°	±1	12	—	0.7	Φ45×160	惯性式
CD-21	20	10～1000		±1			0.6		惯性式
CDJ-Z27	24	—	0°	—	27±1	—	0.15	—	垂直式
CDJ-Z38	26				38±21		0.255		垂直式
CDJ-F35	28±10%				35±2		6		三分量波速探头
XZ-4	20	10～1000	0°±100°	2	10	0.55～0.65	0.32	Φ41×87	—
DP	8.0V/mm	0.5～150	铅垂、水平两用	±1	—	0.65	0.55	Φ60×90	地震式
EG-35	32.5	35～1800	—	±1.8	35	0.65	3	Φ188×160	反射波法等
EG-1	300				1±0.1	0.25			地脉动测试
CDJ-84	20±5%	—	—	—	—	—	6.5	—	三分量波速探头
VHH-1	28.5	—	—	±2	28	0.6	6	Φ60×300	三分量波速探头
65	37	1.0～40	铅垂、水平两用	±3	1	—	5	—	—
701	16.5	1～50	—	—	1	0.55	1.5	—	—
891-Ⅱ	0.1V/mm/s	0.5～80	—	100m/s^2	—	7	1	Φ60×80	加速度
	1V/mm/s	0.5～100		300		0.65	1	Φ60×80	大速度
	30V/mm/s	2～100		15		0.65	1	Φ60×80	小速度
Jan-00	20±5%	4.5～1000	0°±2.5°	±1.25	4.5	0.58～0.84	0.48	Φ41×102	—
Mar-00	20±5%	14.5～1000	90°±2.5°		4.5				
Sep-00	20±5%	15～1000	0°±180°		15				
T68	100±5%	10～2000	90°±10°	±1	8±5%	—	0.33	Φ38×77	—
T69	100±5%	10～2000	0°±30°	±1	8±5%				
T77	72±5%	20～2000	0°±110°	±0.8	15±5%				
PR9260	30.2	10～1000	铅垂、水平两用	±1	12±2	0.425～0.575	0.57	Φ48×144	—
PR9266	30±3%			±2	13±1	0.6	0.49	Φ58×101	

压电型加速度传感器在构造上可分为压缩型和剪切型两类，图 2-3-10（a）为压缩型加速度传感器，由质量块 m 和环形压电晶体片构成振动系统。在此压电晶体作为弹性元件，刚度为 k_0，当质量块相对基座运动位移 y 时，晶体片受到拉、压时产生与位移 y 成正比的电荷 q。

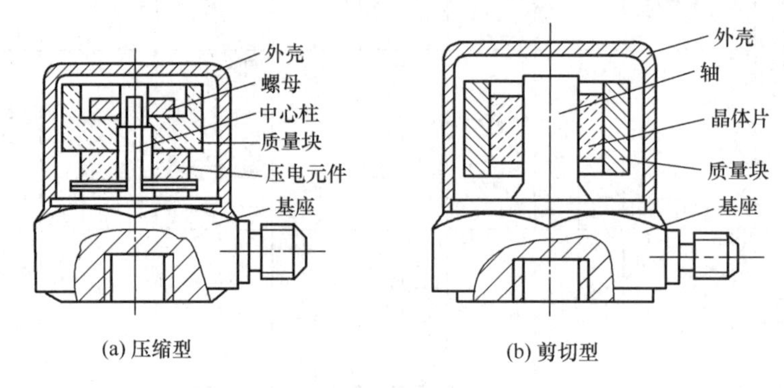

(a) 压缩型　　(b) 剪切型

图 2-3-10　压电型加速度传感器

$$q = dk_{c}y \tag{2-3-13}$$

因为 $y = \frac{\ddot{x}}{\omega_0^2}, k_c = m\omega_0^2$ ，所以

$$q = dm\ddot{x} \tag{2-3-14}$$

图 2-3-10（b）为剪切型加速度传感器，结构形式为剪切式，是利用晶体受剪切力而产生压电效应原理制成的。可以减小基座应变敏感程度，并能在较长的时期内保持传感器特性稳定。

压电型传感器的主要优点：(1) 由于压电晶体刚度大，固有频率高，其使用频率范围宽（0.1～200000Hz）；(2) 动态范围大（$10^{-3}g$～$10^{4}g$）；(3) 附加质量小，重量轻，最小可做到 1g 以下，而且耐用。但由于内阻高，需要较为复杂的电荷放大器相匹配。

压电型传感器除了压电晶体外，还有压电陶瓷，后者灵敏度比压电晶体高一个数量级，但灵敏度随频率有所降低。

目前国内外部分压电加速度传感器技术参数见表 2-3-2。

国内外部分压电加速度传感器技术参数　　**表 2-3-2**

技术参数 / 型号	传感器质量 (g)	电荷灵敏度 (pc/m/s²)	固定安装共振 (kHz)	>10%误差频率范围 (kHz)	最高可测振级 冲击峰/正弦峰 (g)	备注
B&K4370	54	10	18	0.1～5.4	2000/2000	内装放大器
B&K4382	28	3.16	28	0.1～8.4	5000/2000	
B&K4390	28	3.16	28	0.3～8.4	150/150	
Σ7201-50	24	5.0	30	5～6	1000/2000	—
Σ2221F	11	1.0	45	2～10	3000/1000	
Σ7254-100	20	1.0	45	1～10	5000/500	
YD42	16	2.0	30	1～10	1000	—
YD48	120	100	6	0.2～500	20	

续表

型号＼技术参数	传感器质量 (g)	电荷灵敏度 ($pc/m/s^2$)	固定安装共振 (kHz)	>10%误差频率范围 (kHz)	最高可测振级冲击峰/正弦峰 (g)	备注
YS-9	40	20	—	—	—	—
6153 6156 6202 6204	102 75 50 38	150 50 100mV/g 200mV/g	4.2 7.5 15 16	0.3～1 1～1.5 1～3 1～4	100 300	内装放大器 内装放大器
EG-PEA-107	28	5	25	0.5～6	800	—

四、压电式力传感器

由于石英的机械强度高，能承受较大的冲击荷载，压电式力传感器多用刚度高、稳定性好的石英晶体片作为敏感元件。它的结构原理如图 2-3-11 (a) 所示，由顶部、底部的质量块和中间的石英晶体片，通过预压弹簧施加预压力，从而使晶体片直接承受动态拉、压力。图 2-3-11 (b) 所示的简化力学模型中 m_t、m_b 分别为顶部及底部的质量，k_p 为晶体片的当量弹簧刚度系数，f_t 为作用在顶部的被测力，f_b 为作用在底部的支承力，也就是晶体片所受的动态力。对于石英晶体片，传感器的输出电荷是与 f_b 成正比的，输出电荷为：

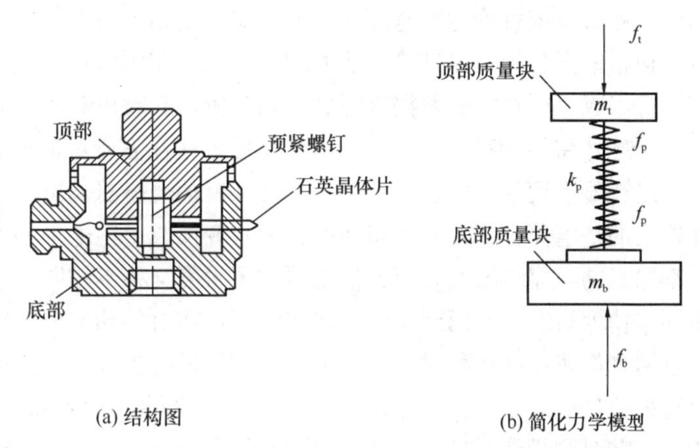

图 2-3-11 压电式力传感器

$$q = d_u \cdot f_b \tag{2-3-15}$$

因此，其电荷灵敏度为：

$$S = d_u (pc/N) \tag{2-3-16}$$

式中 d_u——石英晶体沿电轴受压时正压电常数。

在一般情况下，由于 m_t 并非静止，我们测到的力 f_b 并不完全等于作用在顶部的被测力 f_t。为此，可将轻的一端与试件联接。压电式力传感器采用直接测量方法，由于壳体刚度大，具有固有频率高、使用频率上限高、测量频率范围很宽、动态范围大、体积小、重量轻等优点。

目前几种常用的压电式力传感器技术参数见表 2-3-3。

部分压电式力传感器技术参数表 **表 2-3-3**

型号＼性能指标	测量范围 (kN)	分辨率 (N)	灵敏度 (pc/N)	非线性 ±Fs	谐振频率 (kHz)	质量 (g)
5112	125	0.025	～4	1	15	104
5114	60	0.025	～4	1	60	42
5115	250	0.05	～4	1	10	260

续表

型号 \ 性能指标	测量范围 (kN)	分辨率 (N)	灵敏度 (pc/N)	非线性 ±Fs	谐振频率 (kHz)	质量 (g)
8200	1（拉）/5（压）	2.5	4		35	
8201	4（拉）/16（压）	2.5	4		20	21
211A	5000 磅	0.1 磅	20pc/磅		70	112
212A	1000 磅	0.2 磅	20pc/磅		65	

第四节　动测仪测量系统

动测仪测量系统由传感器、适调仪、数据采集器、记录显示器组成。根据被测物理量的不同，测量系统可分为加速度、速度、应变和动态力四种子系统。动测仪的分析系统由计算机（包括根据各种动力试验方法原理所编制的应用软件）或具有运算分析功能的数字信号处理器等组成，可对实测数据进行处理和分析，有时也兼备控制信号适调和数据采集的功能。

传感器将被测物理量转变为电信号后，往往需要对输出的电信号进行调节，以便对测量结果进行显示记录或作进一步信号处理。有的传感器输出并非电压信号，如压电加速度传感器输出的是电荷，因此需要将非电压信号变换成一定电平的电压信号。传感器输出的信号一般都很微弱，需经放大，而各传感器的灵敏度又各不相同，为了使不同灵敏度的传感器在测量同一物理量时，能得到相同的输出电压，需对传感器信号进行归一化处理。在使用加速度传感器测量速度或位移时，需对加速度信号进行积分；在使用速度传感测量加速度时，又要对速度信号进行微分。在振动测量中，为了消除测量仪器的零点漂移或去除高频噪声的干扰，还需对测量信号进行滤波。对测量信号进行放大、归一化、积分、微分、滤波等信号变换，称为信号适调。为实现信号适调所用的电子仪器称为适调器。如把传感器称为测量的一次仪表，则信号适调器就是二次仪表。信号适调的核心是信号放大，因而信号适调器有时简称为放大器，平时我们用的电压放大器、电荷放大器都属于二次仪表。

模拟量信号放大器通常由运算放大器构成。电动式速度传感器输出的电压信号，很容易由运算放大器组成的电压放大器实现放大、滤波变换等功能。但压电传感器是一个能产生电荷的高内阻元件，对测量放大电路有特殊的要求，必须专门用电荷放大器。该电荷放大器是一个具有电容负反馈，且输入阻抗极高的高增益运算放大器，它能直接将压电传感器产生的电荷变换为输出电压，其输出电压与压电传感器产生的电荷成正比。由于电荷放大器作为压电传感器的信号适调有明显的优点，因此在振动测量中获得广泛的应用。但电荷放大器价格昂贵，在多通道测量时，更为突出。电荷放大器的主要缺点是电压灵敏度随电缆长度和种类变化，增大电缆长度传感器的灵敏度会降低。随着微型电子放大器或阻抗变换器的发展，一种内置放大或阻抗变换器压电传感器也相继出现（称固体电路压电（ICP）传感器），从而解决了电缆影响的问题，它能直接输出低噪声、低阻抗、高电平的电压信号，为振动测量提供便利条件，从而获得广泛的应用。

一、动态信号分析仪

随着微电子集成化电路的发展，目前使用的一些动态信号测试分析仪器，都将测量与信号分析做成一体化的动态测量分析仪，图 2-4-1 是一般的双通道的动态分析仪框图。数据采集系统的每一个通道由信号适调器、采样/保持、多路模拟开关和模数转换器组成。

信号适调器将传感器输入的各种物理量转变为电信号后，对信号进行放大、归一化、积分、微分、滤波等信号变换，并提供一定输出功率。如 7254A-500 型集成电路式压电加速度计，它采用气密封式结构以减少环境因素的影响，且具有灵敏度高（500mV/g）、频率响应宽（2～10kHz）、工作温度范围大（－55～125℃）、输出阻抗低（≤100Ω）、耐振动冲击（振动限 500g，冲击限 5000g）、信噪比高等优点。其体积小，结构牢固，可用于结构振动、桩基检测等。

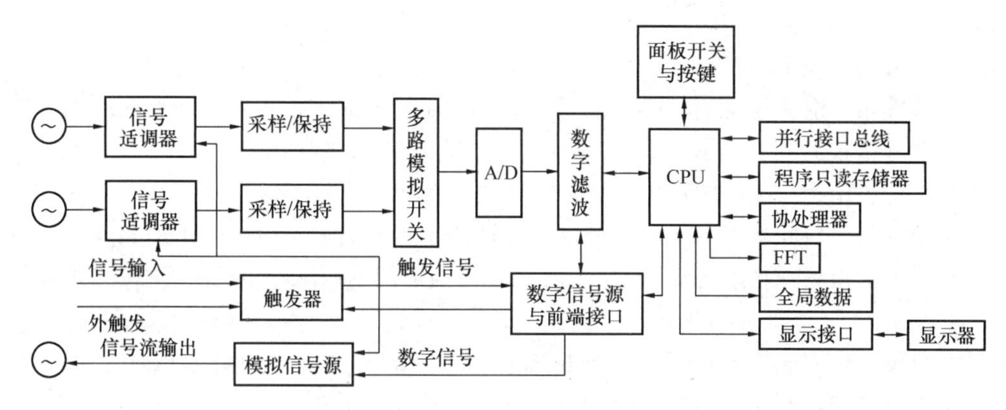

图 2-4-1　双通道动态分析仪框图

振动测量系统由振动传感器和信号适调器组成，它将连续变化的力和振动物理量转变为连续的电压信号，这些连续变化的物理量和信号称为模拟量。模拟量信号的缺点是显示、记录的精度低，抗干扰能力差，不便进一步分析处理。

动态数据采集是将模拟量信号转变为便于贮存、传输和分析处理的数字信号。动态数据采集由采样/保持、多路模拟开关、模/数转换器等组成。数据采集的目的是将一个连续变化的模拟量信号在时间上离散化，然后再将时间离散，幅值连续的信号转变为幅值域离散的数字信号，前者称为采样，后都称为量化。采样/保持是为了采集快速变化的信号，在 A/D 转换期间，输入模拟信号保持不变，使信号最大变化量不超过其量化误差。多路模拟开关可以将 2 路以上的输入端切换为 1 个输出端，使多路模拟通道共享一个模/数(A/D)转换器，A/D 转换器的功能是把模拟量变换成数字量，A/D 转换器按分辨率分为 4 位、8 位、10 位、16 位等，例如 1 个 10 位 A/D 转换器去转换一个满量程为 5V 的电压，则分辨率为 5000mV/1024≈5mV；同样 5V 电压，若用 12 位 A/D 转换器，则分辨率提高为 5000mV/4096≈1mV。一般的 A/D 转换过程是通过采样、保持、量化、编码这四个步骤完成的，可以集成在一个芯片内。

为了使采集到的数字信号的频率谱包含着原来连续信号的频谱成分，不失掉原有信息，应使选用的采样频率 f_s上限高于被测构件的最高频率 f_m，并满足以下关系：

$$f_s \geqslant 2f_m \tag{2-4-1}$$

实时频率滤波器具有抗混滤波性能，并可实现频率细化 FFT 分析功能。

中央处理器（CPU）在信号处理过程中起主控作用，除了对 DSP、FPP 等协处理器的运行进行控制外，对内实现面板（按键）管理、参数设置、总体数据（时域或频域）调度以及结果显示、存贮；对外通过并行接口总线与外部设备（X-Y 绘图仪、打印机等）和计算机数据通信，总体数据由随机存贮器（RAM）存贮和交换。

信号分析仪的核心运算——FFT 和加窗处理，由数字信号处理器（DSP）实现，功率谱估计和各种平均运算等则由浮点运算处理器（FPP）完成。

时域分析内容：瞬时时间波形、平均时间波形、自相关函数、互相关函数、脉冲响应函数等。频域分析内容：线性谱、功率谱（均方谱）、功率谱密度、互功率谱密度、频率响应函数、相干函数等。

有的动态信号分析仪还具有多功能信号发生器，以产生正弦、瞬态、随机等到多种输出信号，对被试系统的频率响应等特性进行测试。动态信号分析仪主要的技术指标：频率范围、精度和动态范围。

频率范围不仅取决于模数转换器的采样速度，而且与适调放大器和滤波器的频率带宽有关，一般分析仪的频率范围为 0～40kHz，高档的分析仪的频率范围为 0～100kHz。在岩土工程、房屋结构等振动测试中，要求低频覆盖范围好。

幅值精度是对应频率点的满量程精度，它取决于绝对精度、窗口平坦度和电子噪声电平等，一般单通道绝对精度为±(0.15～0.3)dB，通道间的匹配精度为 0.1～0.2dB，相位差为 0.5°～2°。

动态范围不仅取决于模数转换器的位数，而且和抗混滤波器的阻滞衰减、FFT 运算误差及电子仪器噪声有关，目前一般动态范围为 70dB。

二、测量系统的主要性能参数

1. 灵敏度

灵敏度是指沿传感器的测量轴方向，对应于每一单位的简谐物理量输入，测量系统同频率电压信号的输出。设输入物理量为：

$$x = X\sin(\omega t + \alpha) \tag{2-4-2}$$

输出的电压信号为：

$$u = U\sin(\omega t + \alpha - \theta) \tag{2-4-3}$$

则测量系统的灵敏度为：

$$S = \frac{U}{X}(\text{电压单位} / \text{物理量单位}) \tag{2-4-4}$$

式（2-4-3）中的 θ 为输出的电压信号 u 对被测物理量 x 的相位滞后，称为相位差。如考虑相位差时，其复数灵敏度为：

$$S' = \frac{\overline{U}}{\overline{X}} = Se^{-j\theta} \tag{2-4-5}$$

式中 $\overline{U}$ 和 $\overline{X}$ 分别为 u 和 x 的复振幅。即：

$$\overline{U} = Ue^{j(\alpha-\theta)}; \overline{X} = Xe^{j\alpha} \tag{2-4-6}$$

灵敏度与分辨率有关，灵敏度越高的分辨率也越高，分辨率是指输出电压的变化量 Δu 可以辨认时输入机械量的最小变化量 Δx。Δx 越小，分辨率越高。灵敏度高的测试系统，信噪比将相应降低，测试精度也降低。所以灵敏度要与测量频率、幅值、信噪比统一考虑，合理选用。

2. 使用频率范围

使用频率范围是指灵敏度随频率的变化量不超出某一给定误差的频率范围。它不仅取决于传感器的机械接收和机电变换部分的频率特性，也与信号适调器等的频率特性有关，是测量系统的重要参数。图 2-4-2 为常用传感器测量系统的使用频率范围。

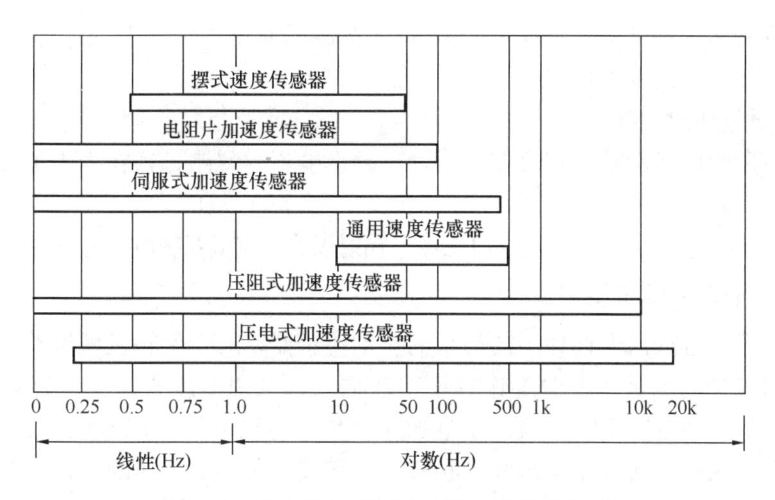

图 2-4-2　常用传感器测量系统的使用频率范围

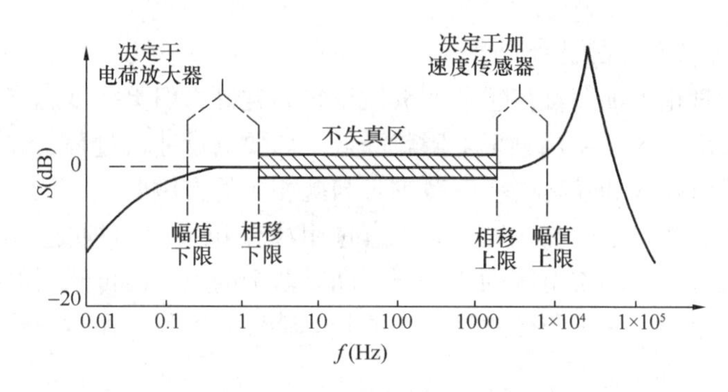

图 2-4-3　测量系统的线性范围

3. 动态范围

动态范围是指灵敏度随幅值变化量不超出某一给定误差限的输入物理量的幅值范围。在幅值上限和幅值下限的范围内，输出电压正比于输入物理量，即在线性范围内(图 2-4-3)。动态范围可用分贝数表示为：

$$D = 20\lg\frac{x_{\max}}{x_{\min}}(\mathrm{dB}) \tag{2-4-7}$$

幅值上限 $x_{\max}$称为最大可测振级，它由传感器的结构强度、可动部分的行程、接收及变换部分的非线性等因素限定。幅值下限 $x_{\min}$称为最小可测振级，它由传感器机械接收部分的盲区和测量电路的信噪比等因素所限制。如 IEC 推荐的标准，规定其加速度测量系统的幅值下限的信噪比为 5dB，即：

$$D = 20\lg\frac{U_{\mathrm{S}}}{U_{\mathrm{N}}} \geqslant 5\mathrm{dB} \tag{2-4-8}$$

它相当于幅值下限的信号电平 U_{S}，为噪声电平 U_{N}的 1.77 倍，按照这一要求，4368 型加速度传感器配用 2635 型电荷放大器，其幅值下限为 $1\times10^{-4}g$（$1.0\times10^{-3}\mathrm{m/s^2}$）。动态范围越大，说明测量系统对幅值变化的适应能力超强。如 D=70dB，则幅值上限与下限之比达 3162 倍。

4. 相位差：相位差是指在简谐物理量输入时，测量系统同频率电压输出信号对输入物理量的相位滞后，即式（2-4-3）中的 θ 角。在振动测量中，涉及两个以上振动过程关系时，相移将使合成波发生畸变。

5．附加质量和附加刚度

当测试对象的质量和刚度相对较小时，这种影响不容忽略，这在岩土工程测试时，一般不考虑这些问题。

6．环境条件：包括温度、湿度、电磁场、辐射场等，测量系统应满足合适的环境条件。

三、传感器的选择与使用

针对实际振动过程需要选择不同类型的振动传感器，对于旋转机械振动的测量，岩土工程勘察与房屋振动测试，一般工作频率也较低，常采用电磁式速度传感器。近二十年来，振动测量的频率范围不断扩大，压电加速度传感器已广泛应用于机械、土木、生物、航空和航天等领域中，从事振动试验、状态监测和故障预测等方面的工作。至于对冲击过程的测量，压电式加速度传感器更是最佳的选择。下面仅对压电加速度传感器的选择和安装作简单介绍。

1．压电加速度传感器的选择

（1）灵敏度：理论上加速度传感器的灵敏度越高越好。但灵敏度越高，压电元件叠层越厚传感器的质量就越大，使用频率上限就降低。如要测量冲击过程、爆破过程，要求传感器具有很高的可测振级和较宽的频率范围，与此相应的灵敏度也应低一些。

（2）动态范围：测量小的加速度时，不宜选用动态范围太大的传感器；在测量很大的加速度时则必须选择足够动态范围的传感器，动态范围的上限由传感器的结构强度决定。

（3）使用频率范围：除了与传感器本身的频率特性有关外，还与安装谐振频率、测量电路等有关。

（4）质量大小：当需要在测量对象上布置大量传感器或测量小试件时，要考虑传感器的质量。附加质量对被测结构固有频率的影响的近似估算如下：

$$f_s = f_m\sqrt{1+\frac{m_a}{m_s}} \tag{2-4-9}$$

式中　f_m——原结构固有频率；

m_a、m_s——分别为传感器附加质量和结构在该阶固有频率下的等效质量。一般传感器质量应小于有效质量的 1/10。

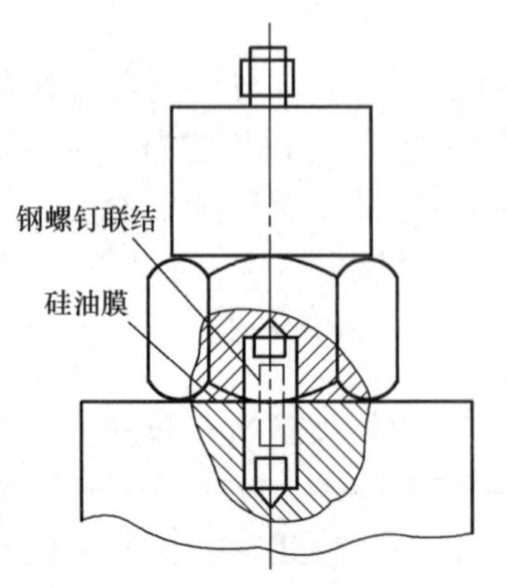

图 2-4-4　加速度传感器的良好安装

2．传感器的安装

传感器安装必须使灵敏度主轴与测量方向一致，以保证传感器正确感受被测物体的振动。加速度传感器与被测物体的连接是传感器安装的关键问题，直接影响到传感器的使用范围。为了获得高的安装共振频率，要求安装面经过精加工，并用钢螺钉联结，在安装面之间充填硅油膜以提高接触刚度，如图 2-4-4 所示，这种联结试验表明，安装共振频率可达 31～34kHz。在一般情况下，对测试频率范围和动态范围要求不高时，可采用变通的安装办法，如胶合、磁座吸附和黄油粘合等。另一种常被采用的安装方式是先将一个有机玻璃材料制成的圆柱体粘合在测试对象上，然后用螺钉将传感器连接在小圆柱体上，这种方式还起到传感器与地的绝缘作用，图 2-4-5为几种常用安装方式的共振频率范围。

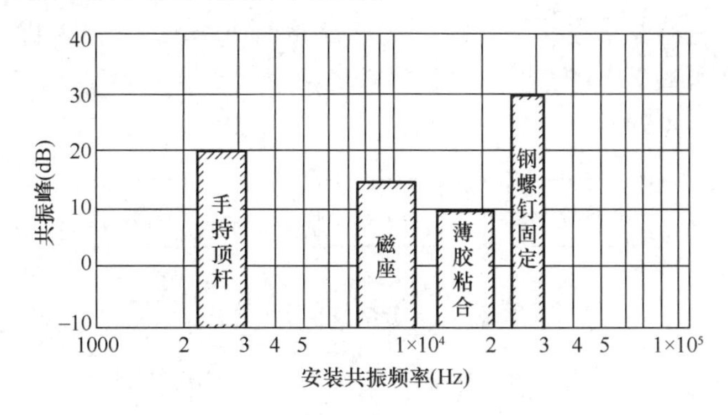

图 2-4-5　几种安装方式的共振频率范围

第五节　传感器及测量仪器校准

为了保证振动测量结果的精度和可靠性，保证各种传感器和测量仪器有统一的计量标准，就必须对传感器和测量仪器进行校准。

一、校准的对象

1. 由计量部门组织的对用作基准的标准传感器作对比性校准，以保证国家计量标准的正确传递。

2. 对工厂生产的传感器及测量仪器进行产品校准，使它们符合规定的技术性能指标。

3. 传感器及测量仪器修理以后，以检查有关性能指标是否有改变。

4. 用户对传感器及测量仪器进行定期或不定期的校准。这项工作的必要性在于：传感器和仪器中的某些零部件的机械和电气性能会随时间和使用情况而发生变化，如磁钢的退磁、阻尼油变质、弹簧刚度的改变、电子器件的老化等，都可能使传感器和仪器的技术性能改变。

测振传感器和测量仪器的校准项目的内容为灵敏度、幅频特性、相频特性、线性工作范围、失真度及横向灵敏度等，此外还有一些环境因素的影响项目，如温度、电磁场、声场、辐射、湿度等。以上项目使用单位无须逐项进行校准，可根据测试工作的要求，再决定校准哪几个项目。

二、测量仪器校准

振动测量仪器通常由多种仪器组成一个测量系统，校准工作可分为分部校准和系统校准两种方法。

1. 分部校准

分部校准是将测量系统分解为几个组成部件，然后分别对每个部件进行校准。如图 2-5-1所示的测量系统，分别对每一个组成部件，输入已知机械量或电量，测量各自的输出量；这样每一部件的输入量和输出量的关系是确定的，汇总后就得到记录量和被测振动量之间的关系，测得各仪器的灵敏度分别为：

电动式速度传感器　　$S_1=20\text{mV}\cdot\text{s/mm}$；

放大器　　　　　　$S_2=0.5\text{mA/mV}$

光线示波器　　　　$S_3=12\text{mm/mA}$

则整个测量系统的灵敏度为 $S=S_1\cdot S_2\cdot S_3=120\text{mm}\cdot\text{s/mm}$。即 1mm/s 的振动速度可在记录纸上得到 120mm 的记录高度。

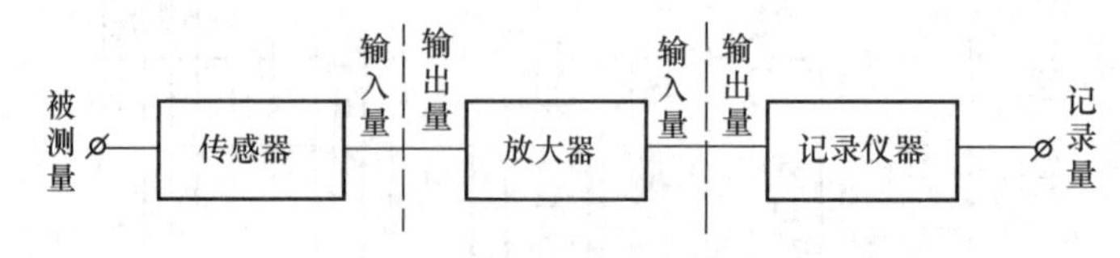

图 2-5-1　分部校准示意图

值得注意的是输出输入量要统一用峰值或有效值，不能混淆。

如果校准相位特性，那么整个系统的相位差是各个环节输出量与输入量的相位差之和。对于新定型生产的传感器，须按统一的校准规范进行全面的校准，对于一般的振动试验室，通常只要对传感器的主要参数，如对灵敏度和频率响应进行校准。

分部校准的优点是灵活，可以方便地用备用仪器去更换测量系统中失效的环节。缺点是每一个环节的校准要求相对要高些。

2. 系统校准

系统校准是将整个测量系统一起校准，直接确定输出记录量与输入机械量之间的关系。图 2-5-2 为系统校准示意图。系统校准步骤简单，使用方便，但测量系统是固定的，其中任何一个环节失灵，则整个测量系统需重新进行校准。具体工作中，人们常把测量系统分成传感器与后续仪器两部分分别加以校准，而放大器中配有一定幅度恒定的校准电信号。它可随时检验放大器和记录仪器的工作状况，在测试中使用十分方便。

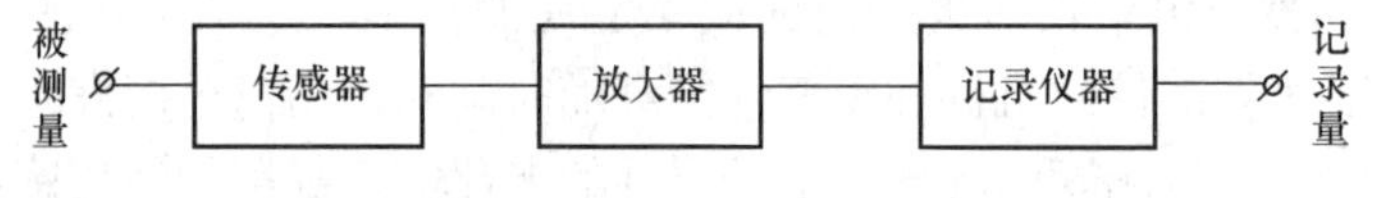

图 2-5-2　系统校准示意图

通常我们所用的校准方法是用简谐激振器来校准传感器，它可提供较宽的频率和振幅范围，较高的校准精度。能校准灵敏度、幅频和相频特性、线性度等。配以特殊的设备后，还可以进行有关环境影响的校准项目。

简谐校准法的核心设备是标准振动台，与普通振动台相比，各项技术指标都有非常严格的要求，如波形失真度、振动和频率的稳定性，振动的单方向性，平台各点振幅的均匀性和低频窜动等各项指标尤为重要。为了保证标准振动台的良好性能，对其配套的机电设备、基座的设计和周围环境都要采取特殊的结构和技术措施。目前我国标准振动台的主要技术性能指标见表 2-5-1。

标准振动台主要技术性能　　　　**表 2-5-1**

	频率范围(Hz)	最大振幅(mm)	最大加速度(g)	加速度失真(%)	横向振动(%)	稳定性	备注
低频台	1～60	±30	—	<3 (>10Hz)	<3	<5μm/15min	电动力式
中频台	10～3000	—	20	<1	≤3	<0.4%/5min	电动力式
高频台	2000～5000	—	50	<1		<0.4%/5min	压电式

根据采用基准的不同，简谐激振又分为绝对校准和相对校准两种，见图 2-5-3。振动台产生失真度很小的单一方向的简谐振动，其振幅和频率可在一定范围内调节，被校准的传感器固定在台面上，其输出用被校准的测量仪表测量。当知道振动台振幅、频率等输入量，我们就可根据测得的输出量确定系统的灵敏度，改变振动台的频率和振幅，就可进行幅频特性、相频率特性及线性工作范围等校准项目的分析计算。

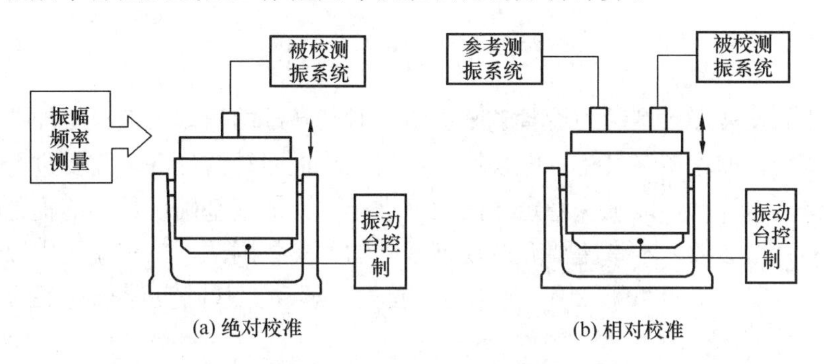

图 2-5-3　不同校准方式

图 2-5-3（a）中振动台的振幅可用机械或激光方法测定，这种校准法称为绝对校准法，图 2-5-3（b）中用一已知灵敏度的测量系统测量振动台振幅，这种方法称为相对校准法或比较法。进行比较法校准时，将被校加速度传感器和标准加速度传感器背靠背地同轴安装在校准振动台上，保证二者感受相同的振动，测量两个传感器通过测量放大器的输出之比，可由标准传感器的灵敏度确定被校传感器的灵敏度。

在同一正弦输入下，设被校传感器（或系统）的输出为 U_1，标准系统的输出为 U_0，已知标准传感器的灵敏度为 S_0，则被校准传感器（或系统）的灵敏度为：

$$S_1 = \frac{U_1}{U_0} S_0 \tag{2-5-1}$$

在进行灵敏度校准时，一般选定在 200Hz 以下某一频率，和 $100\mathrm{m/s^2}$ 以下加速度进行校准。比较法校准加速度传感器灵敏度精度一般为 2%～3%。频率特性校准可以通过正弦连续扫频来实现。

第三章 模型基础动力参数测试

第一节 概　　述

随着工业的发展，大型动力设备越来越多，对其基础的振动限值也更加严格。一些特殊的高耸构筑物，如大型煤气柜、电视塔、通信卫星地面转播站等，需要进行包括地基基础在内的整体动力计算，以确保稳定。因此，进行动力地基基础设计的前提是必须提供正确的地基动力特性参数。本章主要介绍模型基础动力参数测试，工程应用中以《地基动力特性测试规范》GB/T 50269—2015 为指导，首先了解动力基础设计与施工的一般要求与两种计算模式。

一、动力基础设计与施工的一般要求

动力机器基础设计比静力基础设计要复杂得多，要求设计者具备一定的机械学知识，了解机械工艺过程，掌握结构动力学和土动力学基本理论，才能根据设计规范设计出合理的、符合要求的动力机器基础。

动力机器基础设计一般应满足下列要求：

(1) 满足机器在安装、使用和维修方面的要求，即基础外形、尺寸（包括沟、坑、洞、孔等）均应按制造厂所提供的机器安装图设计。

(2) 基础应具有足够的强度、稳定性和耐久性。

(3) 在静力作用下，基础沉降和倾斜应在容许范围之内，保证机器能正常使用。

(4) 基础振动应限制在容许范围之内，以保证机器的正常工作和操作人员的身心健康。为此，机器基础的最大振幅（$u_{\rm m}$）、最大振动速度（$v_{\rm m}$）和最大振动加速度（$a_{\rm m}$）应符合下列要求：

$$u_{\rm m} \leqslant [u]$$

$$v_{\rm m} \leqslant [v]$$

$$a_{\rm m} \leqslant [a]$$

式中　$u_{\rm m}$——基础顶面最大振幅计算值（μm）；

$v_{\rm m}$——基础顶面最大速度计算值（mm/s）；

$a_{\rm m}$——基础顶面最大加速度计算值（$\rm mm/s^2$）；

$[u]$、$[v]$、$[a]$——分别为基础容许振幅、容许振动速度和加速度。

振动容许标准与机器类型有关，也就是与机器的结构特点、机器对振动的敏感程度、机器工作转速、周期性扰力或冲击力等有关。因此在设计规范《动力机器基础设计标准》中对不同的机器类型，规定了相应的容许值。我国《制氧机等动力机器基础勘察设计暂行条例》编制组在 20 世纪 70 年代曾对各种动力机器基础进行过大量实测调查，并参考了国外资料，给出压缩机基础振幅容许值曲线，如图 3-1-1 中的 f 线。

(5) 动力计算是动力机器基础设计的重点工作，合理确定基础尺寸，以达到尽量减少

振型的目的。

（6）动力机器基础的构造和材料需满足受力和变形要求。

（7）动力机器基础与建筑物基础关系。设计中不应将动力机器基础与建筑物基础及混凝土地坪相连接。机器的管道不宜直接搁置在厂房墙上，管道与建筑物连接处应采取隔振措施。动力机器基础的埋置深度主要根据自身要求，可以比厂房柱基深，也可以浅。不能误认为深了就一定好，例如锻炼基础埋得深一些可以减小振动，二压缩机基础埋得过深可能增大振动。

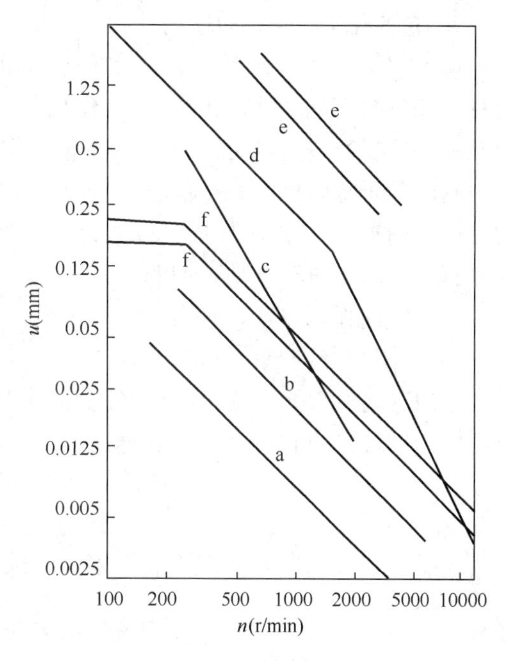

图 3-1-1　容许振幅

a、b—易被人感觉；f—我国压缩机容许振幅；c—令人厌烦；d—机器与基础的容许界限；e—对结构引起注意或有危险

二、质弹阻计算模式

在 20 世纪初叶，动力机器基础设计只要外形满足安装图要求，基础足够重（约为机器及附属设备重的 5～10 倍）就可以了。20 世纪 30 年代初，德国土力学学会和苏联地基基础研究所等对土动力学及动力机器基础进行了一系列试验和理论研究，出现了以 E. Reissner为代表的弹性半空间计算模式和以 Я. Я. ьаркан 为代表的质量-弹簧计算模式，理论研究和试验表明：基础重量并不是控制振动的唯一因素，基础底面积和高度以及地基土的性质同样对振动有重要影响，从而为合理设计动力机器基础迈出了一大步。

在机器转速较低的情况下，采用质量-弹簧计算模式尚能较好地反映机器基础的动力特性，但随着机器转速的提高，计算的结果与实际出入较大，特别是在共振区。这样又加进一个阻尼器，从而形成了所谓“质量-弹簧-阻尼器计算模式”，简称“质弹阻计算模式”。质弹阻计算模式沿用了文克尔地基模型，其求解过程和解的形式都比较简单，容易被工程师们接受，目前俄罗斯、印度及我国均采用此模式，《地基动力特性测试规范》GB/T 50269—2015 中模型基础动力参数测试方法就是基于此模式提出的。

1. 质弹阻计算模式的基本假定

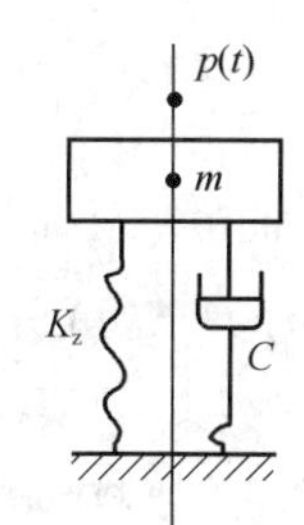

图 3-1-2　基础竖向振动简图

（1）块体基础是具有质量的刚体，本身不产生变形（无弹性）（用高精度仪器测试也证实了这一点）。

（2）在扰力作用下，地基土产生弹性变形。根据试验力与弹性变形近似呈线性关系，故可用弹簧模拟地基的弹性。

（3）基础底面以下土的参振质量对振动有一定影响，为了简化计算，忽略不计。

（4）振动体系的阻尼比较复杂，但它只对共振区的振幅影响比较大，应该考虑。

图 3-1-2 为在竖向扰力作用下，基础竖向振动计算简图。

2. 质弹阻计算模式的理论基础

振动理论是质弹阻计算模式的理论基础。根据机器扰力特点和机械工艺对基础的要求，作出振型分析后，就可按照相应的振型进行动力计算。

基础置于地表面，在空间坐标内有 6 个自由度，4 种振型，即竖向振动、水平-摇摆（或回转）、耦合振动（绕水平轴 x 或 y）以及扭转振动，如图 3-1-3 所示。

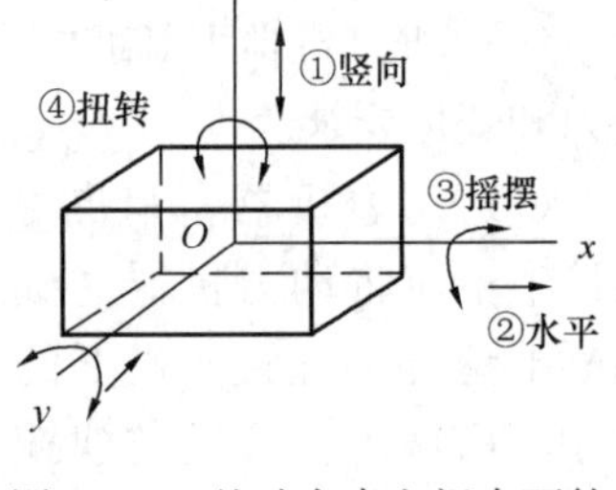

图 3-1-3　基础在半空间表面的6 个自由度

(1) 竖向振动（沿 z 轴方向）

1) 无阻尼竖向自由振动

基组（包括基础、机器及基础台阶上填土）在通过其重心的竖向冲击力作用下。由初速度 v_0 引起的竖向振幅为：

$$u_z = \frac{v_0}{\lambda_z} \tag{3-1-1}$$

无阻尼自振圆频率（或固有圆频率）按下式计算：

$$\lambda_z = \sqrt{\frac{K_z}{m}} \tag{3-1-2}$$

式中　u_z——基组重心处竖向振幅（μm 或 m）；

v_0——基组振动初速度（m/s）；

K_z——地基抗压刚度（kN/m）；

m——基组质量（t）；

λ_z——基组竖向固有圆频率（rad/s）。

2) 有阻尼竖向强迫振动

基组在通过其重心的竖向谐和扰力作用下，竖向振幅和固有圆频率按下式计算：

$$u_z = \frac{P_z}{K_z} \cdot \frac{1}{\sqrt{\left(1 - \frac{\omega^2}{\lambda_z^2}\right)^2 - 4\zeta_z \frac{\omega^2}{\lambda_z^2}}} \tag{3-1-3}$$

式中　ω——机器扰力圆频率，$\omega = 0.105n$，n 为机器转速（r/min）；

P_z——机器竖向扰力幅（kN）；

ζ_z——振动体系阻尼比。

上式在周期性扰力作用下的机器（如电机、活塞式压缩机等）基础动力计算中用到。例如电动机，转子的质量中心偏心距为 e，质量为 m_e，则转动时的扰力幅为 $m_e e \omega^2$，如图 3-1-4所示。

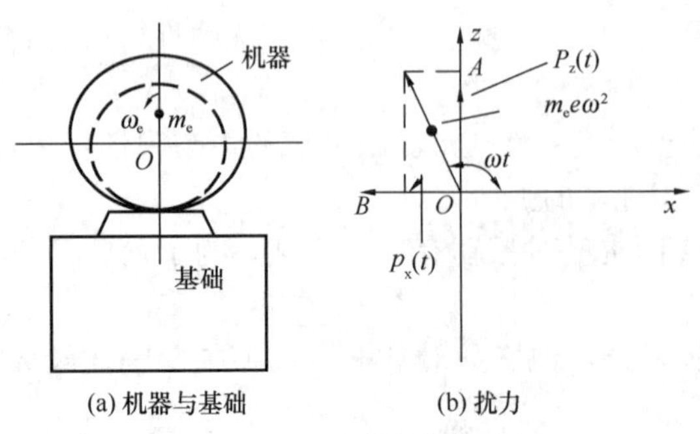

图 3-1-4　电动机的扰力

若取质量 m_e 正好转到 x 轴（水平轴）作为时间 t 的起点，于是扰力 $P(t)$ 可分解为：

$$P_x(t) = m_e \cdot e \cdot \omega^2 \cdot \cos\omega t = P_x \cdot \cos\omega t$$

$$P_z(t) = m_e \cdot e \cdot \omega^2 \cdot \sin\omega t = P_z \cdot \sin\omega t$$

其中竖向扰力 $P_z(t)$ 将引起基组有阻

尼强迫振动，水平扰力 $P_x(t)$ 将引起基组有阻尼水平-摇摆耦合振动。

（2）水平-摇摆耦合振动

在水平扰力作用下，基组同时产生水平振动和摇摆（回转）振动，称“水平-摇摆耦合振动”，此外扰力偶也产生耦合振动。偏心的竖向扰力，除了引起基组竖向振动外，还将引起水平-摇摆耦合振动。产生耦合振动的机器基础很多，如各种类型的破碎机基础，曲柄连杆式机器基础以及旋转式（电机、鼓风机等）机器基础。曲柄连杆式机器的扰频主要有两个，一个是基本频率（等于机器转动频率），另一个是基本频率的两倍，动力计算时不应忽视。

1）基组水平-摇摆耦合振动的第一、第二阶固有圆频率（λ_1 和 λ_2）：

$$\lambda_{1(2)}^2 = \frac{1}{2}\left[(\lambda_x^2 + \lambda_\varphi^2) \mp \sqrt{(\lambda_x^2 - \lambda_\varphi^2)^2 + \frac{4mh_2^2}{I_m}\lambda_x^4}\right] \tag{3-1-4}$$

式中　$\lambda_x^2 = \dfrac{K_x}{m}$；

$\lambda_\varphi^2 = \dfrac{K_\varphi + K_x h_2^2}{I_m}$；

h_2 ——基组重心至基础底面的距离；

K_x、K_φ ——地基抗剪刚度和抗弯刚度；

m——基组质量；

I_m ——基组对通过底面形心并垂直于摆动面的水平轴之质量惯性矩。

2）基础顶面水平振幅 $d_{x\varphi}$

基组在水平扰力 $P_x(t)$ 或竖向偏心（沿 x 轴）扰力 $P_z(t)$ 作用下，都产生 x 轴向水平、绕 y 轴摇摆的耦合振动，如图 3-1-5 所示。

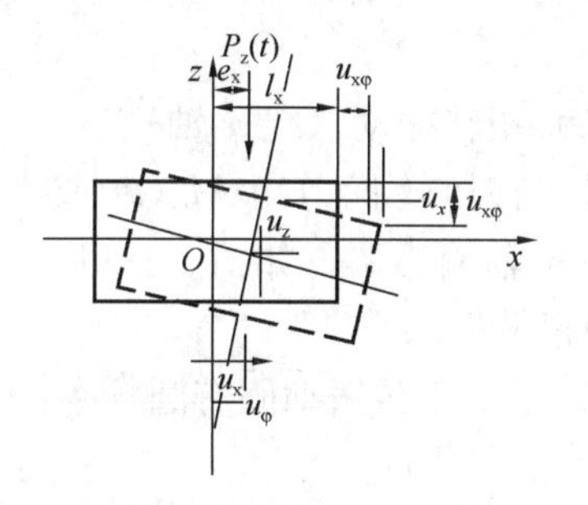

(a) 竖向扰力偏心作用于x轴时基础振动

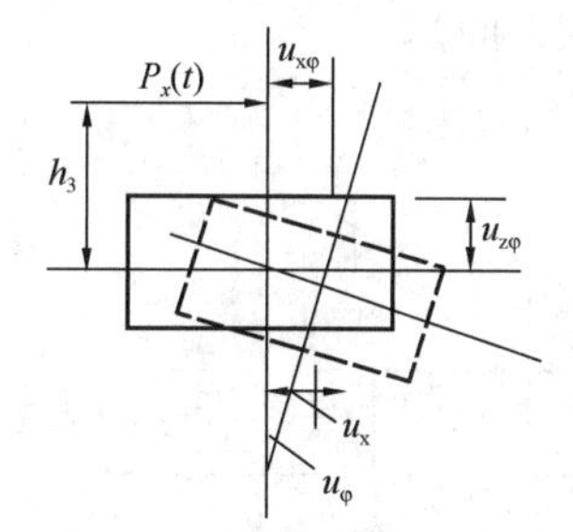

(b) 水平扰力作用下基础振动

图 3-1-5　基础顶面水平振幅及竖向振幅

基础顶面水平振幅 $u_{x\varphi}$ 按下式计算：

$$u_{x\varphi} = u_{x\varphi1} + u_{x\varphi2} = (\rho_1 + h_1)\,u_{\varphi1} + (h_1 - \rho_2)\,u_{\varphi2} \tag{3-1-5}$$

$$u_{\varphi1} = \frac{M_1}{(I_m + m\rho_1^2)\lambda_1^2} \cdot \frac{1}{\sqrt{\left(1 - \dfrac{\omega^2}{\lambda_1^2}\right)^2 + 4\zeta_{x\varphi1}^2 \dfrac{\omega^2}{\lambda_1^2}}} \tag{3-1-6}$$

$$u_{\varphi2} = \frac{M_2}{(I_m + m\rho_2^2)\lambda_2^2} \cdot \frac{1}{\sqrt{\left(1 - \dfrac{\omega^2}{\lambda_2^2}\right)^2 + 4\zeta_{x\varphi2}^2 \dfrac{\omega^2}{\lambda_2^2}}} \tag{3-1-7}$$

式中 $u_{\varphi 1}$、$u_{\varphi 2}$——基组第一、第二振型的摇摆角位移幅值（rad）；

ρ_1——基组第一振型当量回转半径，$\rho_1=\frac{\lambda_x^2}{\lambda_x^2-\lambda_1^2}\cdot h_2$；

ρ_2——基组第二振型当量回转半径，$\rho_2=\frac{\lambda_x^2}{\lambda_2^2-\lambda_x^2}\cdot h_2$；

h_1——基组重心至基础顶面距离；

h_2——基组重心至基础底面距离；

M_1——基组第一振型当量扰力矩，当水平扰力作用时，$M_1=P_x\cdot\rho_1+M$；当竖向偏心（沿 x 轴）扰力作用时，$M_1=P_z\cdot e_x+M_0$；

M_2——基组第二振型当量扰力矩，当水平扰力作用时，$M_2=P_x\cdot\rho_2+M$；当竖向偏心（沿 x 轴）扰力作用时，$M_2=P_z\cdot e_x+M_0$；

e_x——竖向扰力作用线至基组中心线距离；

M——机器水平扰力对基组重心的扰力矩，$M=P_x\cdot h_3$，h_3 为水平扰力作用线至基组重心距离；

M_0——机器回转扰力矩；

$\zeta_{x\varphi 1}$、$\zeta_{x\varphi 2}$——第一、第二振型耦合振动阻尼比；

m——基组质量。

3）基础顶面控制点的竖向振幅 $u_{z\varphi}$

$$u_{z\varphi}=u_z+u_\varphi\cdot l_x \tag{3-1-8}$$

式中 l_x——基组重心至基础顶面控制点的水平距离；

u_z——基组竖向振幅；

u_φ——基组耦合振动第一、第二振型回转角位移幅之和，即 $u_\varphi=u_{\varphi 1}+u_{\varphi 2}$（在 x 轴方向）。

（3）扭转振动（绕 x 轴）

基组在扭转扰力矩 $M_\psi(t)$ 或水平扰力 $P_z(t)$ 作用下 y 轴偏心 e_y，如图 3-1-6 所示，则将产生绕 x 轴的扭转振动。

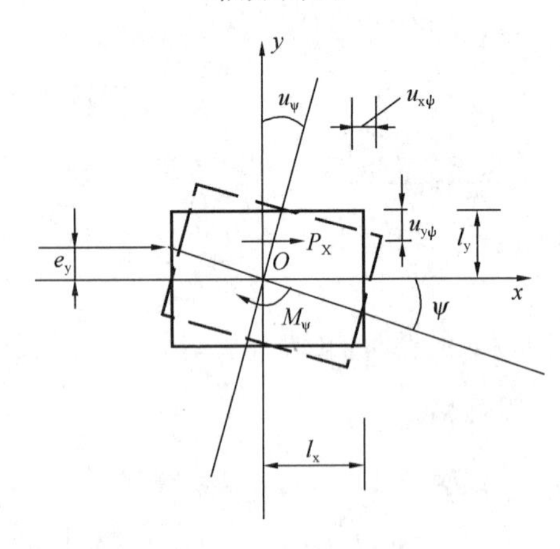

图 3-1-6　基础扭转振动

1）基组扭转振动固有圆频率：

$$\lambda_\psi=\sqrt{\frac{K_\psi}{I_{m\psi}}} \tag{3-1-9}$$

式中 K_ψ——地基抗扭刚度；

$I_{m\psi}$——基组对通过其重心并垂直于基础底面的轴之质量惯性矩。

2）基础顶面控制点的水平扭转振幅 $u_{x\psi}(u_{y\psi})$：

$$u_{x\psi}=u_\psi\cdot l_y$$
$$u_{y\psi}=u_\psi\cdot l_x \tag{3-1-10}$$

$$u_\psi=\frac{M_\psi+P_x\cdot e_y}{K_\psi}\cdot\frac{1}{\sqrt{\left(1-\frac{\omega^2}{\lambda_\psi^2}\right)^2+4\zeta_\psi^2\frac{\omega^2}{\lambda_\psi^2}}} \tag{3-1-11}$$

式中　M_ψ——机器扭转扰力矩；

u_ψ——基组由于扭转扰力矩（M_ψ）和扰力（P_x 或 P_y）偏心（e_y 或 e_x）作用，引起扭转角位移幅；

l_x、l_y——基础顶面控制点至扭转轴在 r 轴方向和 y 轴方向的水平距离。

在动力计算中，如遇到几个振型在同一方向引起线位移或角位移，则应将其迭加（一般用绝对值相加）。

（4）联合基础

在工程中，大型动力机器设备基础经常碰到地基承载力低或振动控制要求严格等情况，如采用扩大底面积，又受到场地限制。此时可采取几台机器放置在同一底板上的联合基础形式。

联合基础的类型有：(a) 竖向型；(b) 水平串联型；(c) 水平并联型 3 种，如图 3-1-7 所示。

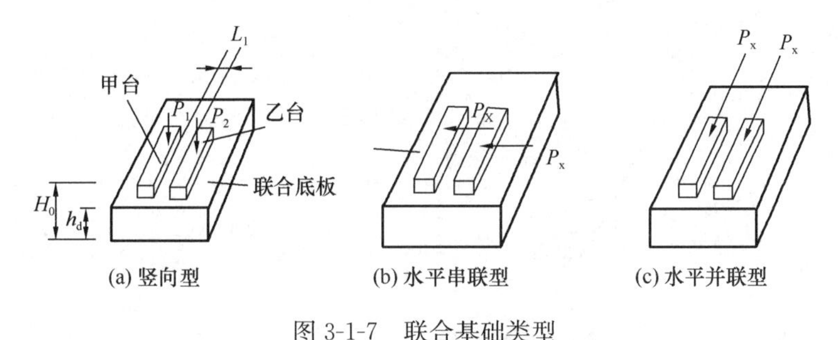

图 3-1-7　联合基础类型

图中 L_1 为两台机器基础联结长度，h_d 为联结底板厚度，H_0 为联合基础总高度。

20 世纪 80 年代以来，我国化工、机械和冶金系统的科技人员对联合基础的动力特性和设计方法进行了大量模型试验和工程实践研究，得到以下主要成果：

1）联合基础的自振频率较单独基础的自振频率有一定提高，如图 3-1-8 所示。

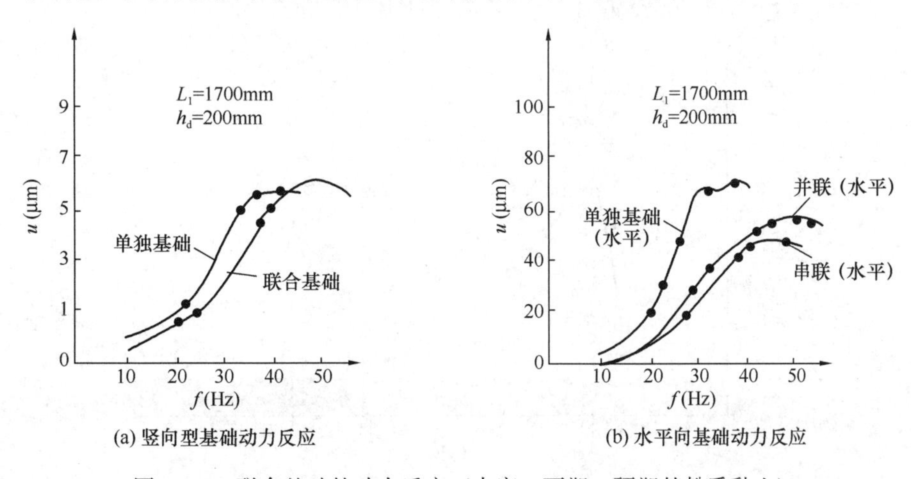

图 3-1-8　联合基础的动力反应（中密，可塑～硬塑的粉质黏土）

由图中的幅频曲线可以看出：竖向型联合基础的共振频率从 32Hz 提高到 34Hz；水平串联型联合基础的共振频率从 22Hz 提高到 40Hz；水平并联型联合基础的共振频率从

22Hz 提高到 42Hz。

2）联结板的刚性对联合基础的动力特性有较大影响。图 3-1-9 的纵坐标是单独基础的振幅（u_1）与联合基础振幅（u_2）之比，称为“振幅比”；横坐标是联结板长度（L_1）与联结板厚度（h_d）之比，称为“长厚比”。由图中曲线可以看出：随着 L_1/h_d 的减小（L_1 不变，h_d 增大），u_1/u_2 值越来越大，表明联结板的刚性越来越大，则联合基础趋向于整体振动。当 $L_1/h_d=3.5$ 时，水平串联型联合基础的自振频率达到最大值，如图 3-1-10 所示；当 $L_1/h_d<3.5$ 时，自振频率随 L_1/h_d 的减少而减少；当 $L_1/h_d>3.5$ 时，自振频率随 L_1/h_d 的减少而增加。可见，在此试验条件下，联结板的长厚比 $L_1/h_d=3.5$ 是联结板刚性界限值。$L_1/h_d>3.5$，联结板处于弹性状态；$L_1/h_d<3.5$，联结板处于刚性状态。

3）联合基础的阻尼比影响因素较多，如土的性质、基础底面积、底板刚度等。土性的影响同单独基础。底板刚度大，阻尼比也大，当底板刚度足够时，阻尼比随着基础底面积的增加而增大。但是如果只增加底板面积而不增加底板厚度，将会导致底板刚性减小，弹性增大，反而会使阻尼比降低。

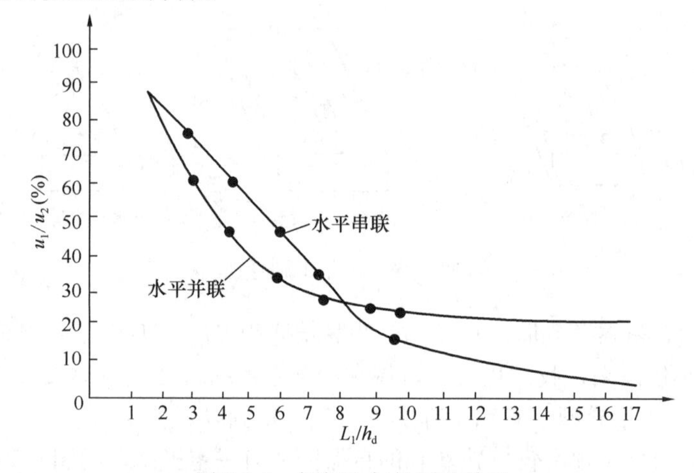

图 3-1-9　振幅比与长厚比关系

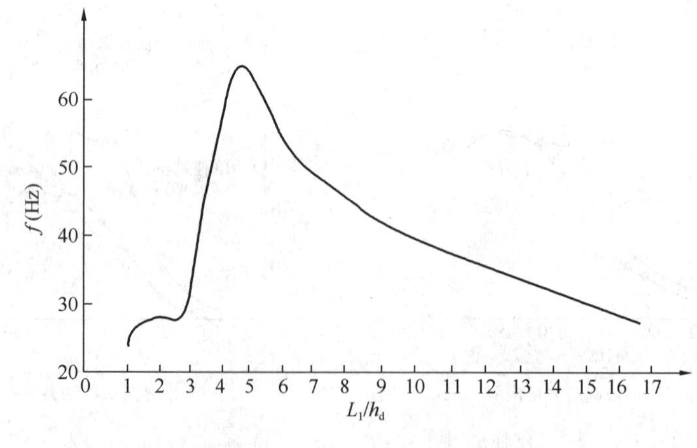

图 3-1-10　频率与长厚比关系

4）联合基础是由几台机器（一般为 2～3 台）联合置于同一底板上，这样就存在各台机器扰力相位组合的问题。表 3-1-1 是联结板长厚比 $L_1/h_d=6.8$ 时（弹性状态）两台机器基础联合，扰力相位差从 0°～180°变化，实测和理论计算的基础振幅随相位差变化情况。从表中可以看出：两个扰力反向（相位差 180°）时，扰力并不能相互抵消，这一点应予注意。

基础振幅随扰力相位差的变化　　表 3-1-1

振幅（u） 扰力相位差（°） 类型	0	45	90	135	180
竖向型（实测）	6.2	9.0	8.5	11.1	9.7
水平串联型（实测）	23	45.8	68.4	85.7	94.5
水平串联型（计算）	32	50.6	67.8	84.2	90.1

5）联合基础的联结底板厚度 $h_d \geqslant 600$mm，底板厚度与总厚度之比 $h_d/H_0 \geqslant 0.15$，如联结板长厚比 $L_1/h_d <$ 刚度界限（竖向型刚度界限 4.24～3.03；水平串联型 5.05～3.60；水平并联型 5.71～5.00），则视联合基础为刚性基础，可按质弹阻计算模式进行动力计算。但应控制机器扰频 $\omega \leqslant 1.3\lambda_n^0$（$\lambda_n^0$ 为划成单独基础时的竖向振动固有圆频率或水平摇摆振动第一固有圆频率），使振动远离共振区，以达到减小振动的目的。联合基础控制点的总振幅应取各台机器扰力或扰力矩作用下振幅的几何和。

三、弹性半空间计算模式

E. Reissner（1936 年）所创的弹性半空间计算模式是在 H. Lamb（1904 年）对弹性半空间表面上作用集中振动力的位移积分解基础上提出来的。开始时为了简化问题，主要研究旋转轴对称圆形刚体，后来才研究条形和矩形刚体。

动力基础弹性半空间计算模式主要是分析基础与地基之间的动力接触问题。解决这一问题的关键在于建立基础底面位移与扰力之间的关系式。一旦这一关系确定之后，就可用各种方法分析基础的振动或确定基础底面及其以外的位移，借以分析振动传播的规律随着某些假设条件的改变，此课题的研究逐步有所发展，基本上是沿着两种途径来求解：

1. 前期阶段

假设刚体（基础）与介质（地基）之间的接触应力分布为已知，然后进行求解，接触应力分布有：(a) 均匀分布；(b) 抛物线分布；(c) 刚性静态分布，如图 3-1-11 所示。此外又假定接触面以外的半空间表面上的正应力为零，接触面以内的剪应力为零。此时的实际接触条件只能近似地在接触面的某一点或接触面积平均意义上得到满足。这样就出现了若干不同的处理情况，例如取刚性板中心处位移，中心与边缘位移的平均值等。在应力分布的假设和位移的选取上虽有不同，但课题的解仍具有相同的形式。

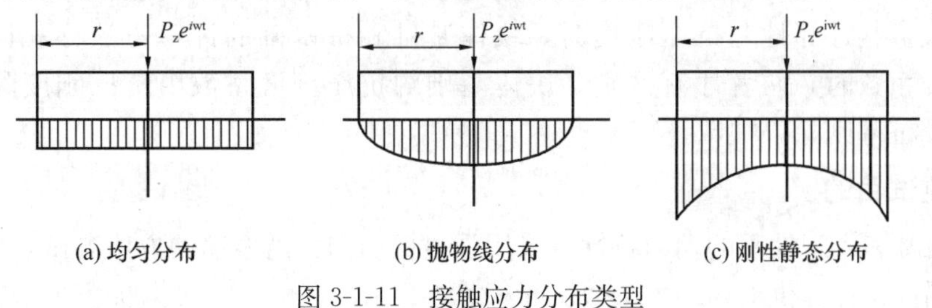

图 3-1-11　接触应力分布类型

2. 后期阶段

从 20 世纪 60 年代开始，假设刚体（基础）下的介质（地基）发生相等的线位移或角位移，刚体以外介质界面处的应力为零。这样就把基础底面以内的位移条件和基础底面以外的应力条件结合起来，然后连同波动方程一起求解，称为“混合边值问题”解法。在数学上采用了对偶积分方程，例如 A. O. Awojobi 等给出了圆形刚体竖向移动和绕法向轴的转动，条形刚体竖向移动和摆动等解答。这类方法所得的结果能较好地满足“接触条件”，在数学上也比较严密，精确一些，但是在数学求解过程中也作了不同程度的近似处理。

除了上述两种解析法以外，还可采用数值解法，如有限元法等。

弹性半空间计算模式从 20 世纪 70 年代开始有了较大发展。例如对非匀质弹性半空间地基即 Gibson 地基模型、具有刚性下卧层的地基以及不同基底形状等情况都进行了研究。此外对脉冲振动、高频激振和非线性稳态振动等问题的研究也取得一定进展，由于这些成果均偏重于理论，因此如何应用于工程实践尚待验证。

但由于弹性半空间计算模式是假定地基为各向同性、均匀的半无限弹性体，与实际情况有出入，而且该模式计算复杂，不易掌握，所以推广较慢。目前在美、日、加等国及西欧应用。随着科学技术的不断发展，这两种计算模式必将取长补短，促使动力机器基础计算理论更趋完善。

第二节　测 试 一 般 要 求

影响地基动力参数的因素很多，而每一地区地基土的动力特性又不相同。地基动力参数的取值是否合理，是动力机器基础设计能否满足生产要求的主要因素。因此，天然地基和桩基的基本动力特性参数应由现场试验确定。采用现场模型基础强迫振动和自由振动方法测试，通过模拟机器基础的振动，测试振动线位移随频率变化的幅频响应曲线（u-f），为置于天然地基、人工地基或桩基上的动力机器基础的设计提供动力参数包括地基刚度系数、阻尼比和参振质量。

由于天然地基和人工地基的测试方法、使用的设备和仪器、现场准备工作、数据处理等都完全相同，仅块体基础和桩基础的尺寸不同，而块体基础适用于除桩基础以外的天然地基和人工地基上的测试。因此本章提到的模型基础包括块体基础和桩基础，地基动力参数即包括天然地基和人工地基的动力参数。如果仅提块体基础的动力参数，即表示除桩基外的人工地基和天然地基的动力参数。在数据处理时，块体基础和桩基础的幅频响应曲线处理方法、各向阻尼比计算方法相同。各向阻尼比的计算均包含块体基础和桩基础，基础在各个方向振动参振总质量的计算方法均包括块体基础和桩基础。由测试资料计算地基抗压刚度时，块体基础和桩基础的计算方法亦相同。只有计算抗压刚度系数时，两者才有区别。块体基础的抗压刚度系数由抗压刚度除以基础底面积得到，桩基则除以桩数。

一、测试目的

天然地基和人工地基的动力特性可采用强迫振动和自由振动的方法测试，为机器基础的振动和隔振设计提供下列动力参数：

1. 天然地基和其他人工地基应提供下列经试验基础换算至设计基础的动力参数：

（1）地基抗压、抗剪、抗弯和抗扭刚度系数 C_z、C_x、C_φ、C_ψ；

（2）地基竖向、水平回转向第一振型以及扭转向的阻尼比 u_z、$u_{x\varphi}$、u_ψ；

（3）地基竖向、水平回转向、扭转向的参振质量 m_z、$m_{x\varphi}$、m_ψ。

2. 对桩基应提供下列动力参数：

（1）单桩的抗压刚度 k_{pz}；

（2）桩基抗剪、抗扭刚度系数 C_{px}、$C_{p\psi}$；

（3）桩基竖向、水平回转向第一振型以及扭转向的阻尼比 ζ_{pz}、$\zeta_{px\varphi}$、$\zeta_{p\psi}$；

（4）桩基竖向、水平回转向、扭转向的参振质量 m_{dz}、$m_{dx\varphi}$、$m_{d\psi}$。

3. 测试结果应包括下列内容：

（1）测试的各种幅频响应曲线；

（2）地基动力参数的试验值，可根据测试成果按表 3-2-1～表 3-2-6 的格式计算确定；

地基竖向动力参数测试计算表（用于强迫振动测试）　　表 3-2-1

工程名称：__________

基础号	参数状态	f_m (Hz)	u_m (m)	f_1 (Hz)	u_1 (m)	f_2 (Hz)	u_2 (m)	f_3 (Hz)	u_3 (m)	ζ_z	m_z (t)	K_z (kN/m)	C_z (kN/m^3)
	明置												
	埋置												
	明置												
	埋置												
	明置												
	埋置												

测试______　　计算______　　校核______　　______年______月

地基水平回转向动力参数测试计算表（用于强迫振动测试）　　表 3-2-2

工程名称：______

基础号	参数状态	f_{m1} (Hz)	u_{m1} (m)	$0.707f_{m1}$ (Hz)	u (m)	$u_{z\varphi1}$ (m)	$u_{z\varphi2}$ (m)	l_1 (m)	φ_{m1} (rad)	u_x (m)	ρ_1 (m)	$\zeta_{x\varphi1}$	$m_{x\varphi}$ (t)	K_x (kN/m)	C_x (kN/m^3)	K_φ (kN/m)	C_φ (kN/m^3)
	明置																
	埋置																
	明置																
	埋置																
	明置																
	埋置																

测试______　　计算______　　校核______　　______年______月

地基扭转向动力参数测试计算表（用于强迫振动测试） 表 3-2-3

工程名称：______

基础号	参数状态	$f_{m\psi}$ (Hz)	$u_{m\psi}$ (m)	$0.707f_{m\psi}$ (Hz)	$u_{x\psi}$ (m)	$f_{n\psi}$ (Hz)	J_t ($t\cdot m^2$)	ζ_ψ	m_ψ (t)	K_ψ (kN/m)	C_ψ (kN/m^3)
	明置										
	埋置										
	明置										
	埋置										
	明置										
	埋置										

测试______ 计算______ 校核______ ______年______月

地基竖向动力参数测试计算表（用于自由振动测试） 表 3-2-4

工程名称：____________

基础号	参数状态	m_1 (t)	H_1 (m)	r (m/s)	f_d (Hz)	u_{max} (m)	t_0 (s)	H_2 (m)	ζ_z	φ (rad)	f_n (Hz)	e_1	m_z (t)	K_z (kN/m)	C_z (kN/m^3)
	明置														
	埋置														
	明置														
	埋置														
	明置														
	埋置														

测试______ 计算______ 校核______ ______年______月

地基水平回转向动力参数测试 K_x 计算表（用于自由振动测试） 表 3-2-5

工程名称：____________

基础号	参数状态	f_{n1} (Hz)	ω_{n1} (rad/s)	$mf\omega_{n1}^2$ ($t\cdot rad^2/s^2$)	u_1 (m)	l_1 (m)	$\frac{u_{z\varphi1}u_{z\varphi2}}{l_1}h$ (m)	$u_b=$ −(6) (m)	$\frac{u_1}{u_b}$	$\frac{u_1}{u_b}-1$	$\frac{h_2}{h}$	(10).(9)	1+(11)	K_X (3).(12) (kN/m)	C_x (kN/m^3)
		(1)	(2)	(3)	(4)	(5)	(6)	(7)	(8)	(9)	(10)	(11)	(12)	(13)	(14)
	明置														
	埋置														
	明置														
	埋置														
	明置														
	埋置														

测试______ 计算______ 校核______ ______年______月

地基水平回转向动力参数测试 K_φ 计算表（用于自由振动测试）　　表 3-2-6

工程名称：______

基础号	参数状态	f_{n1} (Hz)	J_c $(t \cdot m^2)$	$\omega_{n1}^2 \cdot J_c$ $(rad^2/s^2 \cdot t \cdot m^2)$	$u_{x\varphi 1}$ (m)	u_b (m)	$\frac{u_{x\varphi 1}}{u_b}-1$	h_2 (m)	i_c^2 (m^2)	$\frac{h}{i_c^2}$ (rad) (m−1)	$\frac{h_2 \cdot h}{i_c^2} \cdot \frac{1}{\frac{u_{x\varphi 1}}{u_b}-1}$	1+(11)	K_φ (3)·(12) (kN/m)	$C_\varphi=\frac{K_\varphi}{I}$ (kN/m^3)
		(1)	(2)	(3)	(4)	(5)	(6)	(7)	(8)	(9)	(10)	(12)	(13)	(14)
	明置													
	埋置													
	明置													
	埋置													
	明置													
	埋置													

测试______　　计算______　　校核______　　______年______月

地基动力参数的设计值，可按表 3-2-7、表 3-2-8 的格式计算确定。

提供设计应用的天然地基动力参数计算表　　表 3-2-7

工程名称：____________

基础号	参数状态	C_z (kN/m^3)	C_x (kN/m^3)	C_φ (kN/m^3)	ζ_z	$\zeta_{x\varphi_1}$	ζ_ψ	m_{dz} (t)	$m_{dx\varphi}$ (t)
	明置								
	埋置								
	明置								
	埋置								

计算______　　校核______　　负责人______　　______年______月

注：

（1）当基础明置时：

$C_z=C_{z0} \cdot \eta$; $C_x=C_{x0} \cdot \eta$; $C_\varphi=C_{\varphi 0} \cdot \eta$; $C_\psi=C_{\psi 0} \cdot \eta$; $\zeta_z=\zeta_{z0} \cdot \sqrt{\frac{m_r}{m_d}}$; $\zeta_{x\varphi 1}=\zeta_{x\varphi 10} \sqrt{\frac{m_r}{m_d}}$; $\zeta_\psi=\zeta_{\psi 0} \cdot \sqrt{\frac{m_r}{m_d}}$

其中 C_{z0}、C_{x0}、$C_{\varphi 0}$、$C_{\psi 0}\zeta_{z0}$、$\zeta_{x\varphi 0}$、$\zeta_{\varphi 0}$ 为块体基础在明置时的测试值；η 为换算系数。

（2）当基础埋置时：

$C'_z=C_z \cdot a_z$; $C'_x=C_x \cdot a_x$; $C'_\varphi=C_\varphi \cdot a_\varphi$; $C'_\psi=C_\psi \cdot a_\psi$; $\zeta'_z=\zeta_z \cdot \beta_z$; $\zeta'_{x\varphi 1}=\zeta_{x\varphi_1}\beta_{x\varphi}$; $\zeta'_\psi=\zeta_\psi\beta_\psi$。

（3）$m_{dz}=(m_z-m_f)\frac{A_d}{A_0}$; $m_{dx\varphi}=(m_{x\varphi}-m_f)\frac{A_d}{A_0}$，$m_{d\psi}$ 与 $m_{dx\varphi}$ 相同。

提供设计应用的桩基动力参数计算表 **表 3-2-8**

工程名称：______

基础号	参数状态	k_{pz} (kN/m)	$k_{p\varphi}$ (kN·m)	C_{px} (kN/m³)	$C_{p\psi}$ (kN/m³)	ζ_z	$\zeta_{x\varphi_1}$	ζ_ψ	m_{dz} (t)	$m_{dx\varphi}$ (t)	$m_{d\psi}$ (t)
	明置										
	埋置										
	明置										
	埋置										

计算______ 校核______ 负责人______ ______年______月

注：

（1）当桩基础明置时：

$k_{Pz}=k_{pz0}\eta_z$；$k_{p\varphi}=k_{pz}\sum_{i=1}^{n}r_i^2$；$C_x=C_{x0}\cdot\eta$；$C_\psi=C_{\psi0}\cdot\eta$；$\zeta_z=\zeta_{z0}\cdot\sqrt{\frac{m_{rP}}{m_{dP}}}$；$\zeta_{x\varphi_1}=\zeta_{x\varphi_{10}}\cdot\sqrt{\frac{m_{rP}}{m_{dP}}}$；$\zeta_\psi=\zeta_{\psi0}\cdot\sqrt{\frac{m_{rP}}{m_{dP}}}$；

其中 k_{pz0}、$C_{\psi0}$、ζ_{z0}、$\zeta_{x\varphi_{10}}$、$\zeta_{\varphi0}$ 为桩基础在明置时的测试值；η_2 为群桩效应系数。

（2）当桩基础埋置时：

$k'_{Pz}=k_{Pz}\cdot a_z$；$k'_{P\varphi}=k_{P\varphi}\cdot a_z$；$C'_x=C_x\cdot a_x$；$C'_\psi=C_\psi\cdot a_\psi$；$\zeta'_z=\zeta_z\cdot\beta_z$；$\zeta'_{x\varphi_1}=\zeta_{x\varphi_1}\beta_{x\varphi}$；$\zeta'_\psi=\zeta_\psi\beta_\psi$。

（3）$m_{dz}=(m_{zP}-m_f)\frac{A_{dP}}{A_{0P}}$；$m_{dx\varphi}=(m_{x\varphi P}-m_f)\frac{A_{dP}}{A_{0P}}$；$m_{d\psi}=(m_{\psi P}-m_f)\frac{A_{dP}}{A_{0P}}$。

由于采用不同的测试方法所得的动力参数不相同，因此应根据动力机器的性能采用不同的测试方法，如属于周期性振动的机器基础，应采用强迫振动测试；而属于冲击性振动的机器基础，则可采用自由振动测试。考虑到所有的机器基础都有一定的埋深，因此基础应分别做明置和埋置两种情况的振动测试。测试明置基础的目的是获得基础下地基的动力参数，测试埋置基础的目的是获得埋置后对动力参数的提高效果。有了这两个动力参数，就可进行机器基础的设计。基础四周回填土是否夯实，直接影响埋置作用对动力参数的提高效果，在作埋置基础的振动测试时，四周的回填土一定要分层夯实。

二、测试前的准备工作

1. 收集资料

模型基础除尺寸外，其他条件应尽可能模拟实际基础的情况。了解机器的型号、转速以及功率，可以大致了解机器运转的振动力大小以及振动频率情况；了解基础的位置、基底标高、桩基的情况的目的在于可以在设置模型基础时，尽可能地使模型基础的工程地质条件与实际基础一致；这些设计内容，对于测试点的布设是非常重要的。

（1）施工现场资料应包括下列内容：

1）建筑场地的岩土工程勘察资料；

2）建筑场地的地下设施、地下管道、地下电缆等的平面图和纵剖面图；

3）建筑场地及其邻近的干扰振源。

（2）基础设计资料应包括下列内容：

1）机器的型号、转速、功率等；

2）设计基础的位置和基底标高；

3）当采用桩基时，桩的截面尺寸和桩的长度及间距。

2. 制订测试方案

根据收集资料和基础设计的要求，制订测试方案，测试方案应包括下列内容：

（1）测试目的及要求；采用块体基础还是桩基础、基础尺寸、数量。

（2）测试荷载、加载方法和加载设备；当采用机械式激振器时测试基础上应有预埋螺栓或预留螺栓孔的位置图：地脚螺栓的埋置深度应大于400mm；地脚螺栓或预留孔在测试基础平面上的位置应符合下列要求：

1）当做竖向振动测试时，激振设备的竖向扰力应与基础的重心在同一竖直线上；

2）当做水平振动测试时，水平扰力矢量方向与基础沿长度方向的中心轴向一致；

3）当做扭转振动测试时，激振设备施加的扭转力矩，应使基础产生绕重心竖轴的扭转振动；

（3）测试内容、具体方法和测点仪器布置图。

（4）数据处理方法。

3. 选定测试场地和制作模型基础

根据机器基础设计的需要，测试场地和模型基础应符合下列要求：

（1）测试场地应避开外界干扰振源，测点应避开水泥、沥青路面、地下管道和电缆等。

（2）测试基础应置于设计基础工程的邻近处，其土层结构宜与设计基础的土层结构相类似。由于地基的动力特性参数与土的性质有关，如果模型基础下的地基土与设计基础下的地基土不一致，测试资料计算的动力参数不能用于设计基础，因此模型基础的位置应选择在拟建基础附近相同的土层上。关键是要保证模型基础与拟建基础底面的土层结构相同。

（3）块体基础的尺寸应为2.0m×1.5m×1.0m，其数量不宜少于2个；当根据工程需要，块体数量超过2个时，可改变超过部分的基础面积而保持高度不变，获得底面积变化对动力参数的影响，或改变超过部分基础高度而保持底面积不变，获得基底应力变化对动力参数的影响。基础尺寸应保证扰力中心与基础重心在一条垂线上，高度应保证地脚螺栓的锚固深度，又便于测试基础埋深对地基动力参数的影响。

（4）当为桩基础时，则应采用2根桩，桩间距应取设计桩基础的间距。桩台边缘至桩轴的距离可取桩间距的1/2；桩台的长宽比应为2∶1，其高度不宜小于1.6m；当需做不同桩数的对比测试时，应增加桩数及相应桩台的面积。由于桩基的固有频率比较高，桩台的高度应该比天然地基的基础高度大，否则固有频率太高，共振峰很难测出来。2根桩基础的测试资料计算的动力参数，在折算为单桩时，可将桩台划分为1根桩的单元体进行分析。

（5）基坑坑壁至测试基础侧面的距离应大于500mm，以免在做基础的明置试验时，基础侧面四周的土压力影响基础底面土的动力参数。

坑底应保持测试土层的原状结构，挖坑时不要将试验基础底面的原状土破坏，基底土是否遭到破坏，直接影响测试结果。坑底面应保持水平面。应使基础浇灌后保持基础重心、底面形心和竖向激振力位于同一垂线上。

（6）测试基础的混凝土强度等级不宜低于C15。

（7）测试基础的制作尺寸应准确，其顶面应随捣随抹平。避免基础顶面做得粗糙或高低不平，以致安装激振器时，其底板与基础顶面接触不好，传感器也放不平稳，影响测试效果。在试验基础图纸上，注明基础顶面的混凝土应随捣随抹平。

（8）当采用机械式激振器时，预埋螺栓的位置必须准确，在现场做准备工作时，一定要注意基础上预埋螺栓或预留螺栓孔的位置。预埋螺栓的位置要严格按试验图纸上的要求，不能偏离，当螺栓偏离时，激振器的底板安装不进去。预埋螺栓的优点是与现浇基础一次做完，缺点是位置可能放不准，影响激振器的安装，因此在施工时，可采用定位模具以保证位置准确。

4. 测试仪器和设备的选用与要求

（1）仪器的选用和要求

激振设备及传感器布置如图 3-2-1 所示。根据测试要求，选用所需的传感器、放大器、采集分析仪，传感器宜采用竖直和水平方向的速度型传感器，其通频带应为 2～80Hz，阻尼系数应为 0.65～0.70，电压灵敏度不应小于 30V·s/m，最大可测位移不应小于 0.5mm。放大器应采用带低通滤波功能的多通道放大器，其振动线位移一致性偏差应小于 3%，相位一致性偏差应小于 0.1ms，折合输入端的噪声水平应低于 2μV。电压增益应大于 80dB。采集分析仪宜采用多通道数字采集和存储系统，其模/数转换器（A/D）位数不宜小于 16 位，幅度畸变宜小于 1.0dB，电压增益不宜小于 60dB。

仪器应具有防尘、防潮性能，其工作温度应在－10～50℃范围内。

数据分析装置应具有频谱分析及专用分析软件功能，并应具有抗混淆滤波、加窗及分段平滑等功能。

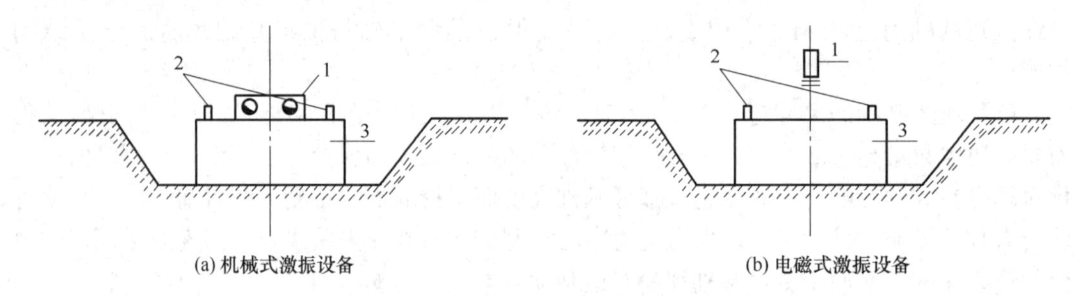

图 3-2-1 激振设备及传感器的布置图

1—激振设备；2—传感器；3—测试基础

将所选用的仪器配套组成测振系统，并在标准振动台上进行系统灵敏度系数的标定，以确保测试结果的精度。在下列情况下必须进行校准标定：

1）新配套测试仪器系统，必须到计量核定部门进行校准，以保证各项性能指标满足使用要求。

2）测试仪器系统，按计量认证要求应定期检定。

3）传感器或测量系统经过修理之后，也必须进行性能指标校准标定。

（2）激振设备的选用和要求

1）强迫振动

常用于强迫振动测试的激振设备有机械式偏心块（变扰力）和电磁式（常扰力）激振器，电磁式激振器扰力较小，频率较高，偏心块激振器扰力较大，频率较低，因此应根据测试基础是块体还是桩基础以及基础的大小选用所需的激振设备。

① 采用机械式激振设备时，工作频率宜为 3～60Hz；

机械式激振设备的扰力可分为几档，测试时其扰力一般皆能满足要求。由于块体基础水平回转耦合振动的固有频率及在软弱地基土的竖向振动固有频率一般均较低，因此要求激振设备的最低频率尽可能低，最好能在 3Hz 测得振动波形，至高不能超过 5Hz，这样测出的完整的幅频响应共振曲线才能较好地满足数据处理的需要，而桩基础的竖向振动固有频率高，要求激振设备的最高工作频率尽可能的高，最好能达到 60Hz 以上，以便能测出桩基础的共振峰。

② 采用电磁式激振设备时，激振力不宜小于 2000N。

电磁式激振设备的工作频率范围很宽，但是扰力太小时无法激起桩基础的竖向振动，影响动力参数计算的真实性，因此规定扰力不宜小于 2000N。

2） 自由振动

自由振动测试时，竖向激振宜采用重锤自由落体的方式进行，重锤质量不宜小于基础质量的 1/100，落高宜为 0.5～1.0m。

重锤质量太小时，难以激发块体基础的自由振动。规定落高是为了保证落锤具有足够的能量激起能满足测试需要的基础振动。

三、测试结果内容

模型基础动力参数的测试结果，应包括下列内容：

（1） 测试的各种幅频响应曲线；

（2） 动力参数的测试值；

（3） 动力参数的设计值。

测试成果的具体内容，规定了最低限度需要提供的基本内容。随着计算机的发展，由测试数据计算出来的各种参数已经程式化，主要是指：地基抗压、抗剪、抗弯和抗扭刚度系数；地基竖向和水平回转向第一振型以及扭转向的阻尼比；地基竖向和水平回转向的参振质量。

四、测试工况要求

模型基础应在明置和埋置的情况下分别进行振动测试。埋置基础周边回填土应分层夯实，回填土的压实系数不宜小于 0.94。

明置基础的测试目的是获得基础下地基的动力参数，埋置基础的测试目的是获得埋置后对动力参数的提高效果。因为所有的机器基础都有一定的埋深，有了这两者的动力参数，就可进行实际机器基础的设计。模型基础四周回填土是否夯实，会直接影响埋置作用对动力参数的提高效果，在作埋置基础的振动测试时，四周的回填土一定要分层夯实，本次修订，规定回填土的压实系数不小于 0.94。压实系数为各层回填土平均干密度与室内击实试验求得填土在最优含水量状态下的最大干密度的比值。

五、桩基动力参数

桩基抗压刚度除以桩数，即为单桩抗压刚度。参振总质量是承台（基础）、激振器及部分桩土参振质量的总和。在动力机器基础设计中，需要提供的动力参数就是各个振型的地基刚度系数和阻尼比。通过现场模型基础（小基础）振动试验，可得到各种振型的动力反应曲线（幅频曲线），然后根据质弹阻理论计算出地基刚度系数和阻尼比。

第三节 模型基础制作

一、一般要求

动力机器基础的底面一般为矩形，为了使模型基础与设计基础的底面形状相类似，其长、宽、高均具有一定的比例。一个场地模型基础数量最少 2 个，以便具有较好的统计特性。超过 2 个时可改变超过部分的基础面积而保持高度不变，获得底面积变化对动力参数的影响，或改变超过部分基础高度而保持底面积不变，获得基底应力变化对动力参数的影响。基础尺寸应保证扰力中心与基础重心在一垂线上，高度应保证地脚螺栓的锚固深度，又便于测试基础埋深对地基动力参数的影响。基础的高度太大，挖土或回填都增加许多劳动量，而高度太小，基础质量小，基础固有频率高，如激振器的扰频不高，就会给检测共振峰带来困难，因此基础的高度既不能太大，但也不能太小。根据测试经验，模型基础的尺寸宜为 2.0m×1.5m×1.0m。

二、桩基模型基础

桩基的刚度，不仅与桩的长度、截面大小和地基土的种类有关，还与桩的间距、桩的数量等有关。一般机器基础下的桩数，根据基底面积的大小，从几根到几十根，最多也有到一百多根的，而模型基础的桩数不能太多，根据以往试验的经验，一根桩（带桩承台）的测试效果不理想，2 根、4 根桩（带桩承台）的测试效果比较好，但 4 根桩的测试费用较高。如现场有条件作桩数对比测试时，也可增加 4 根桩和 6 根桩的测试。由于桩基的固有频率比较高，桩承台的高度应该比天然地基的基础高度大，否则固有频率太高，共振峰很难测出来。对桩承台的尺寸做出规定，是为了使根据 2 根桩的测试资料计算的动力参数在折算为单桩时，可将桩承台划分为 1 根桩的单元体进行分析。

一般规定桩基的模型基础采用 2 根桩，桩间距应取设计桩基础的间距；承台的长宽比应为 2∶1，其高度不宜小于 1.6m；承台沿长度方向的中心轴应与两桩中心连线重合，承台宽度宜与桩间距。

三、位置要求

由于地基的动力特性参数与土的性质有关，如果模型基础下的地基土与工程基础下的地基土不一致，测试资料计算的动力参数不能用于设计基础，因此模型基础的位置应选择在拟建基础附近相同的土层上。模型基础的基底标高，最好与拟建基础基底标高一致，但考虑到有的动力机器基础高度大，基底埋置深，如将小的模型基础也置于同一标高，现场施工与测试工作均有困难。为了使现场测试工作灵活有余地，可视基底标高的深浅以及基底土的性质确定，关键是要掌握好模型基础与拟建基础底面的土层结构。

四、测试要求

模型基础做明置工况测试时，坑底应保持土层的原状结构，并应保持平整。基坑坑壁至模型基础侧面的距离应大于 500mm，其目的是保证在做基础的明置试验时，基础侧面四周的土压力不会影响到基础底面土的动力参数测试。在现场做测试准备工作时，不要把试坑挖得太大，距离略大于 500mm 即可。因为距离太大了，做埋置测试时，回填土的工作量大，应根据现场具体情况掌握好分寸。坑底应保持原状土，挖坑时不要破坏模型基础底面的原状土，基底土是否遭到破坏直接影响测试结果。坑底面应为水平面，这样才能保持基础浇灌后重心、底面形心和竖向激振力位于同一垂线上。

五、地脚螺栓设置

在现场作准备工作时，一定要注意基础上预埋螺栓或预留螺栓孔的位置。预埋螺栓的位置要严格按试验图纸上的要求，不能偏离，只要有一个螺栓偏离，激振器的底板就安装不进去。预埋螺栓的优点是与现浇基础一次做完，缺点是位置可能放不准，影响激振器的安装，因此在施工时，可采用定位模具以保证位置准确。预留螺栓孔的优点是，待激振器安装时，可对准底板螺孔放置螺栓，放好后再灌浆，缺点是与现浇基础不能一次做完。可根据现场条件确定选择哪一种方法。如为预留孔，则孔的面积不应小于 100mm×100mm，孔太小了，灌浆不方便。螺栓的长度不小于 400mm，主要是为了保证在受动拉力时有足够的锚固力，不被拉出，具体加工时螺栓下端可制成弯钩或焊成一块钢板结构，以增强锚固力。露出激振器底板上面的螺栓，其螺丝扣的高度，应足够两个螺母和一个弹簧垫圈。加弹簧垫圈和用两个螺母目的是保证在整个激振测试过程中，螺栓不易被震松。在试验工作结束以前，螺栓的螺丝扣一定要保护好，以免碰坏。

当采用机械式激振设备时，地脚螺栓的埋设深度不宜小于 400mm；地脚螺栓或预留孔在模型基础平面上的位置应符合下列规定：

(1) 竖向振动测试时，应使激振设备的竖向扰力中心通过基础的重心；

(2) 水平振动测试时，应使水平扰力矢量方向与基础沿长度方向的中心轴向一致；

(3) 扭转振动测试时，激振设备施加的扭转力矩，应使基础产生绕重心竖轴的扭转振动。

第四节　测　试　方　法

地基动力特性的测试方法，应根据机器基础类型确定。大型曲柄连杆式机器基础和旋转式机器基础地基，宜采用模型基础强迫振动试验法。冲击式机器基础地基，宜采用压模自由振动试验法，以便通过高低压模试验能较简便地由基础自由水平振动计算地基刚度系数，并排除了面积对刚度的变化影响。一般小型动力基础地基，宜采用波速试验法或共振柱试验法。

地基刚度系数的测试方法，早在 20 世纪 40 年代就由苏联人沙维诺夫（O. A. Савинов）所创的高低压模（重 10kN，模底面积 $0.5m^2$）在现场自由振动测定过。由于该法操作复杂，很少采用。我国《地基动力特性测试规范》规定采用现场现浇混凝土块体基础作强迫振动或自由振动测试动力反应，然后按振动理论反算地基刚度系数和阻尼比。

一、强迫振动

(1) 测试前要安装好激振设备，当采用机械式偏心块激振设备时，必须将激振器与固定在基础上的地脚螺栓拧紧，在振动测试过程中，地脚螺栓上的螺帽很容易被振松，影响所测数据的准确性。为避免地脚螺栓在测试过程中被振松，测试前在地脚螺栓上放上弹簧垫圈，然后再用两个螺母将其拧紧。每测完一次，都必须检查一下螺母是否被振松，如在测试过程中有松动，则应将机器停下拧紧后重新测定，松动时测的数据作废。

安装电磁式激振器时，其竖向扰力作用点应与试验基础的重心在同一竖直线上，水平扰力作用点宜在基础水平轴线侧面的顶部。

（2）竖向振动测试时，应在基础顶面沿长度方向轴线的两端各放置一台传感器，并固定在基础上，当扰力与基础重心和底面形心在一竖直线上时，基础上各点的竖向振动线位移与相位均应一致，如果振动线位移稍有差异，则取两台传感器的平均值。激振设备及传感器的布置见图 3-4-1。

（3）水平回转振动测试时，激振设备的扰力的方向应调为水平向；在基础顶面沿长度方向轴线的两端各布置一台竖向传感器，在中间布置一台水平向传感器。布置竖向传感器是为了测基础回转振动时产生的竖向振动线位移，以便计算基础的回转角。因此，两台传感器之间的距离 l_1 必须测量准确。激振设备及传感器的布置见图 3-4-2。

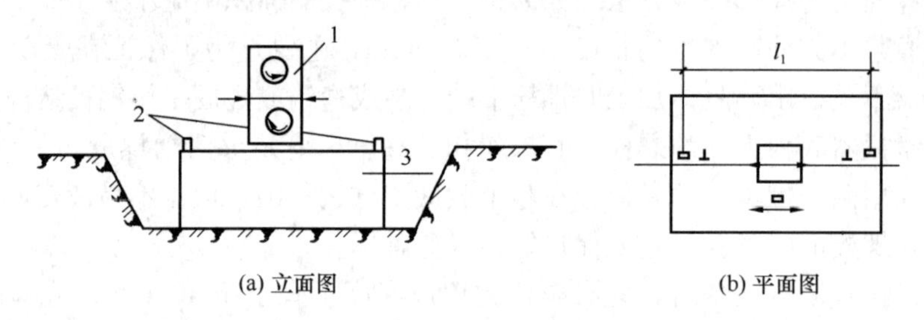

图 3-4-1　机械式激振器及传感器的布置图

1—机械式激振器；2—传感器；3—测试基础

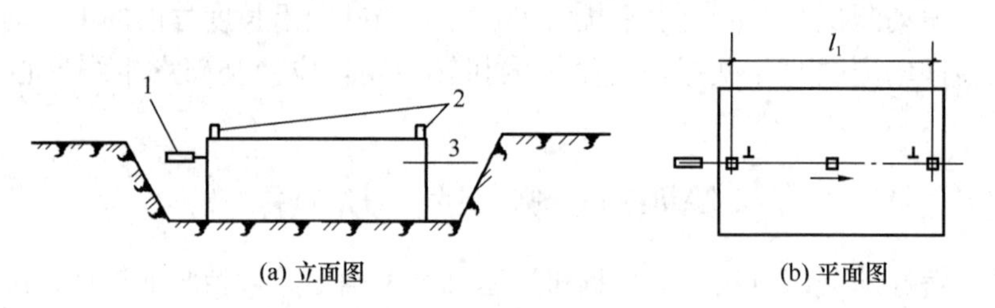

图 3-4-2　电磁式激振器及传感器的布置图

1—电磁式激振器；2—传感器；3—测试基础

（4）扭转振动测试时，应在测试基础上施加一个扭转力矩，使基础产生绕竖轴的扭转振动。传感器应同相位对称布置在基础顶面沿水平轴线的两端，其水平振动方向应与轴线垂直，见图 3-4-3。

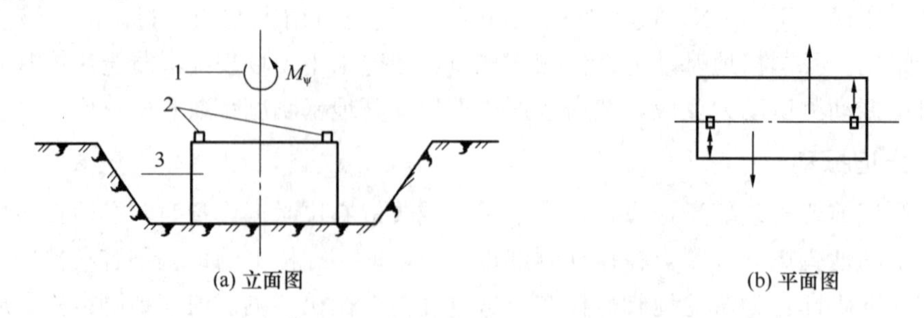

图 3-4-3　激振器及传感器的布置图

1—激振器；2—传感器；3—测试基础

由于缺乏产生扭转力矩 M_ψ 的激振设备，过去国内外都很少做基础的扭转振动测试，设计时所应用的动力参数均与竖向测试的地基动力参数挂钩，而竖向与扭转向的关系也是通过理论计算所得。为了能测试扭转振动，原机械工业部设计研究院和中航勘察设计研究院进行过多次测试研究工作。原机械工业部设计研究院于 20 世纪 90 年代做了扭转振动测试，中航勘察设计研究院还专门设计了扭转激振器，共测试了十几个基础的扭转振动，测出了在扭转扰力矩作用下水平线位移随频率变化的幅频响应共振曲线。

扭转振动测试时，在基础顶面沿长度方向中轴线的两端应对称布置两个水平向传感器，其水平振动方向应与中轴线垂直。该布置方法最容易判别其振动是否为扭转振动，如为扭转振动，则实测波形的相位相反（即相差 180°）。

（5）幅频响应测试时，激振设备的频率应由低到高逐渐增加，频率间隔，在共振区外，扫描速度可略放快一些，但不宜大于 2Hz。在共振区以内（即 $0.75f_{m} \leqslant f \leqslant 1.25f_{m}$，$f_{m}$ 为共振频率），应放慢扫描速度，频率应尽可能测密一些，最好是 0.5Hz 左右。由于共振峰点很难测得，激振频率在峰点很易滑过去，不一定能在峰点稳住，因此只有尽量测密一些，才易找到峰点，减少人为的误差。扰力值的控制，宜使共振时的振动线位移不大于 150μm，当振动线位移较大时，峰点难以测得，另外基础振动的非线性性能，均影响地基土的动力参数。对于周期性振动的机器基础，当 $f \geqslant 7$Hz 时，其振动线位移均不会大于 150μm，这样可使测试值与机器基础设计值一致。

（6）实际检测时，有可能因多种原因，导致测试波形削幅或严重失真。数据拾取时应该选取简谐波部分，或者调整激振设备的档位重新进行强迫振动，直到获取好的数据。因此，强迫振动数据分析，应取振动波形的正弦波部分，即输出的振动波形为正弦波时方可进行记录。

二、自由振动

自由振动测试时，用冲击力进行激振是最方便的一种激振方法。所需要的激振设备最简单。冲击激振的时间很短，可以多次重复进行。适用于锻锤、造型机、冲床、压力机等设备基础动力性能试验。可按下列方法进行测试：

（1）竖向自由振动的测试，可采用重锤自由下落冲击测试基础顶面的中心处，实测基础的固有频率和最大振动线位移。测试次数不应少于 3 次，测试时应注意检查波形是否正常。

竖向自由振动测试，当重锤下落冲击基础后，基础产生有阻尼自由振动，第一个波的线位移最大，然后逐渐减小，基础最大线位移应取第一个波。为减小测试时高频波的影响并避免基础顶面被冲坏，测试时可在基础顶面中心处放一块稍厚的橡胶垫。

（2）水平回转自由振动的测试，可采用重锤敲击测试基础水平轴线侧面的顶部，实测基础的固有频率和最大振动线位移。测试次数不应少于 3 次。水平冲击顶端，比较易于产生回转振动。敲击时，可以沿长轴线也可沿短轴线敲击，可对比两者的参数相差多少，但提供设计用的参数，应与设计基础水平扰力的方向一致。

（3）传感器的布置，应与强迫振动测试时的布置相同。

第五节　数　据　处　理

模型基础动力参数测试中，数据处理与换算是非常重要的部分，如果数据处理与换算的方法不准确，所提供的动力参数就不能作为设计依据。

由于块体基础和桩基础的数据处理方法相同，因此本节的计算方法均适用于块体基础和桩基础，仅是有区别之处才分别列出。为了简化参数的符号，下述所有计算公式中对变扰力和常扰力均采用相同符号。计算时，只需将各自测试的幅频响应共振曲线选取的值代入各自的计算公式中即可。

一、强迫振动

1. 分析方法

为了保证频谱分析的精度，数据处理应采用频谱分析方法（富氏谱或功率谱），谱线间隔不宜大于0.1Hz。各通道采样点数不宜小于1024点，采样频率应符合采样定理要求，分段平滑段数不宜小于40，并采用加窗函数进行平滑处理。处理结果应得到下列幅频响应曲线：

（1）竖向振动为基础竖向振动线位移随频率变化的幅频响应曲线（u_z-f 曲线）；

（2）水平回转耦合振动为基础顶面测试点沿 X 轴的水平振动线位移随频率变化的幅频响应曲线（$u_{x\varphi}$-f 曲线），及基础顶面测试点由回转振动产生的竖向振动线位移随频率变化的幅频响应曲线（$u_{z\varphi}$-f 曲线）；

（3）扭转振动为基础顶面测试点在扭转扰力矩作用下的水平振动线位移随频率变化的幅频响应曲线（$u_{x\psi}$-f 曲线）。

由于水平回转耦合振动和扭转振动的共振频率一般都在10～20Hz，低频段波形较好的频率大约在8Hz左右，而0.85f_{m1}以上的点不能取，则共振曲线上剩下可选用的点就不多了。因此，水平回转耦合振动和扭转振动资料的分析方法与竖向振动不一样，不需要取三个以上的点，而只取共振峰峰点频率及相应的水平振动线位移，和另一频率为0.707f_{m1}点的频率和水平振动线位移代入公式计算阻尼比。选择这一点计算的阻尼比与选择多点计算的平均阻尼比很接近。

2. 地基竖向动力参数计算

（1）当为变扰力时

1）基础竖向无阻尼固有频率的计算

在扰力 $\rho = m_0 e\omega^2$ 的作用下，共振时的最大振动线位移为：

$$Z_{\max} = u_{\max} = \frac{m_0 e\omega_m^2}{m\omega_n^2} \cdot \frac{1}{\sqrt{\left(1-\frac{\omega_m^2}{\omega_n^2}\right)+4\zeta_z^2\frac{\omega_m^2}{\omega_n^2}}} \tag{3-5-1}$$

令 $\frac{\omega_m}{\omega_n} = \alpha$

$$\frac{\partial z_{\max}}{\partial \alpha} = \frac{m_0 e}{m}\partial\alpha^2[(1-\alpha^2)^2+4\zeta_z^2\alpha^2]^{-\frac{1}{2}}$$

$$= \frac{m_0 e}{m}2\alpha^2[(1-\alpha^2)^2+4\zeta_z^2\alpha^2]^{-\frac{1}{2}} + \frac{m_0 e}{m}\alpha^2\left(-\frac{1}{2}\right)[(1-\alpha^2)^2+4\zeta_z^2\alpha^2]^{-\frac{3}{2}}$$

$$[2(1-\alpha^2)(-2\alpha)+8\zeta_z^2\alpha] = 0$$

整理得

$$2\alpha[(1-\alpha^2)^2+4\zeta_z^2\alpha^2]+2\alpha^3(1-\alpha^2)-4\zeta_z^2\alpha^3 = 0$$

$$\alpha^2 = \frac{1}{1-2\zeta_z^2}$$

可解得 $\alpha = \frac{f_m}{f_{nz}} = \frac{1}{\sqrt{1-2\zeta_z^2}}$

$$f_{m}=\frac{f_{nz}}{\sqrt{1-2\zeta_{z}^{2}}} \tag{3-5-2}$$

即得
$$f_{nz}=f_{m}\sqrt{1-2\zeta_{z}^{2}} \tag{3-5-3}$$

式中　f_m——基础竖向振动的共振频率（Hz）；

　　f_{nz}——基础竖向无阻尼固有频率（Hz）。

2）地基竖向阻尼比的计算

$$u_{max}=\frac{m_0 e}{m_z}\cdot\frac{1}{\sqrt{\left[\left(f_n\Big/\frac{f_n}{\sqrt{1-2\zeta_z^2}}\right)^2-1\right]^2+4\zeta_z^2\left[\left(f_n\Big/\frac{f_n}{\sqrt{1-2\zeta_z^2}}\right)^2\right]^2}}$$

$$=\frac{m_0 e}{m_z}\cdot\frac{1}{2\zeta_z\sqrt{1-\zeta_z^2}} \tag{3-5-4}$$

$$u_1=\frac{m_0 e}{m_z}\cdot\frac{1}{\sqrt{\left[\left(\frac{f_m\sqrt{1-2\zeta_z^2}}{f_1}\right)-1\right]^2+4\zeta_z^2\left(\frac{f_m\sqrt{1-2\zeta_z^2}}{f_1}\right)^2}}$$

$$=\frac{m_0 e}{m_z}\cdot\frac{[\alpha_1^2(1-2\zeta_z^2)-1]^2+4\zeta_z^2\alpha_1^2(1-2\zeta_z^2)}{4\zeta_z^2(1-\zeta_z^2)} \tag{3-5-5}$$

式中　$\alpha_1=\frac{f_m}{f_1}$

$$\left(\frac{u_{max}}{u_1}\right)^2=\frac{[\alpha_1^2(1-2\zeta_z^2)-1]^2+4\zeta_z^2\alpha_1^2(1-2\zeta_z^2)}{4\zeta_z^2(1-\zeta_z^2)}$$

令：$\beta=\frac{u_{max}}{u_1}$ 得

$$\beta^2 4\zeta_z^2-\beta^4 4\zeta_z^4=\alpha_1^4+4\zeta_z^4\alpha_1^4-4\zeta_z^2\alpha_1^4+1-2\alpha_1^2+8\zeta_z^2\alpha_1^2-8\zeta_z^4\alpha_1^2$$

$$\zeta_z^4(4\alpha_1^4-8\alpha_1^2+4\beta^2)-\zeta_z^2(4\alpha_1^4-8\alpha_1^2+4\beta^2)+(\alpha_1^4-2\alpha_1^2+1)=0$$

$$\zeta_z^2=\frac{1}{2}\left[1-\sqrt{1-\frac{4(\alpha_1^2-1)^2}{4\alpha_1^4-8\alpha_1^2+4\beta^2}}\right]=\frac{1}{2}\left[1-\sqrt{1-\frac{\beta^2-1}{\alpha_1^4-2\alpha_1^2+\beta^2}}\right] \tag{3-5-6}$$

地基竖向阻尼比，应在 u_z-f 幅频响应曲线上选取共振峰峰点和 $0.85f_m$ 以下不少于三点的频率和振动线位移（图 3-5-1、图 3-5-2），按下列公式计算：

$$\zeta_z=\frac{\sum_{i=1}^{n}\zeta_{zi}}{n} \tag{3-5-7}$$

$$\zeta_{zi}=\left[\frac{1}{2}\left(1-\sqrt{\frac{\beta_i^2-1}{\alpha_i^4-2\alpha_i^2+\beta_i^2}}\right)\right]^{\frac{1}{2}} \tag{3-5-8}$$

$$\alpha_i=\frac{f_m}{f_i} \tag{3-5-9}$$

$$\beta_i=\frac{u_m}{u_i} \tag{3-5-10}$$

式中　ζ_z——地基竖向阻尼比；

　　ζ_{zi}——由第 i 点计算的地基竖向阻尼比；

u_m——基础竖向振动的共振振动线位移（m）；

f_i——在幅频响应曲线上选取的第 i 点的频率（Hz）；

u_i——在幅频响应曲线上选取的第 i 点的频率所对应的振动线位移（m）。

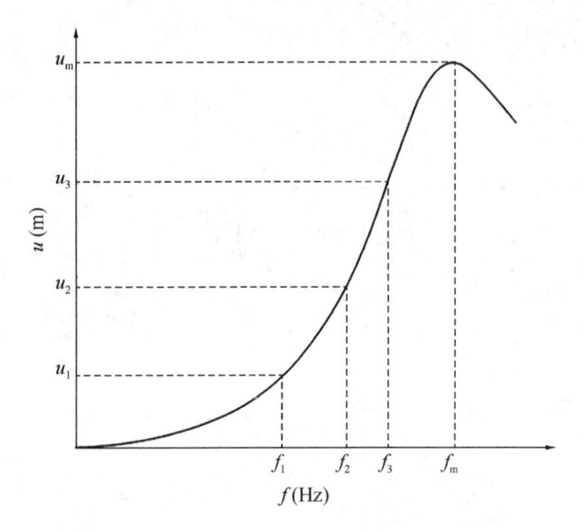

图 3-5-1　变扰力的幅频响应曲线

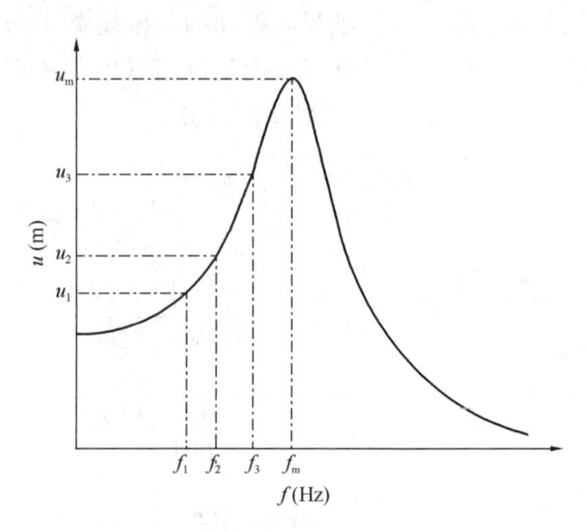

图 3-5-2　常扰力的幅频响应曲线

在计算地基竖向阻尼比时，从理论方面，在曲线上选取任何一点计算的 ζ_z、m_z、C_z 都应为定值；但基础下面的地基土不是真正的匀质弹性体，同时测试工作也存在一定的误差，因此导致在幅频响应曲线 u_z-f 上选取不同的点计算的 ζ_{zi} 值略有差别，取其平均值可减小误差。计算点的选取应符合下列原则：

由 u_z-f 幅频响应曲线计算的地基竖向动力参数，其计算值与选取的点有关，在曲线上选不同的点，计算所得的参数不同。为了统一，除选取共振峰点外，尚应在曲线上选取三点，计算平均阻尼比及相应的抗压刚度和参振总质量，这样计算的结果，差别不会太大，这种计算方法，必须要把共振峰峰点测准。$0.85f_m$ 以上的点不取，因为这种计算方法对试验数据的精度要求较高，略有误差就会使计算结果产生较大差异。另外，低频段的频率也不宜取得太低，频率太低时振动线位移很小，受干扰波的影响，测量的误差较大，使计算的误差加大。在实测的共振曲线上，有时会出现小“鼓包”，不能取用“鼓包”上的数据，否则会使计算结果产生较大的误差，因此要根据不同的实测曲线，合理地采集数据。根据过去大量测试资料数据处理的经验，应按下列原则采集数据：

① 对出现“鼓包”的共振曲线，“鼓包”上的数据不取；

② $0.85f_m \leqslant f \leqslant f_m$ 区段内的数据不取；

③ 低频段的频率选择，不宜取得太低，应取波形好的，测量误差小的频率段进行，一般在 $0.5f_m$～$0.85f_m$ 间取值，较为适宜。

3）竖向参振总质量

基础竖向振动的参振总质量，应按下列公式计算：

$$m_z = \frac{m_0 e_0}{u_m} \frac{1}{2\zeta_z\sqrt{1-\zeta_z^2}} \tag{3-5-11}$$

式中　m_z——基础竖向振动的参振总质量（t），包括基础、激振设备和地基参加振动的当量质量，当 m_z 大于基础质量的 2 倍时，应取 m_z 等于基础质量的 2 倍（桩基除外）；

m_0——激振设备旋转部分的质量（t）；

e_0——激振设备旋转部分质量的偏心距（m）。

4）地基的抗压刚度和抗压刚度系数、单桩抗压刚度和桩基抗弯刚度，应按下列公式计算：

$$K_z = m_z(2\pi f_{nz})^2 \tag{3-5-12}$$

$$C_z = \frac{K_z}{A_0} \tag{3-5-13}$$

$$K_{pz} = \frac{K_z}{n_p} \tag{3-5-14}$$

$$K_{p\varphi} = K_{pz}\sum_{i=1}^{n} r_i^2 \tag{3-5-15}$$

式中　K_z——地基抗压刚度（kN/m）；

C_z——地基抗压刚度系数（kN/m^3）；

K_{pz}——单桩抗压刚度（kN/m）；

$K_{p\varphi}$——桩基抗弯刚度（kN·m）；

r_i——第 i 根桩的轴线至基础底面形心回转轴的距离（m）；

n_p——桩数。

将 K_z、ζ_z 及不同频率时的扰力值 F_v 代入式（3-5-1），即可反算不同 $\omega=2\pi f$ 时的振动线位移 u，以对比与实测曲线是否符合，对比结果见图 3-5-3。由图中 u-f 曲线可以看出，将实测曲线按上述原则计算的 K_z、ζ_z，反算不同 f 时的 u，得的 u-f 曲线与实测结果吻合良好。仅频率 $0.85f_m$ 以上的振动线位移 u 与实测差别稍大，这是由于基础在接近共振时其振动线位移很难稳定于某一频率上，实测的 u 未必准确，因此，不能选取这一区段内的点。

对于固有频率高的试验基础（如桩基），机械式激振器的扰频低于试验基础的固有频率而无法测出共振峰值时，可采用低频区段求刚度的方法计算。但这种计算方法必须要测出扰力与位移之间的相位角（图 3-5-4），并按下列公式计算：

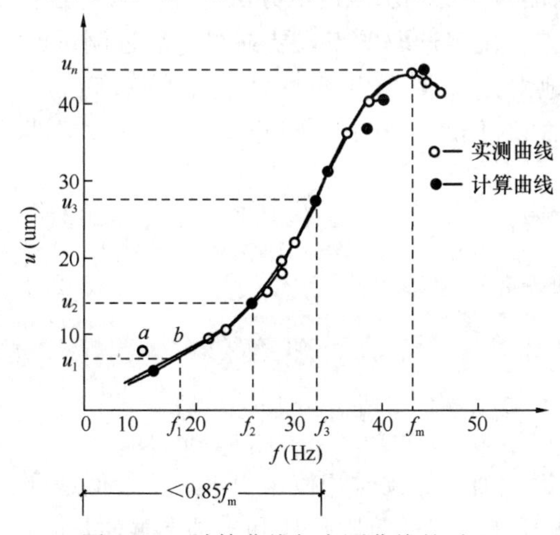

图 3-5-3　计算曲线与实测曲线的对比

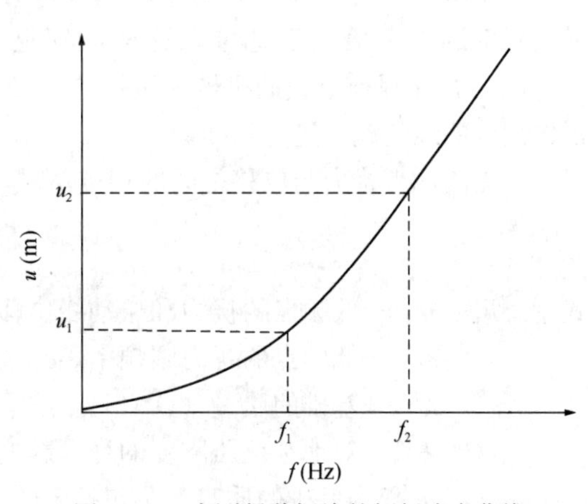

图 3-5-4　未测得共振峰的幅频响应曲线

$$m_z = \frac{\frac{P_1}{u_1}\cos\varphi_1 - \frac{P_2}{u_2}\cos\varphi_2}{\omega_2^2 - \omega_1^2} \tag{3-5-16}$$

$$\zeta_1 = \frac{\tan\varphi_1 \left(1 - \frac{\omega_1}{\omega_2}\right)^2}{2\,\frac{\omega_1}{\omega_2}} \tag{3-5-17}$$

$$\zeta_2 = \frac{\tan\varphi_2 \left(1 - \frac{\omega_1}{\omega_2}\right)^2}{2\,\frac{\omega_1}{\omega_2}} \tag{3-5-18}$$

$$\zeta_z = \frac{\zeta_1 + \zeta_2}{2} \tag{3-5-19}$$

$$K_z = \frac{P_1}{u_1}\cos\varphi_1 + m_z\omega_1^2 \tag{3-5-20}$$

式中　P_1——幅频响应曲线上选取的第一个点对应的扰力（kN）；

P_2——幅频响应曲线上选取的第二个点对应的扰力（kN）；

u_1——幅频响应曲线上选取的第一个点对应的振动线位移（m）；

u_2——幅频响应曲线上选取的第二个点对应的振动线位移（m）；

φ_1——幅频响应曲线上选取的第一个点对应的扰力与振动线位移间的相位角，测试确定；

φ_2——幅频响应曲线上选取的第二个点对应的扰力与振动线位移间的相位角，测试确定；

ω_1——幅频响应曲线上选取的第一个点对应的振动圆频率（rad/s）；

ω_2——幅频响应曲线上选取的第二个点对应的振动圆频率（rad/s）；

ζ_1——第一点计算的地基竖向阻尼比；

ζ_2——第二点计算的地基竖向阻尼比。

由于在一些情况下不能测到共振峰，这时只能采用低频求刚度的办法计算。但是由于 f_1、f_2 值的选取十分重要，为了减少人为的误差。规定选取的点，要在尽量靠近测试的最大频率的 0.7 倍附近选取，这样能够近似地对应于测出共振峰情况下的 $0.5f_m$～$0.85f_m$。由于目前老式的机械式激振器高频很难超过 60～70Hz，因此 f_m 的值往往需要根据测试曲线的趋势进行判断。

如无法测得扰力与位移之间的相位角时，可取：

$$K_z = \frac{F_v}{u} + m_f\omega \tag{3-5-21}$$

式中　F_v、u——低频点的扰力和振动线位移；

ω——低频点的扰力圆频率，$\omega = 2\pi f$；

m_f——基础的质量（t）。

式（3-5-21）对地基抗压刚度的计算影响不大，因在低频时相位角很小，可近似地取 $\cos\varphi_1 \approx 1$，m_f 仅为基础的质量，不包括土的参振质量。但计算阻尼比和土的参振质量时，必须测得扰力和位移之间的相位角。

（2）当为常扰力时

1）基础竖向无阻尼固有频率 f_{nz} 的计算

常扰力作用时，最大振动线位移为

$$Z_{max} = u_{max} = \frac{F_v}{m\omega_n^2} \cdot \frac{1}{\sqrt{\left(1-\frac{\omega_m^2}{\omega_n^2}\right)+4\zeta_z^2\left(\frac{\omega_m}{\omega_n}\right)^2}} \tag{3-5-22}$$

动力系数

$$\beta = \frac{Z_{max}}{Z_{st}} = \frac{1}{\sqrt{\left(1-\frac{\omega_m^2}{\omega_n^2}\right)+4\zeta_z^2\left(\frac{\omega_m}{\omega_n}\right)^2}} \tag{3-5-23}$$

动力系数最大时

$$\frac{\partial\beta}{\partial\alpha} = \frac{\partial\left[\frac{1}{\sqrt{(1-\alpha^2)^2+4\zeta_z^2\alpha^2}}\right]}{\partial\alpha} = \partial\left[(1-\alpha^2)^2+4\zeta_z^2\alpha^2)\right]^{-\frac{1}{2}}$$

$$= \frac{1}{2}\left[(1-\alpha^2)^2+4\zeta_z^2\alpha^2)\right]^{-\frac{3}{2}}\left[2(1-\alpha^2)(-2\alpha)+8\zeta_z^2\alpha^2\right]=0$$

整理得

$$\alpha^2-1+2\zeta_z^2=0$$

$$\alpha=\sqrt{1-2\zeta_z^2}$$

β 最大时（即峰值最高）的 f'_m 为

$$\alpha=\frac{f'_m}{f_{nz}}=\sqrt{1-2\zeta_z^2}$$

$$f'_m = f_{nz}\sqrt{1-2\zeta_z^2} \tag{3-5-24}$$

得 f_{nz} 的计算式

$$f_{nz}=\frac{f'_m}{\sqrt{1-2\zeta_z^2}} \tag{3-5-25}$$

与变扰力相反，常扰力的自振频率 f_{nz} 大于峰值频率 f'_m，而变扰力的固有频率 f_{nz} 小于峰值频率 f'_m。由于基础的自振频率为一定值，用常扰力测试和变扰力测试，如两种扰力值差别不大测得的 f_{nz} 应相同，而 f'_m 值是不相同的（图 3-5-5）。

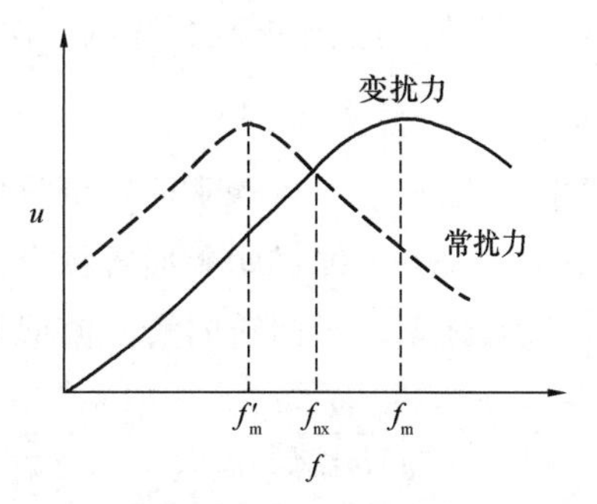

图 3-5-5　变扰力曲线

2）阻尼比 ζ_z 的计算公式与变扰力的相同，只需将式（3-5-9）改为 $\alpha_1=\frac{f_1}{f_m}$ 即可。

3）基础竖向振动的参振总质量 m_z 的计算

$$u_{max}=\frac{F_v}{K_z}\cdot\frac{1}{\sqrt{\left(1-\left(\frac{f_m^2}{f_{nz}^2}\right)^2\right)+4\zeta_z^2\left(\frac{f_m}{f_{nz}}\right)^2}} \tag{3-5-26}$$

$$u_{max}=\frac{F_v}{K_z}\cdot\frac{1}{\sqrt{\left(1-\left(\frac{f_{nz}\sqrt{1-2\zeta_z^2}}{f_{nz}}\right)^2\right)+4\zeta_z^2\left(\frac{f_{nz}\sqrt{1-2\zeta_z^2}}{f_{nz}}\right)^2}}$$

$$=\frac{F_v}{K_z}\cdot\frac{1}{\sqrt{4\zeta_z^4+4\zeta_z^2-84\zeta_z^4}}=\frac{F_v}{m_z\omega_{nz}^2}\cdot\frac{1}{2\zeta_z\sqrt{1-\zeta_z^2}}$$

$$m_z=\frac{P}{u_m(2\pi f_{nz})^2}\frac{1}{2\zeta_z\sqrt{1-\zeta_z^2}} \tag{3-5-27}$$

式中　F_v——电磁式激振设备的扰力（kN）。

4）地基抗压刚度的计算

$$K_z=m_z(2\pi f_{nz})^2 \tag{3-5-28}$$

地基抗压刚度系数、单桩抗压刚度和桩基抗弯刚度与变扰力时的计算相同，见式（3-5-13）～（3-5-15）。

3. 基础水平回转向动力参数计算

（1）当为变扰力时

1）基础水平回转耦合振动第一振型无阻尼固有频率 f_{n1} 的计算：

基础水平回转耦合振动第一振型的回转角位移为：

$$u_{\varphi1}=\varphi_1=\frac{M_1(t)}{\lambda_1^2J_1}\cdot\frac{1}{\sqrt{\left(1-\frac{\omega^2}{\lambda_1^2}\right)^2+4\zeta_{x\varphi1}^2\left(\frac{\omega^2}{\lambda_1^2}\right)}} \tag{3-5-29}$$

共振时第一振型峰值的回转角位移为：

$$\varphi_{m1}=\frac{m_0e(\rho_1+h_3)}{J_1}\cdot\frac{\omega_{m1}^2/\lambda_1^2}{\sqrt{(1-\omega_{m1}^2/\lambda_1^2)^2+4\zeta_{x\varphi1}^2\omega_{m1}^2/\lambda_1^2}}$$

$$=\frac{m_0e(\rho_1+h_3)}{J_1}\cdot\frac{1}{\sqrt{(\lambda_1^2/\omega_{m1}^2-1)^2+4\zeta_{x\varphi1}^2\lambda_1^2/\omega_{m1}^2}}=\frac{m_0e(\rho_1+h_3)}{J_1}\cdot\beta_1 \tag{3-5-30}$$

令：

$$\alpha_1=\frac{\lambda_{n1}}{\omega_{m1}}=\frac{f_{n1}}{f_{m1}}$$

$$\beta_1=[(\alpha_1^2-1)^2+4\zeta_{x\varphi1}^2\alpha_1^2]^{-\frac{1}{2}}$$

用与竖向强迫振动相同的方法，求 $\frac{\partial\beta_1}{\partial\alpha_1}=0$，则得 f_{n1} 的计算式：

$$f_{n1}=f_{m1}\sqrt{1-2\zeta_{x\varphi1}^2} \tag{3-5-31}$$

式中　f_{m1}——基础水平回转耦合振动第一振型共振频率（Hz）；

f_{n1}——基础水平回转耦合振动第一振型无阻尼固有频率（Hz）。

2）地基水平回转向第一振型阻尼比 $\zeta_{x\varphi1}$ 的计算

$$\varphi_{1max}=\frac{m_0e\omega_{m1}^2(\rho_1+h_3)}{J_1\omega_{m1}^2(1-2\zeta_{x\varphi_1}^2)}\cdot\frac{1}{\sqrt{\left[1-\left[\frac{f_{m1}}{f_{m1}\sqrt{1-2\zeta_{x\varphi_1}^2}}\right]^2\right]^2+4\zeta_{x\varphi_1}^2\left[\frac{f_{m1}}{f_{m1}\sqrt{1-2\zeta_{x\varphi_1}^2}}\right]^2}}$$

$$=\frac{m_0e(\rho_1+h_3)}{J_1}\cdot\frac{1}{2\zeta_{x\varphi_1}\sqrt{1-\zeta_{x\varphi_1}^2}} \tag{3-5-32}$$

将频率为 $0.707f_{m1}$ 对应的回转角位移代入（3-5-30）式，得

$$\sqrt{\left[1-\left[\frac{0.707f_{m1}}{0.707f_{m1}\sqrt{1-2\zeta_{x\varphi_1}^2}}\right]^2\right]^2+4\zeta_{x\varphi_1}^2\left[\frac{0.707f_{m1}}{0.707f_{m1}\sqrt{1-2\zeta_{x\varphi_1}^2}}\right]^2}=\frac{0.5}{1-2\zeta_{x\varphi_1}^2}$$

$$\varphi_{0.707f_{m1}}=\frac{m_0e(\rho_1+h_3)(0.707\omega_{m1})^2}{J_1\omega_{m1}^2(1-2\zeta_{x\varphi_1}^2)}\cdot\frac{1-2\zeta_{x\varphi_1}^2}{0.5}=\frac{m_0e(\rho_1+h_3)}{J_1} \tag{3-5-33}$$

基础顶面的水平振动线位移　$u_{m1}=\varphi_{m1}(\rho_1+h_1)$ (3-5-34)

$$u_{0.707f_{m1}}=\varphi_{0.707f_{m1}}(\rho_1+h_1)=d \tag{3-5-35}$$

$$\frac{u}{u_{m1}}=4\zeta_{x\varphi_1}^2-4\zeta_{x\varphi_1}^4$$

$$\zeta_{x\varphi_1}=\left\{\frac{1}{2}\left[1-\sqrt{1-\left(\frac{u}{u_{m1}}\right)^2}\right]\right\}^{\frac{1}{2}} \tag{3-5-36}$$

式中　$\zeta_{x\varphi_1}$——地基水平回转向第一振型阻尼比；

u_{m1}——基础水平回转耦合振动第一振型共振峰点水平振动线位移（m）；

u——频率为 $0.707f_{m1}$ 所对应的水平振动线位移（m）。

地基水平回转向第一振型阻尼比，应在 $u_{x\varphi}$-f 曲线上选取第一振型的共振频率（f_{m1}）和频率为 $0.707f_{m1}$ 所对应的水平振动线位移 u（图 3-5-6），按下列公式计算：

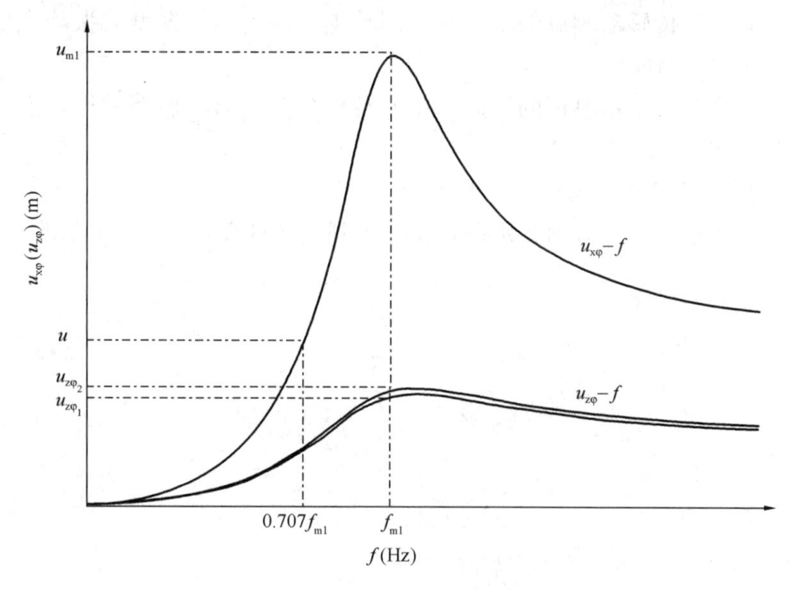

图 3-5-6　变扰力的幅频响应曲线

3）基础水平回转耦合振动参振总质量 $m_{x\varphi}$ 的计算：

基础顶面的水平振动线位移为：

$$u_{m1}=\varphi_{m1}(\rho_1+h_1)=\frac{m_0e(\rho_1+h_3)(\rho_1+h_1)}{m_{x\varphi}}\cdot\frac{1}{2\zeta_{x\varphi_1}\sqrt{1-\zeta_{x\varphi_1}^2}}\cdot\frac{1}{i^2+\rho_1^2}$$

$$m_{x\varphi}=\frac{m_0e_0(\rho_1+h_3)(\rho_1+h_1)}{u_{m1}}\cdot\frac{1}{2\zeta_{x\varphi_1}\sqrt{1-\zeta_{x\varphi_1}^2}}\cdot\frac{1}{i^2+\rho_1^2} \tag{3-5-37}$$

$$\rho_1=\frac{u_x}{u_{m1}} \tag{3-5-38}$$

$$\varphi_{m1}=\frac{|u_{z\varphi1}|+|u_{z\varphi2}|}{l_1} \tag{3-5-39}$$

$$u_x=u_{m1}-h_2\varphi_{m1} \tag{3-5-40}$$

$$i=\left[\frac{1}{12}(l^2+h^2)\right]^{\frac{1}{2}} \tag{3-5-41}$$

式中　$m_{x\varphi}$——基础水平回转耦合振动的参振总质量（t），包括基础、激振设备和地基参加振动的当量质量（t），当 $m_{x\varphi}$ 大于基础质量的 1.4 倍时，应取 $m_{x\varphi}$ 等于基础质量的 1.4 倍；

ρ——基础第一振型转动中心至基础重心的距离（m）；

u_x——基础重心处的水平振动线位移（m）；

φ_{m1}——基础第一振型共振峰点的回转角位移（rad）；

l_1——两台竖向传感器的间距（m）；

l——基础长度（m）；

h——基础高度（m）；

h_1——基础重心至基础顶面的距离（m）；

h_3——基础重心至激振器水平扰力的距离（m）；

h_2——基础重心至基础底面的距离（m）；

$u_{z\varphi1}$——第 1 台传感器测试的基础水平回转耦合振动第一振型共振峰点竖向振动线位移（m）；

$u_{z\varphi2}$——第 2 台传感器测试的基础水平回转耦合振动第一振型共振峰点竖向振动线位移（m）；

i——基础回转半径（m）。

4）地基的抗剪刚度和抗剪刚度系数，应按下列公式计算：

$$K_x = m_{x\varphi}(2\pi f_{nx})^2 \tag{3-5-42}$$

$$C_x = \frac{K_x}{A_0} \tag{3-5-43}$$

$$f_{nx} = \frac{f_{n1}}{\sqrt{1-\dfrac{h_2}{\rho_1}}} \tag{3-5-44}$$

$$f_{n1} = f_{m1}\sqrt{1-2\zeta_{x\varphi_1}^2} \tag{3-5-45}$$

式中　K_x——地基抗剪刚度（kN/m）；

C_x——地基抗剪刚度系数（kN/m³）；

f_{nx}——基础水平向无阻尼固有频率（Hz）。

5）地基的抗弯刚度和抗弯刚度系数，应按下列公式计算：

$$K_\varphi = J(2\pi f_{n\varphi})^2 - K_x h_2^2 \tag{3-5-46}$$

$$C_\varphi = \frac{K_\varphi}{I} \tag{3-5-47}$$

$$f_{n\varphi} = \sqrt{\rho_1 \frac{h_2}{i^2} f_{nx}^2 + f_{n1}^2} \tag{3-5-48}$$

式中　K_φ——地基抗弯刚度（kN·m）；

C_φ——地基抗弯刚度系数（kN/m³）；

$f_{n\varphi}$——基础回转无阻尼固有频率（Hz）；

J——基础对通过其重心轴的转动惯量（t·m²）；

I——基础底面对通过其形心轴的惯性矩（m⁴）。

（2）当为常扰力时

1）基础水平回转耦合振动第一振型无阻尼固有频率 f'_{n1} 的计算共振时第一振型峰值的回转角位移为：

$$\varphi'_{m1}=\frac{F_v(\rho_1+h_3)}{J_1\lambda'^2_1}\times\frac{1}{\sqrt{\left(1-\frac{\omega'^2_{m1}}{\lambda'^2_1}\right)+4\zeta^2_{x\varphi_1}\frac{\omega'^2_{m1}}{\lambda'^2_1}}}=\varphi_{st}\cdot\beta'_1 \tag{3-5-49}$$

令

$$\alpha'_1=\frac{\omega'_{m1}}{\lambda'_1}=\frac{f'_{m1}}{f'_{n1}} \tag{3-5-50}$$

$$\beta'_1=[(1-\alpha'^2_1)^2+4\zeta'^2_{x\varphi_1}\alpha'^2_1]^{-\frac{1}{2}} \tag{3-5-51}$$

用与常扰力时竖向强迫振动相同的方法，求 $\frac{\partial\beta'_1}{\partial\alpha'_1}=0$ 时的值，则可得：

$$f'_{n1}=\frac{f'_{m1}}{\sqrt{1-2\zeta^2_{x\varphi_1}}} \tag{3-5-52}$$

$$f'_{m1}=f'_{n1}\sqrt{1-2\zeta^2_{x\varphi_1}} \tag{3-5-53}$$

2）水平回转耦合振动第一振型阻尼比 $\zeta_{x\varphi_1}$ 的计算

$$\varphi'_{m1}=\frac{M_1(t)}{J_1\lambda'^2_1}\cdot\frac{1}{\left[1-\left[\frac{f'_{n1}\sqrt{1-2\zeta'^2_{x\varphi_1}}}{f'_{n1}}\right]^2\right]^2+4\zeta'^2_{x\varphi_1}\left[\frac{f'_{n1}\sqrt{1-2\zeta'^2_{x\varphi_1}}}{f'_{n1}}\right]^2}$$

$$=\frac{M_1(t)}{J_1\lambda'^2_1}\cdot\frac{1}{2\zeta'^2_{x\varphi_1}\sqrt{1-\zeta'^2_{x\varphi_1}}} \tag{3-5-54}$$

$$\varphi'_{0.707f_{m1}}=\frac{M_1(t)}{J_1\lambda'^2_1}\cdot\frac{1}{\sqrt{\left[1-\left[\frac{0.707f'_{m1}}{\frac{f'_{m1}}{\sqrt{1-2\zeta'^2_{x\varphi_1}}}}\right]^2\right]^2+4\zeta'^2_{x\varphi_1}\left[\frac{0.707f'_{m1}}{\frac{f'_{m1}}{\sqrt{1-2\zeta'^2_{x\varphi_1}}}}\right]^2}}$$

$$=\frac{M_1(t)}{J_1\lambda'^2_1}\cdot\frac{1}{\sqrt{0.25+3\zeta'^2_{x\varphi_1}-3\zeta'^4_{x\varphi_1}}}$$

$$\left(\frac{u_{m1}}{u}\right)^2=\left[\frac{\varphi'_{m1}}{\varphi'_{0.707f_{m1}}}\right]^2=\frac{0.25+3\zeta'^2_{x\varphi_1}-3\zeta'^4_{x\varphi_1}}{4\zeta'^2_{x\varphi_1}-4\zeta'^4_{x\varphi_1}}=\beta^2$$

$$\zeta'^4_{x\varphi_1}(3-4\beta^2)-\zeta'^2_{x\varphi_1}(3-4\beta^2)-0.25=0$$

$$\zeta'^2_{x\varphi_1}=\frac{1}{2}\left(1-\sqrt{1+\frac{1}{3-4\beta^2}}\right)=\frac{1}{2}\left[1-\sqrt{1+\frac{1}{3-4\left(\frac{u_{m1}}{u}\right)^2}}\right] \tag{3-5-55}$$

地基水平回转向第一振型阻尼比，应在 $u_{x\varphi}$-f 曲线上选取第一振型的共振频率 f_{m1} 和频率 $0.707f_{m1}$ 所对应的水平振动线位移 u（图 3-5-7），按下列公式计算：

$$\zeta_{x\varphi_1}=\left\{\frac{1}{2}\left[1-\sqrt{1+\frac{1}{3-4\left(\frac{u_{m1}}{u}\right)^2}}\right]\right\}^{\frac{1}{2}} \tag{3-5-56}$$

式中　$\zeta_{x\varphi_1}$ ——地基水平回转向第一振型阻尼比；

u_{m1}——基础水平回转耦合振动第一振型共振峰点水平振动线位移（m）；

u——为 $0.707f_{m1}$ 基础水平回转耦合振动第一振型共振频率所对应的水平线位移（m）。

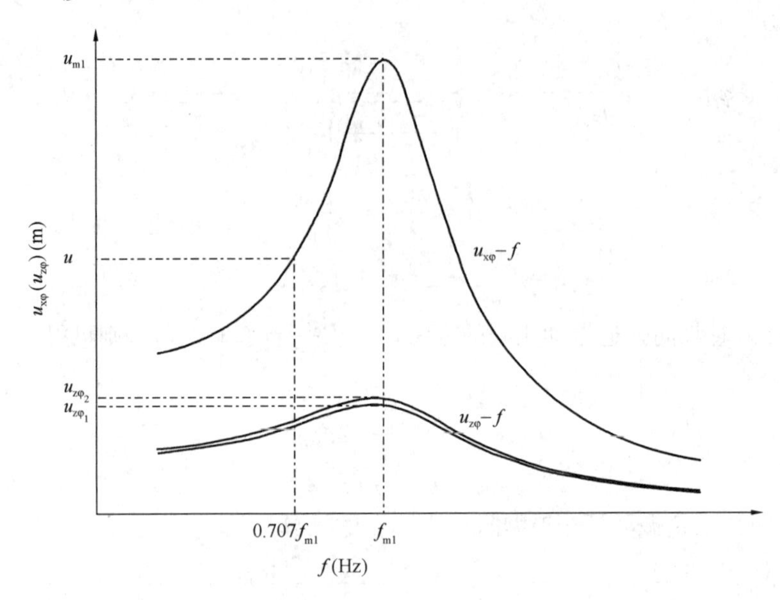

图 3-5-7　常扰力的幅频响应曲线

3）基础水平回转耦合振动的参振总质量应按下列公式计算：

$$m_{x\varphi}=\frac{P(\rho_1+h_3)(\rho_1+h_1)}{u_{m1}\ (2\pi f_{n1})^2}\frac{1}{2\zeta_{x\varphi_1}\sqrt{1-\zeta_{x\varphi_1}^2}}\frac{1}{i^2+\rho_1^2} \tag{3-5-57}$$

式中　$m_{x\varphi}$——基础水平回转耦合振动的参振总质量（t）；

ρ_1——基础第一振型转动中心至基础重心的距离（m）；

l_1——两台竖向传感器的间距（m）；

l——基础长度（m）；

h_1——基础重心至基础顶面的距离（m）；

h_3——基础重心至激振器水平扰力的距离（m）；

i——基础回转半径（m）。

注：当 $m_{x\varphi}$ 大于基础质量的 1.4 倍时，$m_{x\varphi}$ 应取基础质量的 1.4 倍。

基础第一振型转动中心至基础重心的距离 ρ_1 应按式（3-5-38）～（3-5-41）计算。

4）地基的抗剪刚度和抗剪刚度系数、地基抗弯刚度和抗弯刚度系数的计算与变扰力时的计算公式相同，仅需将各式中的 f_{n1} 以常扰力的 f'_{n1} 计算式（3-5-52）代入即可。

4. 地基扭转向动力参数的计算（图 3-5-8）

（1）当为变扰力时

1）基础扭转振动无阻尼固有频率 f_{n4} 的计算

基础扭转振动共振时最大角位移 ψ_{max} 为

$$\psi_{max}=\frac{M_\psi}{J_t\omega_{n\psi}^2}\cdot\frac{1}{\sqrt{\left[1-\frac{\omega_{m\psi}^2}{\omega_{n\psi}^2}\right]^2+4\zeta_\psi^2\frac{\omega_{m\psi}^2}{\omega_{n\psi}^2}}}=\frac{m_0e\omega_{m4}^2\cdot e_x}{J_t\omega_{n4}^2}\cdot\frac{1}{\sqrt{\left[1-\frac{\omega_{m\psi}^2}{\omega_{n\psi}^2}\right]^2+4\zeta_\psi^2\frac{\omega_{m\psi}^2}{\omega_{n\psi}^2}}}$$

$$=\frac{m_0 e \cdot e_x}{J_t}\cdot\frac{1}{\sqrt{\left[\frac{\omega_{n\psi}^2}{\omega_{m\psi}^2}-1\right]^2+4\zeta_\psi^2\left[\frac{\omega_{n\psi}}{\omega_{m\psi}}\right]^2}}=\frac{m_0 e \cdot e_x}{J_t}\cdot\beta_\psi \tag{3-5-58}$$

式中　$\omega_{n\psi}$——基础扭转振动无阻尼固有圆频率（rad/s）；

J_t——基础对通过其重心轴的极转动惯量（$t\cdot m^2$）；

e_x——激振设备的扰力至扭转轴的距离（m）；

M_ψ——激振设备的扭转扰力矩（kN·m）。

令

$$\alpha_\psi=\frac{\omega_{n\psi}}{\omega_{m\psi}}=\frac{f_{n\psi}}{f_{m\psi}}$$

$$\beta_\psi=[(\alpha_\psi^2-1)^2+4\zeta_\psi^2\alpha_\psi^2]^{-\frac{1}{2}}$$

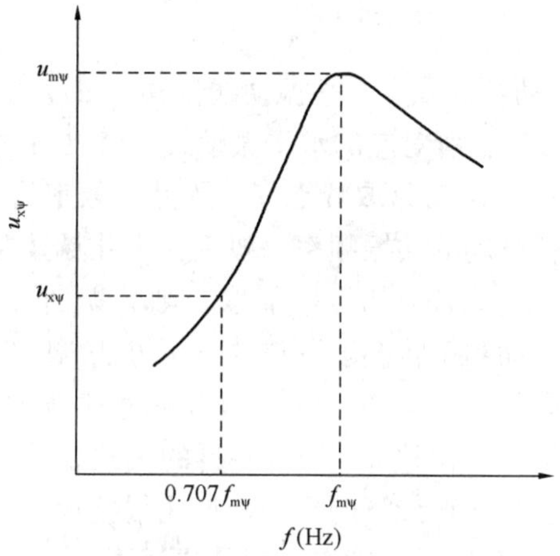

图 3-5-8　扭转振型的幅频响应曲线

采用与基础竖向振动无阻尼固有频率 f_{nz} 计算式相同的方法，求解 $\frac{\partial\psi_{max}}{\partial\alpha_\psi}=0$ 的方程式得

$$f_{m\psi}=\frac{f_{n\psi}}{\sqrt{1-2\zeta_\psi^2}} \tag{3-5-59}$$

$$f_{n\psi}=f_{m\psi}\sqrt{1-2\zeta_\psi^2} \tag{3-5-60}$$

式中　$f_{m\psi}$——基础扭转振动的共振频率（Hz）；

ζ_ψ——地基扭转向阻尼比；

$f_{n\psi}$——基础扭转振动无阻尼固有频率（Hz）。

2）地基扭转向阻尼比的计算

$$\psi_{max}=\frac{m_0 e\omega_{m\psi}^2\cdot e_x}{J_t\omega_{m\psi}^2(1-2\zeta_\psi^2)}\cdot\frac{1}{\sqrt{\left[1-\left(\frac{\omega_{m\psi}}{\omega_{m\psi}\sqrt{1-2\zeta_\psi^2}}\right)^2\right]^2+4\zeta_\psi^2\left(\frac{\omega_{m\psi}}{\omega_{m\psi}\sqrt{1-2\zeta_\psi^2}}\right)^2}}$$

$$=\frac{m_0 e\cdot e_x}{J_t}\cdot\frac{1}{2\zeta_\psi\sqrt{1-\zeta_\psi^2}} \tag{3-5-61}$$

$$\psi_{0.707f_{m\psi}}=\frac{m_0 e\cdot e_x}{J_t} \tag{3-5-62}$$

基础扭转振动共振峰点水平振动线位移 $u_{m\psi}=\psi_{max}\cdot l_{\psi}$

$$u_{m\psi}=\psi_{0.707f_{m\psi}}\cdot l_{\psi}$$

$$\frac{u_{x\psi}}{u_{m\psi}}=4\zeta_{\psi}^{2}-4\zeta_{\psi}^{4}$$

$$\zeta_{\psi}^{2}=\frac{1}{2}\left[1-\sqrt{1-\left(\frac{u_{x\psi}}{u_{m\psi}}\right)^{2}}\right] \tag{3-5-63}$$

地基扭转向阻尼比计算选点的原则与水平回转向第一振型阻尼比相同，即在 $u_{x\psi}$-f 曲线上选取共振频率（$f_{m\psi}$）和频率为 $0.707f_{m\psi}$ 所对应的水平振动线位移，按下列公式计算：

$$\zeta_{\psi}=\left\{\frac{1}{2}\left[1-\sqrt{1-\left(\frac{u_{x\psi}}{u_{m\psi}}\right)}\right]\right\}^{\frac{1}{2}} \tag{3-5-64}$$

式中 $u_{m\psi}$——基础扭转振动共振峰点水平振动线位移（m）；

$u_{x\psi}$——频率为 $0.707f_{m\psi}$ 所对应的水平振动线位移（m）。

水平回转耦合振动和扭转振动只取峰点 f_{m1} 及另一频率为 $0.707f_{m1}$ 点的原因是：由于水平回转耦合振动和扭转振动的共振频率一般都在十几赫兹左右，低频段波形较好的频率大约在 8Hz 左右，而 $0.85f_1$ 以上的点不能取，则共振曲线上剩下可选用的点就不多了，因此，水平回转耦合振动和扭转振动资料的分析方法与竖向振动不一样，不需要取三个以上的点，而只取共振峰峰点频率 f_{m1} 及相应的水平振动线位移 u_m 和另一频率为 $0.707f_{m1}$ 点的频率和水平振动线位移 u，代入各自的公式以计算阻尼比 $\zeta_{x\varphi_1}$、ζ_{ψ}，而且选择这一点计算的阻尼比与选择几点计算的平均阻尼比很接近。

3）基础扭转振动的参振总质量，应按下列公式计算：

$$m_{\psi}=\frac{12J_z}{l^2+b^2} \tag{3-5-65}$$

$$J_z=\frac{m_0e_0e_el_{\psi}}{u_{m\psi}}\cdot\frac{1}{2\zeta_{\psi}\sqrt{1-\zeta_{\psi}^{2}}} \tag{3-5-66}$$

$$f_{n\psi}=f_{m\psi}\sqrt{1-2\zeta_{\psi}^{2}} \tag{3-5-67}$$

$$\omega_{n\psi}=2\pi f_{n\psi} \tag{3-5-68}$$

式中 m_{ψ}——基础扭转振动的参振总质量（t），包括基础、激振设备和地基参加振动的当量质量（t）；当 m_{ψ} 大于基础质量的 1.4 倍时，m_{ψ} 取基础质量的 1.4 倍；

l_{ψ}——扭转轴至实测振动线位移点的距离（m）。

4）地基的抗扭刚度和抗扭刚度系数，应按下列公式计算：

$$K_{\psi}=J_z\cdot\omega_{n\psi}^{2} \tag{3-5-69}$$

$$C_{\psi}=\frac{K_{\psi}}{I_z} \tag{3-5-70}$$

$$I_z=I_x+I_y=\frac{lb}{12}(l^2+b^2) \tag{3-5-71}$$

式中 K_{ψ}——地基抗扭刚度（kN·m）；

C_{ψ}——地基抗扭刚度系数（kN/m³）；

I_z——基础底面对通过其形心轴的极惯性矩（m⁴）；

I_x——基础底面对通过其形心 x 轴的惯性矩（m^4）；

I_y——基础底面对通过其形心 y 轴的惯性矩（m^4）；

l——基础底面长度（m）；

b——基础底面宽度（m）。

（2）当为常扰力时

1）基础扭转振动无阻尼固有频率 $f'_{n\psi}$ 应按下列公式计算：

$$f'_{n\psi}=\frac{f_{m\psi}}{\sqrt{1-2\zeta_{\psi}^{2}}} \tag{3-5-72}$$

2）地基扭转向阻尼比，应按下列公式计算：

$$\zeta_{\psi}=\left\{\frac{1}{2}\left[1-\sqrt{1+\frac{1}{3-4\left(\frac{u_{m\psi}}{u_{x\psi}}\right)^{2}}}\right]\right\}^{\frac{1}{2}} \tag{3-5-73}$$

式中 ζ_{ψ}——地基扭转向阻尼比；

$f_{m\psi}$——基础扭转振动的共振频率（Hz）；

$u_{m\psi}$——基础扭转振动共振峰点水平振动线位移（m）；

$u_{x\psi}$——为 $0.707f_{m1}$ 基础扭转振动的共振频率所对应的水平振动线位移（m）。

3）基础扭转振动的参振总质量，应按下列公式计算：

$$m'_{\psi}=\frac{12J'_{z}}{l^{2}+b^{2}} \tag{3-5-74}$$

$$J_{z}=\frac{M_{\psi}l_{\psi}}{u_{m\psi}\omega_{m\psi}^{2}}\cdot\frac{1-2\zeta_{\psi}^{2}}{2\zeta_{\psi}\sqrt{1-\zeta_{\psi}^{2}}} \tag{3-5-75}$$

$$\omega'_{m\psi}=2\pi f'_{m\psi} \tag{3-5-76}$$

4）地基抗扭刚度和抗扭刚度系数的计算与变扰力时的计算公式相同，仅需将（3-5-68）式中的 $\omega_{n\psi}$ 以常扰力的 $\omega'_{n\psi}$ 代入即可。

二、自由振动

一般有条件做强迫振动试验的工程，都应在现场做强迫振动试验，没有条件时，才仅做自由振动试验。原因是竖向自由振动试验阻尼较大时，特别是有埋置的情况，实测得到的自由振动波数少，很快就衰减了，从波形上测得的固有频率值以及由线位移计算的阻尼比都不如强迫振动试验测得的准确。当然，基础固有频率比较高时，强迫振动试验测不出共振峰的情况也会有的。因此有条件时，两种试验都做，可以相互补充。计算固有频率时，应从记录波形的1/4波长后面部分取值，因第一个1/4波长受冲击的影响，不能代表基础的固有频率。

由于基础水平回转耦合振动测试的阻尼比比竖向振动的阻尼比小，实测的自由振动衰减波形比较好，从波形上量得的固有频率与强迫振动试验实测的固有频率基本一样。其缺点是：不像竖向振动那样可以计算出总的参振质量 m_z（包括土的参振质量，而 K_z 也包括了土的参振质量），只能用模型基础的质量计算地基的刚度。由于水平回转耦合自由振动实测资料不能计算土的参振质量，因此在提供给设计人员使用的实测资料时，一定要写明哪些刚度系数中包含了土的参振质量影响。用这些刚度系数计算基础的固有频率时，也必须将土的参振质量加到基础的质量中。如果刚度系数中不包含土的参振质量，也必须写明设计时不考虑土的参振质量。

1. 地基竖向动力参数的计算

当用球击法使模型基础产生竖向自由振动时（图 3-5-9），用传感器测得基础的有阻尼固有频率、各周的振动线位移和球击后的回弹时间 t_0（图 3-5-10）、球下落速度 v、回弹系数 e_1，进一步计算地基竖向动力参数。

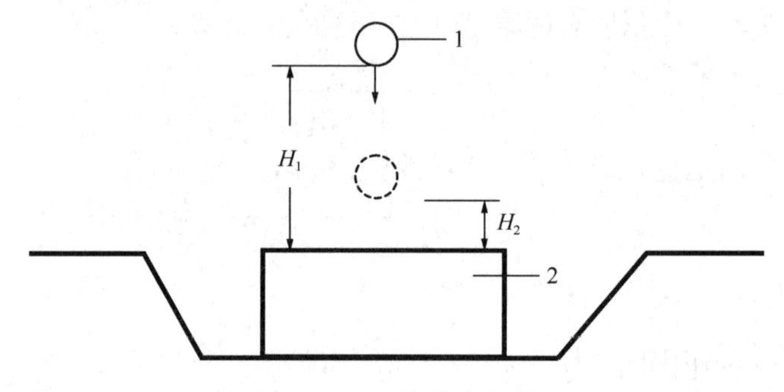

图 3-5-9　竖向自由振动

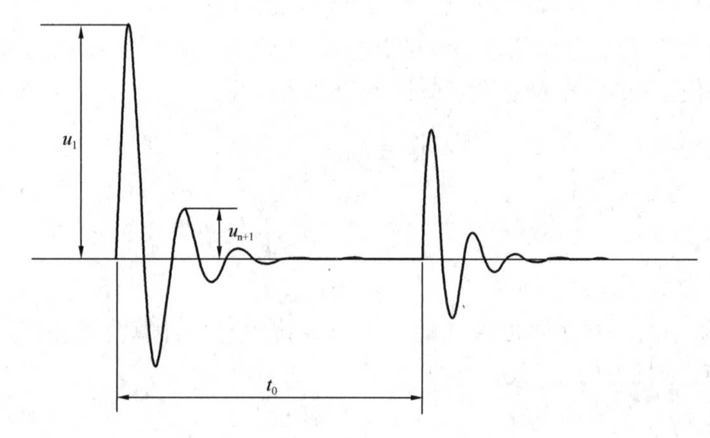

图 3-5-10　竖向自由振动波形

（1）地基竖向阻尼比，应按下式计算：

$$\zeta_z = \frac{1}{2\pi n_f} \ln \frac{u_{f1}}{u_{n+1}} \tag{3-5-77}$$

式中　u_{f1}——第 1 周的振动线位移（m）；

u_{n+1}——第 $n+1$ 周的振动线位移（m）；

n_f——自由振动周期数。

（2）基础竖向振动的参振总质量，应按下列公式计算：

$$m_z = \frac{(1+e_1)m_1 v_g}{u_{max} 2\pi f_{nz}} e^{-\psi} \tag{3-5-78}$$

$$\psi = \frac{\arctan \dfrac{\sqrt{1-\zeta_z^2}}{\zeta_z}}{\dfrac{\sqrt{1-\zeta_z^2}}{\zeta_z}} \tag{3-5-79}$$

$$f_{nz}=\frac{f_d}{\sqrt{1-\zeta_z^2}} \tag{3-5-80}$$

$$v_g=\sqrt{2gH_1} \tag{3-5-81}$$

$$e=\sqrt{\frac{H_2}{H_1}} \tag{3-5-82}$$

$$H_2=\frac{1}{2}g\left(\frac{t_0}{2}\right)^2 \tag{3-5-83}$$

式中　u_{max}——基础最大振动线位移（m）；

f_d——基础有阻尼固有频率（Hz）；

v_g——铁球自由下落时的速度（m/s）；

H_1——铁球下落高度（m）；

H_2——铁球回弹高度（m）；

e_1——回弹系数，根据实测振动波形图计算；

m_1——铁球的质量（t）；

t_0——两次冲击的时间间隔（s）；

m_z——基础竖向振动的参振总质量（t），包括基础和地基参加振动的当量质量，当 m_z 大于基础质量的 2 倍时，应取 m_z 等于基础质量的 2 倍。

（3）地基抗压刚度、单桩抗压刚度和桩基抗弯刚度，应按下列公式计算：

$$K_z=m_z(2\pi f_{nz})^2 \tag{3-5-84}$$

$$C_z=\frac{K_z}{A_0} \tag{3-5-85}$$

$$K_{pz}=\frac{K_z}{n_p} \tag{3-5-86}$$

$$K_{p\varphi}=K_{pz}\sum_{i=1}^{n}r_i^2 \tag{3-5-87}$$

上述测试方法的优点是简便，不需要安装激振设备，但存在的主要问题是测试仪器。目前一般都采用电磁式传感器、积分放大器、采集与记录装置配套组成的测量系统实测基础的最大振动线位移和固有频率，配套的仪器是在周期性振动的标准振动台上进行标定的。当用于简谐振动测试时，比较准确；当用于冲击振动测试时，第一个半波的振动线位移与周期均有偏小现象，计算固有频率时，应从记录波形的 1/2 波长后面部分取值，测试的最大振动线位移偏小，使按式（3-5-78）计算的 m_z 偏大，应给予限制。

2. 地基水平回转向动力参数的计算

用木锤或其他重物撞击测试基础水平轴线侧面的顶部，使其产生水平回转耦合振动。

（1）地基水平回转向第一振型阻尼比，应按下式计算：

$$\zeta_{x\varphi_1}=\frac{1}{2\pi n_f}\ln\frac{u_{x\varphi_1}}{u_{x\varphi_{n+1}}} \tag{3-5-88}$$

式中　$u_{x\varphi_1}$——第 1 周的水平振动线位移（m）；

$u_{x\varphi_{n+1}}$——第 $n+1$ 周的水平振动线位移（m）。

（2）地基的抗剪刚度和抗弯刚度，应按下列公式计算（图 3-5-11、图 3-5-12）：

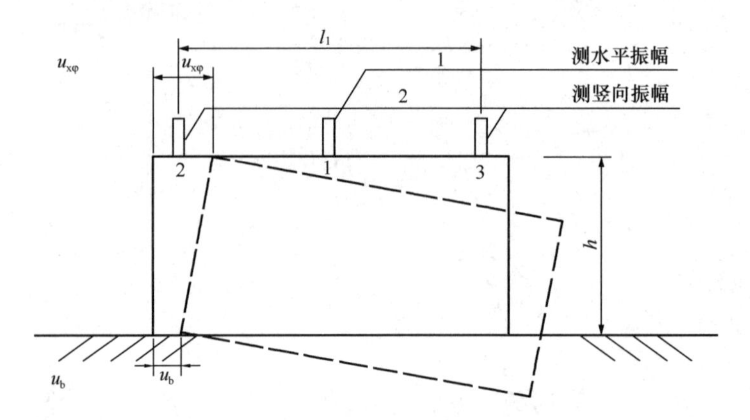

图 3-5-11　水平回转耦合振动

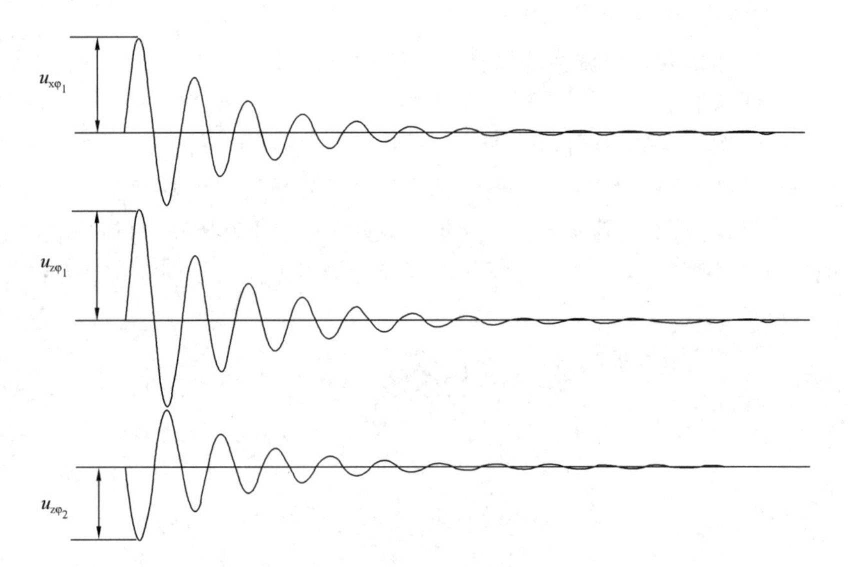

图 3-5-12　水平回转耦合振动波形

$$K_x = m_f\omega_{n1}^2\left[1+\frac{h_2}{h}\left(\frac{u_{x\varphi}}{u_b}-1\right)\right] \tag{3-5-89}$$

$$K_\varphi = J_c\omega_{n1}^2\left[1+\frac{h_2 h}{i^2}\frac{1}{\frac{u_{x\varphi}}{u_b}-1}\right] \tag{3-5-90}$$

$$J_c = J + m_f h_2^2 \tag{3-5-91}$$

$$i = \sqrt{\frac{J_c}{m_f}} \tag{3-5-92}$$

$$\omega_{n1} = 2\pi f_{n1} \tag{3-5-93}$$

$$f_{n1} = \frac{f_{d1}}{\sqrt{1-\zeta_{x\varphi_1}^2}} \tag{3-5-94}$$

$$u_b = u_{x\varphi} - \frac{|u_{z\varphi_1}|+|u_{z\varphi_2}|}{l_1}\cdot h \tag{3-5-95}$$

式中　m_f——模型基础的质量（t）；

J_c——基础对通过其底面形心轴的转动惯量（$t \cdot m^2$）；

i——基础对通过其底面形心轴的转动惯量与模型基础质量的比值平方根（m）；

$u_{x\varphi}$——基础顶面的水平振动线位移（m）；

$u_{z\varphi1}$——基础顶面的第 1 个竖向传感器测得的振动线位移（m）；

$u_{z\varphi2}$——基础顶面的第 2 个竖向传感器测得的振动线位移（m）；

ω_{n1}——基础水平回转耦合振动第一振型无阻尼固有圆频率（rad/s）；

u_b——基础底面的水平振动线位移（m）；

f_{d1}——基础水平回转耦合振动第一振型有阻尼固有频率（Hz）。

本方法测试简便，缺点是计算公式中采用的是基础质量，而无法计算地基土的参振质量，因此计算的抗剪刚度和抗弯刚度均不包括地基土的参振质量，使计算值偏小。用于设计计算机器基础水平向和回转向的固有频率时，采用的质量也不应考虑地基土的参振质量，对固有频率的计算无影响，所计算的振动线位移偏大是偏于安全的。

第六节　地基动力参数的换算

测试资料经数据处理后，即可计算出各向地基动力参数，但这些参数还不能直接用于动力机器基础设计，必须经过换算后才能用于设计。因现场模型基础测试计算的地基动力参数（包括刚度系数、阻尼比和参振质量）只能代表试验基础的测试值，而且测试的地基动力参数受许多因素的影响，因此测试值与机器基础的设计值是不相同的。必须经过一系列的换算，将模型基础的测试参数换算至设计基础的参数后，才能运用于机器基础的设计。经过换算后的动力参数比较符合设计机器基础的实际值。

一、模型基础底面积和压力的换算

由明置块体基础测试的地基抗压、抗剪、抗弯、抗扭刚度系数以及由明置桩基础测试的抗剪、抗扭刚度系数，用于机器基础的振动和隔振设计时，其底面积和压力的换算系数应按下式计算：

$$\eta=\sqrt[3]{\frac{A_0}{A_d}}\cdot\sqrt[3]{\frac{P_d}{P_0}} \tag{3-6-1}$$

式中　η——与基础底面积及底面静压力有关的换算系数；

A_0——测试基础的底面积（m^2）；

A_d——设计基础的底面积（m^2），当 $A_d>20m^2$ 时，应取 $A_d=20m^2$；

P_0——测试基础底面的静压力（kPa）；

P_d——设计基础底面的静压力（kPa），当 $P_d>50kPa$ 时，应取 $P_d=50kPa$。

二、模型基础埋深比对地基刚度系数影响的换算

基础埋深对设计基础的地基抗压、抗剪、抗弯、抗扭刚度的提高系数，应按下列公式计算：

$$\alpha_z=\left[1+\left(\sqrt{\frac{K'_{z0}}{K_{z0}}}-1\right)\frac{\delta_d}{\delta_0}\right]^2 \tag{3-6-2}$$

$$\alpha_x=\left[1+\left(\sqrt{\frac{K'_{x0}}{K_{x0}}}-1\right)\frac{\delta_d}{\delta_0}\right]^2 \tag{3-6-3}$$

$$\alpha_{\varphi}=\left[1+\left(\sqrt{\frac{K'_{\varphi0}}{K_{\varphi0}}}-1\right)\frac{\delta_{d}}{\delta_{0}}\right]^{2} \tag{3-6-4}$$

$$\alpha_{\psi}=\left[1+\left(\sqrt{\frac{K'_{\psi0}}{K_{\psi0}}}-1\right)\frac{\delta_{d}}{\delta_{0}}\right]^{2} \tag{3-6-5}$$

$$\delta_{0}=\frac{h_{t}}{\sqrt{A_{0}}} \tag{3-6-6}$$

$$\delta_{d}=\frac{h_{d}}{\sqrt{A_{d}}} \tag{3-6-7}$$

式中 α_z——基础埋深对地基抗压刚度的提高系数；

α_x——基础埋深对地基抗剪刚度的提高系数；

α_φ——基础埋深对地基抗弯刚度的提高系数；

α_ψ——基础埋深对地基抗扭刚度的提高系数；

K_{z0}——明置模型基础的地基抗压刚度（kN/m）；

K_{x0}——明置模型基础的地基抗剪刚度（kN/m）；

$K_{\varphi0}$——明置模型基础的地基抗弯刚度（kN·m）；

$K_{\psi0}$——明置模型基础的地基抗扭刚度（kN·m）；

K'_{z0}——埋置模型基础的地基抗压刚度（kN/m）；

K'_{x0}——埋置模型基础的地基抗剪刚度（kN/m）；

$K'_{\varphi0}$——埋置模型基础的地基抗弯刚度（kN·m）；

$K_{\psi0}$——埋置模型基础的地基抗扭刚度（kN·m）；

δ_0——模型基础的埋深比；

δ_d——设计块体基础或桩基础的埋深比；

h_t——模型基础的埋置深度（m）；

h_d——设计基础的埋置深度（m）。

三、模型基础质量比对地基阻尼比影响的换算

基础下地基的阻尼比随基底面积的增大而增加，并随基底静压力的增大而减小。因此，由模型基础试验得出的阻尼比用于设计动力机器基础时，应将测试基础的质量比换算为设计基础的质量比后才能用于机器基础的设计。

由明置模型基础测试的地基竖向、水平回转向第一振型和扭转向阻尼比，应按下列公式换算成设计采用的阻尼比：

$$\zeta_{z}^{c}=\zeta_{z0}\xi \tag{3-6-8}$$

$$\zeta_{x\varphi_1}^{c}=\zeta_{x\varphi_1 0}\xi \tag{3-6-9}$$

$$\zeta_{\psi}^{c}=\zeta_{\psi0}\xi \tag{3-6-10}$$

$$\xi=\frac{\sqrt{m_{r}}}{\sqrt{m_{dr}}} \tag{3-6-11}$$

$$m_{r}=\frac{m_{f}}{\rho A_{0}\sqrt{A_{0}}} \tag{3-6-12}$$

$$m_{dr}=\frac{m_{d}}{\rho A_{d}\sqrt{A_{d}}} \tag{3-6-13}$$

式中　ζ_{z0}——明置模型基础的地基竖向阻尼比；

$\zeta_{x\varphi_1 0}$——明置模型基础的地基水平回转向第一振型阻尼比；

$\zeta_{\psi 0}$——明置模型基础的地基扭转向阻尼比；

ζ_z^c——明置设计基础的地基竖向阻尼比；

$\zeta_{x\varphi_1}^c$——明置设计基础的地基水平回转向第一振型阻尼比；

ζ_ψ^c——明置设计基础的地基扭转向阻尼比；

ξ——与基础的质量比有关的换算系数；

m_f——模型基础的质量（t）；

m_d——设计基础的质量（t）；

m_r——模型基础的质量比；

m_{dr}——设计基础的质量比；

ρ——地基的质量密度（t/m^3）。

四、模型基础埋深比对地基阻尼比影响的换算

基础四周的填土能提高地基的阻尼比，并随基础埋深比的增大而增加，因此，按设计基础的埋深比进行修正后的阻尼比，才能用于设计有埋置的动力机器基础。

基础埋深对设计基础地基的竖向、水平回转向第一振型和扭转向阻尼比的提高系数，应按下列公式计算：

$$\beta_z = 1 + \left(\frac{\zeta'_{z0}}{\zeta_{z0}} - 1\right)\frac{\delta_d}{\delta_0} \tag{3-6-14}$$

$$\beta_{x\varphi_1} = 1 + \left(\frac{\zeta'_{x\varphi_1 0}}{\zeta_{x\varphi_1 0}} - 1\right)\frac{\delta_d}{\delta_0} \tag{3-6-15}$$

$$\beta_\psi = 1 + \left(\frac{\zeta'_{\psi 0}}{\zeta_{\psi 0}} - 1\right)\frac{\delta_d}{\delta_0} \tag{3-6-16}$$

式中　β_z——基础埋深对竖向阻尼比的提高系数；

$\beta_{x\varphi_1}$——基础埋深对水平回转向第一振型阻尼比的提高系数；

β_ψ——基础埋深对扭转向阻尼比的提高系数；

ζ'_{z0}——埋置测试的模型基础的地基竖向阻尼比；

$\zeta'_{x\varphi_1 0}$——埋置测试的模型基础的地基水平回转向第一振型阻尼比；

$\zeta'_{\psi 0}$——埋置测试的模型基础的地基扭转向阻尼比。

五、模型基础底面积对地基土参振质量影响的换算

基础振动时地基土参振质量值，与基础底面积的大小有关，因此，由模型块体基础在明置时实测幅频响应曲线计算的地基参振质量，应换算为设计基础的底面积后才能应用于设计。

当计算机器基础的固有频率时，由明置模型基础测试取得的地基参加振动的当量质量，应乘以设计基础底面积与模型基础底面积的比值。

六、模型基础桩数对桩基抗压刚度影响的换算

由于桩基的刚度与试验时的桩数有关，根据 2 根桩桩基实测幅频响应曲线计算的 1 根桩的抗压刚度是 4 根桩桩基础测试资料计算的 1 根桩的抗压刚度的 1.3 倍，是 6 根桩桩基础测试资料计算的抗压刚度的 1.36 倍。桩数再增加时，其变化逐渐减小，作测试桩基础的桩数规定为 2 根，根据工程需要，也可能做 2 根桩和 4 根桩的桩基础振动测试。由 2 根或 4 根桩的桩基础测试资料计算的抗压刚度值，用于桩数超过 10 根桩的桩基础设计时，应分别乘以群桩效应系数 0.75 或 0.9。

第七节　地基动力参数的经验值

地基动力特性参数由现场测试确定，测试方法应符合现行国家标准《地基动力特性测试规范》GB/T 50269—2015 的有关规定；当现场无测试条件时，也可以按工程经验或经验公式取值。

一、抗压刚度系数 C_z

天然地基的抗压刚度系数，应按表 3-7-1 确定。

天然地基抗压刚度系数 C_z（kN/m^3）　　表 3-7-1

地基承载力特征值 f_{ak}（kPa）	土的名称		
	黏性土	粉土	砂土
300	66000	59000	52000
250	55000	49000	44000
200	45000	40000	36000
150	35000	31000	28000
100	25000	22000	18000
80	18000	16000	—

注：表中所列 C_z 值适用于底面积大于或等于 $20m^2$ 的基础，当底面积小于 $20m^2$ 时，则表中数值应乘以 $\sqrt[3]{\frac{20}{A}}$，A 为基础底面积（m^2）。

二、桩周土当量抗剪刚度系数

当桩的间距为桩的直径或截面边长的 4～5 倍时，桩周各层土的当量抗剪刚度系数 $C_{p\tau}$，宜按表 3-7-2 采用。

桩周土当量抗剪刚度系数 $C_{p\tau}$（kN/m^3）　　表 3-7-2

土的名称	土的状态	当量抗剪刚度系数 $C_{p\tau}$
淤泥	饱和	6000～7000
淤泥质土	天然含水量 45%～50%	8000
黏性土	软塑	7000～10000
	可塑	10000～15000
	硬塑	15000～25000
粉土、粉砂、细砂	稍密～中密	10000～15000
中砂、粗砂、砾砂	稍密～中密	20000～25000
圆砾、卵石	稍密	15000～20000
	中密	20000～30000

三、桩端土当量抗压刚度系数

当桩的间距为桩的直径或截面边长的4～5倍时，桩端土层的当量抗压刚度系数C_{pz}，宜按表3-7-3采用。

桩端土的当量抗压刚度系数C_{pz}（kN/m^3）　　**表3-7-3**

土的名称	土的状态	桩端埋置深度（m）	当量抗剪刚度系数C_{pz}
黏性土	软塑、可塑	10～20	50000～800000
	软塑、可塑	20～30	800000～1300000
	硬塑	20～30	1300000～1600000
粉土、粉砂、细砂	中密、密实	20～30	1000000～1300000
中砂、粗砂、砾砂、圆砾、卵石	中密、密实	7～15	1000000～1300000 1300000～2000000
页岩	中等风化	—	1500000～2000000

第八节　工　程　实　例

［实例1］桩基动力特性测试

一、项目概况

拟建某煤制烯烃项目LDPE/EVA装置2组桩基的动力参数测试工作，并按照相关规范要求提供如下明置基础和埋置基础的测试参数：

（1）单桩抗压刚度；

（2）桩基抗压、抗剪和抗扭刚度系数；

（3）桩基竖向和水平回转向第一振型以及扭转向的阻尼比；

（4）桩基竖向和水平回转向以及扭转向的参振总质量。

二、机器型号及参数

该设备由瑞士布克哈德压缩机公司制造。

1. LDPE/EVA装置增压/一次压缩机（PK1201）

型号：8B6A-2.87_1，为往复活塞式压缩机，主机配套有电机、级间冷却器、油分离器、润滑系统、气缸冷却系统以及保护压缩机安全运行的控制联锁系统。增压机与一次压缩机共用一台驱动电机，电机功率5650kW。增压机及一次机各分三级压缩，全乙烯设计负荷分布为14t/h、56t/h，增压机将工艺气从0.02～0.07MPaG分逐级升压至3.1～3.5MPaG，一次机将工艺气从3.0～3.4MPaG逐级升压至24～28.5MPaG。压缩机负荷通过返回阀调节。

工作频率：200r/min。

2. 二次压缩机（PK1202）

型号：K10，为往复柱塞式压缩机，主机配套有电机、润滑系统、气缸冷却系统及保护压缩机安全运行的控制联锁系统，电机功率24600kW，二次机分两级压缩，级间设有中冷器，全乙烯设计负荷为105t/h，二次压缩机将工艺气从24～28.5MPaG逐级压缩至220～300MPaG。

工作频率：375r/min。

三、场地工程地质条件

拟建场地内地层结构中等复杂，地表分布有人工填土，其下为第四系黄土状粉土、碎石及古近系泥岩地层，二者呈不整合接触关系。

地层自上而下为素填土（Q_4^{ml}）、黄土状粉土（Q_4^{l}），碎石（Q_4^{al}）、泥岩（E）。勘察场地各层岩土工程特性自上而下分述如下：

① 素填土（Q_4^{ml}）：厚 0.50～9.60m，平均 3.03m；层底标高 1236.88～1251.26m，平均 1246.22m。黄褐色，以黄土状粉土为主，夹粉砂，局部含泥岩岩屑。平整场地堆积而成。均匀性较差，松散。不宜作为持力层使用。

② 黄土状粉土（Q_4^{l}）：厚 1.0～11.00m，平均 7.19m。层底标高 1236.50～1248.38m，平均 1241.42m。层底埋深 1.0～16.40m，平均 9.14m。黄褐色，以黄土状粉土为主，层内夹粉砂、碎石薄层或透镜体，局部包含少量石膏等盐类结晶物。干燥～稍湿，表层植物根孔、虫孔发育。具水平层理，多呈稍密状态，无光泽反应，干强度中等，韧性低，具湿陷性。

③ 碎石（Q_4^{al}）：厚 0.50～9.30m，平均 1.43m；层底标高 1234.50～1245.04m，平均 1239.92m；层底埋深 1.60～18.20m，平均 10.63m。层内局部有黄土状粉土夹层或透镜体。灰褐色，颗粒多呈次棱角状，圆形及亚圆形居次，岩石成分主要为灰岩和石英砂岩，粒径多在 20～50mm，最大可达 60mm，骨架颗粒间隙被粉土及粉细砂充填。

④ 泥岩（E）：棕红色，强风化，与上覆地层呈不整合接触关系，为本次勘察底部控制地层。层顶埋深 1.40～18.20m，平均 10.20m；层顶标高 1234.50～1246.37m，平均 1240.12m。场区普遍分布。泥质胶结，偶夹小砾，含少量石膏晶体，常呈脉状、不规则状嵌于层中。水平层理发育，厚～巨厚层状，岩化弱，属极软岩。随深度增加，风化程度逐渐减弱，岩芯呈柱状，断口新鲜，岩体较完整。天然单轴抗压强度 0.25～1.05MPa，平均 0.62MPa，属极软岩。岩体质量等级为Ⅴ。区域地质资料显示该层厚度大于 30.0m。

四、模型基础概况

模型基础为现浇混凝土基础，尺寸均为 4.2m×2.1m×2.0m（长×宽×高）。模型基础下布置两根灌注桩，设计灌注桩桩径 600mm，桩长 15m，桩间距 2.1m，桩身混凝土强度为 C35。试验桩与模拟基础浇注成一体，桩中心轴线与模拟基础的垂直中心轴线重合。

桩端持力层为④泥岩（E），桩端进入持力层深度不小于 2.0m。

五、测试方法

测试采用机械偏心式激振器激振。机械偏心式激振器系统由变频振动器、电子变频器、竖直水平两用激振器组成。信号接收系统由速度拾振器、信号采集仪和笔记本电脑组成。

1. 竖向强迫振动测试

将机械偏心式激振器竖直安装，使激振器产生的竖向扰力中心通过基础的重心，使基础产生竖向振动。基础振动信号由竖直拾振器接收，在基础顶面沿长度方向中轴线的两端对称布置两个竖向速度拾振器，竖向强迫振动测试现场照片如图 3-8-1 所示。

2. 水平回转强迫振动测试

将机械偏心式激振器水平安装在基础重心的正上方，使激振器产生水平扰力，迫使基

(a) 明置工况

(b) 埋置工况

图 3-8-1　竖向强迫振动测试现场照片

础沿水平扰力方向做水平回转耦合振动，振动信号的水平分量由 1 个水平拾振器接收，振动信号的竖直分量用 2 个竖直拾振器接收，水平回转强迫振动测试现场照片如图 3-8-2 所示。

(a) 明置工况

(b) 埋置工况

图 3-8-2　水平回转强迫振动测试现场照片

3. 扭转强迫振动测试

将机械偏心式激振器水平安装，两端激振器方向相反，激振器施加扭转力矩使基础产生绕重心竖轴的扭转振动。基础振动信号由 2 个水平拾振器接收，在基础顶面沿长度方向中轴线的两端对称布置两个水平速度拾振器。扭转强迫振动测试现场照片如图 3-8-3 所示。

4. 测试步骤

(1) 在激振设备正确安装的前提下进行（竖向强迫振动测试时，确保激振设备的竖向扰力中心通过基础的重心；水平强迫振动测试时，确保激振设备的水平扰力矢量方向与基础沿长度方向的中心轴向一致；扭转强迫振动测试时，确保激振设备施加的扭转力矩）。

(2) 按《地基动力特性测试规范》GB/T 50269—2015 第 4.4.1～4.4.3 节要求在基础顶面布置拾振器（竖向强迫振动测试时，在基础顶面沿长度方向中轴线的两端对称布置两个竖向拾振器；水平强迫振动测试时，沿长度方向中轴线的两端对称布置两个竖向拾振器，并在中间布置一个水平向拾振器；扭转强迫振动测试时，在基础顶面沿长度方向中轴

(a) 明置工况

(b) 埋置工况

图 3-8-3　扭转强迫振动测试现场照片

线的两端对称布置两个水平拾振器)，拾振器与模型基础间用橡皮泥粘结牢固但不宜过厚，减少能量损失。

(3) 布置测线并调试仪器，若信号异常，检查拾振器、测线或采集仪通道是否正常。

(4) 一切准备工作就绪后，进行扫频激振测试。

(5) 完成明置工况后，按《地基动力特性测试规范》GB/T 50269—2015 第 4.1.4 节要求进行回填、夯实，进行埋置工况测试工作，测试步骤重复以上 (1) ～ (4) 步。

5. 注意事项

(1) 按要求布置拾振器并定位准确，位置错误会影响计算结果；

(2) 强迫振动测试前一定确保采集仪系统信号稳定，这样测试结果才能够真实反映模型基础振动量，切勿操之过急；

(3) 扫频间隔时间可根据激振器情况控制，最少不低于 5s。

六、仪器设备配置

仪器设备由激振设备和测量仪器两部分组成，具体配置见表 3-8-1。

仪器设备信息表　　　　**表 3-8-1**

仪器设备名称		型　号	数　量
激振设备	动刚度变频振动器 JZQ-80 型	中型	1
	电子变频器	—	1
测量仪器	多功能振动信号分析仪	INV3060A	1
	低频振动传感器	891-Ⅱ、941-B	6

七、数据处理与测试成果

1. 数据选择原则

(1) 强迫振动数据分析中取振动波形的正弦波部分；

(2) 数据处理采用频谱分析法，谱线间隔为 0.1Hz，并采用加窗函数（矩形窗）进行平滑处理；

(3) 多次监测数据中剔除异常点数值。

2. 测试成果

对基础施加简谐扰力，调节电子变频器，对基础进行频率扫描激振，可得到基础振动振幅随频率变化的幅频响应曲线振幅 u_m-频率 f 曲线（图 3-8-4）。

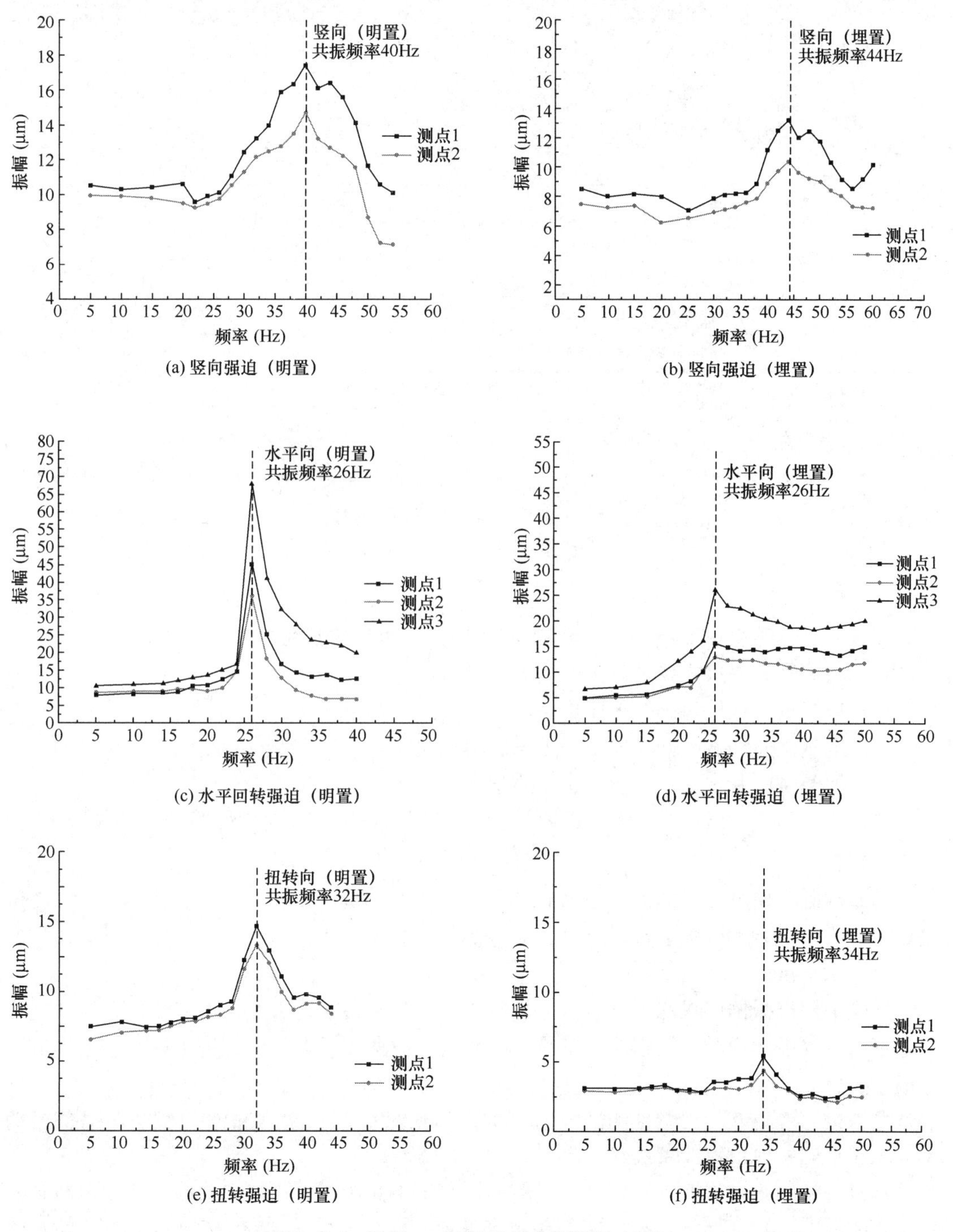

图 3-8-4　振幅 u_m-频率 f 响应曲线图（CT1）

根据测试数据，应用标准中相应的公式计算得到桩基动力参数见表 3-8-2。

桩基础动力参数建议值 表 3-8-2

振动方式	动力参数 \ 模型基础	CT1		CT2	
		明置	埋置	明置	埋置
强迫振动	单桩抗压刚度 K_{pz}（kN/m）	9.90×10^5	1.48×10^6	8.57×10^5	1.23×10^6
	桩基抗压刚度系数 C_{pz}（kN/m³）	2.24×10^5	3.35×10^6	1.84×10^5	2.80×10^6
	桩基抗剪刚度系数 C_{px}（kN/m³）	1.84×10^5	1.91×10^5	1.28×10^5	1.38×10^5
	桩基抗扭刚度系数 $C_{p\psi}$（kN/m³）	1.75×10^5	1.88×10^5	1.16×10^5	1.35×10^5
	竖向阻尼比 ζ_Z	0.23	0.25	0.24	0.29
	水平回转向第一振型阻尼比 $\zeta_{x\varphi_1}$	0.11	0.15	0.14	0.19
	扭转向阻尼比 ζ_{ψ}	0.15	0.17	0.15	0.18
	竖向参振质量 m_{vz}(t)	35.1	44.2	30.7	38.9
	水平回转向参振质量 $m_{x\phi}$(t)	32.0	41.4	30.3	37.8
	扭转向参振质 m_{ψ}(t)	32.0	34.5	32.0	39.1

注：上述刚度系数均未修正。

3. 成果应用

当模型基础现场实测得出的地基动力参数，用于机器基础的振动和隔振的设计时，应根据机器基础的设计情况换算成设计采用的地基动力参数。

[实例 2] 天然地基动力特性测试

一、项目概况

工程名称：某煤化工项目聚丙烯装置/烯烃分离装置地基动力参数测试

其天然地基需提供主要地基土的动力参数有：

（1）地基抗压、抗剪、抗弯刚度；

（2）地基竖向和水平回转向第一振型的阻尼比；

（3）地基竖向和水平回转向的参振质量。

拟建场地地层由新到老为新近回填土、风积（Q_4^{eol}）粉细砂、第四系全新统冲积（Q_4^{al}）粉细砂、第四系上更新统冲积（Q_3^{al}）粉土，侏罗系（J）砂岩。

模型基础为现场浇注的混凝土基础，尺寸为 2.0m×1.5m×1.0m（长×宽×高）。试验点 T4～T6 为天然地基承台，承台底部为②层粉细砂（Q_3^{al}）。

二、测试过程

试验采用机械偏心式激振器激振。机械偏心式激振器系统由变频振动器，可控硅整流器，竖向、水平两用激振器组成。信号接收系统由位移传感器、信号采集仪和笔记本电脑组成。

严格按照《地基动力特性测试规范》GB/T 50269—2015 相关要求完成竖向强迫振动试验和水平回转强迫振动试验。

将机械偏心式激振器垂直安装，使激振器产生竖向扰力，作用于基础的重心，使基础产生竖向振动，基础振动信号由竖向传感器接收（图 3-8-5a）。将机械偏心式激振器水平安装在基础重心的正上方，使激振器产生水平扰力，扰力方向与基础长轴方向平行，迫使基础沿水平扰力方向作水平回转耦合振动，振动信号的水平分量由水平传感器接收，振动信号的竖向分量用竖向传感器接收（图 3-8-5b）。

(a) 竖向振动试验　　(b) 水平回转耦合振动试验

图 3-8-5　现场试验照片

测试项目包括：模拟基础在明置和埋置状态下，进行竖向和水平回转向强迫振动试验，每组基础 4 种状态。每种试验状态下至少重复测试两遍，记录信号一致时结束该种状态的试验工作。

三、测试结果

对基础施加简谐扰力，调节电子变频器，对基础进行频率扫描激振，可得到基础振动振幅随频率变化的幅频响应曲线振幅 u_m-频率 f 曲线（图 3-8-6）。

根据实测数据，整理模型基础在不同试验状态下的动力参数分析结果见表 3-8-3。

天然地基模型基础动力参数测试成果表　　**表 3-8-3**

振动方式	基础编号及状态 动力参数	T4		T5		T6	
		明置	埋置	明置	埋置	明置	埋置
强迫振动	地基抗压刚度 K_z（kN/m）	1.12×10^6	1.44×10^6	1.05×10^6	1.39×10^6	1.27×10^6	1.82×10^6
	地基抗剪刚度 K_x（kN/m）	7.16×10^4	1.29×10^5	9.84×10^4	3.04×10^5	7.29×10^4	2.35×10^5
	地基抗弯刚度 $K_{x\varphi}$（kN·m）	5.89×10^4	—	5.87×10^4	—	5.90×10^4	—
	竖向阻尼比 ξ_z	0.15	0.18	0.14	0.20	0.14	0.25
	水平回转向第一振型 阻尼比 $\xi_{x\varphi1}$	0.11	0.16	0.09	0.13	0.10	0.17

[实例 3] 某动力机器基础的地基动力参数测试

一、工程概况

本项目通过现场模型基础（明置、埋置、有隔振沟三种工况下）的动力特性测试，取得了一系列动力基础设计所需的关键参数，提供了可用于工程实际的参数表。

二、测试成果

现场采用了块体模型试验（强迫振动与自由振动）和原位波速测试的方法，采用相关计算公式进行参数计算，并将计算结果与实测数据进行对比分析（表 3-8-4、表 3-8-5），

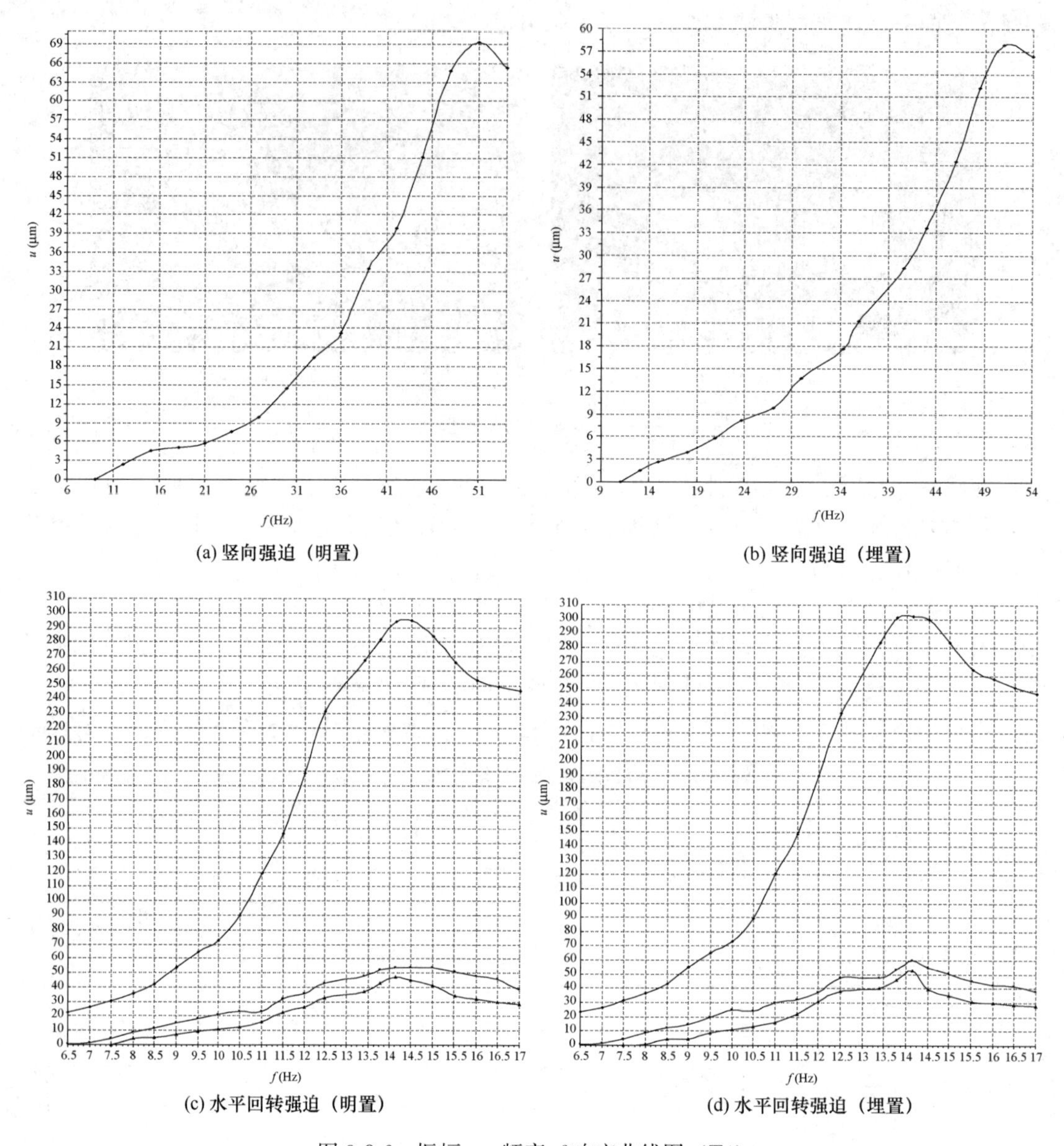

(a) 竖向强迫（明置）　(b) 竖向强迫（埋置）

(c) 水平回转强迫（明置）　(d) 水平回转强迫（埋置）

图 3-8-6　振幅 u_m-频率 f 响应曲线图（T4）

从表中数据可以看出，不同方法得出的地基刚度与地基刚度系数均在同一个数量级范围内波动，且基本呈现出“埋置工况＞有隔振沟工况＞明置工况”的变化规律。

模型试验动力机器基础刚度系数表　　**表 3-8-4**

基础组号	地基动力参数	测试工况	实测值	换算值	波速计算法	
					检层法	面波法
No. 1	地基抗压刚度系数 C_z（kN/m³）	明置	1.03×10^5	—	0.40×10^5	0.40×10^5
		隔振沟	1.38×10^5	—	—	0.33×10^5
		埋置	1.70×10^5	—	—	0.12×10^5

续表

基础组号	地基动力参数	测试工况	实测值	换算值	波速计算法	
					检层法	面波法
No. 1	地基抗剪刚度系数 C_x（kN/m³）	明置	6.12×10^4	0.72×10^5	—	—
		隔振沟	1.10×10^5	0.96×10^5	—	—
		埋置	1.86×10^5	1.19×10^5	—	—
	地基抗弯刚度系数 C_φ（kN/m³）	明置	2.12×10^5	2.21×10^5	—	—
		隔振沟	—	2.96×10^5	—	—
		埋置	—	1.19×10^5	—	—
	地基抗扭刚度系数 C_ψ（kN/m³）	明置	—	—	1.03×10^5	1.08×10^5
		隔振沟	—	—	—	1.45×10^5
		埋置	—	—	—	1.79×10^5
No. 2	地基抗压刚度系数 C_z（kN/m³）	明置	1.34×10^4	—	0.45×10^5	0.66×10^5
		隔振沟	1.82×10^5	—	—	0.80×10^5
		埋置	1.97×10^5	—	—	1.05×10^5
	地基抗剪刚度系数 C_x（kN/m³）	明置	1.20×10^5	0.93×10^5	—	—
		隔振沟	1.54×10^5	1.27×10^5	—	—
		埋置	2.44×10^5	1.37×10^5	—	—
	地基抗弯刚度系数 C_φ（kN/m³）	明置	2.00×10^5	2.88×10^5	—	—
		隔振沟	—	3.91×10^5	—	—
		埋置	—	4.23×10^5	—	—
	地基抗扭刚度系数 C_ψ（kN/m³）	明置	1.03×10^5	1.41×10^5	—	—
		隔振沟	—	1.91×10^5	—	—
		埋置	—	2.07×10^5	—	—
No. 3	地基抗压刚度系数 C_z（kN/m³）	明置	1.83×10^5	—	0.10×10^5	0.60×10^5
		隔振沟	2.02×10^5	—	—	0.48×10^5
		埋置	2.16×10^5	—	—	0.67×10^5
	地基抗剪刚度系数 C_x（kN/m³）	明置	1.80×10^4	1.24×10^5	—	—
		隔振沟	2.75×10^5	1.41×10^5	—	—
		埋置	3.30×10^5	1.51×10^5	—	—
	地基抗弯刚度系数 C_φ（kN/m³）	明置	2.37×10^5	2.82×10^5	—	—
		隔振沟	—	4.34×10^5	—	—
		埋置	—	4.64×10^5	—	—
	地基抗扭刚度系数 C_ψ（kN/m³）	明置	—	1.87×10^5	—	—
		隔振沟	—	1.12×10^5	—	—
		埋置	—	2.27×10^5	—	—

原位波速测试动力机器基础刚度比较表　　表 3-8-5

基础组号	动力参数	实测值	面波波速计算表		
		明置	明置	隔振沟	埋置
No. 1	地基抗压刚度 K_z（kN/m）	4.10×10^5	1.55×10^5	1.28×10^5	0.48×10^5
	地基抗剪刚度 K_x（kN/m）	2.45×10^5	3.73×10^5	3.07×10^5	1.17×10^5
	地基抗弯刚度 K_φ（kN·m）	5.64×10^5	1.25×10^6	1.03×10^6	0.39×10^6
	地基抗扭刚度 K_ψ（kN·m）	—	1.25×10^6	1.03×10^6	0.39×10^6
No. 2	地基抗压刚度 K_z（kN/m）	5.35×10^5	2.58×10^5	3.12×10^5	4.10×10^5
	地基抗剪刚度 K_x（kN/m）	4.79×10^5	5.81×10^5	7.03×10^5	9.25×10^5
	地基抗弯刚度 K_φ（kN·m）	5.32×10^5	2.07×10^6	2.50×10^6	3.29×10^6
	地基抗扭刚度 K_ψ（kN·m）	—	2.07×10^6	2.50×10^6	3.29×10^6
No. 3	地基抗压刚度 K_z（kN/m）	7.12×10^5	2.29×10^5	1.86×10^5	2.57×10^5
	地基抗剪刚度 K_x（kN/m）	7.18×10^5	6.47×10^5	5.27×10^5	7.28×10^5
	地基抗弯刚度 K_φ（kN·m）	6.31×10^5	1.84×10^6	1.50×10^6	2.08×10^6
	地基抗扭刚度 K_ψ（kN·m）	—	1.84×10^6	1.50×10^6	2.08×10^6

第四章　振 动 衰 减 测 试

第一节　概　　述

动力机器基础、铁路、交通、地铁工程建设施工所引起的人为环境振动问题中，由振源引起的振动及土中波的传播和衰减是一项基本课题，虽然其精确的理论分析方法已发展得相当完善，但现场实测方法仍广泛应用。

一、振动的衰减

1. 体波呈半球面传播

在地面作用以 r_0 为半径的面源，近似考虑，体波波前自波源沿半球面向外传播，同时因土非完全弹性，能量亦因土材料阻尼耗散，其距波源中心 r 处土面体波振幅为：

$$u_{\mathrm{rps}}=u_0\sqrt{\frac{r_0^2\xi}{r^2}}\exp[-\alpha_0 f_0(r-r_0)] \tag{4-1-1}$$

式中　ξ——与波源状态有关的系数；

u_0——波源振幅；

f_0——波源频率；

α_0——地基土能量吸收系数；

r_0——波源半径。

体波（P 波、S 波）在单位体积土介质中的能量，即由波源传播的能量密度具有如下特性：

（1）均以半球面辐射衰减；

（2）单位体积能量密度与球半径 R（在地面为 r）的平方成反比；

（3）土介质的横波波速 V_{S}（或纵波波速 V_{P}）及其介质质量密度 ρ 直接影响波能的近场传播，其能量密度与 ρ 的一次方、V_{P}的负一次方和 V_{S}的四次方成正比；

（4）通过半球面辐射出去的波源总能量与其半径 R 无关（当 R 足够大时）。

2. 面波呈环状扩散传播

以 r_0 为半径的面源，近似考虑面波能量呈环状扩散，同时地基土不是完全弹性的，能量还因土材料阻尼而耗散，于是距波源中心 r 处的面波振幅为：

$$u_{\mathrm{rR}}=u_0\sqrt{\frac{r_0^2\xi}{r^2}}\exp[-\alpha_0 f_0(r-r_0)] \tag{4-1-2}$$

对于面波（R 波）在土介质中的能量密度有如下特性：

（1）均以圆柱面辐射衰减；

（2）单位面积能量密度与圆柱半径 r 成反比，与其深度 Z 呈指数衰减；

（3）其能量密度与 ρ 及 V_{P}的一次方和 V_{S}的平方成反比；

（4）由圆柱面辐射出去的波源总能量与圆柱半径 r 无关（当 r 足够大时），即在半空间表面任一r处圆柱面上，其能量密度的总和与波源面波总能量相等。

3. 动力面波（机器基础）引起的地面波动衰减

动力面源传给地基土介质的能量，是体波（P波、S波）和面波（R波）相应传播的组合，将上述两种波叠加起来，可得到距波源中心r处自由地面振幅为：

$$u_r=\sqrt{(u_{rR})^2+(u_{rps})^2} \tag{4-1-3}$$

当忽略体波和面波之间的相位差时（不影响计算精度），可得：

$$u_r=u_0\sqrt{\frac{r_0}{r}\left[1-\xi_0\left(1-\frac{r_0}{r}\right)\right]}\exp[-\alpha_0 f_0(r-r_0)] \tag{4-1-4}$$

$$r_0=\mu_1\sqrt{\frac{F}{\pi}} \tag{4-1-5}$$

式中　r——距动力面源中心距离；

u_r——距动力面源中心r处地面振动幅值，为速度（m/s）或线位移（m）；

f_0——波源扰动频率（已测资料在50Hz以内）；

u_0——波源振动幅值，为速度（m/s）或线位移（m）；

ξ_0——与波源面积有关的几何衰减系数；

r_0——波源半径；

F——波源面积；

μ_1——动力影响系数，对于机器基础，可按下列规定取值：当$F\leqslant 10\text{m}^2$，$\mu_1=1.00$；$F\leqslant 12\text{m}^2$，$\mu_1=0.96$；$F\leqslant 14\text{m}^2$，$\mu_1=0.92$；$F>20\text{m}^2$，$\mu_1=0.80$；

α_0——地基土能量吸收系数。

为了分解几何衰减中体波与面波干涉效应，有学者采用计算机代数系统对式（4-1-4）中根式部分进行了分解，找到了其计算精度不变而物理概念更加明确的表达式为：

$$u_r=u_0\left[\frac{r_0}{r}\xi+\sqrt{\frac{r_0}{r}}(1-\xi)\right]e^{-\alpha_0 f_0(r-r_0)} \tag{4-1-6}$$

式中　ξ——与波源半径有关的几何衰减系数。

式（4-1-6）对机器基础波源的计算精度在$r\leqslant 400\text{m}$范围较高。

4. 理论计算与实测比较

（1）式（4-1-4）与式（4-1-6）对一般机器基础波源，在$r\approx 70r_0$范围内计算结果与实测对比精度相当。式（4-1-6）在近场（几何衰减）时相对安全度较好，当$r>70r_0$时，式（4-1-6）的振幅衰减随其距离的增加略快于式（4-1-4）计算值。

（2）与精确理论计算结果的比较。计算25000kN热模锻压力机基础、锻压发动机连杆时，地面振动竖向线位移式（4-1-6）计算值比有限元精确计算值与实测结果吻合好，特别是工程设计需可靠评估的近源，振动式（4-1-6）结果在安全范围内。

（3）国外学者在希腊北部城市作了17个场地、41组现场测试结果分析，认为式（4-1-4）中衰减系数与其实测结果吻合。

二、水平与竖向分量衰减

（1）竖向激振波源的水平分量随距离的衰减比其竖向分量复杂。主要表现在近场附近土质与泊松比（即土类）关系较大，如粉土、砂土（$\mu\approx 0.3$）的近场衰减较慢。黏土（$\mu=0.4$）近场衰减较快而远场衰减略慢。在某些情况下，理论公式计算值与实测值比较，水平分量的精度比竖向分量低。

（2）水平激振波源，水平分量（与激振方向相同）衰减与竖向衰减相当，水平激振的大型压缩机地面振动实测与理论公式计算亦甚吻合。

（3）一些实测资料显示，与主频率对应的地面水平振动衰减规律与其竖向分量相近，其计算值与实测值吻合也较好（图 4-1-1）。

（4）考虑不同土层的频散后，可提高其计算精度。

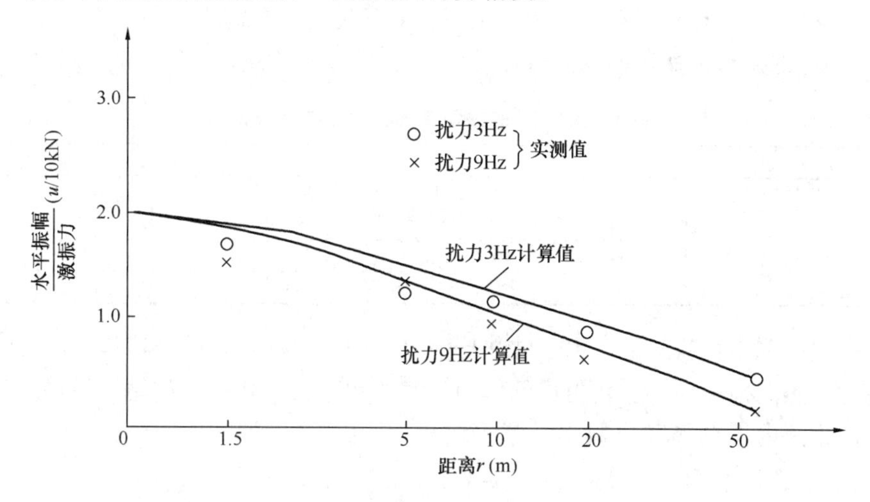

图 4-1-1　大型振动台周围地面振动 [$r_0=6.77$m]

三、阻尼对振动衰减的影响

由于阻尼的作用，振动在土层中随着传播距离逐渐衰减。通常根据振动能量耗散机制的不同可以将阻尼分为两类。

第一类阻尼称为几何阻尼或辐射阻尼。这类阻尼是由波从振源向周围传播时应力和能量逐步展开、分散引起的。根据能量守恒原理，当波前通过土层或地表逐渐往外扩展、波前表面变大时，如果总能量一定，波的幅值势必会减少。

图 4-1-2 是著名的由 Woods 绘制的不同类型波的衰减图示。

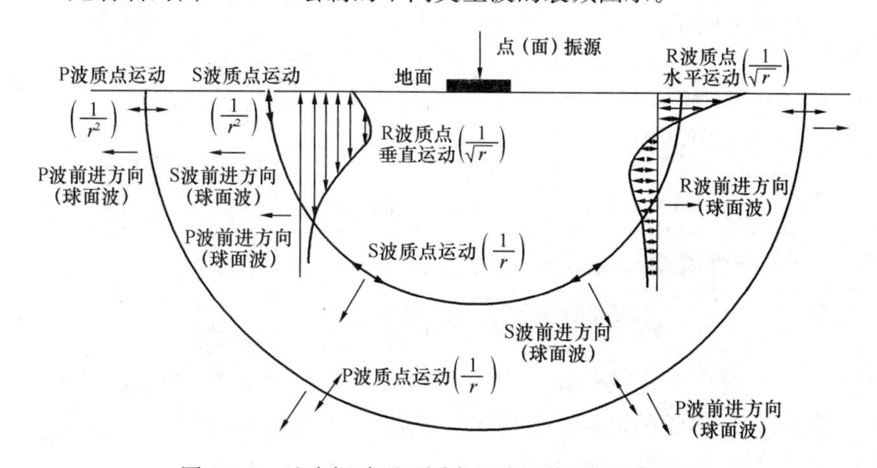

图 4-1-2　地表振动下不同类型波及其理论几何阻尼

仅考虑几何阻尼时，振动衰减关系可以表示为

$$v = v_0 \left(\frac{r}{r_0}\right)^{-n} \tag{4-1-7}$$

式中 v——敏感目标处的质点振动速度幅值；

v_0——振动参考点处的速度幅值；

r——敏感目标到振源的距离；

r_0——振动参考点到振源的距离（工程上通常称之为振源半径）；

n——考虑振动传播机制的系数，其取值如表 4-1-1 所示。

基于波动类型的振动传播机制系数 n 取值　　表 4-1-1

波的类型		点振源	线振源
体波	剪切波	1	0.5
	压缩波	1	0.5
面波	瑞利波	0.5	0
	乐夫波	0.5	0

第二类阻尼称为材料阻尼。由于波在传播过程中与土体颗粒的摩擦作用，波的能量一部分会转化为热能损失掉。材料阻尼的作用与波的频率密切相关，相比较低频波，高频波在传播单位距离内振动循环次数多、摩擦耗能大。因此，频率越高的振动分量往往衰减越快。

当考虑材料阻尼时，式（4-1-7）修正为

$$v = v_0 \left(\frac{r}{r_0}\right)^{-n} \exp[-\alpha(r - r_0)] \tag{4-1-8}$$

其中，α 是不同类型土体的经验衰减系数，取值范围主要介于 0.039～0.44m^{-1}。

由于材料阻尼与频率关系密切，可进一步将 α 写成频率的函数 $\alpha = \alpha(f)$。根据Amick 提出的模型，即

$$\alpha = \frac{\eta \pi f}{c} = \gamma \pi f \tag{4-1-9}$$

式中 c——土体的剪切波速；

η——阻尼损失因子。

$$\gamma = \frac{\eta}{c}$$

因此，式 4-1-8 可以改写为

$$v = v_0 \left(\frac{r}{r_0}\right)^{-n} \exp[-\gamma \pi f (r - r_0)] \tag{4-1-10}$$

根据 $\alpha \sim f$ 的线性关系，式 4-1-9 还可以改写为

$$\alpha_2 = \alpha_1 \frac{f_2}{f_1} \tag{4-1-11}$$

其中，与频率 f_1 相对应的衰减系数 α_1 已知，而与频率 f_2 相对应的衰减系数 α_2 未知。

Woods 等通过 20 多年的研究，整理建立了以 5Hz 和 50Hz 两个频率为基础的、不同类型土体材料的经验衰减系数数据库。将式（4-1-11）代入式（4-1-8）可以进行经验预测。

与体波相比，瑞利波衰减梯度要小得多。在振动对建筑物影响的距离范围内，体波往往能得到较大的衰减，而未衰减的瑞利波仍占有很大的比例。研究表明，瑞利波成分可以占到环境振动的67%，剪切波和压缩波分别占26%和7%。因此，研究瑞利波的衰减规律更具有实际意义。对瑞利波而言，式（4-1-8）变为

$$v = v_0\sqrt{\frac{r}{r_0}}\exp[-\alpha(r-r_0)] \tag{4-1-12}$$

国内外一些经验预测公式便基于上式给出了估算方法。

瑞利波传播的另一个特性是，随着埋深增加，其振动幅值会迅速衰减（图4-1-3）。通常能量在一个波长深度便可以完成传播。

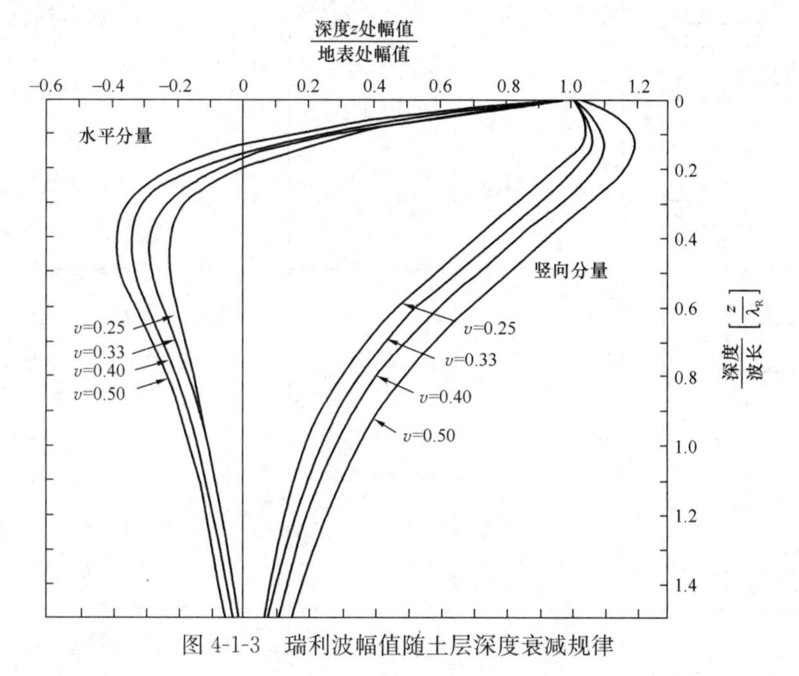

图4-1-3　瑞利波幅值随土层深度衰减规律

四、地形对振动传播的影响

与理想半无限空间的自由表面不同，实际的自有场地存在坡度、凹凸、悬崖、丘壑、沟壑等。当这些不规则地形的尺度与波动的波长之比达到某一数量级时，便会对波的传播产生很大的影响。目前，国内外对这一部分的研究还很少。其中，Nguyen和Gatmiri考虑了凹陷、突出、斜坡的三种地形条件（图4-1-4），运用二维地震波数值分析方法，讨论了各自对振动传播的影响。

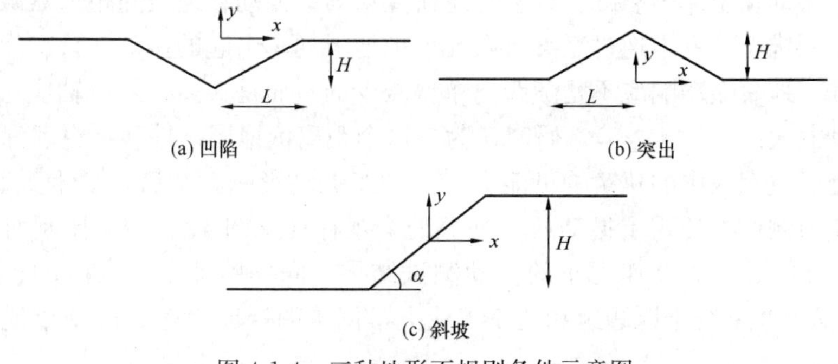

图4-1-4　三种地形不规则条件示意图

此外，杨先健比较全面地总结了几种不规则地形的波动理论结果，如表 4-1-2 所示。可见，对于不规则地形，在其尺度与地面振动波长之比一定范围内引起的散射，可使地面振动幅值明显放大。其中狭窄峡谷（沟谷）较宽阔峡谷 $L/H=1\sim5$ 影响更显著，高频波较低频波影响更甚，水平入射较竖直入射更甚。

不规则地形地面波动放大值　　表 4-1-2

不规则类型	高差 H	波源距离 r	放大系数 $\eta=\frac{不规则计算点线位移}{低处地面计算点线位移}$
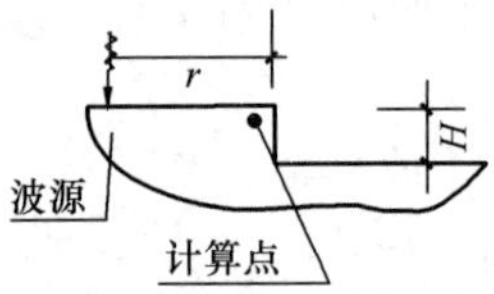 波源；计算点；r；H	$H=0.4\lambda_R$	$r=0.8\lambda_R$	$\eta=2.0$
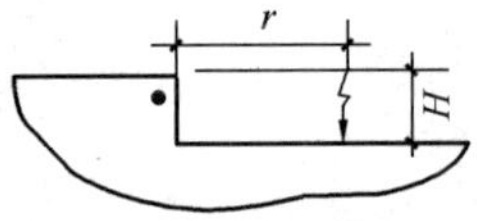 r；H	$H=0.4\lambda_R$	$r=0.8\lambda_R$	$\eta=1.0$
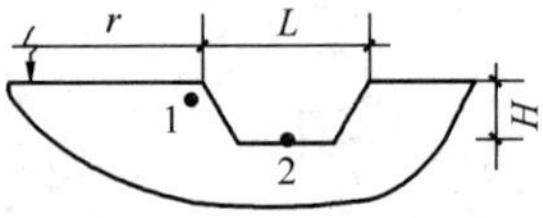 r；L；1；2；H	$H=0.375\lambda_R$ $H=\frac{L}{3}$	$r=\infty$	P_1　P_2 竖向入射波 $\eta=3.0$　$\eta=3.0$ 水平入射波 $\eta=5.0$　$\eta=2.0$
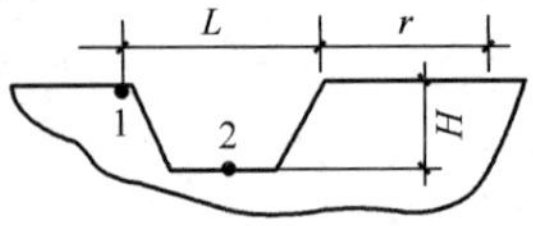 L；r；1；2；H	$H=0.375\lambda_R$ $H=\frac{L}{3}$	$r=\infty$	P_1　P_2 竖向入射波 $\eta=3.0$　$\eta=3.0$ 水平入射波 $\eta=2.5$　$\eta=2.0$
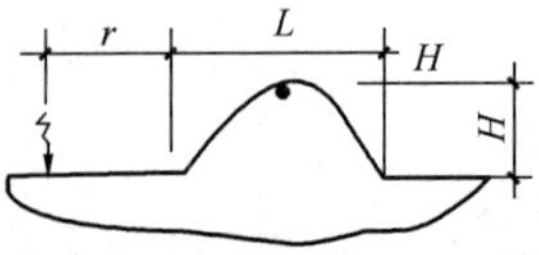 r；L；H	$H=\lambda_R$ $H=0.5L$	$r=\infty$	$\eta=4.0$

五、振动波动衰减现象与振动放大区问题

1. 地表放大区研究概述

一般情况下，振源振动由远及近经地层传至建筑物或敏感目标。由于辐射阻尼和材料阻尼的存在，振动在土体中衰减。许多传统研究认为，振动在地表随距离衰减是单调减少的。在国内，刘维宁和夏禾通过三维有限元模拟地下列车引起的振动，首次发现了振动放大区的存在——地表振动响应不是随距离单调减少的，而是在离开隧道轴线一定距离以外存在一个振动放大区（图 4-1-5）。研究认为，这个距离依地层条件和隧道埋深而定，并前瞻性地提出处于放大区中的建筑物可能会受到列车振动影响。此后，夏禾等通过对地面、高架的轨道交通测试，证明了振动放大现象的客观存在（图 4-1-6a）。比利时鲁汶大学研究组对 256～314km/h 的高速列车的振动测试结果，同样验证了放大区的存在（图 4-1-6b）。北京交通大学刘维宁课题组和北京工业大学闫维明课题组对我国城市地铁引起的地

面振动进行了现场测试，均发现了类似的现象。

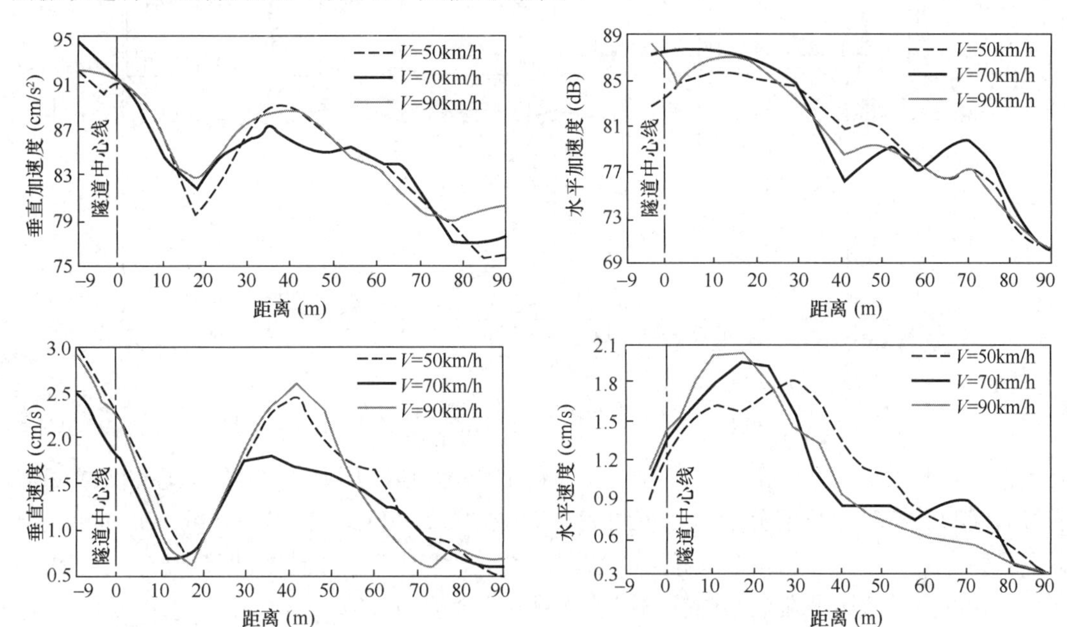

图 4-1-5　地铁列车引起地面最大竖向加速度、速度分布

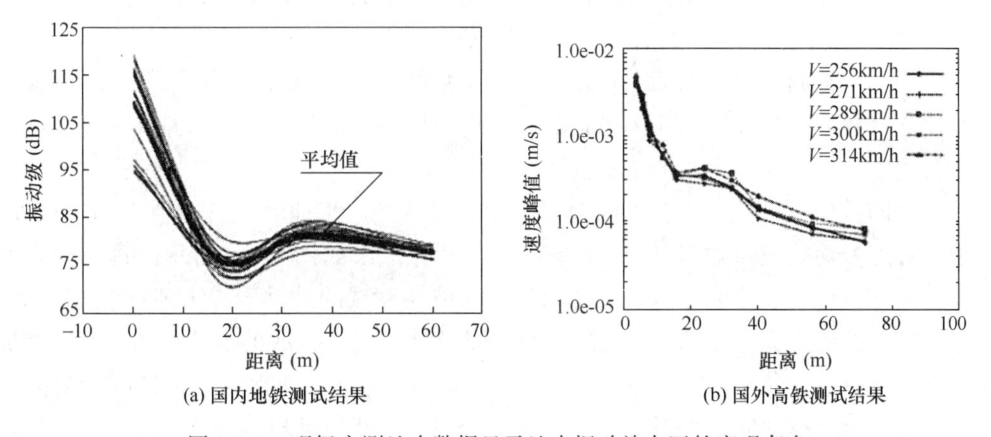

图 4-1-6　现场实测地表数据显示地表振动放大区的客观存在

2. 地表放大区产生原因分析

关于放大区产生的原因，目前尚无广泛认同接受的解释。夏禾、Fujikaka、王福彤等认为，弹性波在地表和基岩间的软土中传播时反复反射和折射引起振动随距离衰减时出现局部放大区。闫维明等认为放大现象产生与地层条件和埋深有关。栗润德则认为该现象与振波在传播过程中存在波峰和波谷有关，同时也与测点局部地质条件有关。此外，闫维明等采用组合函数方法给出了一个考虑高架交通振动放大区的 Z 振级经验预测公式，通过统计回归公式提出了可以考虑地铁交通振动放大区的振级经验预测公式。这些研究为寻求考虑振动放大区的轨道交通环境振动预测提供了一些参考。

研究表明，不同频率的振动放大规律不同（图 4-1-7）。闫维明等将实测振动信号分不同频率处理，并提出地铁放大区贡献频段主要是 20Hz 以下的低频信号，对高于 20Hz 的

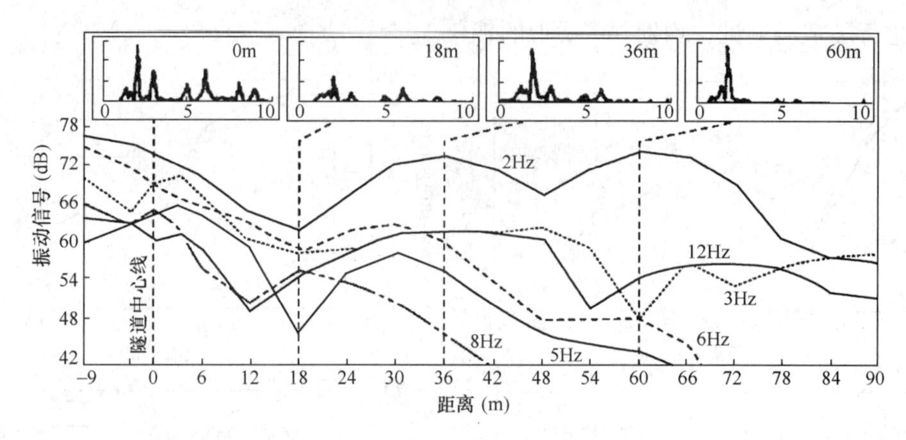

图 4-1-7　不同频率分量沿地表的分布

高频信号则不太明显。贾颖绚的数值分析结果可以较好地印证上述结论。马蒙和王文斌等通过落锤激振实验和数值分析，发现所有单频振动随距离均呈波浪形衰减，而非单调衰减，且频率大小与波动间距成反相关关系。对此，马蒙认为由于体波和瑞利波传播速度不同而引起的叠加效应是造成单频振动波动衰减的主要原因。

此外，建筑物基础、地下埋置的管线、地下空洞的存在都有可能导致附近地表振动响应场发生较大变化，这些因素同样可能是导致实测产生放大区的原因。

3. 基于半空间模型的单频振动波动衰减特性

（1）均匀半空间地表简谐荷载作用下振动衰减特性

利用计算模型分析地表作用简谐荷载的情况下振动衰减特性。为了排除振动在土层中反射、折射效应，土体选用均匀半空间。

为了在同一坐标尺度下比较不同频率振动衰减特性，将地表位移幅值作归一化处理，即将地表各点振动响应值除以 $x=0$ 的响应值，计算结果如图 4-1-8 所示。每个频率的地表振动随距离呈现出波浪形衰减，且振动频率与波动衰减的波动间隔 L 存在反相关关系，即频率越小、波动间隔 L 越大。例如，当频率为 1Hz 时，100m 的衰减距离不足以捕捉到该频率的再次放大现象；当频率为 10Hz 时，100m 距离可以捕捉到三个波峰；当频率较高时，波动衰减的波动间隔很短，衰减曲线呈现出锯齿状。这里的波动间隔有别于波长的概念，是指地表各点最大振动幅值连接而成的波浪形衰减曲线中，两个邻近波峰（或波谷）间的距离。这一研究结果表明，任一频率振动的传播并非单独衰减的，而是呈现波浪

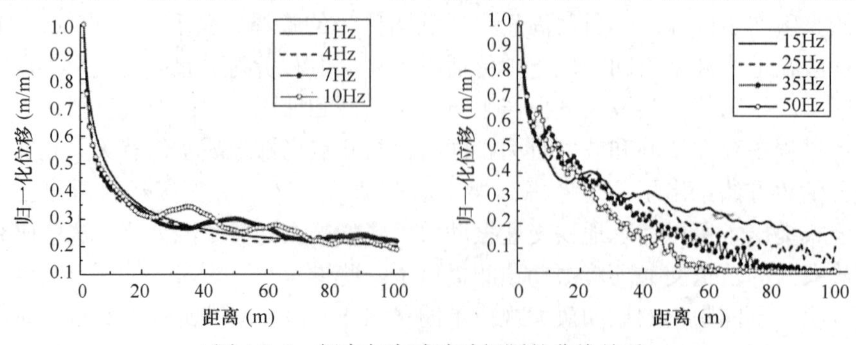

图 4-1-8　频率与衰减波动间隔的曲线关系

形衰减，其波动间隔与自身频率有关。

图 4-1-9 给出了振源为 2.5Hz、5Hz、10Hz 和 20Hz 时的简谐振动时，幅值位移场的

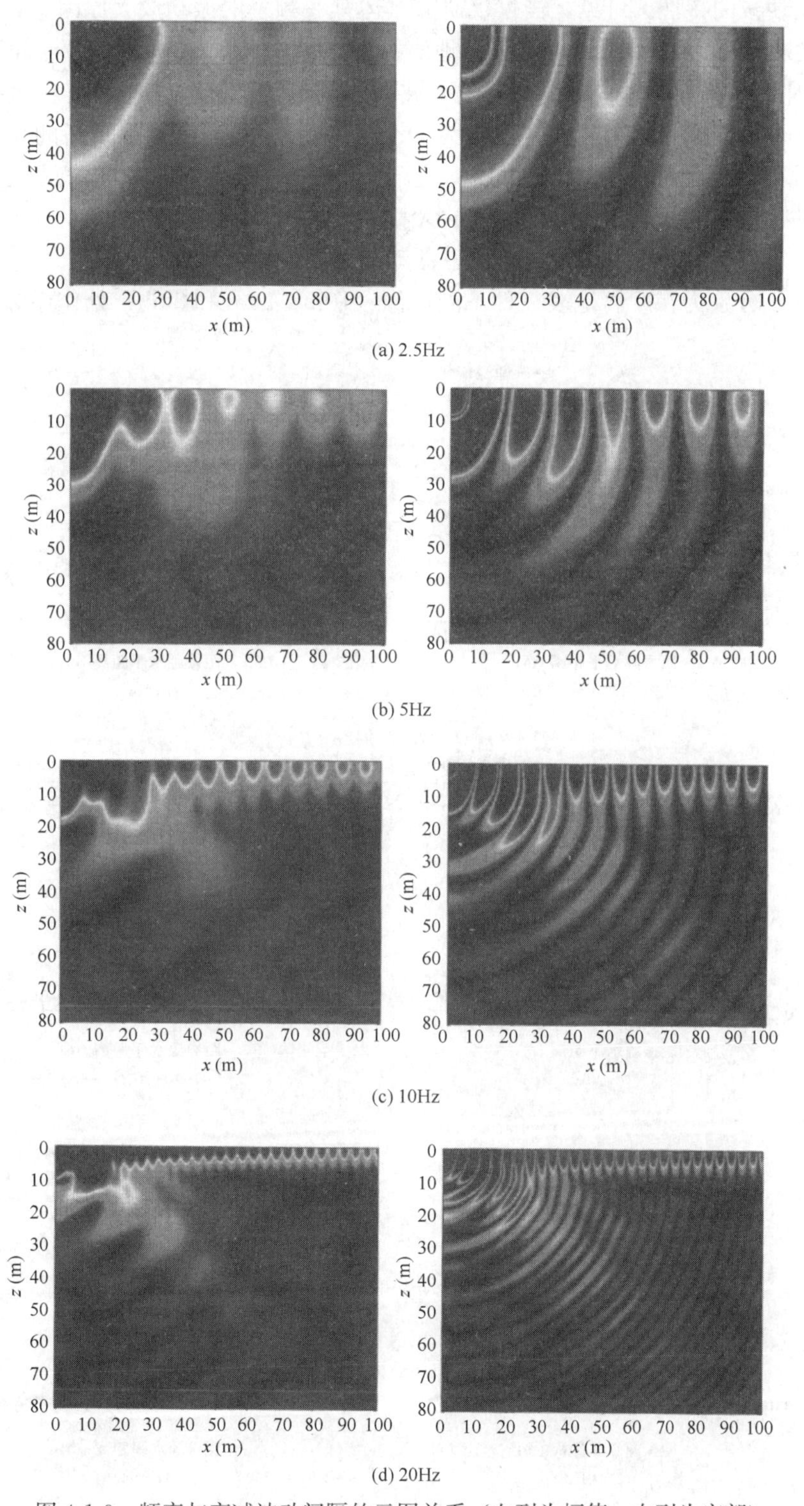

(a) 2.5Hz

(b) 5Hz

(c) 10Hz

(d) 20Hz

图 4-1-9　频率与衰减波动间隔的云图关系（左列为幅值，右列为实部）

实部位移场的分布。同样，这种衰减的特性非常清晰。

以上分析从频率的角度解释了单一频率在地表衰减的一个特性，即不同频率的振动自身存在波动衰减的特性。可见，当仅仅研究具体某一频率的振动放大原因时，土层、振源埋深并不是决定性因素。同时，在进行地表振动响应分析时，地表拾振点间距取得很小（0.1m），因此可以清晰地捕捉到每一频率波动衰减的特征。以往的研究在进行这一问题测试和分析时，拾振点间距过大（通常为 5m 或 10m）。这样，对于较高的频率，上述拾振点间距不足以捕捉到完整的波动间隔。这也是一些研究者对单一频率的地表传播特性时，认为只有频率很低时才会出现地表放大特性的原因。

（2）均匀半空间埋置简谐荷载作用下振动衰减特性

图 4-1-10 分别为在距离地表三种不同埋深（10m、20m 和 30m）处作用竖向简谐荷载

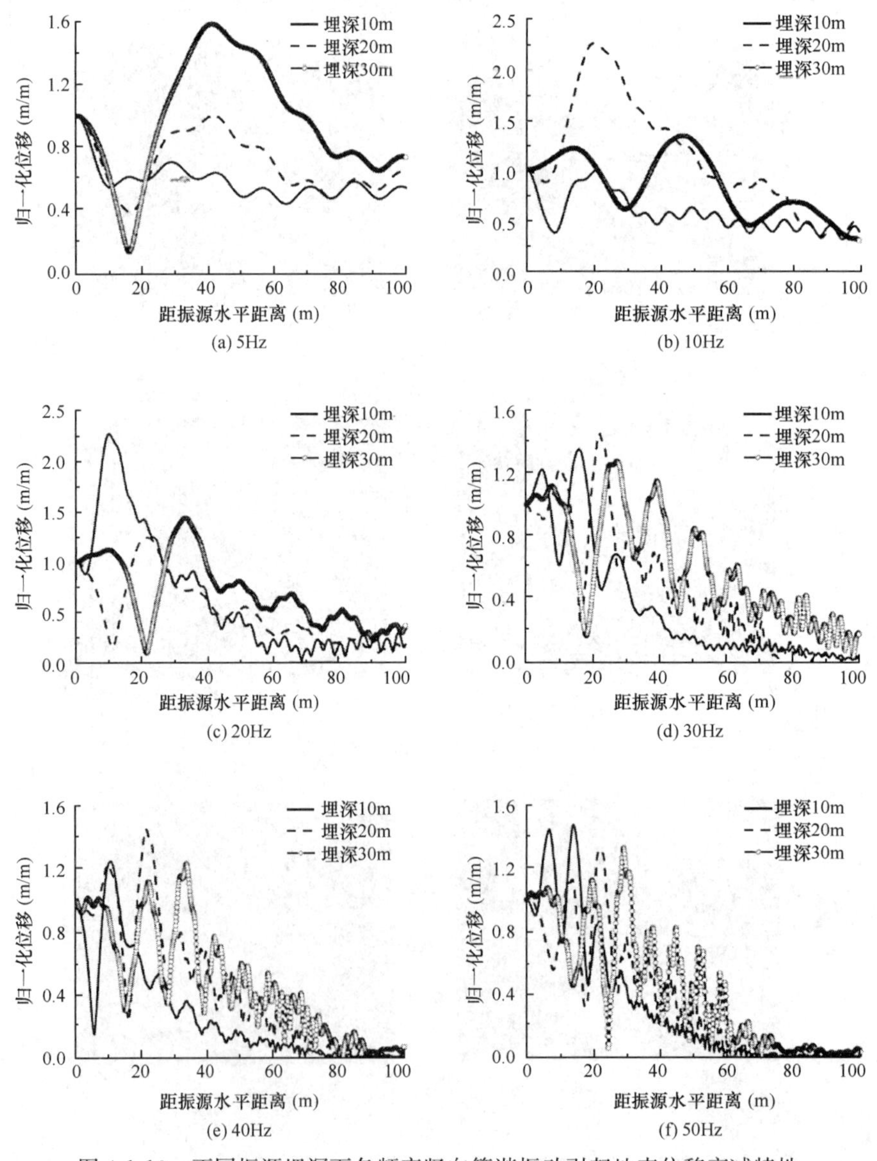

图 4-1-10　不同振源埋深下各频率竖向简谐振动引起地表位移衰减特性

时（5Hz、10Hz、20Hz、30Hz、40Hz 和 50Hz），地表位移幅值随距离衰减特性。可以明显发现，埋置振源与地表振源引起的地表振动衰减规律有着非常明显的区别：

① 当振源埋置时，地表最大振动幅值不再永远存在于水平坐标原点（$x=0$ 处）。设水平坐标原点的位移幅值为 1，则几乎所有埋置振源引起的地表响应都出现归一化位移大于 1 的情况，且当激振频率较低时，归一化位移甚至超过 2。这说明振源埋置时，地表放大现象被显著放大了——这与许多实测到的结果是一致的。

② 地表波动衰减特性依旧存在，只是相比于地表振源，埋置振源会引起近场振动幅值出现一个较大的波动反弹，出现反弹的位置与埋深有关。反弹之后，远场振动幅值的波动特性逐渐趋于平缓，与地表振源情况类似。

为了分析埋深对近场幅值反弹位置的影响，不同振源频率、相同埋深的地表衰减幅值如图 4-1-11 所示。可以发现，当振源作用于地表时（埋深 0m），不存在近场幅值反弹现象；当振源埋置时，近场幅值反弹明显且反弹位置与水平原点的距离近似等于埋深，即图 4-1-11（b）在 $x=10$ 处反弹，图 4-1-11（c）在 $x=20$ 处反弹，图 4-1-11（d）在 $x=30$ 处反弹。但反弹方向并不固定，有可能在反弹位置处出现振幅突然增大的波峰，也有可能出现突然减小的波谷。同时表明，当振源埋置时，单频振动会在与埋深相关的一个水平位置处被明显放大。

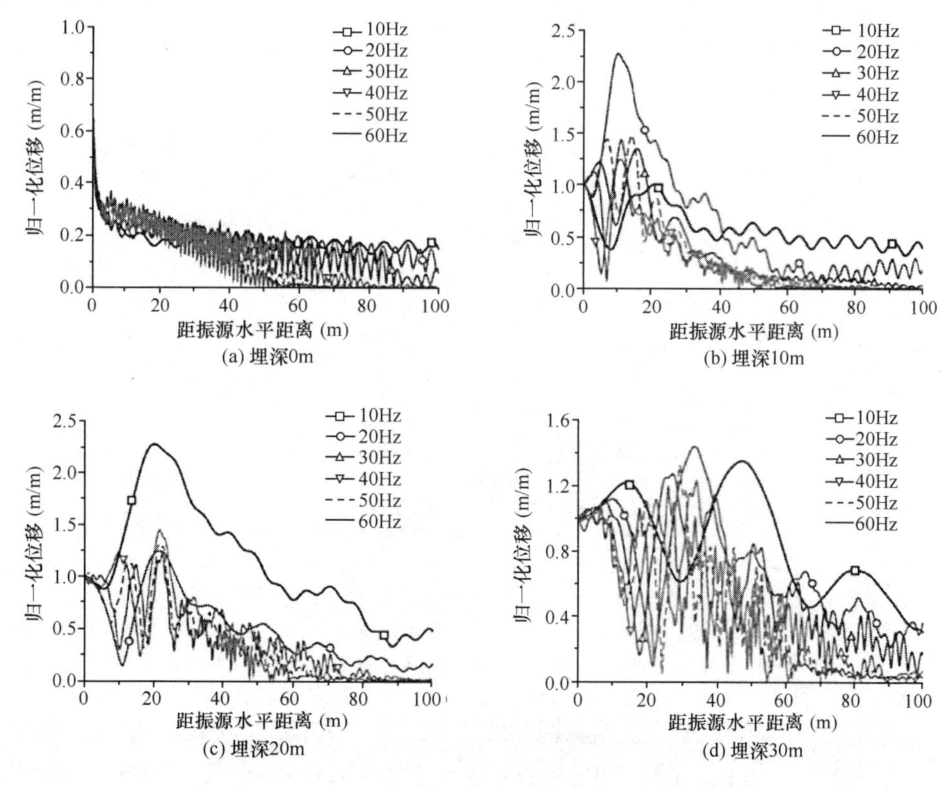

图 4-1-11　振动埋深对近场波动反弹位置的影响

（3）成层半空间地表及埋深简谐荷载作用下振动衰减特性

不少研究认为，波在土层间反射、折射会导致地表振动放大现象。为了简便计算，考虑两层土的情况：第一层厚度考虑 2m、4m、6m、8m 四种情况；第二层土考虑为无限厚。两层土的动参数取值如表 4-1-3 所示。

两层土动参数取值　　表 4-1-3

土层	剪切波速（m/s）	压缩波速（m/s）	密度（kg/m³）	阻尼比（%）
第 1 层	150	300	1800	1
第 2 层	280	560	2000	1

图 4-1-12 为振源位于地表时，激振频率为 10Hz、20Hz、30Hz 三种情况下，考虑第一层土不同厚度的地表归一化位移随距离变化规律。可以看出，随着第一层土厚度的减小，波动间距明显增大。这很可能是因为波动在土层界面上反射后，反射波与原有的体波、瑞利波在地表形成新的叠加。当第一层土的厚度发生变化时，反射波到达地表的时间也随之改变，这间接改变了反射波到达地表某固定点处的传播速度，由于传播速度的差异会形成地表响应的波动衰减。因此，当第一层土厚度很小时，反射波与原有体波、瑞利波的叠加效应对地表波动衰减起主要贡献；当第一层厚度很大时，反射波的贡献很小，原有体波、瑞利波的叠加效应逐渐显现。

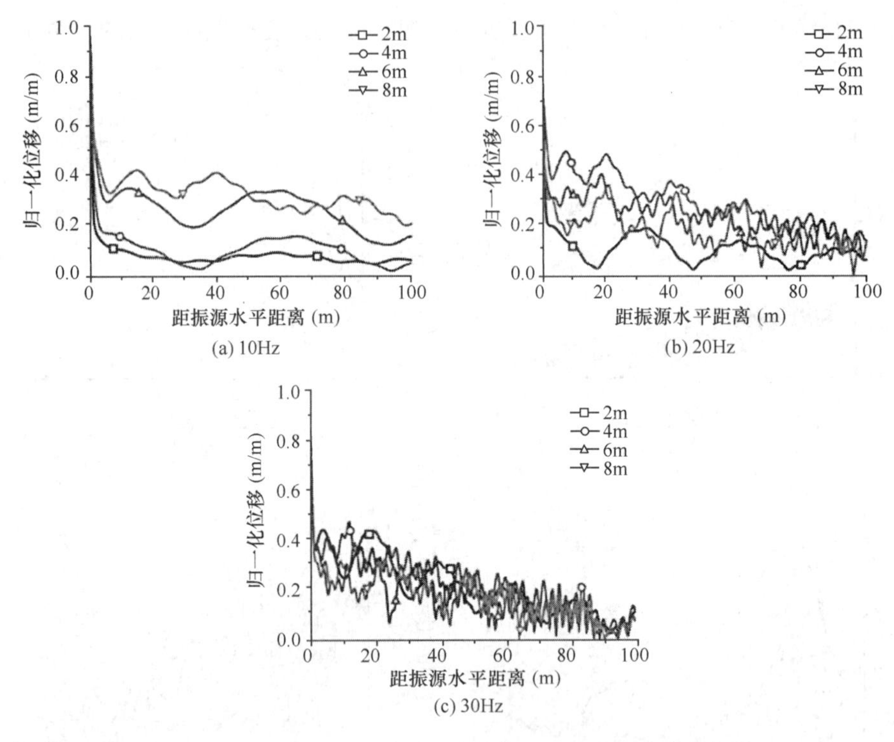

图 4-1-12　两层土地表简谐振源作用下地表位移响应规律

为了同时考虑土层分层效应及振源埋置效应的影响，将第一层土设定为 2m，两层土的动参数取值与表 4-1-3 相同。图 4-1-13 分别为激振频率为 10Hz、20Hz、30Hz 三种情况下振源位于不同埋深时的地表归一化位移随距离变化规律。可以看出，在土存在分层情况时，埋深仍然会大大改变地表振动响应的分布规律，埋深效应和土层分层效应将在近场处掩盖原有的波动叠加效应，而在远场，原有的波动叠加效应引起的波动衰减将会逐渐明显。分析图 4-1-13（b)和图 4-1-13（c)，依旧可以找到地表存在于埋深大小相关水平位置处的峰值。

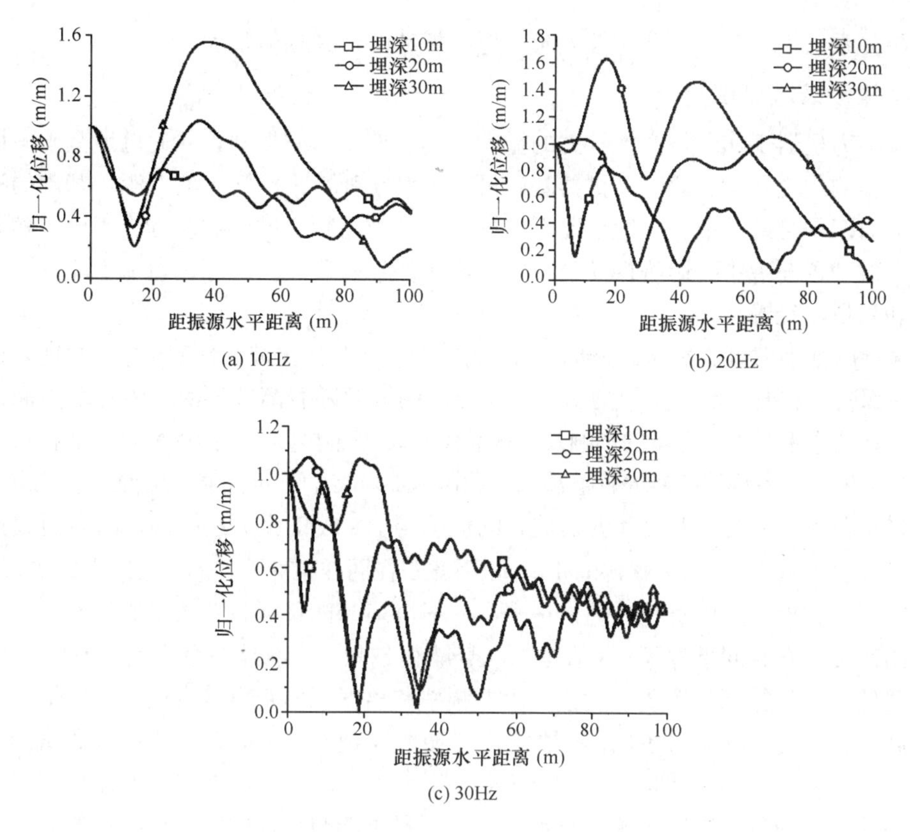

(a) 10Hz

(b) 20Hz

(c) 30Hz

图 4-1-13　两层土埋置振源作用下地表位移响应规律

为了分析埋深对近场幅值反弹位置的影响，不同振源频率、相同埋深的地表衰减幅值如图 4-1-14 所示。与图 4-1-11 相比，当土层存在分层时，由埋深大小与地表第一峰值位

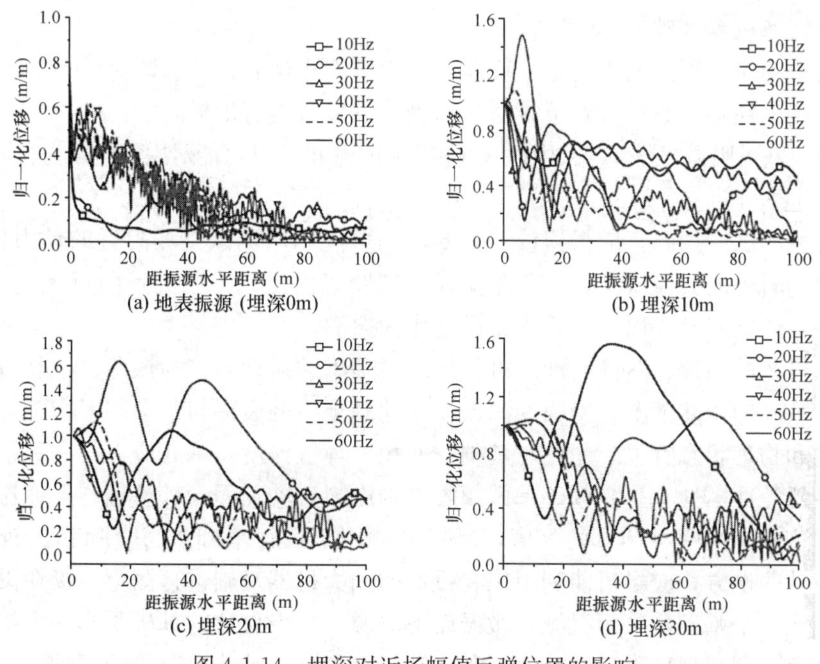

(a) 地表振源 (埋深0m)

(b) 埋深10m

(c) 埋深20m

(d) 埋深30m

图 4-1-14　埋深对近场幅值反弹位置的影响

置的对应关系已不明显，当埋深较大时，低频振动的反弹幅值很大。

六、振动衰减测试简介

大型动力机器工作时将产生较大的振动，诱发地基基础振动，并通过地基土向周边传播，进而影响周边环境。此时，机器基础可视为设在弹性半空间上的振源，基础的振动经地基逐渐向四周衰减扩散。一般情况下，振动的衰减与距离的倒数次方成正比，随着距离的增加，振动逐渐减小，影响振动衰减的因素包括：基础几何尺寸、地基土能量消耗、动力特性和当量半径等。

由振源（如动力机器基础、交通车辆、打桩等）产生的振波在地基土中传播时，受到地基土的内部阻尼和振动能量扩散的影响，使振波的振幅随着离开振源的距离增大而逐渐减小，振波衰减作用对周围环境的影响及厂区总图布置等非常重要。国内外对工业振源引起的弹性波在土体中传递规律的研究日益重视，我国从20世纪60年代就开始振动衰减测试研究工作。研究表明：体波（纵波和剪切波）的振幅与r^{-1}成正比例地减小，而表面波振幅与$r^{-1/2}$成正比例地减小（r为离振源的距离），因此，在同样条件下，体波衰减得较快。

影响振动在地基土中衰减的因素很多，一般以地基能量吸收系数α值的大小，表示振动衰减的快慢，在相同条件下，α值越大，衰减得越快。α不是一个定值，它除与地基土性能有关外，还与振源的性质、能量、激振频率和离振源的距离等有关，一般情况下：振源频率高，α值大；振源频率低，α值小。离振源距离近，α值大；离振源距离远，α值小。基础底面积越小，衰减越快，α值越大。振动衰减的测试应考虑上述各影响因素，根据实际设计工作的需要选用振源及布置测点，并尽可能与设计的实际情况相符合。

1. 应用范围

下列情况应采用振动衰减测试：

（1）当设计的车间内同时设置低转速和高转速的机器基础，且需计算低转速机器基础的振动对高转速机器基础的影响时；

（2）当振动对邻近的精密设备、仪器、仪表可能产生有害的影响时；

（3）公路、铁路交通运行对干线道路两侧建筑物可能有影响时；

（4）当地基采用强夯处理或采用打入式桩基础产生的振动可能对周围建筑物有影响时。

2. 振源选择

振动衰减测试的振源，应根据设计需要，尽可能利用测试现场附近的动力机器基础，也可利用现场附近的其他振源，如公路交通、铁路等的振动。当现场附近无上述振源时，才会现浇一个试验基础，以机械式激振设备作为振源。

利用已投产的锻锤、落锤、冲压机、压缩机基础的振动，作为振源进行衰减测定，是最符合设计基础的实际情况的。因振源振动在地基土中的衰减与很多因素有关，不仅与地基土的种类和物理状态有关，而且与基础的面积、埋置深度、基底应力等有关，与振源振动是周期性还是冲击性、是高频还是低频等多种因素有关。而设计基础与上述这些因素比较接近，用这些实测资料计算的α值，反过来再用于设计基础，与实际就比较符合。因此，在有条件的地方，应尽可能利用现有投产的动力机器基础进行测定，仅在没有条件的情况下才现浇一个基础，采用机械式激振设备振源。如果设计的基础受非动力机器基础振动的影响，也可利用现场附近的其他振源，如公路交通、铁路交通等的振动。

3. 试验基础

振动波的衰减与基础的明置和埋置有关。一般明置基础，按实测振动波衰减计算的 α 值大，即衰减快；而埋置基础，按实测振动波衰减计算的 α 值小，衰减慢。特别是水平回转耦合振动，明置基础底面的水平振幅比顶面水平振幅小很多，这是由明置基础的回转振动较大所致。明置基础的振动波是通过基底振动大小向周围传播，衰减快。如果均用测试基础顶面的振幅计算 α 值，明置基础的 α 值则要大得多，用此 α 值计算设计基础的振动衰减时偏于不安全。因此，在采用现浇试验基础进行竖向和水平向振动衰减测试时，应在测试基础有埋置时测定。

4. 测试结果

测试结果宜包括以下几项内容：

（1）振动衰减测试记录表，如表 4-1-4 所示；

（2）不同激振频率下地面振动线位移随距振源的距离而变化的曲线（u_r-r）；

（3）不同激振频率计算的地基能量吸收系数随距振源的距离变化的曲线（$\alpha-r$）。

振动衰减测试记录表 **表 4-1-4**

工程名称：

测点布置图	地质剖面图	测点号	测点距振源距离（m）	实测振幅值（μm）									备注
				竖向			水平径向			水平切向			
				$f_1=$（Hz）	$f_2=$（Hz）	$f_3=$（Hz）	$f_1=$（Hz）	$f_2=$（Hz）	$f_3=$（Hz）	$f_1=$（Hz）	$f_2=$（Hz）	$f_3=$（Hz）	
		r_0											
		1											
		2											
		3											
		4											
		5											
		6											
		7											
		8											
		9											

记录： 校核： 负责人： 年 月 日

第二节 测 试 方 法

一、测点选择

1. 振源测点处传感器的布置

对振源处的振动测试，传感器的布置宜符合下列规定：

（1）当振源为动力机器基础时，应将传感器置于测试基础顶面沿振动波传播方向轴线边缘上；

（2）当振源为公路交通车辆时，可将传感器置于外距行车道外侧线 0.5～1.0m 处；

（3）当振源为铁路交通车辆时，可将传感器置于外距路轨外 0.5～1.0m 处；

（4）当振源为打入桩时，可将传感器置于距桩边 0.3～0.5m 处；

（5）当振源为重锤夯击土时，可将传感器置于夯击点边缘外 1.0～2.0m 处。

在进行实际测试时，为确保传感器安全，可根据现场条件适当增加传感器设置距离。

2. 沿地面测点的选择

（1）振动衰减测试的测点，不应设在浮砂地、草地、松软的地层和冰冻层上。由于传感器放置在浮砂地、草地和松软的地层上时，影响测量数据的准确性，因此在选择放置传感器的测点时，应避开这些地方。如无法避开，则应将草铲除、整平，将松散土层夯实。

（2）测点应沿设计基础所需的振动衰减测试的方向布置。由于地基振动衰减的计算公式是建立在地基为弹性半空间无限体这一假定上的，而实际情况并非完全如此。振源的方向不同，测试的结果也不相同。因此，实测试验基础的振动在地基中的衰减时，传感器的布置方向应与设计基础所需振动衰减测试的方向相同。

（3）由于近距离衰减快，远距离衰减慢，测点距振源的距离应以近密远疏为原则。一般测试半径 r 应大于基础当量半径 r_0 的 35 倍，基础当量半径应按下式计算：

$$r_0 = \sqrt{\frac{A_0}{\pi}} \tag{4-2-1}$$

式中　r_0——测试基础的当量半径（m）；

　　A_0——测试基础的底面积（m^2）。

测点的间距，在距离测试基础边缘≤5m 范围内宜为 1m；5m＜距离基础边缘≤25m 范围内宜为 2m、4m、6m、8m；距离基础边缘＞25m 宜为 10m（图 4-2-1）。

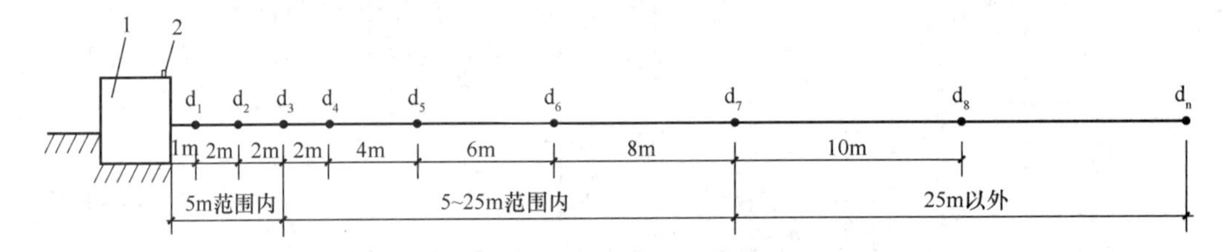

图 4-2-1　振动衰减测点布置图

1—模型基础；2—激振设备；r_n—测试半径

$d_{1\sim5}$—5m 范围内传感器编号；$d_{6\sim10}$—5～15m 范围内传感器编号；$d_{11\sim n}$—15m 以外传感器编号

上述测点间距为一般情况下的布置，当遇特殊情况，如由于生产工艺的需要，在一个车间较近的距离内同时设置低转速和高转速的动力机器基础。一般低转速机器的扰力较大，基础振幅也较大，而高转速基础的振幅控制很严。因此设计中需要计算低转速机器基础的振动对高转速机器基础的影响，那么就需测试这个车间在影响距离内的地基土能量吸收系数 α 值，提供设计应用。设计人员应按设计基础间的距离，选用 α 值，以计算低转速机器基础振动对高转速机器基础的影响，此时应根据设计基础的实际需要，布置传感器，其间距应小于 1m。

二、激振频率

由于振动沿地面的衰减与振源机器的扰力频率有关，一般高频衰减快，低频衰减慢。

因此，当进行周期性振动衰减测试时，测试基础的激振频率应与设计基础的机器扰力频率一致。另外，为了积累扰力频率不相同时测试的振动衰减资料，尚应做不同激振频率的振动衰减测试。

测试时，应记录传感器与振源之间的距离和激振频率。

第三节　数　据　处　理

振动衰减测试的数据处理主要是通过不同激振频率测试的地面振动线位移随距振源的距离而变化的曲线（$u_r - r$）；计算出地基能量吸收系数 α 随距振源的距离而变化的曲线（$\alpha - r$），提供给设计应用。

（1）填写振动衰减测试记录表，见表 4-1-4；

（2）绘制不同激振频率测试的地面振动线位移随距振源的距离而变化 $u_r - r$ 曲线；

（3）地基能量吸收系数的计算。

一、地基能量吸收系数的计算

地基能量吸收系数的计算，目前我国应用较普遍的有两种方法，即按国家标准《动力机器基础设计规范》计算法和高里茨公式计算法。

（1）按《动力机器基础设计规范》公式计算

$$\alpha = \frac{1}{f_0}\frac{1}{r_0 - r}\ln\frac{u_r}{u\left[\frac{r_0}{r}\xi_0 + \sqrt{\frac{r_0}{r}(1-\xi_0)}\right]} \tag{4-3-1}$$

式中　α——地基能量吸收系数（s/m）；

f_0——激振频率（Hz）；

u——振源处的振动线位移（m）；

u_r——距振源的距离为 r 处的地面振动线位移（m）；

ξ_0——无量纲系数，可按表 4-3-1 选用。

系数ξ_0　　表 4-3-1

土的名称	测试基础的当量半径 r_0（m）							
	0.5 及以下	1.0	2.0	3.0	4.0	5.0	6.0	7 及以上
一般黏性土、粉土、砂土	0.70～0.95	0.55	0.45	0.40	0.35	0.25～0.30	0.23～0.30	0.15～0.20
饱和软土	0.70～0.95	0.50～0.55	0.40	0.35～0.40	0.23～0.30	0.22～0.30	0.20～0.25	0.10～0.20
岩石	0.80～0.95	0.70～0.80	0.65～0.70	0.60～0.65	0.55～0.60	0.50～0.55	0.45～0.50	0.25～0.35

注：① 对于饱和软土，当地下水深≤1m 时，ξ_0取较小值；1～2.5m 时取较大值；>2.5m 时取一般黏性土的ξ_0值。

② 对于岩石覆盖层≤2.5m 时；ξ_0取较大值，2.5～6m 时取较小值；>6m 时，取一般黏性土的 ξ_0值。

（2）按高里茨公式计算

$$u_r = u\sqrt{\frac{r_0}{r}}e^{-\alpha(r-r_0)} \tag{4-3-2}$$

$$\alpha = \frac{1}{r_0 - r}\ln\left(\frac{u_r}{u}\sqrt{\frac{r}{r_0}}\right) \tag{4-3-3}$$

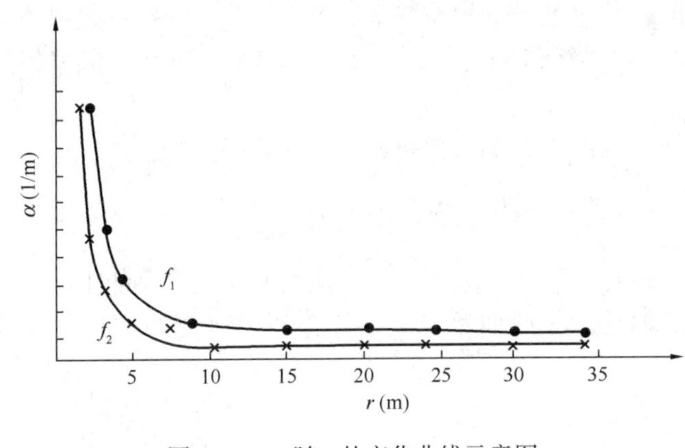

图 4-3-1　α 随 r 的变化曲线示意图

由图 4-3-1 中可以看出，α 不是一个定值，对同一种土、同一个振源计算的 α 值随距离变化。由于近振源处（约 2～3 倍基础边长），振动衰减很快，计算的 α 值很大，到一定距离后（图 4-3-1），α 值比较稳定，趋向一个变化不大的值，不管用哪个公式计算都是这个规律。因此，如果用一个平均的 α 值计算不同距离的振动线位移，则在近距离的计算振动线位移比实际振动线位移大，而在远距离的计算振动线位移比实际的小，这样计算的结果都不符合实际。试验中应将按照实测资料计算出 α 值随 r 的变化曲线提供给设计人员，由设计人员根据设计基础离振源的距离选用 α 值。在计算 α 值前，应先将各种激振频率作用下测试的地面振动线位移随离振源距离远近而变化的关系绘制成各种曲线图。由曲线图即可发现测试的资料是否有规律，一般在近距离范围内，振动衰减快，远距离振动衰减慢。

二、基础底面积的修正

试验基础的底面积不可能与实际基础一样，而底面积小的基础振动时传出去的振动波沿地面衰减快，计算的 α 值大，用于设计基础的振动衰减就偏于不安全，因此要按面积进行修正。修正计算方法可将 α 值乘以面积修正系数 ζ，ζ 按下式计算：

$$\xi = 0.453e^{\frac{0.8}{A_f}} \tag{4-3-4}$$

式中　A_f——设计基础的底面积（m^2）。

式（4-3-4）是以基础底面积为 $1m^2$ 为基准计算的，试验基础底面积为 $1m^2$ 时，用试验资料计算的 α 直接乘以按式（4-3-4）计算的 ξ 值。当试验基础的底面积不是 $1m^2$ 时，则应乘以 ξ_2/ξ_1，才能用于设计基础的计算。ξ_1 为用试验基础底面积 A_1 计算的值，ξ_2 为用设计基础底面积 A_2 计算的值。

第四节　工　程　实　例

［实例 1］砂土地基振动衰减测试

一、工程概况

某变电站地基处理拟采用强夯施工，为评估强夯施工对周边建筑物影响，进行振动衰减测试工作，并提供 1000kN·m、3000kN·m 级夯击能下的地面振动线位移幅值随距离的衰减曲线、地面能量吸收系数随距离的变化曲线。

二、场地工程地质条件

场地位于横山县城西南约 23km 的塔湾镇北侧，S204 省道及芦河西北侧的台地上，东南距塔弯镇约 1.2km。

场地地层自上而下分别为粉砂、黄土状粉土、粉土、粉质黏土等。

三、强夯设计参数及要求

主夯点满夯夯击能为 3000kN·m，夯锤直径约 2.5m，夯点间距约 3.75～5.00m，呈正三角形布置。试夯一区夯点间距为 5.0m，有效加固深度约 4.0m；试夯二区夯点间距 3.75m，有效加固深度约 5.5m。强夯处理后地基承载力特征值不小于 250kPa，压缩模量不小于 15MPa。根据设计方要求，对试夯区强夯施工的振动衰减规律进行测试。

四、测点布置和测试工况

在夯点周围布置两条 110m 长的测线，记为 1 号测线和 2 号测线，共 42 个测点，分别测试夯击能为 1000kN·m 和 3000kN·m 下的两种工况。测点布置图及现场照片分别见图 4-4-1、图 4-4-2。

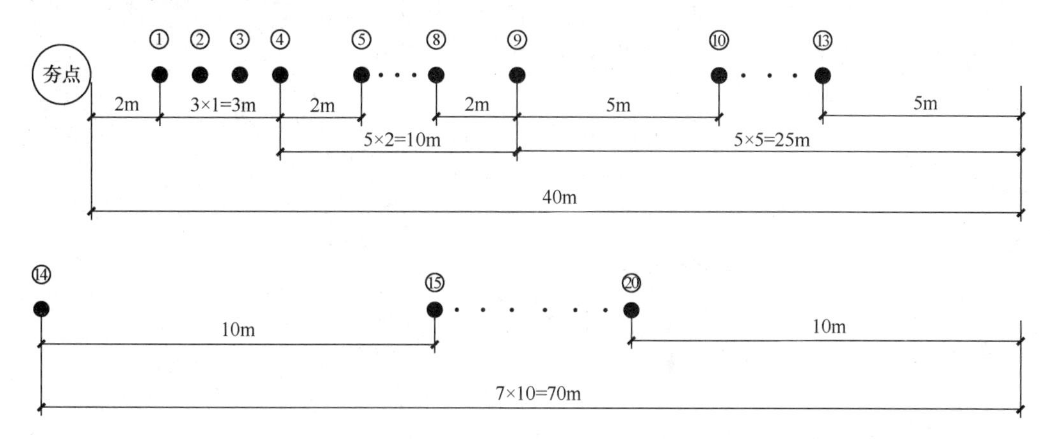

图 4-4-1　振动衰减测试测点布置图

图 4-4-2　振动衰减测试现场照片

五、现场测试结果

以 1 号测线的测点④为例，在夯击能为 3000kN·m 时，采集得到典型时域响应曲线如图 4-4-3 所示。

根据上表统计结果，绘制 1 号测线各测点振动线位移与距离变化关系曲线如图 4-4-4 所示。

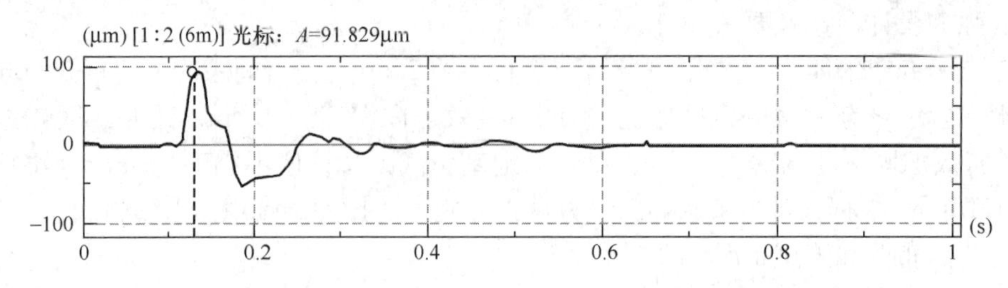

图 4-4-3　夯击能 3000kN·m 时 1 号测线测点④的时域响应曲线

测试结果表明，地面振动衰减规律是在近夯点处衰减较快，离夯点越远则衰减越慢。地面振动的三个方向衰减规律如图 4-4-5 所示，三个分量衰减速率是：竖向＞水平径向＞水平切向。另外，夯击能越大，振动线位移峰值越大，影响范围也越大。

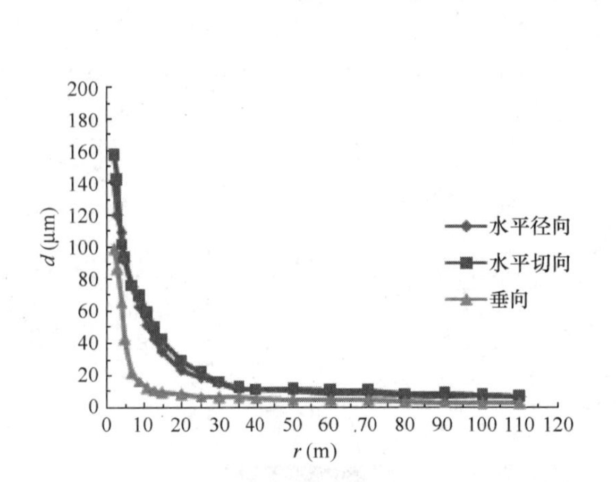

图 4-4-4　不同夯击能下测点振动线位移与距离的关系曲线图

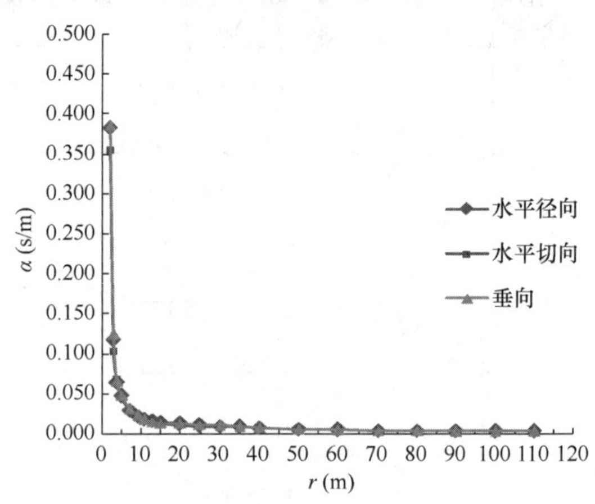

图 4-4-5　不同夯击能下地基能量吸收系数与距离的关系曲线图

六、测试成果

根据计算结果，绘制 1 号测线地基能量吸收系数与测点距离的关系曲线如图 4-4-5 所示。

计算结果表明，在近夯击点处（5m 内）振动衰减很快，计算得到的地基能量吸收系数较大；当距离超过 20m 后，地基能量吸收系数趋于稳定，地基能量吸收系数较小。当距离超过 30m 后，地面振动三个方向上的地基能量吸收系数趋于一致。

[实例 2] 基岩振动衰减测试

一、工程概况

某实验中心振动台基础拟采用 C40 混凝土，设计尺寸为 28.152m×7.08m×3.205m（长×宽×高）。试验台设备重约 300t，铁地板及预埋件自重约 325t，试验车辆 70t。振动台工作频率为 10Hz，最大频率为 60Hz。

为了测试地基振动能量衰减规律，了解振动能量传播与距离的关系，为评估设备工作振动时对周边设施（厂房、基坑支护等）的影响程度提供数据支撑，现场完成振动衰减测试工作。

二、场地工程地质条件

场区地貌原属冲洪积平原，后经人工改造。拟建工程场区地形整体较平坦。勘察期间，勘探孔孔口地面标高约11.48～12.85m。将各岩土层分布特征及其物理力学性质按标准层层序自上而下、地质年代由新到老分述如下：耕土、粉质黏土、安山岩强风化带、安山岩中等风化带。基坑及模型基础底部均位于安山岩中等风化带。

三、模型基础概况

本项目模型基础为现场浇筑的C40混凝土基础，尺寸均为2.0m×1.5m×1.0m（长×宽×高）。模型基础底面位于基坑底部标高以下1.0m，顶面与基坑底面齐平。根据勘察资料，模型基础所在地层为中等风化安山岩。基坑内模型基础位置地下水持续渗出，为保证测试工作顺利完成，现场测试过程中间断性抽出积水。

四、测试方法

沿基坑底面水平向振动衰减测试点的传感器布置，在离模型基础边缘5m范围内每隔1m各布置1个；离模型基础边缘5～15m范围内每隔2m各布置1个；离基础边缘15m以外，每隔5m各布置1个。

根据现场条件，实际测试距离为模型基础边缘外35m范围内，共布置了14个测点，测点位置示意图如图4-4-6所示。现场照片如图4-4-7所示。采用机械式激振器进行激振。

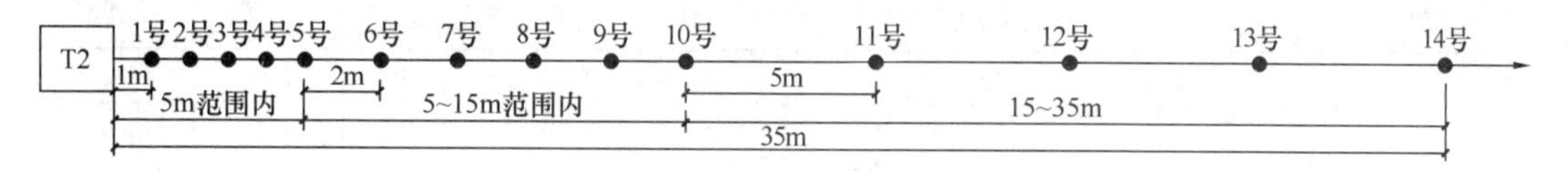

图4-4-6　振动衰减测点布置示意图

图4-4-7　振动衰减测试现场照片

1. 测试步骤

(1) 在激振设备正确安装的前提下进行（确保模型基础处于埋置工况）；

(2) 首先在沿线各测点位置布置三个拾振器（1个竖向，2个水平向），拾振器与基层表面间用石膏粉加水硬化后固定，尽量确保接触面平整、牢固；

(3) 布置测线并调试监测仪器，若信号异常，检查拾振器、测线或采集仪通道是否正常；

（4）一切准备工作就绪后，进行不同测试频率激振（工作频率 10Hz、中间频率 30Hz、扰力频率 60Hz）。

2. 注意事项

振动衰减测试测点较多，测线布置复杂，测试过程中需特别注意：

（1）严格按照测点距离布置拾振器；

（2）校核每个通道振动信号情况，在信号平稳的前提下进行测试，确保原始数据真实有效。

五、数据处理与测试成果

1. 测试数据统计

各种不同激振频率（工作频率 10Hz、中间频率 30Hz、扰力频率 60Hz）下的水平径向、水平切向和竖向的振动测试结果如表 4-4-1 所示，绘制振动线位移与距离的关系曲线如图 4-4-8 所示。

各测点振动线位移统计表 **表 4-4-1**

序号	距离 r_n (m)	地面振动线位移（μm）								
		水平径向			水平切向			竖向		
		10Hz	30Hz	60Hz	10Hz	30Hz	60Hz	10Hz	30Hz	60Hz
1	1	0.86	1.17	3.86	0.65	0.95	1.99	2.38	4.68	8.57
2	2	0.77	1.05	3.42	0.59	0.83	1.83	2.23	4.14	7.96
3	3	0.68	0.97	3.09	0.55	0.68	1.76	2.11	3.62	7.21
4	4	0.56	0.86	2.63	0.49	0.61	1.61	2.01	3.23	6.62
5	5	0.44	0.75	2.22	0.45	0.53	1.46	1.87	2.87	5.99
6	7	0.39	0.66	1.92	0.41	0.47	1.36	1.57	2.41	4.87
7	9	0.33	0.56	1.62	0.37	0.41	1.24	1.34	2.18	4.34
8	11	0.29	0.47	1.33	0.32	0.36	1.12	1.12	1.65	3.91
9	13	0.27	0.35	1.12	0.27	0.32	1.01	0.87	1.33	3.43
10	15	0.25	0.33	0.89	0.24	0.29	0.93	0.72	1.08	3.06
11	20	0.21	0.29	0.63	0.2	0.24	0.87	0.61	0.84	2.62
12	25	0.18	0.24	0.47	0.15	0.19	0.77	0.52	0.62	2.19
13	30	0.16	0.19	0.35	0.12	0.15	0.68	0.41	0.49	1.88
14	35	0.13	0.14	0.24	0.11	0.13	0.65	0.34	0.43	1.67

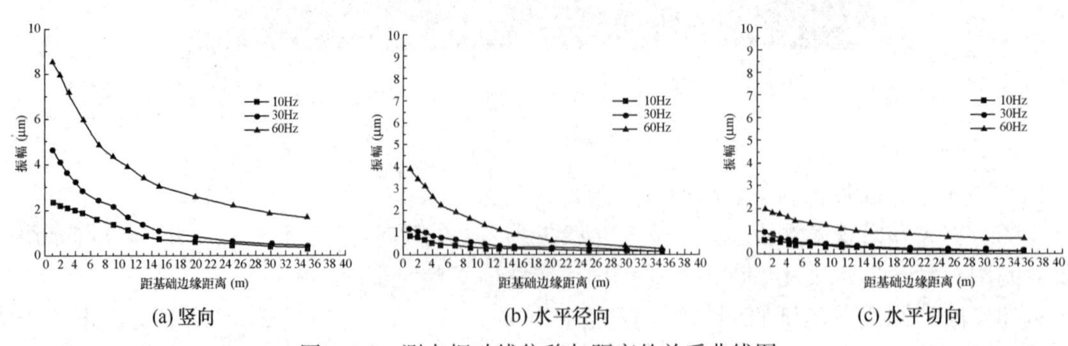

(a) 竖向　(b) 水平径向　(c) 水平切向

图 4-4-8　测点振动线位移与距离的关系曲线图

各激振频率下现场测试结果表明，激振频率越大，振动线位移峰值越大，影响范围也越大。岩石地基振动衰减规律是在靠近振源位置处衰减较快，离振源越远则衰减越慢。

2. 地基能量吸收系数

按照《地基动力特性测试规范》GB/T 50269—2015 的地基能量吸收系数公式计算得到地基能量吸收系数：

$$\alpha=\frac{1}{f_0}\frac{1}{r_0-r}\ln\frac{u_r}{u_0\left[\frac{r_0}{r}\xi_0+\sqrt{\frac{r_0}{r}}(1-\xi_0)\right]} \tag{4-4-1}$$

式中　α——地基能量吸收系数（s/m）；

f_0——激振频率（Hz）；

u_0——振源处的振动线位移（m）；

u_r——距振源的距离为某处的地面振动线位移（m）；

ξ_0——无量纲系数，可按表 4-3-1 选用，本项目基岩层取 0.7。

根据测试数据，计算得到不同激振频率下各测点的地基能量吸收系数如表 4-4-2 所示，绘制地基能量吸收系数与测点距离的关系曲线如图 4-4-9 所示。

地基能量吸收系数统计表　　**表 4-4-2**

序号	测点编号	距离 r_n (m)	地基能量吸收系数（s/m）								
			水平径向			水平切向			竖向		
			10Hz	30Hz	60Hz	10Hz	30Hz	60Hz	10Hz	30Hz	60Hz
1	1号	1	4.01×10^{-2}	3.43×10^{-2}	3.24×10^{-2}	3.74×10^{-2}	3.11×10^{-2}	2.90×10^{-2}	4.14×10^{-2}	3.82×10^{-2}	3.50×10^{-2}
2	2号	2	2.50×10^{-2}	2.24×10^{-2}	1.91×10^{-2}	2.24×10^{-2}	2.01×10^{-2}	1.54×10^{-2}	2.64×10^{-2}	2.51×10^{-2}	2.12×10^{-2}
3	3号	3	1.73×10^{-2}	1.13×10^{-2}	9.18×10^{-3}	1.54×10^{-2}	1.82×10^{-2}	1.38×10^{-2}	1.74×10^{-2}	1.17×10^{-2}	1.07×10^{-2}
4	4号	4	1.41×10^{-2}	1.09×10^{-2}	7.43×10^{-3}	1.23×10^{-2}	1.11×10^{-2}	9.69×10^{-3}	1.27×10^{-2}	9.51×10^{-3}	7.54×10^{-3}
5	5号	5	1.22×10^{-2}	7.33×10^{-3}	7.13×10^{-3}	1.07×10^{-2}	8.28×10^{-3}	7.38×10^{-3}	9.24×10^{-3}	6.70×10^{-3}	5.60×10^{-3}
6	6号	7	7.91×10^{-3}	3.89×10^{-3}	4.83×10^{-3}	8.36×10^{-3}	4.62×10^{-3}	4.44×10^{-3}	8.40×10^{-3}	5.64×10^{-3}	4.27×10^{-3}
7	7号	9	5.93×10^{-3}	2.47×10^{-3}	3.73×10^{-3}	5.47×10^{-3}	3.55×10^{-3}	3.12×10^{-3}	6.15×10^{-3}	5.06×10^{-3}	3.76×10^{-3}
8	8号	11	4.38×10^{-3}	2.06×10^{-3}	2.99×10^{-3}	4.29×10^{-3}	2.75×10^{-3}	2.40×10^{-3}	4.67×10^{-3}	3.70×10^{-3}	2.88×10^{-3}
9	9号	13	4.77×10^{-3}	1.66×10^{-3}	2.33×10^{-3}	3.88×10^{-3}	2.34×10^{-3}	1.97×10^{-3}	4.03×10^{-3}	3.32×10^{-3}	2.38×10^{-3}
10	10号	15	5.78×10^{-3}	1.43×10^{-3}	2.08×10^{-3}	3.92×10^{-3}	2.14×10^{-3}	1.70×10^{-3}	3.85×10^{-3}	3.09×10^{-3}	2.11×10^{-3}

续表

序号	测点编号	距离 r_n (m)	地基能量吸收系数（s/m）								
			水平径向			水平切向			竖向		
			10Hz	30Hz	60Hz	10Hz	30Hz	60Hz	10Hz	30Hz	60Hz
11	11号	20	3.23×10^{-3}	1.15×10^{-3}	1.53×10^{-3}	3.04×10^{-3}	1.55×10^{-3}	1.18×10^{-3}	3.52×10^{-3}	2.51×10^{-3}	1.55×10^{-3}
12	12号	25	2.87×10^{-3}	1.17×10^{-3}	1.29×10^{-3}	2.46×10^{-3}	1.33×10^{-3}	9.30×10^{-4}	3.26×10^{-3}	2.14×10^{-3}	1.34×10^{-3}
13	13号	30	1.97×10^{-3}	8.39×10^{-4}	1.19×10^{-3}	3.46×10^{-3}	9.70×10^{-4}	7.90×10^{-4}	3.06×10^{-3}	1.89×10^{-3}	1.18×10^{-3}
14	14号	35	2.23×10^{-3}	8.37×10^{-4}	1.07×10^{-3}	2.66×10^{-3}	1.01×10^{-3}	7.15×10^{-4}	2.71×10^{-3}	1.65×10^{-3}	1.05×10^{-3}

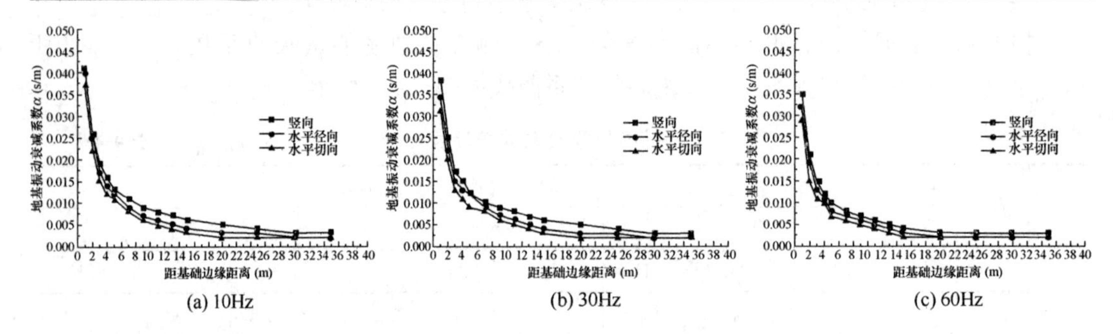

(a) 10Hz　(b) 30Hz　(c) 60Hz

图 4-4-9　地基能量吸收系数与距离的关系曲线图

由表 4-4-2 和图 4-4-9 可以看出，本场地地基能量吸收系数 α 随着距离的增大而总体减小。在不同的激振频率下，各向的衰减系数在距离模型基础约 5m 范围内随距离由大到小变化明显，振动衰减显著；5～15m 范围内随距离衰减系数由大到小变化较明显，振动进一步衰减；当距离大于 15m 时，地基衰减系数随距离增大变化不明显，振动衰减不明显。

建议设计时根据评估对象离振源的距离选取 α 值。

第五章 地 脉 动 测 试

第一节 概　　述

地脉动测试是地基动力特性测试方法之一，是为场地抗震性能和环境振动评价服务的。20世纪60年代，日本学者将所观测到的强震记录结果与同一地点所获得的地脉动频数周期曲线比较，认为它们之间吻合良好。我国地震局系统的部分研究单位也做了很多研究工作，主要是以卓越周期为主的场地分类、卓越周期和震害关系的研究及应用。如在西宁地震小区划中，利用地面脉动观测、结合钻探、波速资料对第四系覆盖区的工程地质评价取得较好效果。但美国学者在类似的研究工作中所得的结果认为它们之间无直接关系，不同地震震级的地面运动主周期是个变化的量。用地脉动或小地震观测资料所得到的功率谱与大地震时地面强烈运动时观测到的地面运动反应谱还是有区别的。脉动表现的是场地地层在弹性振动范围内的滤波放大作用，地震时的地面运动反应谱表现的是场地地层在弹塑性振动范围内输入地震波对能量吸收放大作用，这时地基土不仅有黏滞阻尼，还受过程阻尼影响。虽有上述不同的看法，但作为地基动力试验方法，地脉动测试已被越来越多的人所采用，不仅为抗震设计提供了动力参数，还应用于工程地质评价环境振动等多个方面。

目前各国的抗震设计大多采用反应谱理论来计算地震对结构的影响，我国抗震设计也是以这一理论为基础的。在我国《建筑抗震设计规范》GB 50011—2010（2016年版）中给出抗震设计的标准反应曲线，反应曲线中的特征周期 T_g 是按场地类别和设计地震分组确定的。场地反应谱的特征周期通常应该由强地震时观测到的地面运动反应谱来确定，但大地震不会经常发生，于是人们考虑到能否用地面脉动测试后分析的功率谱来代替，提出此研究的课题。

地脉动测试较多地应用于地震小区域划分、震害预测、厂址选择或评价、提供动力机器基础设计参数，有时将地脉动作为环境振动评价，可供精密仪器仪表及设备基础进行减震设计时参考。对地区脉动测试资料进行对比，可用作地基土分类、场地稳定性（如滑坡、采空区、断裂带等）的评价或监测、第四纪地层厚度、场地类别区分等方面做参考。在石油天然气、地热资源等地球物理勘探方面也可提供有用信息。利用地脉动观测方法对房屋、古建筑、桥梁等作模态分析都有较好的应用前景。

一、地脉动研究综述

众所周知，地球表面无时无刻不在作不规则的微弱振动，其位移幅值一般不到几微米，加速度值小到 $10^{-7}g$，这种场地的微弱振动称为地脉动，又称为常时微动或地微动。地脉动有长周期和短周期之分，周期大于1.0s的称为长周期地脉动，周期在0.1～1.0s范围内的属于短周期地脉动。

地脉动是地表一种平稳的非重复性随机波动，主要是由目标测试场地周围的风、海浪活动等自然振源和周围的机械振动、交通工具等人工振源激发产生的一种振动，经过不同的土层多次反射和折射并叠加后传播到地表面的随机振动。地脉动具有频率低、振幅小的特点，其频率范围为0.1～10Hz，而振幅为0.1～1μm。根据地脉动的不同振幅和频率反映出土层的特征信息，地脉动的结果不仅与测试场地的地下土层密切相关，也能反映出工程场地的动力特性。早在1907年，Omori观测到地动脉的存在，并发表了《论地脉动》一文，文中描述了地脉动信号的振动特征。1961年，日本著名学者金井清采用地脉动测试出场地的卓越频率，通过卓越频率对场地进行了分类，并将地动脉推广到了工程应用领域，引起了国内外的学者的广泛关注。同时学者Akamatsu也对地脉动波形的组成和产生的震源进行了探究，他认为地脉动是一种复杂的叠加波，瑞利波成分较多。随后，野越五十岚（1970）对地脉动的功率谱和相速度进行了研究，结果表明：地脉动的功率谱与地震动的功率谱相似。Nakamura提出了单点谱比法（也称为H/V谱比法）估算场地卓越频率，该方法得到一些学者的认可，被广泛地应用于地脉动数据处理中，同时也有很多的质疑，进而引发了延续至今的深入讨论。20世纪70年代，美国的研究人员尝试以地脉动的谱反演和评价强震动谱，但是受到了很多质疑（Ud'aradia，Trifunac，1973），此后地脉动研究一度处于低谷之中。20世纪80年代，日本学者金井清、美国学者Lermo和Gutierrez等展开地脉动台阵观测，研究成果受到地震工程界的重视，之后地脉动的研究再次成为国际地震工程学界的热点问题。

1989年日本学者Nakamura提出H/V谱比法进行场地的动力特性评价，但其方法需要基于一定的假定条件。2001年，来自9个国家的14个研究机构的学者参加共同参与了SEsAmE（Site Effects Assessment using Ambient Excitation）研究项目，这个项目对地脉动测试的可靠性做了大量的研究。该项目从多角度研究了地脉动测试方法，验证了其在场地评价中的可靠性，编制了相应的用户手册，并编制了数据处理软件。研究结果表明：单点谱比法与场地浅层地质条件有较好的相关性。还总结了地面脉动数据分析结果的影响因素：采集系统参数、土层-传感器耦合参数、修正土层-传感器耦合参数、周围建筑物或构筑物影响参数、地下构筑物影响参数、气象条件影响参数、地下水位对试验的影响参数、试验时间的稳定性参数和试验点附近环境干扰的影响参数等。此外，设计了数据采集和结果比较的实验方案，评价了9个参数对单点谱比法稳定性的影响。

我国的地脉动测试研究起步比较晚，是从20世纪60年代末才开始的，中国地震局工程力学研究所胡聿贤教授及其研究团队开展了大量的地脉动测试，以地脉动测试数据求得的卓越周期作为地震小区划工作的参数，并将地脉动测试用于场地分类及震害关系的研究及应用中。20世纪80年代后，我国的仪器设备制造能力提高，物探技术有了比较大的改善，地脉动测试方法也得到了广泛的应用。20世纪90年代，王振东、李文艺等通过对上海市的场地进行地脉动测试，研究了场地卓越周期与土层深度的关系，并且给出了场地卓越周期与土层深度之间的数据拟合关系曲线。曾立峰等对兰州市和天水市等黄土地区进行了地脉动测试，通过对地脉动测试数据的分析，反演覆盖层厚度分布及地下速度结构，将地脉动测试获取的卓越频率与覆盖土层厚度建立数学关系拟合曲线。郭明珠等采用统计的方法对地脉动单点谱比法测定场地动力特性进行了研究，探究了单点谱比法的有效性，并且从体波和面波两种理论阐述了单点谱比法的合理性及不足之处。胡钧等将地脉动引入到地基加固效果检测中，通过对地基加固前后地表及井下不同深度处的地脉动卓越周期、速度幅值及频谱曲线特征的对比分析，地脉动测试地基试验结果表明：利用地基脉动试验方法检测地基加固效果是可行的。许建聪、简文彬等对泉州市区及福州市区的进行了地脉动测试工作，结合场地的地脉动动力学特性以及土的物理力学性质等分析了两个地区的地脉动频谱结构，结果表明：岩土层结构与场地的地脉动的频谱特性密切相关，且频谱特征与场地剪切波速之间存在一定的对应性，并给出了剪切波速与卓越频率之间的关系曲线。陶夏新、董连成等与日本东京工业大学的研究人员合作，在厦门和河北滦县响堂地区开展了地脉动联合观测试验，通过提取的 Love 波相速度反演了浅层剪切波速度结构，结果表明：反演结果与钻孔剪切波速测试的结果接近；并对改进地脉动观测方法和使用地脉动数据的反演剪切波速结构的技术进行了探讨，为之后的深入研究奠定了基础。师黎静等提出了利用地脉动测试对场地土层结构反演的方法——虚拟反演法，将地脉动测试应用于反演场地土层的剪切波速中，反演的结果与钻孔资料相差不大。翟永梅等在上海市浦东、浦西等地布置多个测点进行地脉动测试，提出利用单点谱比法估算卓越周期的计算方法。郝冰、张彦等对烟台市区进行了地脉动测试，探究场地卓越周期的计算方法，采用快速傅里叶变换（FFT）方法对地脉动信号数据进行了频谱分析，获得了烟台市区不同区域场地的卓越周期，分析结果表明：地脉动信号频谱曲线有单峰、双峰以及多峰波形，波形特征与覆盖土层厚度、土层结构有一定的联系。李平等人在宁安河及邛海周边地区进行地脉动测试，采用谱分析方法对地脉动的数据进行处理。结合场地条件对结果曲线进行分析总结，给出了不同场地条件下场地的卓越周期建议值。

经过几十年的研究，国内外在该领域研究取得了大量研究成果，地脉动在场地类别划分、场地评价、震害分析和工程建筑设计等工程领域得到了广泛的应用。同时也存在一些不足：

（1）地脉动的形成机理。目前研究学者主要是根据体波理论和面波理论来解释地脉动的成因，同时也有学者认为是经过多重反射的体波波群和多种面波的共同作用叠加形成的混合波动；

（2）地脉动的测试标准。地脉动测试没有统一的测试参数，只是按照研究者自身的经验设定，所以很难进行数据交流。

地脉动数据处理的方法主要采用傅里叶变换法和单点谱比法（也称为 H/V 谱比法）。单点谱比法是由 Nakamura 提出的利用同一地脉动测试点的水平分量与竖直分量的傅里叶谱的比值（H/V Ratio）来评估场地特征的方法，但是该方法有基本假定条件。地脉动测试中水平与垂直方向的频谱比与场地垂直入射 S 波的放大因子相似，利用地脉动测试的 H/V 谱比值可以反映场地的土层动力特性。每层土的性质和层厚对地脉动的频率成分有重要的影响，具有滤波和放大某一频率的特性，因此通过对脉动频谱的数据分析反演覆盖层的厚度与剪切波速结构。

目前各国的抗震设计大多采用反应谱理论来计算地震对结构的影响，我国抗震设计也是以这一理论为基础的。《建筑抗震设计规范》GB 50011—2010 中给出抗震设计的标准反应曲线（图 5-1-1），反应曲线中的特征周期 T_g 是按场地类别和设计地震分组确定的。场地反应谱的特征周期通常应该由强地震时观测到的地面运动反应谱来确定，但大地震不会经常发生，能否用地面脉动测试后分析的功率谱来代替，成为研究课题。

地脉动测试多应用于地震小区域划分、震害预测、厂址选择或评价、提供动力机器基础设计参数，有时也用于环境振动评价，可供精密仪器仪表及设备基础减震设计参考；可

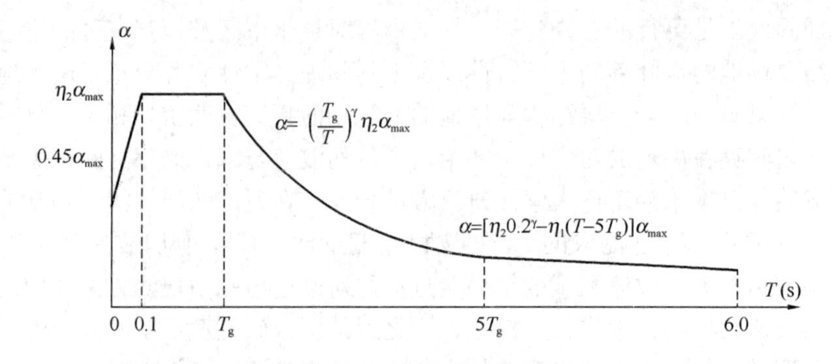

图 5-1-1　地震影响系数曲线

α—地震影响系数；α_{max}—地震影响系数最大值；η_1—直线下降段的下降斜率调整系数；γ—衰减指数；T_g—特征周期；η_2—阻尼调整系数；T—结构自振周期

与地区脉动测试资料对比，也可供地基土分类、场地稳定性（如滑坡、采空区、断裂带等）的评价或监测、第四纪地层厚度、场地类别区分等方面做参考。在石油天然气、地热资源等地球物理勘探方面也可提供有用信息。利用地脉动观测方法对房屋、古建筑、桥梁等作模态分析都有较好的应用前景。

脉动的产生可以认为是气象变化、潮汐、海浪等自然力和交通运输、动力机器、爆破冲击等人为振源，经地层介质多重反射和透射、由四面八方传播到测试点的多维波群随机集合而成的，随时间作不规则的微弱振动，可理解为剪切波在场地表土层中的多重反射结果，具有平稳随机过程的性质，即脉动信号的频率特性不随时间的改变而有明显的不同。这样，地脉动的时间历程记录虽不能精确重复或预测，是一种无规律的随机振动过程，但只要获得足够长的时间历程记录、足够数量的样本函数，就可以在概率意义上求得统计特征参数，如均值、均方值、方差、概率密度函数、概率分布函数和功率谱密度函数等。

由概率统计的基本理论可知，随机过程$\{x(t)\}$在 t 时刻的均值 $\mu_x(t)$就是概率统计学中的变量 $x(t)$的数学期望值，均方值 φ_x^2 为 $x^2(t)$的数学期望值：

$$\mu_x(t)=E[\{x(t)\}]=\lim_{T\to\infty}\frac{1}{T}\int_0^T x(t)\mathrm{d}t \tag{5-1-1}$$

$$\varphi_x^2(t)=E[\{x^2(t)\}]=\lim_{T\to\infty}\frac{1}{T}\int_0^T x^2(t)\mathrm{d}t \tag{5-1-2}$$

上述参数中，均方值描述信号的能量，均值描述信号的静态分量，方差 σ_x^2 描述信号的动态（波动）分量，其相互关系为：

$$\sigma_x^2=\varphi_x^2(t)-\mu_x^2(t) \tag{5-1-3}$$

对于一个随机过程$\{x(t)\}$，它的自相关函数 $R_x(\tau)$定义为 $x(t)$与 $x(t+\tau)$时刻各样本函数值乘积的系集平均，假定 τ 为延迟时期，则：

$$R_x(\tau)=\lim_{T\to\infty}\frac{1}{T}\int_0^T x(t)x(t+\tau)\mathrm{d}t \tag{5-1-4}$$

自相关函数描述了随机过程 t 时刻与另一时刻 $t+\tau$ 之间的关系，如图 5-1-2 所示。当 τ 很小时，随机变量 $x(t+\tau)$与 $x(t)$相差很小，表明密切相关；当 $\tau=0$ 时，$R_x(\tau)$取得最大值，即函数对自身的关系是完全相关；当$\tau \to \infty$时，相互关系很弱，可能毫不相关。

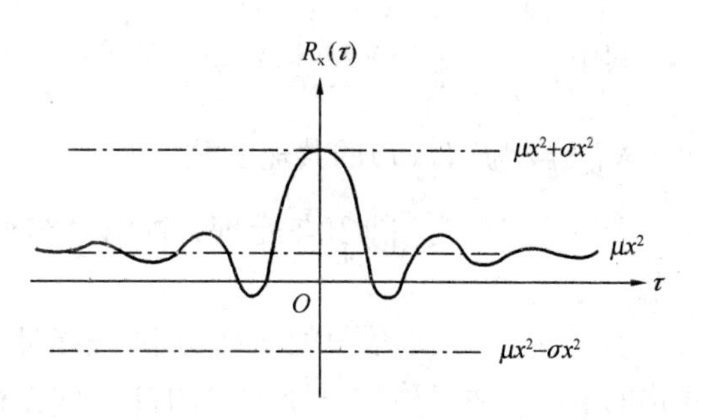

图 5-1-2　自相关曲线图

在研究随机过程的统计特性时，通常只研究最重要的两个基本特征参数，即均值和自相关函数。如果在白天观测地脉动，由于交通工具的行驶、动力机械运转、爆破冲击等人类生产活动的影响，脉动记录的统计特性会随着时间发生很大的变化，不能作为一个平稳的随机过程。如在夜间观测地脉动，相同的地质地貌单元所记录的地脉动随机振动过程统计特性基本上是不随时间变化的，其均值和自相关函数不随时间 t 变化，即满足下列两式要求：

$$\mu_x(t) = \mu_x \tag{5-1-5}$$

$$R_x(t+\tau) = R_x(t) \tag{5-1-6}$$

这时脉动随机过程是平稳振动过程，因此我们在脉动测量时，可以用有限的时间记录来代替无限长随机振动过程的依据，不过这有限时间也应该是足够长的时间。

由电学可知，电流 i 流经电阻 R 的功率为 i^2R，在信号分析中，也可将信号瞬时值的平方视为信号的即时功率，即将功率对时间的积分除以积分间隔，称为信号在该时间间隔内的平均功率。因此，周期信号 $x(t)$在一个周期内的平均功率为：

$$P = \frac{1}{T}\int_0^T x^2(t)\mathrm{d}t \tag{5-1-7}$$

对于无限长的非周期过程 $x(t)$，截取 $|t| \leqslant T/2$ 的一段，得到一截短函数 $x_t(t)$：

$$x_T(t) = \begin{cases} x(t) & |t| \leqslant T/2 \\ 0 & |t| > T/2 \end{cases} \tag{5-1-8}$$

当 $T \to \infty$时，$x_T(t) \to x(t)$

设 $x_T(t)$的傅里叶变换为 $X_T(f)$，则有：

$$X_T(f) = \int_{-\infty}^{\infty} x_T(t)e^{-j2\pi f}\mathrm{d}t \tag{5-1-9}$$

其逆变换为：

$$x_T(t) = \int_{-\infty}^{\infty} X_T(f)e^{-j2\pi f}\mathrm{d}f \tag{5-1-10}$$

相应地，$x(t)$的平均功率为：

$$\begin{aligned} P &= \lim_{T\to\infty}\frac{1}{T}\int_{-T/2}^{T/2} x^2(t)\mathrm{d}t = \lim_{T\to\infty}\frac{1}{T}\int_{-\infty}^{\infty} x_T^2(t)\mathrm{d}t \\ &= \int_{-\infty}^{\infty}\lim_{T\to\infty}\frac{1}{T}\,|X_T(f)|^2\mathrm{d}f \end{aligned} \tag{5-1-11}$$

或

$$P = \lim_{T\to\infty}\frac{1}{T}\int_{-T/2}^{T/2} x^2(t)\mathrm{d}t = \int_{-\infty}^{\infty} S_x(f)\mathrm{d}f \tag{5-1-12}$$

其中 $$S_x(f) = \lim_{T\to\infty}\frac{1}{T}\cdot X_T(f)\cdot X_T^*(f) = \lim_{T\to\infty}\frac{1}{T}\mid X_T(f)\mid^2 \qquad (5\text{-}1\text{-}13)$$

$X_T^*(f)$为$X_T(f)$的共轭复数，即$X_T^*(f)=\int_{-\infty}^{\infty}x_T(t)e^{j2\pi ft}\mathrm{d}t$。

上述两式即为帕斯瓦尔定理：即信号按时域计算的平均功率，等于按频域计算的平均功率。

由于$S_x(f)$表示信号的平均功率(或能量)在频域上的分布，即单位频带的功率随频率变化的情况，故可称为信号$x(t)$的自功率谱密度函数，简称自功率谱或自谱。

根据维纳-辛钦关系，自谱与自相关函数为一傅里叶变换时，即：

$$S_x(f) = \int_{-\infty}^{\infty}R_x(\tau)e^{-j2\pi f t}\mathrm{d}\tau \qquad (5\text{-}1\text{-}14)$$

$$R_x(\tau) = \int_{-\infty}^{\infty}S_x(f)e^{-j2\pi f\tau}\mathrm{d}f \qquad (5\text{-}1\text{-}15)$$

$S_x(f)$是f的偶函数，包含正、负频率的双边功率谱。在实际应用时，常采用不含负频率的单边功率谱，用$G_x(f)$表示，它与f轴包围的面积等于信号的平均功率，可表示为：

$$P = \int_{-\infty}^{\infty}S_x(f)\mathrm{d}f = \int_0^{\infty}G_x(f)\mathrm{d}f \qquad (5\text{-}1\text{-}16)$$

如用均方根谱，即有效值谱$\psi_x(f)$表示时，则：

$$\psi_x(f) = \sqrt{G_x(f)} \qquad (f\geqslant 0) \qquad (5\text{-}1\text{-}17)$$

$S_x(f)$或$G_x(f)$的单位为mm^2，$\psi_x(f)$的单位为mm，随机信号的谱是连续谱，是谱密度函数，位移信号$x(t)$的$S_x(f)$或$G_x(f)$的单位是$\mathrm{mm}^2/\mathrm{Hz}$，$\psi_x(f)$的单位是$\mathrm{mm}/\sqrt{\mathrm{Hz}}$，地脉动这些物理特性取决于震源机制、传播途径和场地地基土的类别等因素，可见地脉动的周期成分与场地土性质、层厚及分层等情况密切相关。场地土层对不同方向传来的入射波群具有滤波和选频性能，它能增强或削弱入射波群中部分波群而形成不同频谱形状。根据脉动信号功率（能量）在频域中的分布情况，可分为窄带脉动、宽带脉动，窄带脉动的功率集中于某一两个中心频率附近，宽带脉动的功率分布在较宽的频带。例如软土对高频信号起滤波作用，而对低频信号则起放大作用；对硬土则与此相反，所以不同的土层具有不同的选频与共振特性，它能增强或抑制入射波群中频率成分的比值，而形成不同的频谱形状，从地脉动测试中可知，在其他情况相同时，地基土越密实，频谱图中峰值频率越高（即周期越短）；对松散的地基，频谱图中峰值频率较低（周期较长）。地脉动信号可用高灵敏度的测震仪器观测记录，最终得到的场地微振动幅频特性的成果资料是场地的卓越周期（或卓越频率）和最大位移、速度、加速度值。

二、地脉动基本性质

地脉动与地震动的主要区别表现在两个方面

1. 震源不同

地震是由地质构造运动造成的，地震跟震级、震中距和震源深度紧密相关，地震动有特定的震源，而且地震动的发震时间是未知的。而对于地脉动，其震源是不确定的，发震的激发方式不是唯一的，其次地脉动每时每刻都可以观察到，常常被看作白噪声。

2. 振幅不同

地震动产生的振幅较大，目前只有当强度超过一点值之后，强震动台站的记录系统才会被触发开始记录地震动，应变通常能够达到 $10^{-3}\sim10^{-2}$，而地脉动的振幅相对而言要小得多，产生的应变很小，通常是小于 10^{-6}，土体处于小变形的应力状态。两者都能够反映出土层的动力特性。

尽管地脉动的震源和振动产生的能量比较小，但是由于波在土层中的多次反射与透射也侧面反映出土层的固有特性信息。在研究地脉动时，研究者们普遍认为地脉动的信号具有一定的统计规律性。工程应用中也是利用地脉动这种统计规律来推断土层构造的，地脉动具有的特征如下：

（1）地脉动的震源是持续的

地脉动一种平稳的随机过程，对于地震研究的学者来说地脉动就是一种白噪声。这一假设可以为地脉动数据的分析结果的准确性以及可靠性提供依据。

（2）地脉动具有各态历经性

即在某个观测点上的任意一次波形的任意一段观测曲线的概率特征值能代表其总体的平均值。即：

$$m_{\mathrm{x}} = \lim_{T\to\infty}\frac{1}{T}\int_0^T x_{\mathrm{k}}(t)\mathrm{d}t \tag{5-1-18}$$

$$R_{\mathrm{x}}(\tau, k) = \lim_{T\to\infty}\frac{1}{T}\int_0^T x_{\mathrm{k}}(t)x_{\mathrm{k}}(t+\tau)\mathrm{d}t \tag{5-1-19}$$

式中　$x_{\mathrm{k}}(t)$——地脉动时程函数；

m_{x}——随机波形计算均值；

R_{x}——自相关函数。

（3）地脉动的期望值为 1，在并且在任意时间内测得的地脉动呈高斯正态分布：

$$\frac{1}{T}\int_0^T x(t)\mathrm{d}t = 0 \tag{5-1-20}$$

由于地脉动的复杂性，一些持反对观点的学者认为这一随机过程不一定具有各态历经性质，即在任意观测点上的任意一次波形的某段观测曲线的概率特征值不能代表其总体平均性质。当震源密度函数（震源数、面积）随时间变化时，将会引起增益特性和周期特性的差异。为了使地脉动测试的观测值能够真实地反映出土层的固有振动属性，只能采用多次重复的观测方法。日本研究学者 Nakamurn 曾在 1986 年 2 月 8 日到 2 月 10 日，对地脉动测试点进行连续观测。该观测点的地脉动分析结果表明：地脉动的振幅在凌晨 2：00～3：00 最小，中午振幅最大。连续观测 24h 的地脉动谱分析结果表明地脉动谱特性随着时间有比较明显的波动，甚至有时候很难确定出表层的卓越频率，而卓越频率在地脉动振幅测试最小的时间段内也表现不明显。

另外欧盟的 SESAME 项目研究表明，地脉动与气象变化也存在一点的关联，当风速超过 5m/s 时，长周期波表现突出；当降水量超过 30～40mm 时，覆盖土层由于雨水的渗透作用，土层承载力下降，中长周期波表现突出；但地表土层冻结时，覆盖土层变硬，短周期波表现突出。

三、地脉动工程应用

随着我国经济的高速发展，基础设施建设也达到了顶峰，勘探方法也是层出不穷。原位测试在岩土工程勘察领域中应用日益广泛，随着制造业的发展，仪器设备的研发资金大量投入，使得仪器的可靠度、分辨率、精度和灵敏度得到了提升。工程人员对原位测试技术的理论和仪器设备的应用有了愈来愈深刻的理解，也对仪器的适用性提出了新的要求。其中地脉动测试作为一种无损的原位测试技术手段，主要用来测试工程场地的动力学特性。

地脉动测试工程应用主要有两个方面，第一个方面是在地震小区划工作中，确定场地的卓越周期，以场地卓越周期为依据进行场地分类。第二个方面是反演土层信息，利用单台地脉动仪进行覆盖土层厚度进行反演；也有利用台阵地脉动观测数据，从观测数据中提取面波的频散曲线，对频散曲线进行反演从而推断场地的土层剪切波速结构模型。

第二节 设备和仪器

在工程勘察中场地脉动观测的频率一般在 0.5～10Hz 范围内，其振幅值在百分之几微米到几微米。因此要求地脉动观测系统的低频频响特性好、信噪比高、工作性能稳定可靠，其系统的放大倍数应不低于 10^5 倍。国外有成套的设备，如 FBA-23 三分量力平衡式加速度计、FBA-13DH 井下三分量力平衡式加速度计、SSR-1 型固态记录仪，脉动测试仪器等。国内仪器有：923 型井下三分量检波器及配套的放大器、传感器及测试分析设备等。

1. 传感器

传感器为一次仪表，要求灵敏度高，分辨率高，可根据工程需要选择速度或加速度传感器，一般以选用速度传感器较多，如 65 型拾振器，701 型拾振器，灵敏度约为 3.7V·s/m，自振周期大于 1s；如工程需要加速度时，应采用低频性能好、灵敏度高的加速度传感器。地下脉动观测孔内的拾振器必须密封，以防漏水、漏电现象发生，其拾振器应置于孔底。

2. 测振放大器

为使观测系统具有高灵敏度和高分辨率，要求放大器的低频性能好，频带带宽应为 1～1000Hz，信噪比大于 80dB。并具有微、积分电路，以适应不同振动参量的观测需要。宜用 6 通道放大器，各通道的一致性良好。可在地面与地下同时观测不同方向的脉动信号，应选用体积小、重量轻、防振、防尘、防潮的便携式放大器，能在－10～＋40℃温度范围内的工作。

3. 采集分析仪

在现场测试时，宜采用信号采集分析仪进行实时采集分析，信号采集用多通道、A/D 转换器不低于 16 位、增益大于 12dB、低通滤波器大于 80dB/倍频程，具有时域、频域加窗、抗混滤波等完备的信号分析软件，如富氏谱、功率谱、信号平均处理等功能。

第三节 测试方法

地脉动现场测试前，根据地脉动的研究目的确定地脉动的测试方案，地脉动数据采集工作量应该根据工程的规模大小、性质及地质构造的复杂程度来确定。应该在测试前调试测试系统，以确保现场所测数据的准确度，同时应记录测试现场的一些信息，包括天气信息、是否受到干扰等情况，以便在数据处理分析时，对数据的进行误差分析。观测点应保证测定附近无恒定的干扰源，测线应该避开地下管廊等地下有建筑结构的场地。

一、测点布置

1. 测点数量

地脉动测试工作量布置应根据工程规模大小和性质以及地质构造的复杂程度来确定，每个建筑场地或地貌单元的测试点不应少于2个，以便资料对比和提高测试成果的可靠性。

当同一建筑场地有不同的地质地貌单元时，其地层结构不同，地脉动的频谱特征也有差异，可适当增加测点数量。

2. 周围环境

测点选择是否合适，直接影响地脉动测试的精确程度。如果测点选择不好，微弱的脉动信号有可能淹没于周围环境的干扰信号之中，给地脉动信号的数据处理带来困难。因此，脉动观测点的布置要调查周围有无动力机器振动源及其工作情况，以便远离或避开动力机器工作时的振动影响，测点应布置在离2/3倍建筑物高度外，以消除建筑物荷载的附加应力影响，并避免地下管道、电缆的影响。地下管道内部一般有液体流动，产生干扰杂波；电缆所产生的电磁场则对仪器产生电干扰。

记录脉动信号时，距离观测点100m内应无人为振动干扰。

3. 测点位置

建筑场地钻孔波速测试和地脉动测试，虽然目的和方法有别，但它们都与地层覆盖层的厚度及地层的性质有关，其地层的剪切波速与场地的卓越周期必然有内在的联系。地脉动观测点宜选在天然地基土上，且宜在波速测试孔附近。

测点三个传感器的布置是考虑到有些场地的地层具有方向性。如第四系冲洪积地层不同的方向有差异；基岩的构造断裂也具有方向性。因此，综合考虑上述因素后选定地脉动测试点，测试前在测点位置去掉表层素填土，挖至天然土层，试坑面积约$1m^2$左右，待坑底整平后用地质罗盘确定方位，安置东西、南北、竖向三个方向的传感器。

4. 测点深度

地下脉动测试时，测点深度应根据工程需要进行布置。

不同土工构筑物的基础埋深和形式不同，应根据实际工程需要、布置地下脉动观测点的深度；在城市地脉动观测时，交通运输等人为干扰24h不断，地面振动干扰大，但其随深度衰减很快，一般也需在一定深度的钻孔内进行测试。

通常远处震源的脉动信号是通过基岩传播反射到地层表面的，通过地面与地下脉动的测试，不仅可以了解脉动频谱的性状，还可了解场地脉动信号竖向分布情况和场地土层对脉动信号的放大和吸收作用。

二、采样频率

脉动信号频率在1～10Hz范围内，按照采样定理，采样频率大于20Hz即可，但实际工作中，最低采样频率常取分析上限频率的2.56倍。然而，采样频率太高，脉动信号的频率分辨率降低，影响卓越周期的分析精度。

因此，综合考虑脉动时域波形和谱图中的频率分辨率，在脉动信号记录时，应根据所需频率范围设置低通滤波频率和采样频率，采样频率宜取 50～100Hz，每次记录时间不应少于 15min，记录次数不宜少于 3 次。

第四节　数　据　处　理

地脉动观测所记录的时程曲线（在剔除明显的环境干扰——人为因素引起的振动之后）是一种平稳随机过程。这样，在理论上可以任意提取所记录的样本函数进行分析。所谓场地的卓越周期，就是在时程曲线上出现次数最多（占优势）的时间间隔（即周期）。地脉动测试资料的分析处理随着测试分析仪器的发展阶段有所不同，在早期用光线示波器记录时，在记录的时程曲线上把出现次数最多的时间间隔，即在周期-频度曲线上峰值的两倍称之为卓越周期。随着科学技术的发展，信号数据处理频率域上的分析得到的富氏谱、功率谱图中的峰值频率，可称为卓越频率 f，而卓越频率 f 的倒数，记作 $1/f$ 称之为卓越周期 T。脉动的幅值表征着场地振动干扰背景的大小，并在一定程度上反映着场地地基土对振动的敏感程度。场地的干扰背景对微动的幅值具有很大的影响，在同一观测点，随着观测时间的不同，幅值变化很大，白天的振幅比夜晚的要大得多，所以振幅的取值要注意观测时间的环境条件，并注明。通常在基岩或坚硬地层上，其卓越周期小、振幅也小，而软弱地层上卓越周期大、振幅也大。

一、地脉动频谱特性

地脉动时程曲线和频谱特性能够反映出震源、传播途径和场地条件的综合信息。对于已经选定的测试采集系统，其系统的频率特性是已知的，因此，可以推断出：地脉动频谱特性的主要影响因素是局部场地土层条件和震源的特性。不难推断出有三种情况：第一种情况是震源的作用占主导地位时，地脉动的频谱特性反映出震源的特性；第二张情况是震源的频谱中某一频率与场地土层的固有频率一致时，由于发生共振，场地的地脉动频谱特性将出现突出的谱峰；第三种情况是在远震作用下，震源特性影响逐渐减弱，地脉动频谱特性表现为地基土层的自振周期。通常情况下，由于震源距离较远，往往以第三种情况为主，地脉动会明显表现出地基土的频谱特性。

二、数据筛选与降噪处理

采集到的地脉动数据是原始资料，由于采集系统的媒介作用，地脉动采集的数据中难免会有一些信号干扰，或采集时间为白天时段，也或多或少会有人为因素干扰。为了提取地脉动的相关频谱特性，需要对实测的地脉动信号数据进行筛选和降噪处理，提取更多有效信息，提高采集数据的使用质量。

下面介绍几种地脉动数据筛选与降噪处理方法。

1. 基线校正与滤波

采集地脉动数据时，使用不同的数据记录仪、搭配不同加速度或速度传感器，由于仪器制作材料、设计、老化和线路连接等问题，会导致采集得到的数据出现基线漂移，实际工程中可采用最小二乘法，进行基线漂移的校正工作。地脉动在前文中已经介绍过了，地脉动的频率范围大致为 0.1～15Hz。信号采集过程中不可避免地会受到高频信号的干扰，可以对地脉动信号施加数字滤波器以减少这种干扰带来的误差。一般可采用带通滤波，通频带宽度设置为 0.1～15Hz 即可以过滤掉不需要的高频成分，也可以过滤掉不合理的低频成分。

2. 筛选有效信号

考虑到实际地脉数据采集情况，针对采集时间为白天的原始测试数据，由于数据信号中夹杂一些脉冲信号，采用传统的滤波法无法过滤掉这些信号，可施加反 STA/LTA 算法对地脉动数据信号进行筛选。

在地脉动数据处理的过程中常会发现采集的数据有一定的“毛刺”和脉冲信号干扰，采用带通滤波仍然无法有效地去除干扰的脉冲信号，这时，可对地脉动信号施加反 STA/LTA 算法，提取地脉动的有效信号段，剔除“毛刺”和脉冲信号段以达到滤波的效果。STA/LTA 法原理是在原信号上施加两个时间窗，分别为短时窗和长时窗，用短时窗的平均值和长时窗的时长的比值（R）来反映信号能量的变化程度，当地震信号到达时，STA 值比 LTA 值变化的快，STA 值快速变大，相应的 STA/LTA 的 R 值会有一个显著的增大趋势，当 R 值超过设定的阈值（THR）时，则此点被判断为初动，地震记录系统开始记录有效信号。

STA/LTA 方法计算量小、运算程序简单，但是在实际应用过程中，其计算结果常常出现计算偏差，导致误判。为了提高信号识别的准确率，增加地震信号 P 波到达时的识别灵敏度，有学者基于原始的地震记录，重新构造能够灵敏反应信号的时间序列，并将新的时间序列作为计算的输入参数，新的时间序列被称为特征函数。随着研究的不断深入，很多学者提出改进的特征函数形式，国内学者武东坡利用三角函数推导，提出了一种改进的 STA/LTA 震相自动识别的特征函数，对微震记录信号识别响应比较灵敏，根据短时窗与长时窗的关系，可以将 STA/LTA 计算方法分为标准 STA/LTA 法和延迟 STA/LTA 法。

随着各个学科之间不断交融与发展，STA/LTA 算法的应用不仅仅局限于震相识别领域，在其他信号“初动”识别领域也被广泛应用，如煤矿冲击地压的预测、煤与瓦斯突出的预防、深部矿山评估岩体稳定性、预测岩爆等动力型破坏等方面。

地脉动是一种平稳、随机波动，其最大的特点就是振幅小、频率低。地脉动测试受环境影响较大，因此测试最理想的时间段应为深夜，但是在实际测量中却做不到这一点。而白天地脉动测试时，拾震器往往接收到一些振幅较大的干扰信号，干扰信号直接影响数据处理的结果，对结果造成不利的影响，因此需要对这些干扰信号进行筛选剔除。基于震相自动识别思想，对地脉动数据施加反 STA/LTA 算法，快速有效地对地脉动数据进行筛选，自动识别出异常信号，获得有价值的信号段，为后期数据规范化处理奠定了基础。

3. 傅里叶变换和单点谱比法

在离散信号分析中，傅里叶变换是将时域信号分析转化为频谱信号分析的方法，利用单点谱比法对地脉动信号分析以来确定场地频谱特性。

（1）傅里叶变换

傅里叶变换是将信号时域分析转化为频域分析的过程，其原理是将振动数字信号利用三角级数转化为级数形式，再利用欧拉公式求解频域信号。频谱分析是随着计算机技术的发展而发展的。

（2）单点谱比法

近年来，地脉动应用中的单点谱比法，即地脉动水平分量与竖直分量谱比法，由于使用起来其简便经济、对环境无干扰的优点，得到了很多的研究学者的青睐，在世界各地的工程中得到了应用，其很多特性也已经在学界达成了共识。单点谱比法最早由日本学者Nakamura于1989年提出，Nakamura长期从事工程场地地震安全性评价工作，当日本学者金井清将提出将地脉动测试应用于场地分类中，Nakamura进行了大量的地脉动数据采集，以此来建立一个完善、全新的地震灾害预防系统，因此提出了单点谱比法作为场地的特性评价参数指标。单点谱比法即是用地脉动水入平分量与竖直分量谱比，Nakamura将求得的结果称为传递函数值（Quasi Transfer Function，简称QTS），来评价场地的特性，国内外的学者习惯性把这种方法称为Nakamura法。

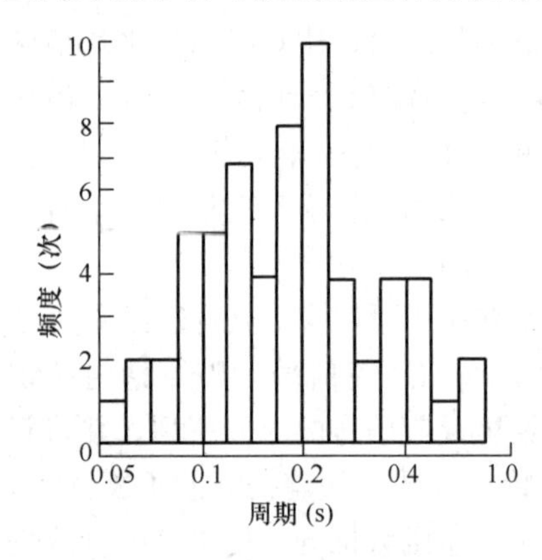

图5-4-1　埃尔森特罗地震波的周期-频度图

三、计算方法

地脉动信号处理的目的在于求得场地的卓越周期和最大振幅，其方法有：

1. 时间域处理：在时程曲线上用零交法作周期-频度分布图。在确认脉动信号波形正常的情况下，取记录长度为t秒的时程曲线上作一横轴中心线，求出与该横轴相交的m个半波数，其平均周期为$T=2\cdot t/m$(s)，然后以周期大小分类，由小到大排列在横坐标上，以各周期统计的次数为纵坐标，如图5-4-1所示。

在该图上出现频度最高的周期即为场地的卓越周期。

脉动信号的幅值可以取脉动信号的最大幅值，此时的频率也可由零交点间隔的2倍的倒数求得。

2. 频率处理：在信号处理之前应确认脉动信号是否正常，挑选正常的脉动信号进行加窗和去直流预处理，然后方可进行处理工作。信号采集与处理方法流程如图5-4-2所示。

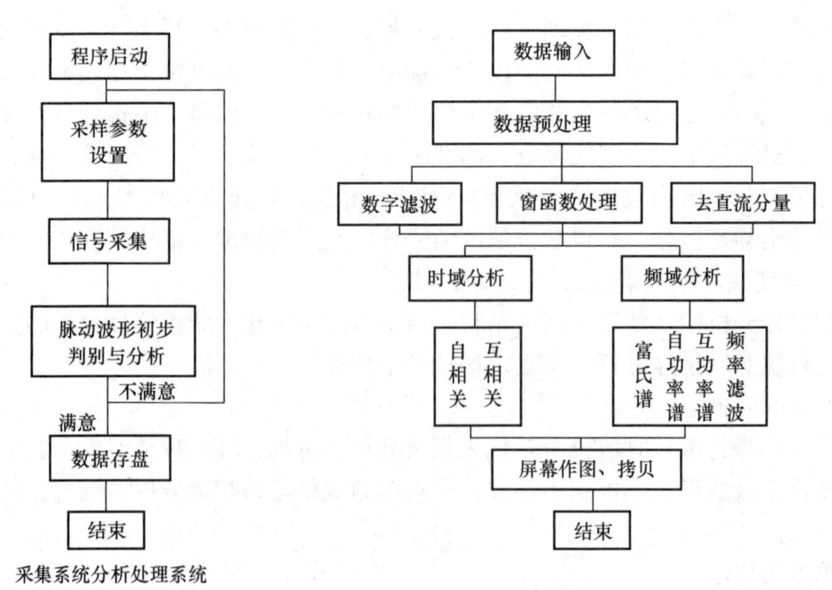

图5-4-2　信号采集与处理方法流程图

频率域分析时，一般取每个样本数据 1024 点，采样间隔可选 $\Delta T=0.01\sim0.02$s，为了减少频谱分析中的频率混迭现象，事先应对分析数据进行窗函数处理，对脉动信号一般加滑动指数窗，哈明窗、汉宁窗较为合适，平均化方式可选用算术平均或线性平均，平均次数一般在 40 次以上，对其信号进行富氏谱或自功率谱分析。在富氏谱或自功率谱曲线上，最大幅值所对应的频率为场地脉动信号的卓越频率，其倒数为场地的卓越周期。

场地卓越周期，应按下式计算：

$$T_{\mathrm{p}}=\frac{1}{f_{\mathrm{p}}} \tag{5-4-1}$$

式中　T_{p}——场地卓越周期（s）；

　　　f_{p}——场地卓越频率（Hz）。

在同一场地，对同一测点不同时间或不同测点同一方向的脉动信号进行比较时可进行互相关或互谱分析，以提高地脉动卓越周期测试精度，并进行综合评价。脉动信号频谱图一般为一个突出谱峰形状，卓越周期只有一个；如地层为多层结构时，谱图有多阶谱峰形状，通常不超过三阶，卓越周期可按峰值大小分别提出；对频谱图中无明显峰值的宽频带，可按电学中的半功率点确定其范围。

第五节　场地条件对地脉动的影响

大量试验实践证明，地脉动信号振幅值很微小，任何人为因素对信号幅值的影响都会很大，即便是微弱的干扰都会造成地脉动信号大幅度变化。所以测试时间一般选择在午夜等周围环境比较安静的时候，以排除测点附近人为活动和各种动力振源的干扰。当拾振器因布设在地面而受风力影响时，应加盖透明有机玻璃罩。另外，有研究成果表明，地脉动测试所得到的实测数据受场地条件及邻近建筑物影响比较大。

一、场地填土对地脉动的影响

一般来说，堆积时间较长的素填土（如堆积时间超过 10 年的黏性土，超过 5 年的粉土，超过 2 年的砂土），由于土的自重自密作用，具有一定的密实度与强度，且与天然地基连为一体，不会对地脉动测试造成影响。但堆积不久的素填土或性质不均匀的杂填土，即使在测试过程时采用挖坑或垒实的方法，将拾振器放在地表以下（约 20～50cm）的土层上进行监测，最终计算得到的地表地脉动实测的卓越周期仍然大于实测数值。

二、邻近建筑物对地脉动的影响

据多次地脉动测试发现，在地质条件类似的场地，邻近被已有建筑物包围的场地卓越周期比周边空旷的场地小，这表明地脉动测试值受到周边建筑物的影响。很多的测试结果均表明距离建筑物越近，测得的卓越周期值越大，类似场地土由软弱土向坚硬土转变。同时也可以得出，当测点距离建筑物由远及近时，频谱形状由宽、多峰向窄、单峰转变，同样类似于由软弱土向坚硬土转变，这种转变在水平两个方向越发明显。因此，在某些场地上进行地脉动测试时，实测得到的卓越周期数值有可能偏离真实值较大。当无法确定地脉动测试值准确性时，在邻近场地进行地脉动测试，将两次卓越周期进行比较，选取合理的值供设计使用。

三、场地覆盖层厚度与地基土刚度对地脉动的影响

地脉动测试结果反映了场地覆盖层厚度的大小和地基土刚度（剪切波速）的变化。虽

然覆盖层厚度、剪切波在覆盖层中的等效剪切波速及软弱土层是影响地脉动卓越周期的重要因素，但是剪切波在覆盖层中的等效剪切波速是影响地脉动卓越周期的主要原因。这从另一个侧面说明了地脉动是一种以剪切波为主的体波，从而有力地支持了地脉动体波成因理论。同时也说明了不同土层刚度和不同覆盖层厚度与地脉动卓越周期密切相关。

第六节　场地及场地土类别的划分依据

我国多次地震震害调查表明，场地条件对建筑物的破坏有较大影响。建筑场地类别的划分可为工程抗震设计提供依据。卓越周期是场地微振动的主导周期，在建筑抗震设计中可用作评价场地设计、地震作用与结构抗震验算的依据，也为考虑地基与拟建构筑物在发生地震时是否发生共振现象提供依据。

一、场地类别的划分依据

根据《建筑抗震设计规范》GB 50011—2010（2016 年版）相关规定，建筑的场地类别根据土层等效剪切波速和覆盖层厚度按表 5-6-1 划分为 4 类。另外，场地类别根据《地震区工程选址手册》按场地卓越周期法的划分方法则见表 5-6-2。

按土层等效剪切波速和覆盖层厚度划分场地类别　　表 5-6-1

等效剪切波速（m/s）	场地类别			
	Ⅰ	Ⅱ	Ⅲ	Ⅳ
$V_{se}>800$	0	—	—	—
$800\geqslant V_{se}>250$	<5m	≥5m	—	—
$250\geqslant V_{se}>150$	<3m	3～50m	>50m	—
$V_{se}\leqslant 150$	<3m	3～15m	15～80m	>80m

按卓越周期划分场地类别　　表 5-6-2

场地类型	卓越周期 T（s）	场地类型	卓越周期 T（s）
Ⅰ	$T<0.10$	Ⅲ	$0.40\leqslant T<0.80$
Ⅱ	$0.10\leqslant T<0.40$	Ⅳ	$T\geqslant 0.80$

建筑场地类别的两种划分方法在工程应用上是有机统一的。

二、场地土类型的划分依据

根据《建筑抗震设计规范》GB 50011—2010（2016 年版）相关规定，场地土类型按表 5-6-3 划分（表中 f_{ak} 为地基承载力特征值）。另外，按照《场地微振动测量技术规程》CECS74：95 的规定，根据地脉动振动记录及其卓越周期，场地土可分为 4 类：

（1）以基岩或坚硬土层为代表的坚硬场地土，其主要的周期成份为 0.1～0.2s；

（2）以洪积层为代表的硬而厚的场地土，其主要周期成份为 0.2～0.4s；

（3）以冲积层为代表的软而较厚的场地土，其主要周期成份为 0.4～0.6s；

（4）以人工回填土和淤泥质土为代表的异常松软而很厚的场地土，其主要周期成份为 0.6～0.8s。

可见其场地土分类分别对应于坚硬场地土、中硬场地土、中软场地土、软弱场地土，与《建筑抗震设计规范》GB 50011—2010（2016 年版）的分类一致。

场地土的类型和剪切波速范围　　　　表 5-6-3

场地土的类型	岩土名称和性状	土层等效剪切波速范围（m/s）
坚硬土或岩石	稳定岩石，密实的碎石土	$V_{se}>800$
中硬土	中密、稍密的碎石土，密实、中密的砾、粗、中砂，$f_{ak}>200$kPa 的黏性土和粉土，坚硬黄土	$800\geqslant V_{se}>250$
中软土	稍密的砾、粗、中砂，除松散外的细、粉砂，$f_{ak}\leqslant 200$kPa 的黏性土和粉土，可塑黄土	$250\geqslant V_{se}>150$
软弱土	淤泥和淤泥质土，松散的砂，新近沉积的黏性土和粉土，$f_{ak}\leqslant 130$kPa 的填土，流塑黄土	$V_{se}\leqslant 150$

第七节　工　程　实　例

［实例 1］西安某建筑场地地脉动测试

一、项目概况

该建筑场地周围地形较平坦，地貌上处于渭河盆地中的黄土台塬与冲积平原之间的过渡地带，地貌单元属二级洪积台地。勘察所揭露的地层情况，可自上向下可分为①素填土、②黄土、③古土壤、④粉质黏土。地脉动测点在地面上进行，共布置 3 个测点，按东西、南北、竖向三个方向布设。

二、测试过程

如图 5-7-1 所示，地脉动测试系统主要由拾振器、测振放大器和记录设备三部分组成。其中多通道动态数据采集分析系统型号为 INV3060A（图 5-7-2a），其主要指标及测量精度见表 5-7-1；拾振器采用 891-Ⅱ型、941-B 型速度传感器（水平和竖向）（图 5-7-2b）。监测仪器使用前对其进行检定，测试过程中仪器使用状态良好。

该套测试系统测量速度变量的精度可达到微米级。

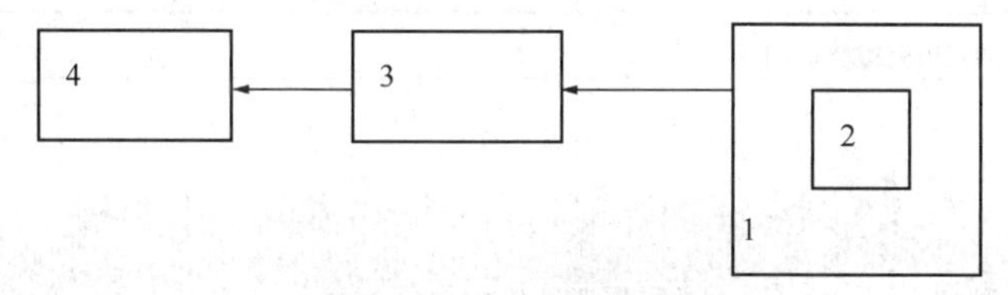

图 5-7-1　测试系统装置图

1—被测结构物；2—891-Ⅱ型或 941-B 型拾振器；3—多通道信号采集仪；4—数据采集分析系统

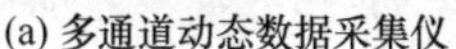
(a) 多通道动态数据采集仪　　(b) 891-Ⅱ型及941-B型拾振器

图 5-7-2　动态采集仪及传感器

INV3060A 主要指标及测量精度　　表 5-7-1

主要指标＼仪器型号	INV3060A 型采集仪	主要指标＼仪器型号	INV3060A 型采集仪
最高采样频率	51.2kHz	输入噪声	<0.03mV·r·ms
AD 精度	24 位	离线采集	支持
通道数目	16	接口形式	以太网
动态范围	120dB	应用软件	DASP-V10
输入量程	±10V		

测试工作于夜间进行，确保记录地脉动信号时，距离监测点 100m 内无人为振动干扰。为保证脉动信号的频率分辨率及卓越周期的分析精度，设置采样频率为 100Hz，每段信号记录时间为 15min，记录 3 次。

三、测试结果

测试数据采用功率谱分析法进行处理，每个样本数据为 1024 个点，并进行矩形窗加窗处理，频域平均次数为 32 次。

地脉动测试成果见表 5-7-2，速度时程及频谱曲线如图 5-7-3 所示。卓越频率按频谱图中最大峰值所对应的频率确定。地脉动幅值是在排除人为干扰信号的影响下取实测脉动信号的最大幅值。

地脉动测试成果统计表　　表 5-7-2

测点	卓越频率 (Hz)	速度幅值（mm/s）			位移幅值（μm）		
		东西向	南北向	竖向	东西向	南北向	竖向
1	2.10	2.29×10^{-3}	1.98×10^{-3}	1.40×10^{-2}	1.02	0.99	1.32
2	2.05	0.89×10^{-3}	1.87×10^{-3}	4.43×10^{-3}	0.33	0.20	0.25
3	2.10	8.43×10^{-3}	11.8×10^{-3}	1.54×10^{-2}	0.68	0.82	0.85

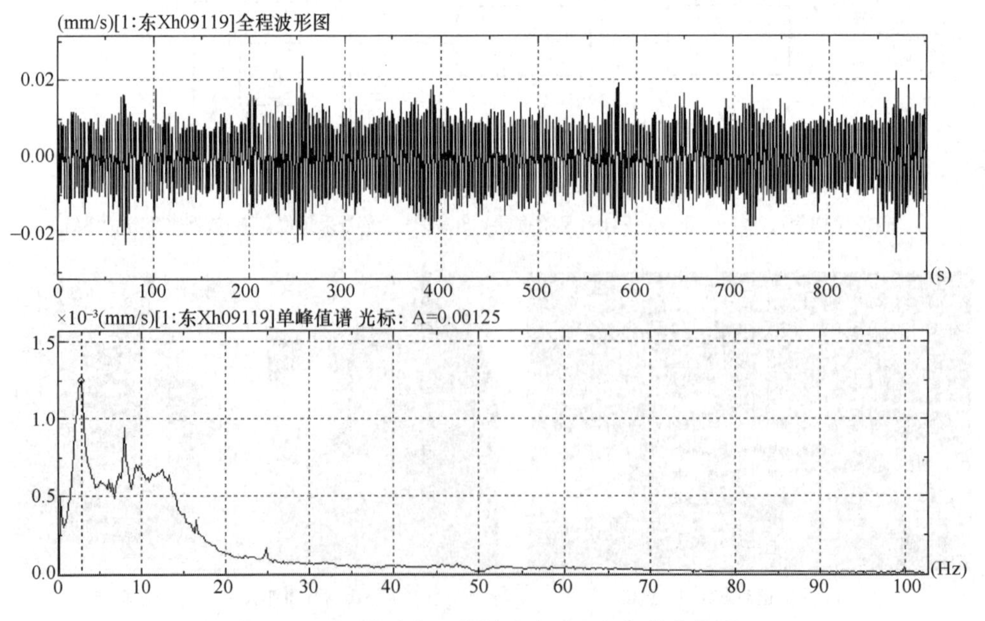

图 5-7-3　地脉动典型信号速度时程与频谱曲线图

可以看出，水平方向上东西、南北向脉动幅值、卓越频率基本一致，竖向脉动幅值稍大于水平向。通常情况下，天然地基土层的卓越频率为1～10Hz，测试结果正确反映了该场地地层所具有的卓越周期。根据场地特性及工程经验，确定该场地卓越周期为0.5s，地脉动速度幅值为1.54×10^{-2}mm/s，位移幅值为1.32 μm。

[实例2] 某高层建筑场地的测试

一、工程概况

该场地地形平坦，岩土层结构单一，自上而下分别为耕土①、砂质黏性土②以及燕山早期中～微风化花岗岩③，覆盖层深度约为16～19m。

在钻孔ZK1、ZK2附近布置了2个地脉动监测点，以分析地脉动卓越周期与岩土层结构之间的联系。

二、剪切波速测试结果

钻孔ZK1、ZK2的剪切波波速测试结果见表5-7-3、表5-7-4。

ZK1剪切波速测试结果表　　表5-7-3

土的名称	层底深度(m)	测试深度(m)	测试层厚(m)	剪切波速(m/s)	等效剪切波速(m/s)	卓越周期(s)
耕土①	0.4	0.4	0.4	241	258.7	0.28
砂质黏性土②	18.4	3.4	3.0	241		
		6.4	3.0	245		
		9.4	3.0	253		
		12.4	3.0	267		
		15.4	3.0	273		
		18.4	3.0	281		
花岗岩③	—	—	—	>500		

ZK2剪切波速测试结果表　　表5-7-4

土的名称	层底深度(m)	测试深度(m)	测试层厚(m)	剪切波速(m/s)	等效剪切波速(m/s)	卓越周期(s)
耕土①	0.3	0.3	0.3	238	256.0	0.28
砂质黏性土②	18.0	3.3	3.0	238		
		6.3	3.0	243		
		9.3	3.0	251		
		12.3	3.0	263		
		15.3	3.0	271		
		18.0	2.7	279		
花岗岩③	—	—	—	>500		

三、地脉动测试结果

场地地脉动各监测点典型记录及相应的功率谱图见图5-7-4、图5-7-5，各监测点地脉动卓越周期的分析结果见表5-7-5。

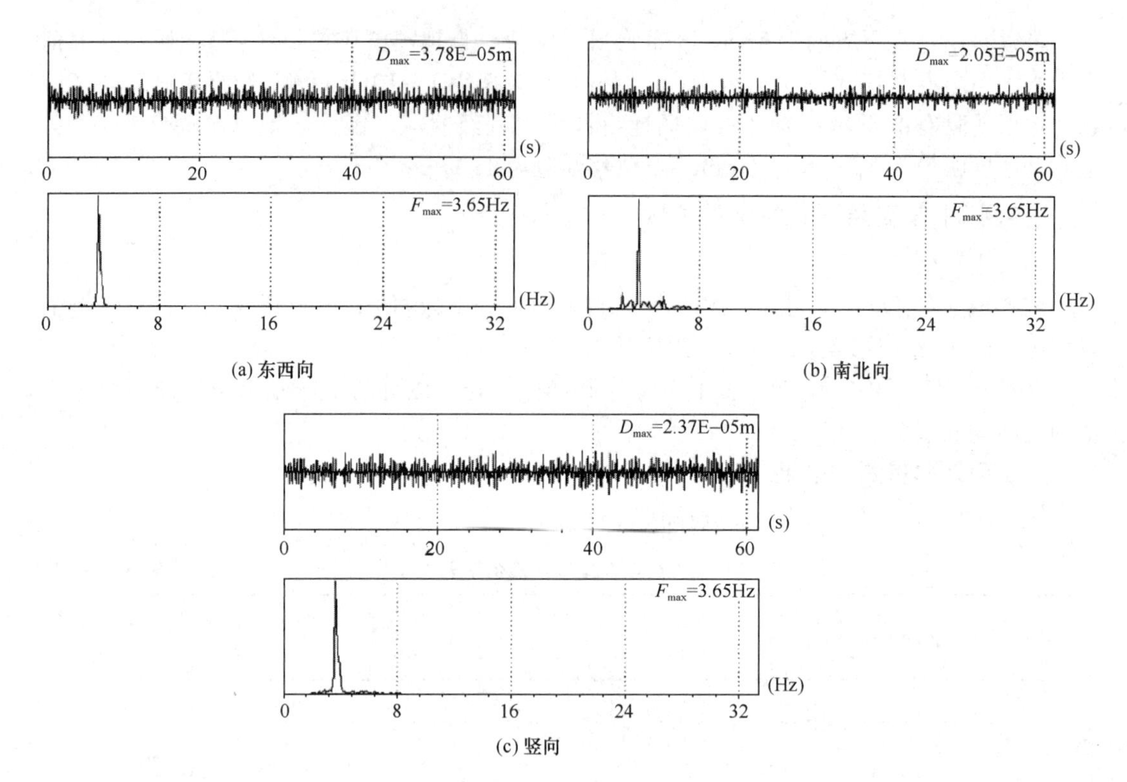

图 5-7-4　测点 1 各方向地脉动时程与功率谱图

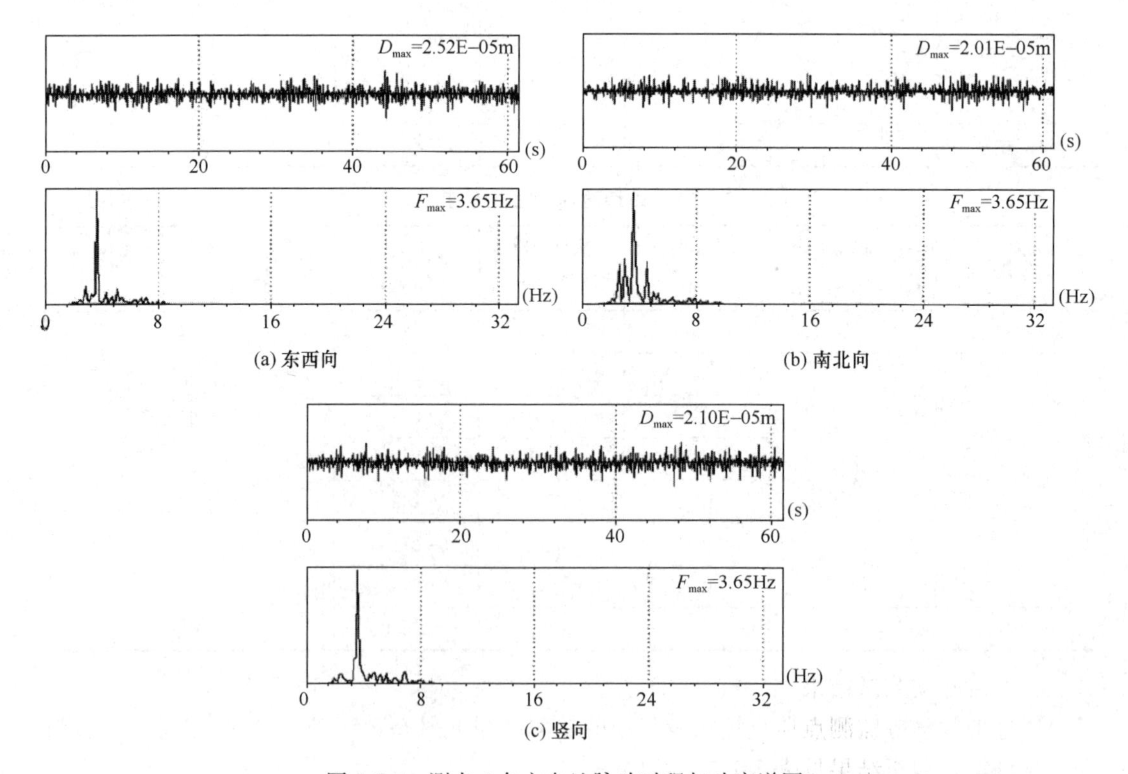

图 5-7-5　测点 2 各方向地脉动时程与功率谱图

工程场地地脉动测试成果　　表 5-7-5

测点编号	测试方向	卓越频率（Hz）	卓越周期（s）	场地卓越周期（s）	场地类别
测点 1	东西向	3.65	0.274	0.274	Ⅱ类
	南北向	3.65	0.274		
	竖向	3.65	0.274		
测点 2	东西向	3.65	0.274		
	南北向	3.65	0.274		
	竖向	3.65	0.274		

四、结论

根据地脉动测试结果可知，该工程场地 2 个测点卓越周期均为 0.274s（主频为 3.65Hz）。说明岩土层结构简单、覆盖层深度变化不大的场地，地脉动卓越周期变化很小，在不同位置的测试结果甚至可能相同。同时可以看出，在这种场地下的功率谱图波形也相对简单，为“单峰”型，主峰突出，频带窄，谱面积小，卓越频率的判定也较准确。按照相关标准中场地卓越周期对建筑场地类别及场地土类型的划分条件，该建筑场地类别为Ⅱ类，场地土综合类型为中硬土，其划分结果与利用等效剪切波速及覆盖层厚度的划分结果一致。根据钻孔剪切波速资料，运用公式计算得到的波速卓越周期均为 0.28s，与实测地脉动卓越周期接近，说明由地脉动测试确定的卓越周期与由剪切波速运用计算公式确定的卓越周期在单一岩土条件下具有较好通用性。

［实例 3］某变电站场地的测试

一、工程概况

该场地地面平坦，地貌上属于岩溶平原区。场地岩土层主要为新近人工堆积形成的素填土①、第四系河流冲洪积形成的可塑状粉质黏土②、稍密状中细砂③、稍密状粗砂④、稍密状粉土④$_1$和稍密～松散状粉细砂④$_2$等，下伏基岩为泥盆系中下统（D_2）灰岩⑤层，基岩面起伏较大，覆盖层厚度约为 9～15m。

于钻孔 DK1、DK2 附近共布置了 2 个地脉动观测点。

二、剪切波速测试结果

钻孔 DK1、DK2 的剪切波波速测试结果见表 5-7-6、表 5-7-7。

DK1 剪切波速测试结果　　表 5-7-6

土的名称	层底深度（m）	测试深度（m）	测试层厚（m）	剪切波速（m/s）	等效剪切波速（m/s）	卓越周期（s）
素填土①	2.4	2.4	2.4	140	194.0	0.22
粉质黏土②	3.6	3.6	1.2	200		
中细砂③	5.6	5.6	2.0	210		
粗砂④	9.5	7.6	2.0	230		
		9.5	1.9	235		
粉细砂④$_2$	10.7	10.7	1.2	205		
灰岩⑤	—	—	—	＞500		

DK2 剪切波速测试结果 **表 5-7-7**

土的名称	层底深度（m）	测试深度（m）	测试层厚（m）	剪切波速（m/s）	等效剪切波速（m/s）	卓越周期（s）
素填土①	3.7	3.7	3.7	135	177.8	0.25
粉质黏土②	5.4	5.4	1.7	200		
中细砂③	8.2	8.2	2.8	215		
粗砂④	9.1	9.1	0.9	220		
粉土④$_1$	11.0	11.0	1.9	215		
灰岩⑤	—	—	—	＞500		

三、地脉动测试结果

场地地脉动各监测点典型记录及相应的功率谱图如图 5-7-6、图 5-7-7 所示，各监测点地脉动卓越周期的分析结果见表 5-7-8。

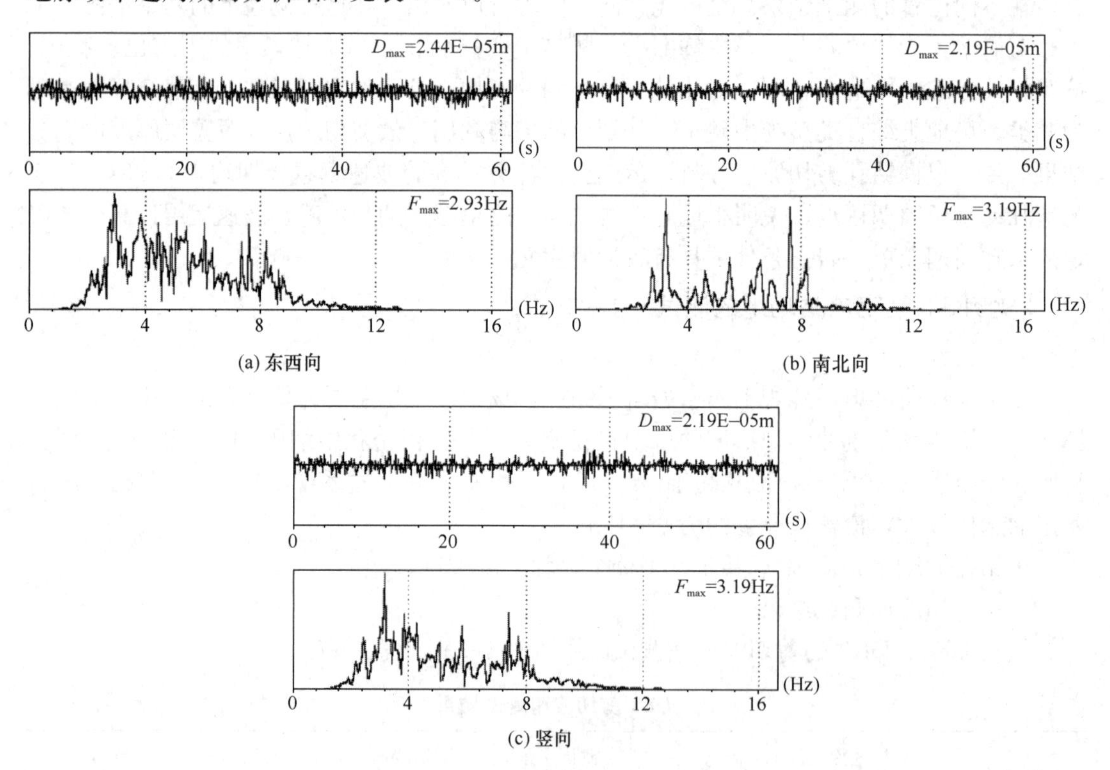

图 5-7-6 测点 1 各方向地脉动时程与功率谱图

工程场地地脉动测试成果 **表 5-7-8**

测点编号	测试方向	卓越频率（Hz）	卓越周期（s）	场地卓越周期（s）	场地类别
测点 1	东西向	2.93	0.341	0.341	Ⅱ类
	南北向	3.19	0.313		
	竖向	3.19	0.313		

续表

测点编号	测试方向	卓越频率（Hz）	卓越周期（s）	场地卓越周期（s）	场地类别
测点 2	东西向	4.00	0.250	0.262	Ⅱ类
	南北向	3.81	0.262		
	竖向	4.00	0.250		

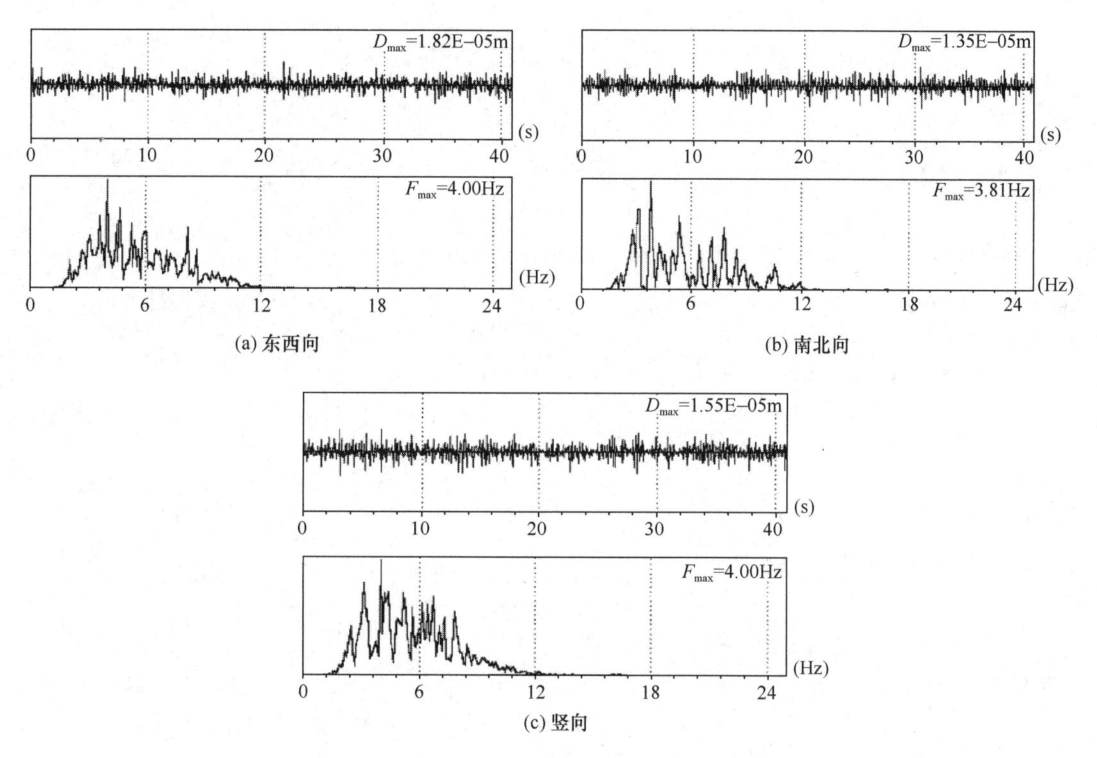

图 5-7-7　测点 2 各方向地脉动时程与功率谱图

四、结论

根据地脉动测试结果可知，该工程场地 2 个测点卓越周期分别为 0.341s（主频为 2.93Hz）、0.262s（主频为 3.81Hz）。说明在岩土层较多、结构较复杂、覆盖层深度不均匀的场地，地脉动卓越周期变化范围较大。同时可以看出，在这种场地下的功率谱图波形也相对复杂，具有多样性，为“双峰”或“多峰”型，频带较宽，能量较分散。说明产生地脉动的入射波在基岩与覆盖土层的界面处会发生反射和透射，上行透射波在遇到土层内部的分层界面时还会发生反射和透射，自上层界面处反射向下的下行波也会在下界面处发生反射和透射，新的反射波和透射波又会在前进方向上的下一个界面处产生各自的反射波和透射波。入射波经过多次的反射和透射后以不同的方式传到地表，最终形成“双峰”或“多峰”形状。

按照相关标准中场地卓越周期对建筑场地类别及场地土类型的划分条件，该拟建筑场地类别为Ⅱ类，场地土综合类型为中软土，其划分结果与利用等效剪切波速及覆盖层厚度的划分结果一致。根据钻孔剪切波速资料，运用公式计算得到的波速卓越周期分别为0.22s、0.25s，计算结果略比地脉动实测卓越周期小，说明由地脉动测试确定的卓越周期与由剪切波速运用经验公式确定的卓越周期在复杂场地中会有所差异，覆盖层厚度较大（＞20m）时差别会更大，这与计算等效剪切波速时的覆盖层厚度只取20m以内有关。

第六章　波　速　测　试

近年来由于抗震设计、动力机器基础设计和工程勘察等工作的需要，原位测试地基波速（压缩波速、剪切波速，特别是后者）的工作在我国得到了较大发展。目前，我国已能为波速测试工作提供较为先进的仪器设备，广大技术人员也已积累了丰富经验。

波速的测试方法有很多，可以分为钻孔法（单孔法、跨孔法）、面波法和弯曲元法。本章主要介绍上述波速测试方法的仪器与设备（包括振源、接收器和记录系统）、测试方法、数据处理方法等。

第一节　概　　述

一、波在土层中的传播

假定地基土是各向均匀同性的弹性介质，当它受到动载荷作用时，按照虎克定律，介质质点将产生位移，由于质点间的黏聚力和弹力联系，必然会引起相邻质点的位移，这种位移由近及远以波动的形式向外传播即为弹性波。它只是把这种运动形式传播出去，而质点本身并不随之前进。在介质内传播的弹性波存在两种独立的体波，即纵波和横波。纵波又称为压缩波，简称 P 波；横渡又称为剪切波、简称 S 波。纵波质点振动的方向与波传播方向一致，波速用 v_P 表示，横波质点振动的方向与波传播方向垂直，波速用 v_S 表示。横波质点振动可以分解为两个相互垂直的振动，即垂直面内极化的 SV 波和水平面内极化的 SH 波。沿介质自由面传播的波称为表面波，一般是由体波在地表附近相互干涉产生的次生波。表面波中有瑞利波（简称 R 波）和乐夫波（简称 L 波），瑞利波在传播过程中，介质质点振动轨迹为一椭圆，其长轴垂直于地面、旋转方向与波的传播方向相反，波速用 v_R 表示；乐夫波产生的条件是上层介质横波速度小于下层介质的横波速度，介质质点在与波传播方向相垂直的水平面内振动，波速用 v_L 表示。

1. 压缩波

压缩波又称为 P（Pressure）波、无旋波、纵波、膨胀波、主波、疏密波。压缩波的传播方向与质点振动方向一致（图 6-1-2a），压缩波波速 v_P 的表达式如下：

$$v_P=\sqrt{(\lambda+2G_d)/\rho} \tag{6-1-1}$$

式中　v_P——压缩波波速；

G_d——土的动剪切模量；

ρ——土的质量密度；

$\lambda=\dfrac{2G_d\mu}{1-2\mu}$，为拉梅常数；

μ——土的泊松比。

2. 剪切波

剪切波又称为 S（Shear）波、畸变波、横波、次波、等容波等。剪切波的传播方向与质点振动方向相互垂直（图 6-1-2b）。在许多文献中，将质点振动在水平平面中的 S 波分量称为 SH 波，而在垂直平面中的 S 波分量称为 SV 波。对于理想弹性介质，SV 波和 SH 波的传播速度相同。剪切波波速 v_S 的表达式如下：

$$v_S=\sqrt{G_d/\rho} \tag{6-1-2}$$

根据上述两式，可见，$v_P > v_S$，且 v_P/v_S 只与介质的泊松比 μ 有关：

$$\frac{v_P}{v_S}=\sqrt{\frac{2(1-\mu)}{1-2\mu}} \tag{6-1-3}$$

在同一波形曲线上，S 波虽然速度低，但它与 P 波相比具有较大的振幅和较低的振动频率，因而 S 波的分辨率比较高。

在自然界中，很多岩石可以看作弹性体，但土只有在小应变的情况下才被视作弹性体。对于饱和土，由于其孔隙中充满了水，水在封闭的孔隙中承受压缩时，表现为不可压缩，因此可以传播压缩波，水的压缩波速远大于土的骨架传递的压缩波波速，因此在饱和土中的压缩波波速并不能反映土的骨架的弹性性质；对于非饱和土，随着含水量的不同，土的压缩波速也呈现出一种不确定性。由于 S 波波速 v_S 比 P 波波速 v_P 更能直接反映介质的刚性，不受介质体积形状的影响，受土体含水量的影响也不明显，因此土的弹性波波速测试，主要是测试 S 波波速。

3. 瑞利波

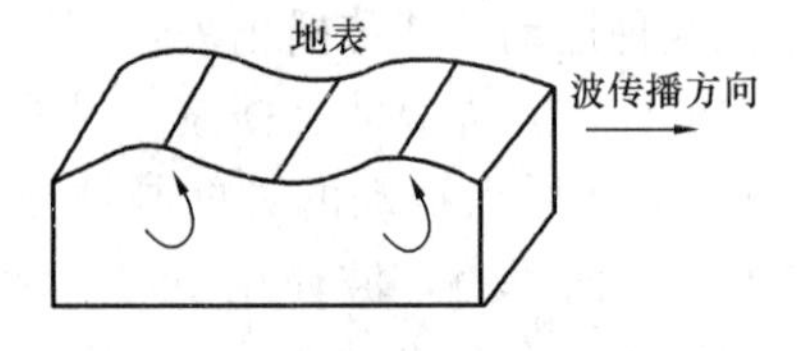

图 6-1-1　瑞利波的特征

瑞利波又称为 R 波（Rayleigh 波），是面波中的主要成分，其质点振动轨迹为逆时针方向的椭圆运动，椭圆的长轴垂直于地面，长短轴之比约为 1.5，旋转方向与波的传播方向相反，形成所谓的“地滚波”（图 6-1-2c）。瑞利波中质点的振幅随着深度的增加而迅速衰减，通常近似认为其有效影响深度与波长相同，如图 6-1-1 所示。

4. 乐夫波

乐夫波又称为 L 波（Love 波），是一种只在半无限介质表面上有一低速覆盖层时才存在的表面波，其质点运动是水平的且与波传播方向垂直（与 SH 波类似），如图 6-1-2（d）所示。

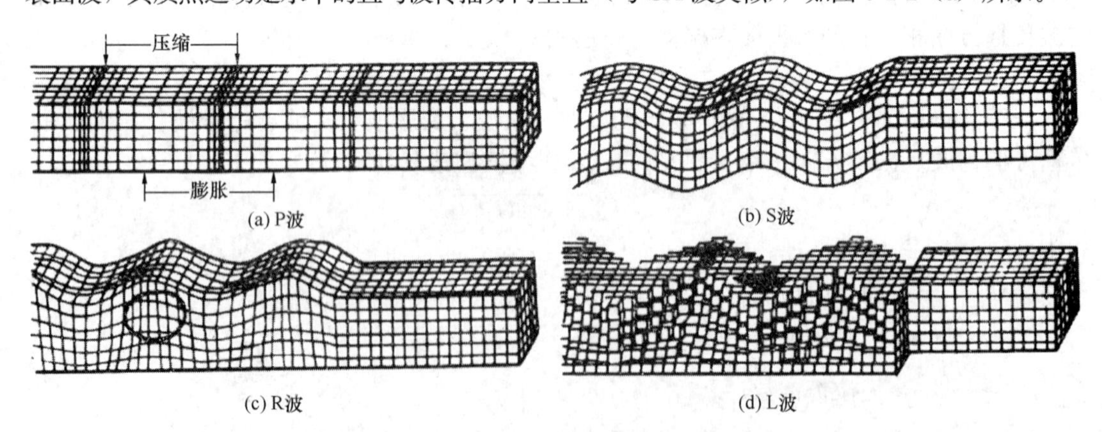

图 6-1-2　P 波、S 波、R 波、L 波

地基土泊松比 μ 在 1/4～1/2 范围之内，其纵波波速 $v_P \geqslant 1.75 v_S$，瑞利波波速 $v_R=(0.9194\sim0.9554)v_S$。所以从振源向外传播时，P 波最先到达接收点，S 波次之，R 波最

后到达，如图 6-1-3 所示。

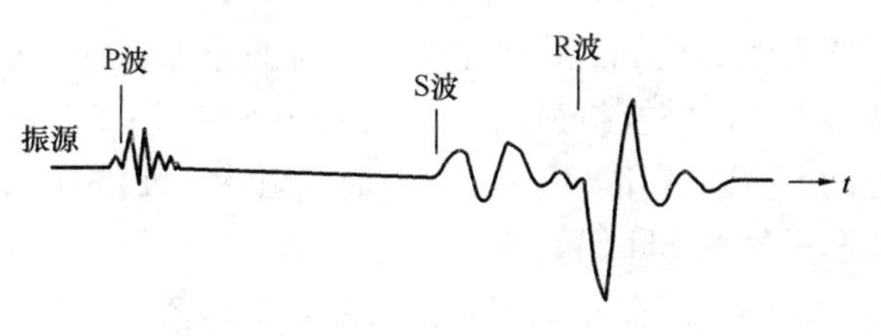

图 6-1-3　P、S、R 波的时序关系

由振源传播出去的弹性波，至每一时刻波前的距离与波速成正比。体波由振源沿着半球形的波前呈放射状向外传播，瑞利波在地表面呈环形波前向四周传播。每一种波的能量密度随振源距离 r 的增加而减小，这种能量密度的减小（或位移减小）称为几何阻尼（或辐射阻尼）。体波的振幅与距离 r 成反比，即振幅与 $1/r$ 成正比，体波振幅在地表面衰减更快，与 $1/r^2$ 成比例减小。面波振幅的衰减就要比体波慢得多，其振幅与距离的平方根成正比，即与 $1/r^{-2}$ 成比例减小。在弹性波的总输入能量中，瑞利波约占 67%、剪切波占 26%、压缩波 7%，则总能量的 2/3 以由瑞利波的形式向外传播。因此，在研究土的动力特性和抗震措施时，瑞利波的研究具有重要意义。波测试中主要是对瑞利波测试，所以人们常把瑞利波测试简称为面波测试或面波勘探。

二、弹性波传播的基本规律

1. 费马原理（Fermat's Principle）

费马原理又称为最小时间原理，即波沿着所需时间为极小的路径传播。即对于均质介质，弹性波的传播为一条直线，但是对于成层的土介质，波的传播路径就成为折线或曲线，土层的性质随深度变化越大，则波的路径就弯曲得越明显。

2. 惠更斯原理（Huygens' Principle）

如图 6-1-4 所示，惠更斯原理认为波运动到的每一点都可以看作新的振源，从这些点发生次波（子波），而新的波的形状和位置就是这些次波的包络。因此当波在均匀各向同性土层中传播时，波不改变其形状，而当波在不均匀或各向异性土层中传播，其几何形状和传播方向都要发生改变。

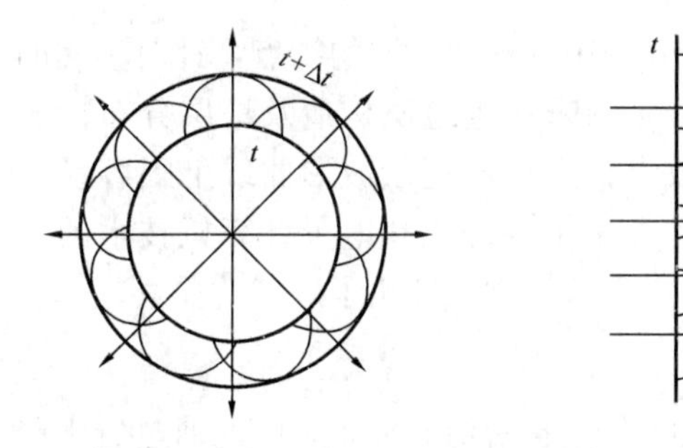

图 6-1-4　惠更斯原理

3. 波的反射与折射定律

弹性波在传播过程中，当遇到两层介质波阻抗不同的分界面时，入射波能量的一部分将由分界面反射回来，反射回来的波称为反射波；另一部分能量透过交界面进入第二层介质，这种波称为折射波，不同类型的入射波会产生不同的反射波和透射波，如图 6-1-5 所示。

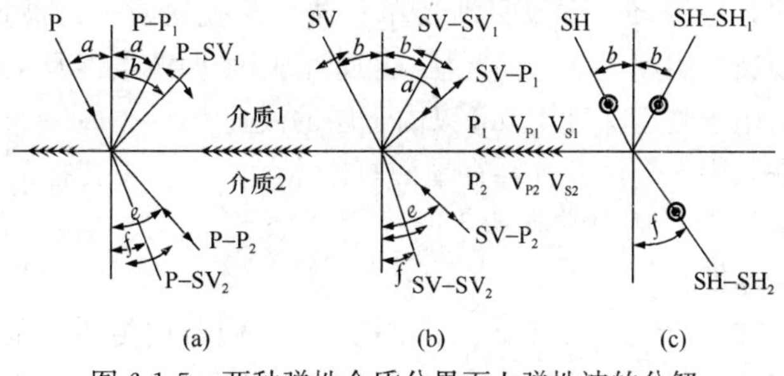

图 6-1-5　两种弹性介质分界面上弹性波的分解

入射P波和SV波在两种介质的分界面将分别产生四种转型波：P波产生反射的P-P_1波和P-SV_1波及折射的P-P_2波和P-SV_2波；SV波产生反射的SV-P_1波和SV-SV_1波及折射的SV-P_2波和SV-SV_2波，而入射的SH波在两种介质的分界面只产生反射的SH-SH_1波和折射的SH-SH_2波。

在两层弹性介质的分界面上，入射波、反射波和透射波之间的运动学关系满足斯奈尔定律，即：

$$\frac{\sin\alpha}{v_1}=\frac{\sin\alpha'}{v_1}=\frac{\sin\beta}{v_2} \tag{6-1-4}$$

式中 α、α'、β——入射角、反射角、透射角。

由式（6-1-4）可见，反射角和透射角的大小分别取决于反射波速度 v_1 和透射波的速度 v_2，对于同一界面该比值为常数。

采用现行《地基动力特性测试规范》GB 50269—2015规定的方法的基本假设条件是，所测试的地层可看作层状介质，为横向均匀、各向同性介质，波的传播符合Snell折射定律。速度只随垂直入射角变化，而与方位角（azimuth，偏振角）无关。

对于由颗粒、水和气三相介质组成的土体，其性状将随三相介质的不同组合而有所变化，饱和土的P波速度除受孔隙率和土骨架模量的影响外，还受含水量的影响。而剪切波的传播速度 v_S 不受含水量的影响（水不能传播剪切波），主要取决于土骨架刚度，所以在岩土工程中应用较广泛的是S波。在工程勘察中主要是为了解地表附近的岩土物理力学指标，用常规的工程地质与地震勘探方法，对第四纪地层分布及软弱土夹层的划分是比较困难的，对高层建筑、动力机器基础、水坝坝基等动力计算和抗震设计所需的各项地基动力参数，可用波速测试等现场原位测试方法来解决。

根据上述有关弹性波性质的介绍，我们可以充分利用各种弹性波的特点，针对不同的问题，采用不同的测试方法。如地震勘探是人们最先用来探查地质构造及地层分布情况的，用炸药爆破很容易产生P波，并首先到达接收点，在地震记录波形曲线上很容易识别，而S波和R波常被视为干扰波滤掉。随着土动力学学科理论和电子计算机技术的发展，剪切波振源问题的解决和测试技术水平的提高，为波速测试开拓了广阔的前景。

三、波速测试方法概述

由于弹性体波和面波的传播速度与传播介质之间存在着密切的关系，因此通过岩土层的波速测试可以解决工程地质、岩土工程、工程抗震等领域中的很多问题。在波速测试中，最常用的是剪切波速，但近年来很多大型项目，特别是涉外的工程都要求同时进行剪切波和压缩波（纵波）波速测试。

适用于测波速的方法较多，本章只涉及单孔法、跨孔法及表面波速法（简称面波），以及近些年在研究领域应用渐多的弯曲元法。目前，因受振源条件及工作条件的限制，单孔法及跨孔法一般只用于测定深度150m以内土层的波速。

单孔法的特点是只用一个试验孔，在地面打击木板产生向下传播的压缩波（P波）和水平极化剪切波（SH波）。测出它到达不同深度的水平向传感器的时间，从而得出它在垂直地层方向的传播速度。

单孔法的优点是方法简便，仅需要一个钻孔，可接收竖向传播的压缩波和剪切波，且传播路径与天然地震波类似。单孔法也存在缺点，在浅层测试时易受其他波的干扰，误差可能较大，根据陈哲等人（2010）的研究，单孔法测试得到的速度整体比跨孔法的速度低8%～15%；在地层较复杂地区，土层界面、夹层较多，很难获得所希望的波形；当测深较大时，由于各种地层界面的影响，波形效果可能受影响。

跨孔法的特点是多个试验孔，振源产生水平方向传播的波，其介质质点振动方向在入射面内的剪切波（SV波）。测出它到达位于各接收孔中与振源同标高的竖向传感器的时间，可得到剪切波在地层中水平方向传播的速度。

跨孔法测试深度较深，可测出地层中的软弱夹层，测试精度相对较高。但其缺点是测试成本一般也比较高。

面波法是近年来国内外发展很快、应用逐渐广泛的一种浅层地震勘探方法。面波分为瑞利波（R波）和乐夫波（L波），而R波在振动波组中能量最强、振幅最大、频率最低，容易识别也易于测量，所以在《地基动力特性测试规范》GB 50269—2015中面波法指瑞利波测试方法。

面波法是在地面求瑞利波的速度，再利用瑞利波速与剪切波速的关系求出剪切波速。根据激振震源的不同，面波法分为稳态法、瞬态法。它们的测试原理相同，只是产生面波的震源不同。目前瞬态面波法应用较为广泛。

上述常用的几种波速测试方法的对比见表6-1-1。

几种波速测试方法的比较　　　　**表6-1-1**

测试方法		波型	其他可测定内容	优点	缺点
单孔法（速度检层法）	上孔法	P、S波	测孔可做工程地质勘探孔使用	（1）只需单孔；（2）可逆、多SH；（3）适用地震反应分析参数；（4）工作空间小	（1）测得的是平均速度；（2）浅层易受干扰；（3）小应变
	下孔法	P、S波	有的可同时测出静力触探值	（1）只需单孔；（2）可逆、多SV；（3）适用地震反应分析参数；（4）工作空间小；（5）能避免接收器不附壁	（1）测得的是某一深度平均速度；（2）干扰大、不易辨别震相；（3）小应变
跨孔法		P、S波	测孔可做勘察技术孔使用	（1）已知波传播路径；（2）可逆、多SV；（3）测深大、精度高	（1）需两个以上钻孔；（2）要做垂直度校正；（3）要避免折射波
面波法	稳态法	R波	基础动力特性	（1）在地面工作；（2）物理机制简单清晰	（1）有效深度不大；（2）需要大功率振源
	瞬态法	R波	R波衰减、频散特性	（1）在地面工作；（2）测试受人为影响小	（1）有效深度不大；（2）需数字处理分析系统

本章规定的方法主要用于测量低应变情况下（$<10^{-4}$）的原位波速。计算得到的波速可用于描述自然或人工地层的性质。随着近年来基础理论研究、设备水平的不断提高以及工程实践经验的丰富，波速在工程中的应用范围不断得到拓展，一般包括：（1）确定地基的动弹性模量、动剪切模量和动泊松比；（2）进行场地土的类型划分和场地土层的地震反应分析；（3）在地基勘察中，配合其他测试方法综合评价场地土的工程性质。

第二节 单 孔 法

单孔法（Downhole Seismic Method）的具体做法有下孔法（地表激发孔中接收）、上孔法（孔中激发地表接收）、孔内法（孔中激发孔中接收）等（图 6-2-1）。本书中主要介绍其中应用最为广泛的下孔法，又称检层法。以下所述的单孔法均特指“下孔法”。

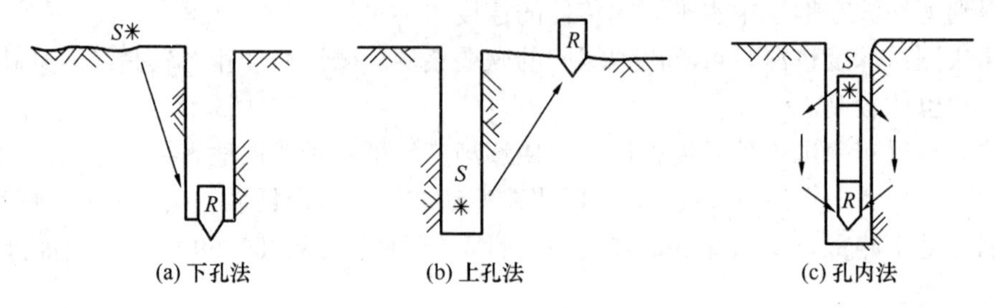

图 6-2-1 单孔法的几种形式
S—振源；R—检波器

图 6-2-2 所示为单孔法波速测试示意图。如测试剪切波，可将检波器放入待测深度位置，连接准备好设备后，通过敲击木板的两端（或通过其他激振方式），使木板与地面之间产生水平剪切力而产生 SH 波，这样可以获得两个起始相位相反的 SH 波时域波形曲线，确定 SH 波初至时间，以计算 SH 波波速。如果测试压缩波与此类似，可使用竖向锤击金属板激发振源测试。

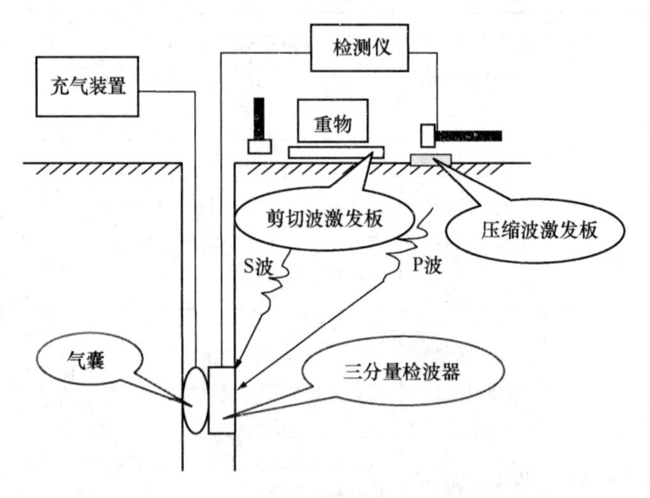

图 6-2-2 单孔法波速测试示意图

一、设备和仪器

单孔法测试时的仪器设备如图 6-2-3 所示。将三分量检波器放入孔内待测深度，对气囊充气使其紧贴孔壁，连接好仪器接线，待仪器通电正常后，即可激发振源，并由记录仪器显示记录。

1. 剪切波振源

对于剪切波振源，首先希望它在测线方向产生足够能量的剪切波；其次希望能通过相反方向的激发产生极性相反的两组剪切波，以便于确定剪切波的初至时间。

剪切波震源主要有击板法、弹簧激振法、定向爆破法三种。剪切波测试宜采用水平锤击上压重物的木板激发，当激振能量不足时，可以采用能量较大的弹簧激振法、定向爆破法等振源，此时能测试较深的钻孔。单孔法目前普遍用板式剪切波振源，其优点是简便易行，能得到两组SH波，缺点是能量有限，目前国内能测的深度为100m左右。

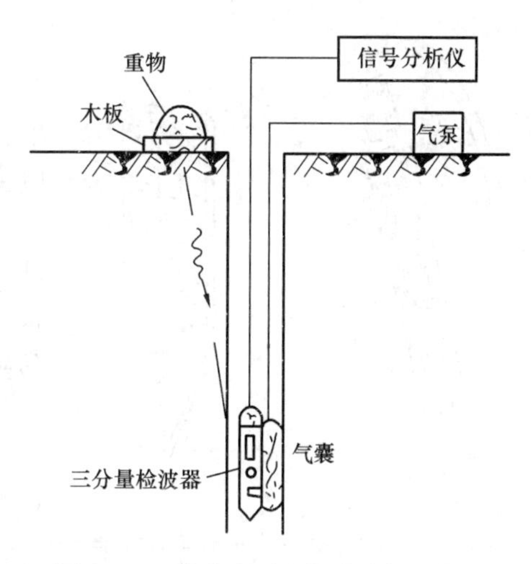

图 6-2-3 单孔法测试仪器设备示意图

研究表明，板较长时，剪切波的频率越低，激振效果较好，但一方面是板过大、过长时，改善效果也有限，另外SH波源就不太符合“点源”的假设，同时振源的位置也不容易确定，对深度较小的测试可能会带来一定误差。美国ASTM规范说明普遍使用长2.4m、宽0.15m的板。根据我国实际工程实践的情况，木板规格宜采用长1.5～3.0m，宽0.15～0.35m，厚0.05～0.20m左右的坚硬木板。

如无剪切波锤，可借用标准贯入试验装置，在地面垂直打击连接标准贯入器的钻杆，即可在孔底产生剪切波。它的优点是易操作，在振源孔钻孔过程中即可进行试验；缺点是不容易得到反向的剪切波，在振源孔钻完后就无法再作检查。

利用电火花振源可同时取得P波及S波，利用这种振源往往较易得到P波的初至时间，确定S波的到达时间较难。

2. 压缩波振源

压缩波振源要求激发能量大和重复性好。压缩波振源主要有炸药振源、电火花振源、锤击振源三种。压缩波测试宜采用竖向锤击金属板激发，当激振能量不足时，可采用炸药振源、电火花振源等。理论上讲，在无限空间中爆炸振源不产生剪切波，因此，炸药振源是很好的压缩波振源，尤其是适合深孔测试波速，但由于炸药和雷管在运输、储存以及使用过程中都要涉及安全问题，在城市勘察中已很少使用。电火花振源的主要优点是发射功率较大、传播距离远、方法简便和激发声波余震短等，其缺点是由于储电电容器等设备复杂笨重、现场需要交流电或发电机。普通电火花振源主要用于产生压缩波，通过用爆炸储能罩改进后，也可以产生丰富的剪切波。

锤击振源是在地面上水平铺上圆钢板或铜铝合金板（厚约30mm，直径约250mm），合金板与土紧密接触，通过垂直锤击合金板压缩土体，使土体产生压缩波（纵波）。纵波锤击振源的优点也是简单方便，缺点是能量相对较弱，测试深度相对较小。

3. 传感器

传感器一般应用三分量井下传感器，即在一个密封、坚固的圆筒内安置3个互相垂直的传感器，其中1个是竖向的（接收P波），2个是水平向的（互相垂直，接收SH波）（图6-2-4），水平向传感器应性能一致。三分量检波器外侧的橡皮气囊通过塑料气管连通至地面气泵，充气后使三分量检波器与孔壁紧密接触，检波器信号通过屏蔽电缆线接至地面信号采集分析仪。

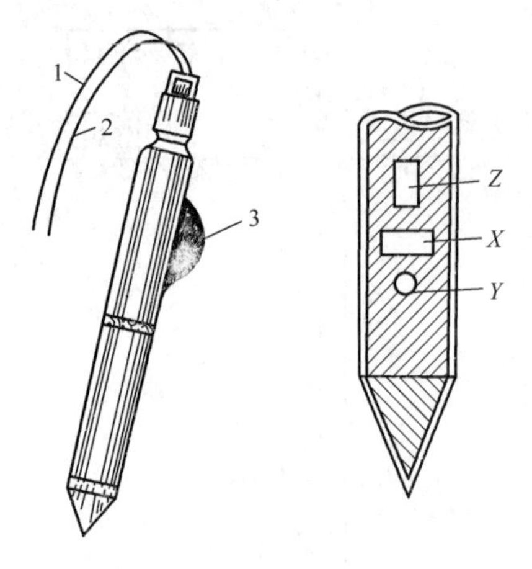

图 6-2-4　贴壁式井中三分量检波器
1—电缆；2—橡皮管；3—橡皮囊

目前，所用的是动圈型磁电式速度传感器（又称检波器），其特点是，只有当待测的振动的频率大于传感器固有频率时，传感器所测得的振动的幅值畸变及相位畸变才能小。结合我国目前使用的传感器的规格，规定传感器的固有频率宜小于所测地震波主频的 1/2。在用单孔法时，当所测深度很大时，地震波主频可能较低，此时宜采用固有频率较低的传感器。

4. 信号采集分析仪

可以采用地震仪或其他多通道信号采集分析仪。仪器应具有信号放大、滤波、采集记录、数据处理等功能。信号放大倍数应大于 2000 倍，噪声低，相位一致性好，其记录时间的分辨率不应低于 1ms，具有 4 个通道以上，并具有测试数据分析软件。

图 6-2-5 为长沙白云仪器开发有限公司生产的岩土工程质量检测仪 CE9201，可以用于波速测试的信号采集分析。对于波速测试，由抽道和波速计算及出图两部分功能组成。抽道可将采集到的三分量数据，按照相同分量选取的道数据集中到一个记录上，以便计算。选取纵、横波道时，依照波速计算公式，计算出垂直深度内，每个测点段的平均波速，并自动画出响应的时距曲线图。

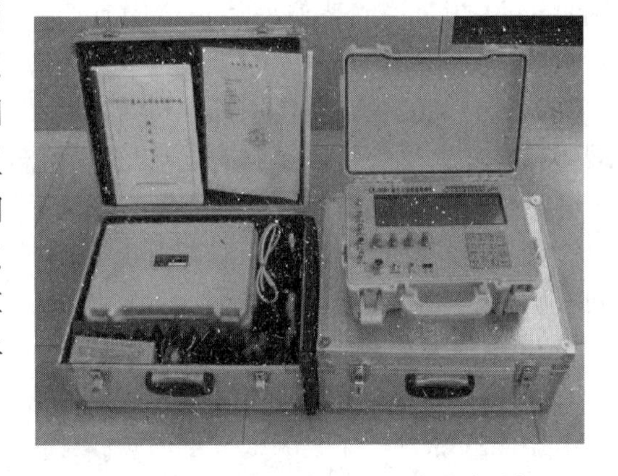

图 6-2-5　CE9201 岩土工程质量检测仪

5. 触发器

在振源激发地震波的同时，触发器送出一个信号给地震仪，启动地震仪记录地震波。触发器的种类很多，有晶体管开关电路，机械式弹簧接触片，也有用速度传感器。触发器的触发时间相对于实际激发时间总是有延迟的，延迟时间的多少视触发器的性能而不同。即使同一类触发器，延迟时间也可能不同，要求延迟时间尽量小，尤其要稳定。触发器性能应稳定，使用前应进行校正，其灵敏度宜为 0.1ms。

用单孔法时，延迟时间对求第一层地层的波速值有影响，其他各层的波速虽然是用时间差计算的，但由于不是同一次激发的，如果延迟时间不稳定，则对计算波速值仍有影响。此外，如在同一孔工作过程中换用触发器，为避免由于前后两触发器延迟时间的不同造成误差，可以用后一触发器重复测试前几个测点的方法解决。

6. 静力触探波速测试

波速静力触探测试是 1984 年加拿大的 Campanella 和 Robertson 第一次提出的，东南大学刘松玉、蔡国军教授等引进了多功能车载式 SCPTU 系统，通过现场测试、理论研究与工程应用对比分析，对多功能孔压静力触探技术的机理和应用进行了系统研究。

波速静力触探测试是在电测静力触探仪的基础上加上一套测量波速的装置，即在静力触探探头上部安装一个三分量检波器，采用检层法进行测试，可获得静探和波速两种资料。波速静力触探测试中的波速测试属于单孔法测试，自行钻孔，检波器紧贴孔壁。测试精度高、费用低、速度快，适宜层次少或土层硬度变化大的场地。实践证明，波速静力触探法的有效测试深度已达 40m，最佳测试深度范围为 3～30m。

这种波速测试方法比钻探更准确、经济、快速，可以单独进行静探和波速测试，相互不影响，比钻探劳动强度低，不需考虑为防止塌孔而采用泥浆或下套管的防护措施。静探波速测试可使波速探头与土层密贴，从而获得更好的测试效果。缺点是地层不明确。

目前，静力触探波速测试技术在国外应用较为广泛，但在国内发展应用较慢，仅科研院校有一定研究，公开发表的成果仅铁路系统有一些工程应用案例。

二、测试方法

单孔法按传感器的位置可分为下孔法及上孔法。传感器在孔下者为下孔法，反之为上孔法。测剪切波速时，一般用下孔法，此时用击板法能产生较纯的剪切波，压缩波的干扰小。上孔法的振源（炸药、电火花）在孔下，传感器在地面，此时振源产生压缩波和剪切波。用这种方法辨认压缩波比较容易，而辨认剪切波及确定其到达传感器的时间就不容易了。在井下能产生 SH 波的装置，目前在我国还不多。本章只介绍最常用的下孔法。

1. 测试准备工作

测试孔不应出现塌孔或缩孔等现象；当压缩波振源采用锤击金属板时，金属板距孔口的距离宜为 1～3m。

单孔法测试的现场准备工作比较简单，在实际工作中经常遇到地表条件不好、钻孔易塌、缩孔的问题。波速测试孔成孔质量的好坏，会给所测的地层波速造成很大的实际误差，使测试结果完全失真。测试孔应垂直，倾斜度不应大于±2°。

在城区工作时、现场经常有管道、坑道等地下构筑物，地表还有大量碎石、砖瓦、房渣土等不均匀地层，都不利于激发较纯的剪切波。因此，在工作前应了解现场情况，使测试孔离开地下构筑物，并用挖坑放置木板的方法避开地下管道及地表不均匀层，减少其影响。

钻孔时，可采用泥浆护壁或下套管护壁。当钻孔必须下套管时，必须使套管壁与孔壁紧密接触，应采用灌浆或填入砂土的方式使套管壁与周围土紧密接触。具体要求可参见本章第三节“跨孔法”中的相关内容。当孔深较小、成孔质量较好时，可不采用套管。

一般情况下，根据现场条件确定木板离测试孔的距离 L。虽然击板法能产生较纯的剪切波，但也会有少量压缩波产生，当木板离孔太近时，在浅处收到的剪切波由于和前面的压缩波时间间隔太短，而不能很好地定出其初至时间。

另一方面，当第一层土下有高速层时，则按斯奈尔定律，当入射角为临界角时，会在界面上产生折射波，如 L 值过大，则往往会先收到折射波的初至，从而在求波速值时出错。因此，在确定 L 值时应注意工程地质条件。

当剪切波振源采用锤击上压重物的木板时，木板的长向中垂线应对准测试孔中心，孔口与木板的距离宜为 1～3m（若采用钢板测试 P 波时，钢板距孔口的距离也宜为 1～3m）；实际测试时，有在板底钉许多钉尺片的做法，激振效果要比未经处理的普通板好得多。此外，在地面泼水或洒灰浆，也可增大板与地面接触的紧密程度。当地面不平时，宜采用刮平的方式，而不宜采用回填方式。

根据测试深度不同，木板上所压重量也不同。一般测试孔深越大，所压重量应越大。但根据吴世明等人的研究（1992），在敲击冲量一定时，激发的 SH 波振幅随板上压重的增大而增大，但大于约 1000kg 后影响减小。一般板上所压重物不宜小于 500kg。

钻孔直径：为了尽量减小对钻孔侧壁土的扰动和塌孔的可能，钻孔直径应在满足试验要求的基础上尽量小。美国 ASTM 规定直径不大于 175mm。

2. 测试工作

测试时，应根据工程情况及地质分层，每隔 1～3m 布置一个测点，测点布置宜与地层的分界线一致，即测点一般布置在地层的顶板和底板位置，对于厚度大的地层，中间可适当增加测点。通常的做法是地下水位以上平均每 1～2m 一个测试点，地下水位以下测试间隔可适当加大。界面处的测点需重复测试。当有较薄夹层时，应适当调整使其中至少布置有两个测点。

传感器是否能紧贴孔壁直接影响到测试结果。在工作时，传感器外壳应与孔壁紧密接触，一般外壳附上气囊，用尼龙管（或加固聚乙烯管）连到地面，通过打气使气囊膨胀，将传感器压紧在孔壁上。也可用其他设备如弹簧、水囊等将传感器固定在孔壁上。固定后，应手动升降提升绳，提升困难时，即探头已与井壁固定。

剪切波测试时，自下而上按预定深度进行测试。沿木板纵轴方向分别打击木板的两端，并记录相位相反的两组剪切波波形；最小测试深度不宜小于震源板至孔口之间的距离；测试时应选择部分测点作重复测试，其数量不应少于测点总数的 10%。

三、数据整理

1. 波形鉴别

压缩波从振源到达测点的时间应采用竖向传感器记录的波形确定；剪切波从振源到达测点的时间应采用水平传感器记录的波形确定。

（1）根据不同波的初至和波形特征进行波的识别（图 6-2-6）。

（2）压缩波波速比剪切波波速快，压缩波为初至波。

（3）敲击木板正反两端时，剪切波波形相位差 180°，而压缩波不变。

（4）压缩波传播能量衰减比剪切波快，离孔口一定深度后，压缩波与剪切波逐渐分离，容易识别。压缩波的波形特征为幅度小、频率高，剪切波振幅大、频率低。

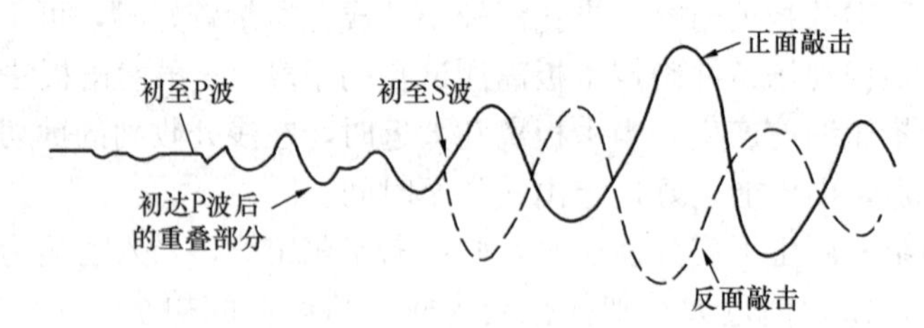

图 6-2-6　正、反方向的 SH 波形曲线

2. 波速计算

钻孔的 P 波和 SH 波波形记录如图 6-2-7 所示。时距曲线横坐标为时间，纵坐标为深度，在透明方格坐标纸上描绘 P 波，S 波的波场图，并注意对准激发基准时间，然后根据波形特征，确认 P 波、S 波的初至时间，由浅至深连续追踪读取。确定压缩波的历时应采

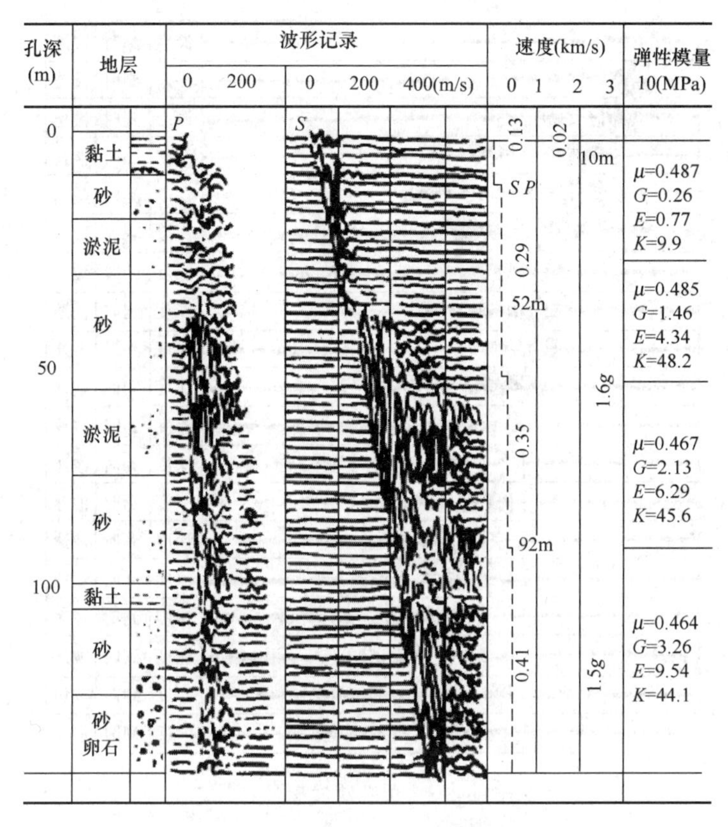

图 6-2-7　单孔法 P 波、S 波波形记录

用竖向检波器记录波形，确定剪切波的历时应采用水平检波器记录波形。

波速层的划分应结合地质情况，按时距曲线上具有不同斜率的折线段确定。如图 6-2-8 所示，每一波速层的压缩波波速或剪切波波速，应根据测试曲线的形态和相位确定各测点实测波形曲线中压缩波、剪切波的初至，得到从振源点到各测点深度的历时，按下式分层计算地层平均波速：

$$v = \frac{\Delta H}{\Delta T} \tag{6-2-1}$$

式中　v——波速层的压缩波波速或剪切波波速（m/s）；

ΔH——波速层的厚度（m）；

ΔT——压缩波或剪切波传到波速层顶面和底面的时间差（s）。

压缩波或剪切波从振源到达测点的时间，应按下列公式进行斜距校正：

$$T = \eta T_{\mathrm{L}} \tag{6-2-2}$$

$$\eta = \frac{H + H_0}{\sqrt{L^2 + (H + H_0)^2}} \tag{6-2-3}$$

式中　T——压缩波或剪切波从振源到达测点经斜距校正后的时间（s）；

T_{L}——压缩波或剪切波从振源到达测点的实测时间（s）；

η——斜距校正系数；

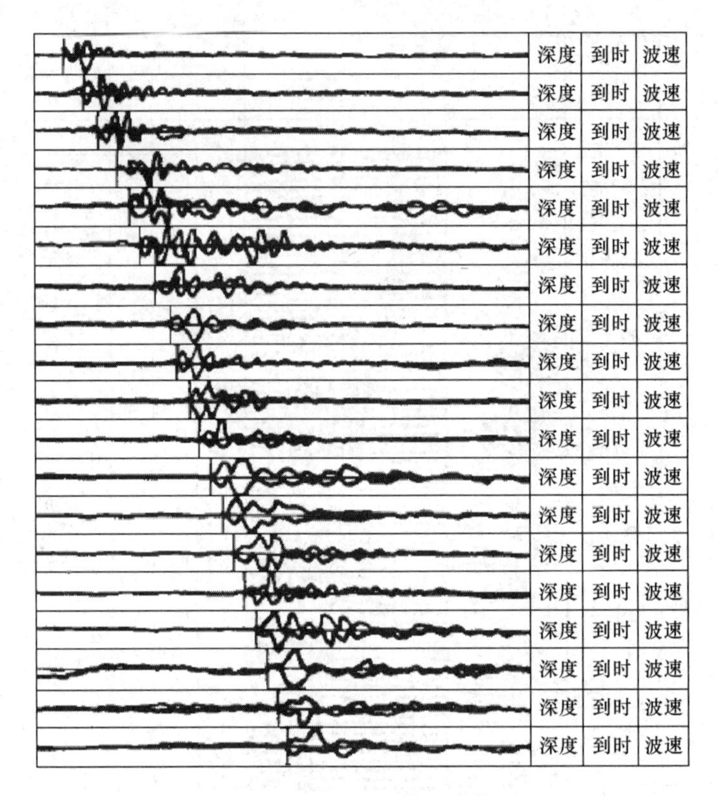

图 6-2-8　单孔法波速计算

H——测点的深度（m）；

H_0——振源与孔口的高差（m），当振源低于孔口时，H_0为负值；

L——从板中心到测试孔的水平距离（m）。

在单孔法的资料整理过程中，由于木板离试验孔有一定距离 L，因此产生两个问题：

（1）其一，如果靠近地表的地层为低速层，下有高速层就会产生折射波，如图 6-2-9 所示。

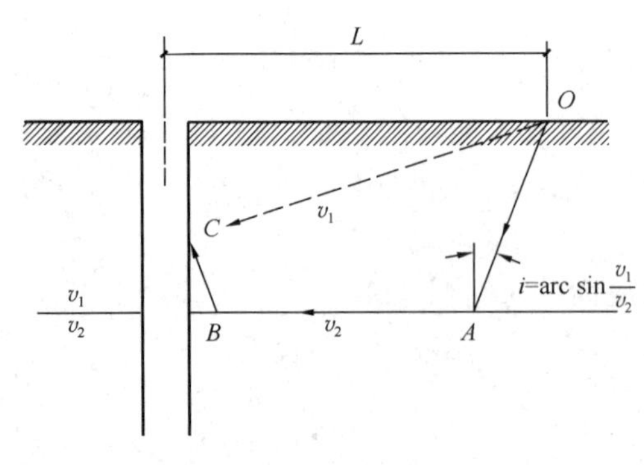

图 6-2-9　产生折射波的传播途径
O 点—振源；C 点—传感器

图 6-2-9 中 OC 为直达波传播途径，$OABC$ 为折射波传播途径。当 L 足够大时，波按 $OABC$ 行走的时间将小于按 OC 行走的时间，此时，如仍按直达波计算第一层波速将会产生误差。因此，除在规范中规定振源离孔的距离外，在资料整理中也应考虑是否存在这一问题。

（2）其二，由于存在 L，因此，在计算时不能直接用测试深度差除以波到达测点的时间差而得出该测试间隔的波速值，必须作斜距校正。斜距校正的方法有多种，其原理大都是把波从振源到接收点的传播途径当作直线，再按三角关系进行校正，如图 6-2-10 所示。

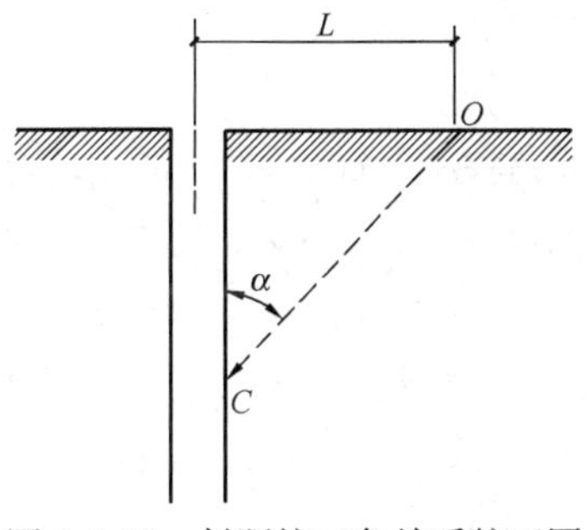

图 6-2-10　斜距按三角关系校正图

按这种假设进行的各种校正，虽然公式不同，实质都需计算出 cosα 值，再进行下一步计算，其结果是一样的。《地基动力特性测试规范》GB/T 50269—2015 所用的校正方法是其中一种。严格地说，规范所规定的方法是近似的，在多层介质中地震波射线不是直线而是折线，按斯奈尔定理，在每一波速界面射线都有相应的透射角。我国已有学者发表文章，提出利用计算机用最优化法按斯奈尔定理将射线分成折线再计算波速。由于 L 值一般不太大，用这种方法与该规范所用的方法对比表明差别不大（表 6-2-1）。鉴于规范所提方法较简便易行，仍建议用此法。

单孔法中两种计算方法的比较举例　　**表 6-2-1**

深度（m）	6	8	10	12	14	16	18	20	22	24	26	30	34	38	40
实际读时（ms）	34.8	43.6	50.0	57.2	65.4	71.4	76.4	84.0	91.0	96.8	103.4	111.0	119.6	133.2	139.2
按规范计算的波速值（m/s）	187	211	290	267	238	328	385	263	278	345	303	513	471	292	333
用优化法计算的波速值（m/s）	187	207	292	266	238	329	387	258	286	334	306	513	468	292	328

注：激发板与测试孔 L=2.5m，板底与孔口高差为零。

由振源到达测点的距离，应按测斜数据进行校正。如前所述，目前一般测试仪器都可以通过软件自动实现对数据的分析和整理（图 6-2-11）。

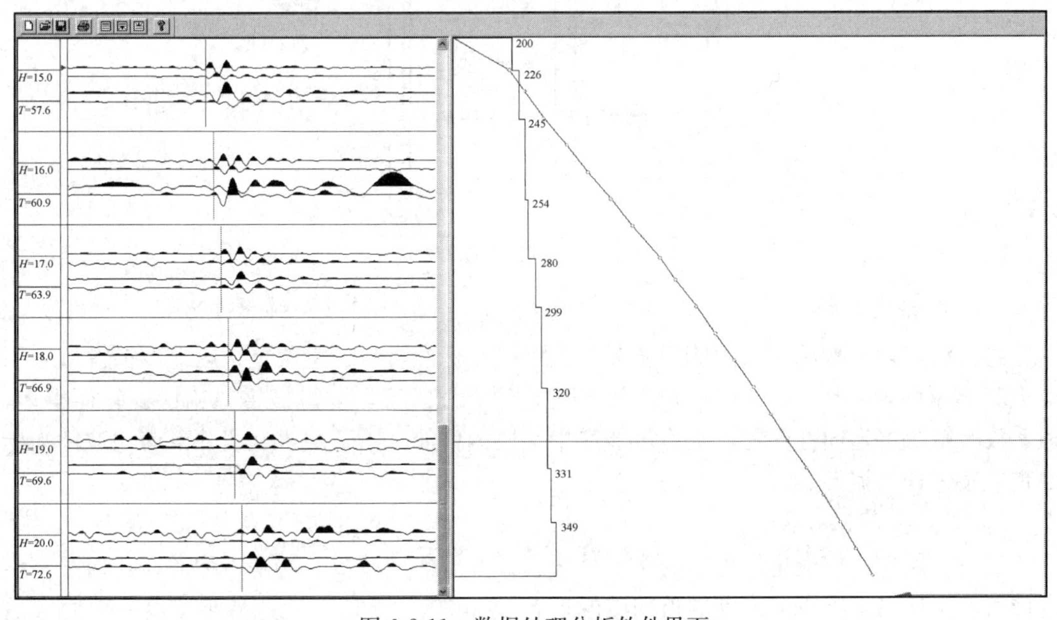

图 6-2-11　数据处理分析软件界面

第三节 跨 孔 法

跨孔法（Cross Hole Method）是1972年美国土动力学家Stokoe和Woods提出的（Stokoe and Woods，1972）。跨孔法是在两个以上的垂直钻孔内，自上而下或自下而上按照地层的划分，在同一地层的水平方向上一孔激发，另外钻孔中接收，逐层测试水平地层的压缩波或剪切波波速如图6-3-1所示，跨孔法的原理仍为直达波原理，但是其振源产生的剪切波质点振动方向是垂直的，波传播方向为水平向的SV波。

跨孔法的特点：原理简单，测试结果可靠，一般认为跨孔法比单孔法精度要高；可应用于各种地层，在地下水位以上或以下均有使用；振源和接收器都在孔内，因此现场测试受外界干扰较小；在钻孔间距适当时，可以测定地层中低速软弱夹层的剪切波速值；测试深度大，理论上可以测试到钻孔所能达到的最大深度；由于跨孔法既可以测定土层或岩层的压缩波，也可以测定剪切波，对地层也具有比较广泛的适用性。跨孔法的局限性在于，主要是要使用多个钻孔，试验的工作量大，花费高。

由于跨孔法的各种优势，方法在提出后很快得到了工程界的广泛重视，也在很多重点工程中得到了应用。这种方法从20世纪70年代中期也开始在我国逐步得到了应用，北京市勘察处1979年编制了《人工激发波速测试暂行操作规程》，其中对单孔法、跨孔法均提出了测试技术标准。我国自制的跨孔试验仪器于1984年通过鉴定，水电部于1987年颁布了跨孔试验的暂行规范。

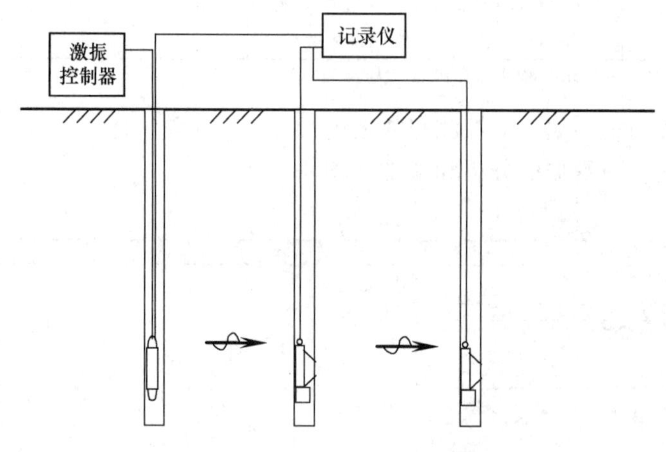

图6-3-1 跨孔法示意图

一、仪器与设备

跨孔法剪切波振源宜采用剪切波锤，也可采用标准贯入试验装置；压缩波振源宜采用电火花或爆炸等。其中高压电火花震源是良好的纵波震源，与机械震源相比要轻便得多，但若没有解决好定向性问题，则不可能产生优质的横波。以下主要介绍井下剪切波锤和标准贯入装置作为振源。

1. 井下剪切波锤

目前应用比较广泛也较理想的振源是液压式井下剪切波锤，这是一种能在孔内某一预定位置产生质点上下方向振动的剪切波的设备。如图6-3-2所示，这种装置由一个固定的圆筒体和上下两个滑动的重锤组成。当把装置放到孔内某一测试深度时，通过地面的液压装置和液压管相连，当输液加压时，剪切锤的四个活塞推出圆筒体扩张板与孔壁紧密接触。工作时迅速上拉钢丝绳，使筒体下面的重锤向上冲击固定的筒体，这样筒体与孔壁之间便产生了剪切振动，在地层的水平方向产生较强的SV波。松开钢丝绳，上部的重锤会自由下滑冲击固定的筒体，同样又产生相位相差180°的SV波。与此同时，相邻钻孔中径向水平检波器可以接收到P波。

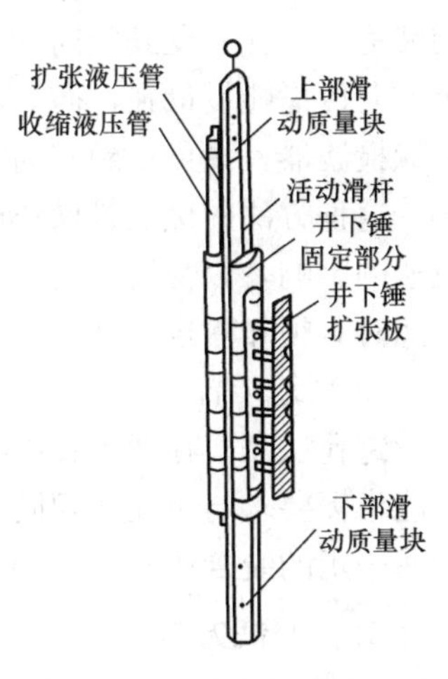

图6-3-2　孔中剪切锤示意图

剪切波锤的优点为：能产生极性相反的两组剪切波，可比较准确地确定波到达接收孔的初至时间，能在孔中反复测试。剪切波锤可以固定在钻孔中任意位置，因此特别适用于深孔测试。同时它不需要电源，操作简便、安全。

剪切波锤的缺点为：要在振源孔下套管，并在套管与孔壁间隙灌注膨润土与水泥的混合浆液，花费较大，它所激发的能量较小。孔深时，由于连接锤的多条管线易缠绕，且随带油管的重量大，影响孔中的准确定位及正反向激振。另外，这种方法不易接收到压缩波。

2. 标准贯入装置

跨孔法的振源也可以采用标准贯入装置。

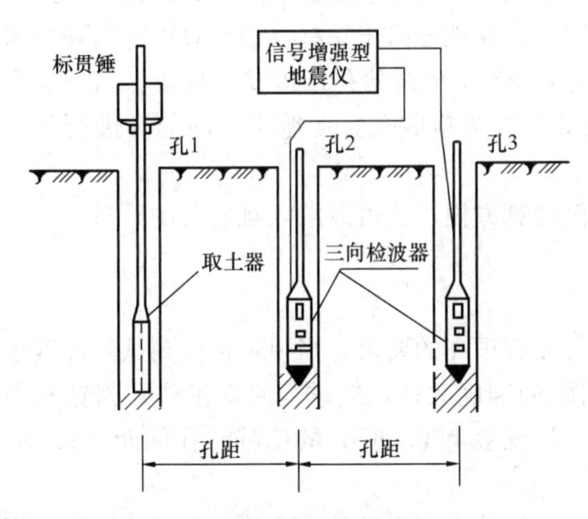

图6-3-3　标贯器振源跨孔法测试示意图

由标贯器（取土器）作振源的跨孔法测试仪器设备布置，如图6-3-3所示。其中一个钻孔为振源孔，另外两个为放置检波器的接收孔。每一测点其振源与检波器位置应在同一水平高度，并与孔壁紧贴，待其测试仪器通电正常后，即可激发振源和接收记录波形信号。当记录波形清晰满意后，即可移动振源和检波器，将其放至下一测点，如此重复，直到孔底为止。为了保证测试精度，一般应取部分测点进行重复观测，如前、后观测误差较大，则应分析原因，查清问题，在现场予以解决。这种重复观测，用孔下剪切锤可以进行；而用标贯器作振源时无法进行。

有时为了节约经费，避免下套管和灌浆等工序，一般的工程只用两个钻孔作跨孔法测试。这样，一个钻孔作为振源孔，用开瓣式取土器放至孔底，使振源激发深度与事先成孔的另一接收孔内的检波器深度相同，用重锤敲击取土器，由此产生P波和SV波。此法测试，深度较浅。在计算波速时，当钻孔较深时，应扣除钻杆内的波传播时间，其测试精度较低。

用标准贯入试验的空心锤敲击取土器所产生的振动作振源可以有效地测定地层中S波

的波速。当孔底受到竖向冲击时，地层中即有P波和SV波产生，其中P波分量向上下两个方向传播能量最强，而SV波分量沿水平传播的能量最强，在与振源同一高程的钻孔中安置检波器，便可得到较为清晰的S波信号。

这种方法的优点是操作简单、能量大，适合于浅孔，但需要考虑振源激发延时对测试波速的影响，因为所测定的波传播历时中包含了在振源钻孔钻杆内传播的时间，计算土层波速时必须扣除这一部分。

3. 其他装置

跨孔法需要在两个孔内都安置三分量检波器，信号采集分析仪应在六通道以上，其他性能指标要求与单孔法相同。跨孔法采用的传感器、放大器以及记录仪的要求也与单孔法中所采用的装置相同。

二、测试方法

1. 钻孔的布置

跨孔法的测试场地宜平坦，当场地不平时，应详细记录每个钻孔孔口的标高或它们之间的高差，以确保振源和各检波器在孔中的标高相同。

测试孔宜设置一个振源孔和两个接收孔，并布置在一条直线上，钻孔间距宜相等。跨孔法有以下常见的钻孔布置方式：①双孔（一发一收），②直线三孔（一发两收），③L形五孔（垂直正交的两方向，共用一个振源孔，一发两收，用于各向异性的岩土体）。其中，对跨孔法测试最初是用两个试验孔，一个振源孔，一个接收孔。这种方法的缺点是：不能消除因触发器的延迟所引起的计时误差，当套管周围填料与土层性质不一致时，会导致传播时间有误差；当用标准贯入器作振源时，因为是在地面敲击钻杆，在计算波速时还应考虑地震波在钻杆内传播的时间。因此目前主张用3～4个试验孔，排成一直线。当用3个试验孔时，以端点一个孔作为振源孔，其余2个孔为接收孔。在地层不均匀及进行复测时，还可以用另一端的孔作为振源孔进行测试。

一般试验孔宜选用等间距钻孔，这样不仅计算方便，还可以消除触发器的延时。

2. 钻孔的质量要求

（1）垂直度

用作跨孔法波速试验的钻孔，对钻孔垂直度有很高的要求。当用跨孔法测试的深度超过15m时，为了得到在每一测试深度的孔间距的准确数据，应进行测斜工作，因钻孔很难保持竖直，只要一个孔有1°偏差，在15m时就会有0.262m的偏移，孔间距（以4m计）的误差就会达到6.5%。

由于测斜工作比较复杂，且需精密仪器，一般单位并不具备，因此本条规定只限于深度大于15m的孔需测斜，但在钻孔较浅时应特别注意保持孔的竖直。

测斜工作对测斜仪的精度要求比较高。假如两接收孔在地面的间距为4.0m，它们各自向外侧偏斜0.1°，则在深50m处，两孔间实际距离为4.17m，这时如仍按4.0m计算波速，则相对误差可达4.08%，为使由于孔斜引起的误差小于5%，要求测斜仪的灵敏度不小于0.1°。

目前，比较通行的精度较高的测斜仪为伺服加速度式测斜仪（我国有多个厂家生产），它的系统总精度为每25m允许偏差为±6mm，相当于0.014°。使用这种测斜仪时，需在孔内放置具有两对互成90°导向槽的测斜管，测斜仪沿导向槽滑动进行测量，孔斜的方位由导向槽的方位确定。国内其他类型高精度测斜仪，只要能满足规范的要求，均可使用。

（2）钻孔直径

钻孔的直径应综合考虑跨孔试验孔中设备的直径、所下套管的直径及套管与孔壁间隙灌浆工艺的要求。同时，应保证振源和检波器在孔内上下移动的要求，小直径钻孔可减小对孔壁介质的扰动并增加钻孔的稳定性，因此钻孔直径也不宜过大。

（3）钻孔间距

跨孔法波速试验中确定钻孔间距主要考虑的因素是：①保证获得清晰的直达波初至；②避免各种干扰波，土层中主要是防止折射波干扰，岩层中则要防止波列相互叠加影响。上述两个因素主要受地质情况及仪器精度的限制。其中，随着设备能力的不断提高，获得清晰的直达波初至一般问题不大，但当所要观测的地层上下有高速层时，就可能产生折射波。在离振源距离大于临界距离时，折射波会比直达波先到达接收点，这时所接收到的就是折射波的初至，按这个时间计算出的波速将比实际地层波速值高。因此，孔间距离不应大于临界距离（图 6-3-4），计算临界距离的公式为：

$$X_c = \frac{2\cos i \cos\phi}{1-\sin(i+\phi)} \cdot H \tag{6-3-1}$$

式中　X_c——临界距离（m）；

H——沿钻孔方向振源至高速层的距离（m）；

i——临界角（°），i=arcsin（v_1/v_2）；

v_1——低速层波速（m/s）；

v_2——高速层波速（m/s）；

ϕ——地层界面倾角（°），以顺时针方向为正。

计算的 X_c/H 值见表 6-3-1。

X_c/H 值的计算　　**表 6-3-1**

X_c/H / v_1/v_2 / φ	0.1	0.2	0.3	0.4	0.45	0.5	0.55	0.6	0.65	0.7	0.75	0.8	0.85	0.9	0.95
0°	2.21	2.45	2.73	3.06	3.25	3.46	3.71	4.00	4.34	4.76	5.29	6.00	7.02	8.72	12.49
10°	2.69	3.05	3.49	4.04	4.38	4.78	5.25	5.83	6.57	7.54	8.89	10.95	14.52	22.60	
20°	3.31	3.86	4.58	5.54	6.18	6.96	7.95	9.25	11.05	13.70	18.01	26.20	46.94		
30°	4.14	5.04	6.28	8.13	9.44	11.30	13.63	17.24	23.04	33.69	57.97				

另外，孔间距离太小，则所观测的由两振源到接收孔的地震波传播时间太小。目前，我国所用仪器的时间分辨率仅 0.2～1.0ms，时间差太小，相对误差会增大，从而降低测试精度。同时，由于钻孔垂直度误差带来的误差也会增大。因此孔间距离也不宜太小。

钻孔间距应随地层波速的提高而增大。建议当地层为土层时（剪切波速度一般小于 500m/s）；孔间距采用 2～5m，其中一般黏性土层可取小值，砂砾石地层可取较大值。当地层为岩层时，应进一步增大孔距，宜取 8～15m。在岩层中有的单位利用爆炸、电火花等作为振源，在考虑孔距时，为能清楚分辨压缩波和剪切波应适当加大距离。

（4）套管

跨孔法测试的试验孔一般需下套管，以提高振源、检波器和地层介质之间的耦合状态，提高测试精度，尤其当振源为剪切波锤时，因需用力将剪切波锤固定于孔壁，更需如此。套管宜采用 PVC 塑料管，其内直径宜采用 50～100mm。当采用塑料套管时，套管和孔壁的间隙应灌浆或充填砂砾以保证波的传播。当地层为黏性土、砂砾石时，灌浆可以用膨润土、水泥与水按 1∶1∶6.25 的比例搅拌成的混合液，使凝固后的浆液密度大约在 1.80～1.90g/cm^3，与周围岩土介质近似。当在岩石中进行测试时，可采用水泥浆液，使其凝固后的密度为 2.20g/cm^{3}左右。

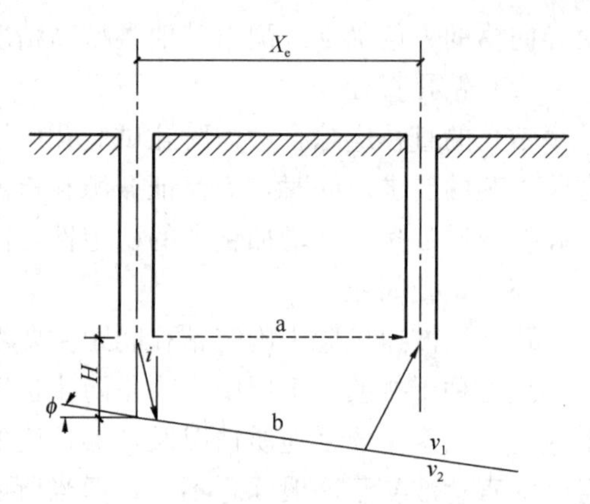

图 6-3-4　直达波与折射波传播途径

a—直达波传播途径；b—折射波传播途径

灌浆时应自下而上用泥浆泵压入水泥浆，以求把井液全部排除，并注意勿使水泥浆进入套管内。有多种灌浆办法，例如，当孔径较大时，可在下套管的同时就下灌浆管（直径 2cm 左右的塑料管），并把套管底部堵死，在套管内灌水以抵消井液的浮力，便于下管。然后，用泥浆泵把水泥浆压入底部，使水泥浆自下而上填满间隙即可。待水泥浆凝固后方可测试。若在钻孔孔口附近浆液收缩、下降较为严重，应补充灌浆，使浆液凝固后与地面基本齐平。

3. 测试

跨孔法波速测试方法有一次成孔法和分段钻进测试法。

（1）一次成孔法

采用一次成孔法是在振源孔及接收孔都准备完后，将剪切波锤及传感器分别放入振源孔及接收孔中的预定深度处，振源与接收孔内的传感器应设置在同一水平面上，振源和传感器应保持与孔壁紧贴，再进行测试。可自下而上完成全部测试工作。

为了减小地表和传播路径弯曲性对波速试验结果的影响，测试最浅测点的深度不宜小于 0.4～1.0 倍的孔距且不宜小于 2m，一般从地面以下 2m 深度开始，根据工程情况及地质分层，测试孔中宜每隔 1～2m 布置一个测点。但也可根据实际地层情况适当拉大间距或减小间距。为了避免相邻高速层折射波的影响，一般测点宜选在测试地层的中间位置。

（2）分段测试法

分段测试法是振源孔钻到预定深度，将标准贯入器放到孔底，传感器放入接收孔中同一深度进行测试，一次测毕。需加深振源孔至下一预定深度，再重复上述步骤，从上到下依次测试（图 6-3-5）。

试验时一般采用三台钻机同时钻进，为了防止孔壁塌落，可采用泥浆护壁。振源孔钻至预定深度后，提出钻具，并将开瓣式取土器送至孔底土中 20～30cm 深度处。与此同时，将三分量检波器放入另外两个孔底，与振源同一标高。然后用重锤敲击取土器，由此在土中产生 P 波和 S 波。在试验中，为了保证振源和检波器与土层的耦合，提出钻具后，孔底虚土厚度不能大于 10cm，否则应先清理虚土。

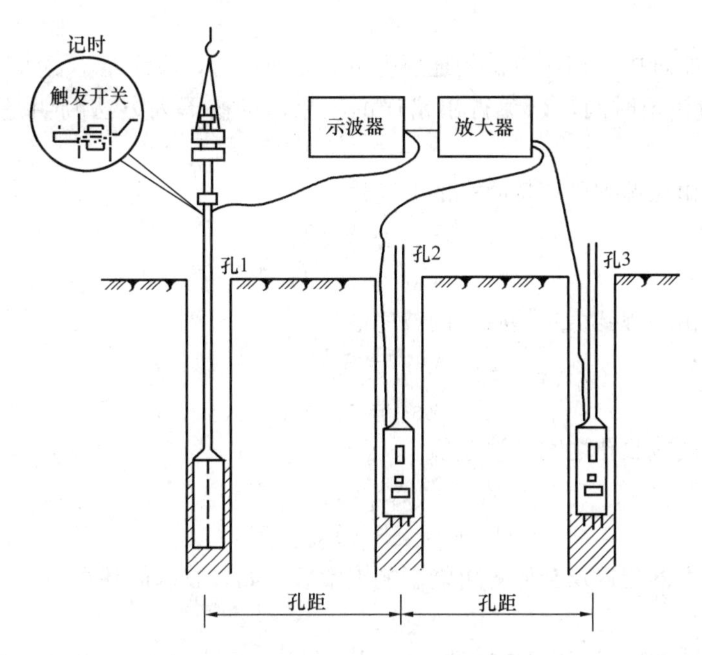

图 6-3-5　分段钻进方法示意图（吴世明，1992）

4. 检查测量

为了保证测试精度，一般应取部分测点进行重复观测，其数量不应少于测点总数的10%；亦可采用振源孔和接收孔互换的方法进行检测。同一测点 P 波和 S 波的波速的测试误差，应控制在 5%～10%之内。如前后观测误差较大，则应分析原因，在现场予以解决。这种重复仅适用于孔下剪切波锤振源的情况，而无法对标贯器作振源的情况进行重复测试。

三、数据处理

1. 波形识别

压缩波从振源到达测点时间的确定应采用水平传感器记录的波形；剪切波从振源到达测点的时间应采用竖向传感器记录的波形确定。

波形识别是跨孔法波速测试中的重要工作。测试中所记录的波动信号曲线一般可分为三段（图 6-3-6）：第一段是从零时开始至直达波能量的到达，其信号除受外部干扰出现毛刺外，基本上是一条接近于直线的平稳段；第二段从波的第一个初至起至第二个初至止，此段属于 P 波段，特点是振幅小，频率高；第三段是以 S 波为主的部分，振幅大，频

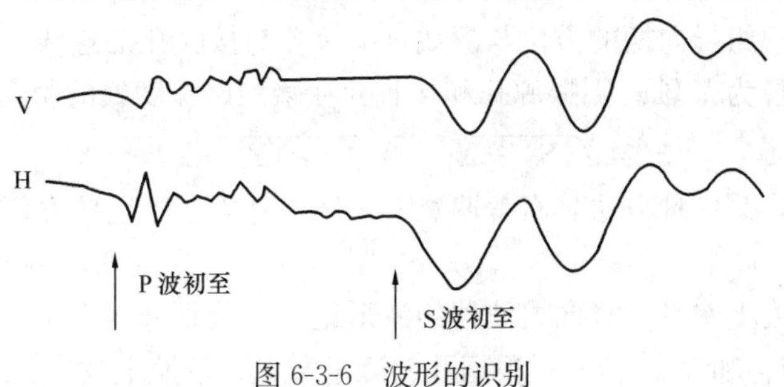

图 6-3-6　波形的识别

率低。

跨孔法资料整理中，当所测试的地层上下有高速层时，应注意不要将折射波的初至时间当作直达波的初至时间，以免得出错误的结果。可按下列方法判明是否有折射波的影响：

（1）计算出由振源到第一接收孔的波速值

$$V_{P1} = S_1/T_{P1} \tag{6-3-2}$$

$$V_{S1} = S_1/T_{S1} \tag{6-3-3}$$

（2）计算出由振源到第二接收孔的波速值

$$V_{P2} = S_2/T_{P2} \tag{6-3-4}$$

$$V_{S2} = S_2/T_{S2} \tag{6-3-5}$$

（3）计算出两接收孔之间的波速值

$$V_{P12} = \Delta S/(T_{P2} - T_{P1}) \tag{6-3-6}$$

$$V_{S12} = \Delta S/(T_{S2} - T_{S1}) \tag{6-3-7}$$

在考虑到触发器延迟及套管等可能影响因素后，如果波速值基本一致，可初步认为无折射影响。

（4）参考表6-3-1，并利用直达波，一层折射、二层折射的时距曲线公式进行计算，以判明在各层（尤其是低速层）中，传感器所接收到的地震波的初至时间是否为直达波的到达时间。

（5）对有疑问的地层做补充测试工作，例如：变化测试深度，变化振源孔的位置，单独变化振源或传感器的上下位置等，判明是否有折射现象存在。

2. 斜距校正

由振源到达每个测点的距离，应按测斜数据进行校正。按照实际测斜数据计算测点间的距离，对于跨孔法尤为重要。测斜管的安放不同，孔间距的计算方法也不同。

（1）使测斜管导向槽的方位分别为南北方向及东西方向，以北向为 X 轴，东向为 Y 轴，进行测斜得出每一测点在北向和东向相对于地面孔的偏移值 X、Y。

则在某一测试深度，由振源孔到接收孔的距离为：

$$S = \sqrt{(S_0\cos\varphi + X_j - X_z)^2 + (S_0\sin\varphi + Y_j - Y_z)^2} \tag{6-3-8}$$

式中 S_0——在地面由振源孔到接收孔的距离（m）；

φ——从地面振源孔到接收孔的连线相对于北向的角度（°）；

X_j、Y_j——在接收孔该深度 X 和 Y 方向的偏移（m）；

X_z、Y_z——在振源孔该深度 X 和 Y 方向的偏移（m）。

（2）使测斜管一组导向槽的方位与测线（振源孔与接收孔的连线）一致，定为 X 轴，另一组导向槽的方位为 Y 轴。则振源孔和接收孔在某测试深度处的距离为：

$$S = \sqrt{(S_0 + X_j - X_z)^2 + (Y_j - Y_z)^2} \tag{6-3-9}$$

上述两方法中，第一种方法具有普遍意义，第二种方法则比较方便。

3. 波速计算

根据测试的深度上水平、竖向检波器的波形记录，分别确定P、S波到达两个接收孔的初至时间 T_{P1}、T_{P2} 和 T_{S1}、T_{S2}，根据孔斜测量资料，按照上述方法计算由振源到达每

一个接收孔距离 S_1、S_2 及其差值 ΔS，然后按以下公式计算每一测试深度的压缩波波速及剪切波波速：

$$v_{\mathrm{p}}=\frac{\Delta S}{T_{\mathrm{P2}}-T_{\mathrm{P1}}} \tag{6-3-10}$$

$$v_{\mathrm{s}}=\frac{\Delta S}{T_{\mathrm{S2}}-T_{\mathrm{S1}}} \tag{6-3-11}$$

$$\Delta S=S_1-S_2 \tag{6-3-12}$$

式中　v_{p}——压缩波波速（m/s）；

v_{s}——剪切波波速（m/s）；

T_{P1}——压缩波到达第 1 个接收孔测点的时间（s）；

T_{P2}——压缩波到达第 2 个接收孔测点的时间（s）；

T_{S1}——剪切波到达第 1 个接收孔测点的时间（s）；

T_{S2}——剪切波到达第 2 个接收孔测点的时间（s）；

S_1——由振源到第 1 个接收孔测点的距离（m）；

S_2——由振源到第 2 个接收孔测点的距离（m）；

ΔS——由振源到两个接收孔测点的距离之差（m）。

第四节　面　波　法

相对于前面介绍的钻孔法（单孔法、跨孔法），表面波法的测试具有以下优点：无须在地层中钻孔，工期较短，费用较省；简单易激发，瑞利波相对能量高，试验信号受环境干扰和地下水位等因素的影响较小，可由所测出的 R 波速度弥散曲线换算成 S 波波速沿深度的变化曲线；浅层分辨率高。本书中面波法特指瑞利波技术。

瑞利波在地表的传播具有下列特性：（1）试验基础作竖向激振产生 P 波、S 波、R 波，其中 R 波占全部能量的 2/3；（2）瑞利波在土中传播速度与剪切波速度相接近，其差值与泊松比有关；（3）瑞利波的衰减是相对震源距离 r，以 $1/\sqrt{r}$ 的比例衰减，较 S 波衰减慢，故可利用地表面进行测试，不需钻孔；（4）瑞利波的传播范围相当于一个波长 L_{R} 深度领域，其所反应的地基弹性性质可考虑为 $L_{\mathrm{R}}/2$ 深度范围内平均值。

瑞利波方法是近年来发展起来的浅层地震勘探新技术。根据振源激发方式，可以分为稳态法和瞬态法。其中稳态法较早提出，基于稳态瑞利波技术的日本 GR-810 仪器系统在岩土工程勘察中得到了成功应用，但由于这种方法的振源设备相对较重，测试较不方便，成本较高，应用受到了一定的限制。根据数据采集方式，瞬态法又可分为 2 道检波器采集的表面波谱分析方法（SASW 方法），美国得克萨斯州立大学有 Nazarian、Stokoe，浙江大学吴世明做相关研究，还有瞬态多道瑞利波测试方法（SWS 方法），国内以刘云桢、王振东等为代表。

由于瑞利波的传播具有以下特性，即振幅随深度衰减，能量大致被限制在一个波长以内，且由地面振动波的瞬时相位，可以确定瑞利波传播的相速度。因此，基于 2 道检波器采集的表面波谱分析方法（SASW 方法）利用一次地面冲击下两个检波器的多频信号进行频谱分析，来确定相位差与频率的关系，由此得到 R 波波长-波速频散曲线，从而得到地下土层的瑞利波速，其原理示意图见图 6-4-1。这种方法在国外应用较多。虽然简单方便，但容易存在多解性。

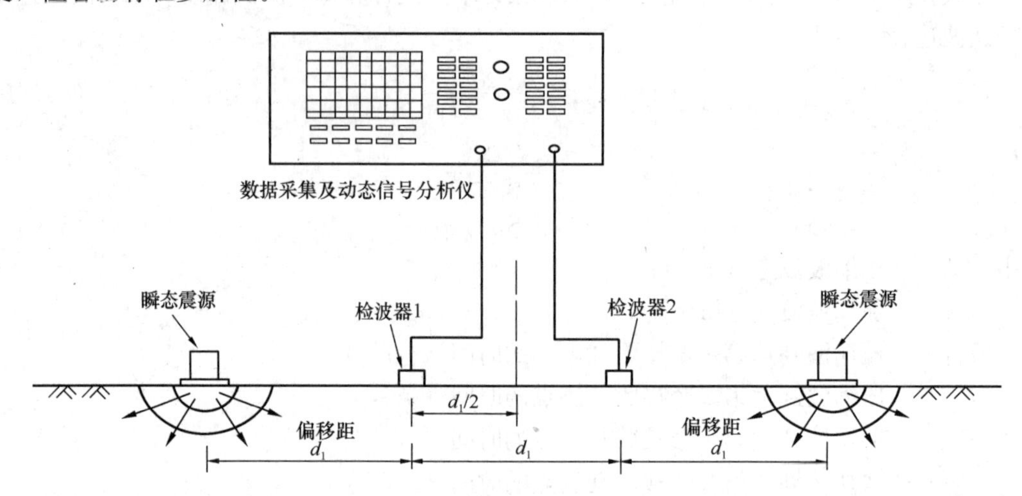

图 6-4-1　SASW 法测试系统示意图

1994 年以后，国内专家刘云桢等人首先提出了 SWS 多道瞬态多道瑞利波测试方法和检测系统，即用 2 道以上，常用 12 道或 24 道检波器与振源排列在一条直线上组合接收瑞利波的测试系统。经过多道瑞利波采集系统采集波列信号，然后通过各种地震数据处理技术对采集的瑞利波信号进行数据处理，将时域信号转换为频域，快速有效地分离多阶模瑞利波以及其他波，计算出瑞利波的相速度频散曲线。这种方法应用较为广泛，也是近年来国内外发展的趋势，《地基动力特性测试规范》中瞬态法特指这种方法。

多道瞬态多道瑞利波测试方法具有以下优点：采用本方法无须太大的场地就可实现较大的勘察深度，基本上测点排列长度与探测深度相当；可以有效地提取和分离基阶模和高阶模瑞利波，为合理选用不同模态的瑞利波频散曲线提供依据；具有较高的地质分辨率；仪器设备轻便，具有采集与处理一体化功能。

稳态法与瞬态法的对比　　**表 6-4-1**

方法	振源	激发频率	排列组合	测试深度	特点	应用
稳态法	振源频率可控的激振器为振源	可控制振源激发频率，获得低频信号	振源和检波器呈线状排列，至少2个检波器接收由振源方向传来的瑞利波	受检波器数目和道间距影响，一般为10～20m	设备笨重，振源频率受限，测试和数据处理工作复杂	目前应用较少
瞬态法	宽频带的瞬态激发点振源	振源信号频率与激发振源类型和方式密切相关，振源信号为宽频带			设备轻便，可根据不同类型的振源激发所需频带的瑞利波。	广泛应用于岩土工程中

一、仪器与设备

1. 稳态法

瞬态法设备轻便，应用比较广泛，理论研究也较深入，但空间分辨率相对较低；而稳态法空间分辨率高，但要求振源能量大，激振频率低，设备比较笨重，目前应用相对较少，但作为一种测试方法，这种方法也成功地应用于许多复杂工程，起到了瞬态法不可替代的作用。因此，这两种方法可互为补充，应根据具体的工作要求、工作条件选用。稳态法原理见图 6-4-2。

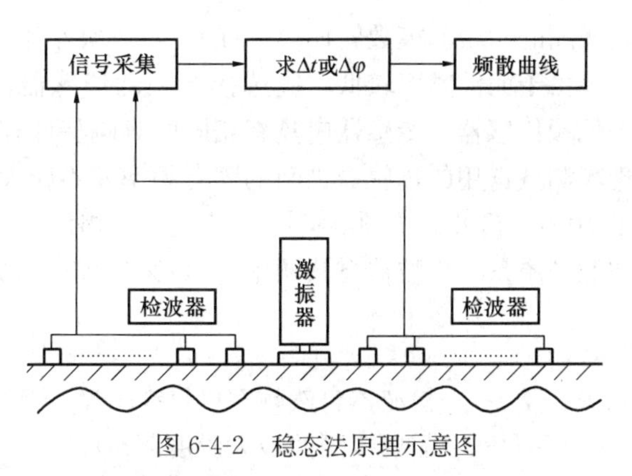

图 6-4-2 稳态法原理示意图

面波法测试所需用的测试仪器及设备均与激振法相同，稳态法振源可采用大能量电磁激振器、机械激振器。

2. 瞬态法

瞬态法中常用的振源有锤击振源、夯击振源、爆炸振源等。有效的瞬态激发振源应当能够激发出有限的宽频带、低频成分丰富且具有足够高强度的瑞利波，才能记录到目标测试深度范围内的有效信号。

面波测试时，可以根据探测深度的要求来改善激振的条件：勘探深度较浅时，震源应激发高频地震波；勘探深度较深时，震源应激发低频地震波。同时，对于同种震源方式，改变激振点条件和垫板也可以改变激发的地震波频率。根据部分地区经验，震源的选择宜根据现场的探测深度要求和现场环境确定：探测深度 0～15m，宜选择大锤激振；0～30m 选择落重激振；0～50m 以上选择炸药震源，在无法使用炸药的场地可以加大落锤的重量或提高落锤的高度以加大探测深度。

北勘院陈昌彦等人（2007）对各种振源在第四纪地层中的激发试验和瑞利波频带进行分析，其结果如表 6-4-2 所示。表中瑞利波主频范围只是一种统计结果，可能由于激发点的地层结构不同而有一定差别。

瞬态瑞利波激发振源类型及其激发最大频带范围　　表 6-4-2

振源类型	锤击振源				夯击振源			爆炸振源
	手锤	木锤	铁锤	立杆锤	标贯锤	强夯锤		2 管炸药（80g）
振源大小	2 磅	1.4kg	10 磅	15kg	63.5kg	10t	20t	
组合方式	锤击地面；锤＋皮垫			锤击地面				1.0m 深孔内
激发最大瑞利波主频平均/范围（Hz）	40 32～47	60 51～67	55 35～65	44 36～48	37 22～40	7.4 7.0～8	6.9 6.0～7.5	10.3 9～12

瞬态法的振源激发应根据测试深度和场地条件综合确定，以保证测试所需的频率和足够的激振能量。使用锤击或夯击振源一般应铺设专用垫板。专用垫板硬度较大时，有利于激发高频波（深度小）；专用垫板较软则有利于激发低频波（深度大）。同时，也可通过调整锤重或夯击能量的方式调整测试深度。

瞬态面波法的数据采集必须采用多通道数字地震仪，要求仪器具有采集和处理双重功能。仪器的放大器的通道数应满足不同面波模态采集的要求，一般不应少于 12 通道，最好为 24 通道。

由于面波测试中各种频率成分能量差异很大，要想取得尽可能多的地下信息，同时保证上部的信息不产生失真，需要仪器动态范围大，一般不应低于 120dB。对于岩土工程勘察，仪器放大器的通频带低频端不宜高于 0.5Hz，高频端不宜低于 4000Hz。仪器放大器各通道的幅度和相位应一致，各频率点的幅度差在 5%以内，相位差不应大于所用采样时间间隔的一半。模数转换 A/D 的位数不宜小于 16 位。

由于面波频率较低，应选择低频的传感器，岩土工程勘察采用自然频率不大于 4Hz 的低频传感器。传感器应具有相同的频响特性，固有频率应满足探测深度的需要；同一次现场测试选用的传感器之间的固有频率差不应大于 0.1Hz，灵敏度和阻尼系数差别不应大于 10%。检波器的频响特性、灵敏度、相位的一致性及其与地面的耦合情况直接影响面波测试质量。检波器自然频率 f_0 可采用如下公式估算：

$$f_0 \leqslant \beta \cdot \frac{V_R}{H} \tag{6-4-1}$$

式中　f_0——检波器自然频率（Hz）；

H——需要探测的最大深度（m）；

V_R——探测深度范围内预计平均面波相速度最小值（m/s）；

β——波长深度转换系数。

二、测试方法

1. 测试试验

对于多道瞬态面波法，为了取得良好的试验结果，在正式开始测试前，应开展必要的检查和试测试工作。正式数据采集前的试验工作对数据质量的控制至关重要，现场应有经验丰富的工程师来主持试验工作。除了调查并排除干扰波以外，需要对试验系统进行一致性检查，包括各道的一致性、检波器的一致性以及仪器通道和检波器的频响和幅度特性应符合一致性。

干扰波的调查是指在时间-空间域调查面波发育和其他波共存的情况，将面波作为有效波，反射波、折射波、直达波和声波等作为干扰波，通过展开排列采集方式调查场地内干扰波的强弱，并以此来确定测试中的偏移距、道间距、采样间隔和记录长度等。

获得展开排列的方法是：在测线上先布置一个排列，偏移距为一个道距，采集第一个记录，然后整排列向后移动一个排列距离加一个道距，仍在原激发点激发，采集第二个记录，同样的方法依次采集第三个、第四个记录等，直到全波列数据能在记录上体现为止。依次将几个排列的记录拼接，从而获得展开排列的记录。由此分析面波的发育情况，根据基阶面波的优势段，确定合理的采集参数。

2. 测线、测点布置

稳态面波法数据采集时检波点距、激振方式、采样间隔等关键参数选取时应当遵循一定的要求和方法。测试可以分为单端或双端激振法。当场地条件较简单时，可采用单端激振法，当场地条件复杂时可采用双端激振法。排列移动方式的选择应保证目的层的连续追踪。激振器与传感器的安置应与地面紧密接触，并使其保持竖直状态。

瞬态多道瑞利波是在地面上沿着面波传播的方向布置间距相等的多个拾振器，一般可为 12 个或 24 个。选择适当的偏移距和道间距，以满足最佳面波接收窗口和最佳探测深度。影响多道瑞利波测试质量的因素很多，除了仪器、振源等本身的情况外，采集参数（空间采样点数、时间采样点数、检波器排列长度、偏移距、振源与检波器排列组合等）的合理设计是关键。

（1）偏移距：即振源与仪器第一通道所连接的检波器之间的距离，偏移距是影响瑞利波形成以及分离高阶模成分的重要因素，在设计偏移距时应充分考虑场地工作范围、振源能量和激发频带、最大和最小测试深度、道间距和测线排列长度等综合因素。偏移距的设计一般为0.3～2.0倍最大测试波长，不小于0.5倍最大波长为最好，相当于检波器排列长度；当重点测试浅部地层时，可适当减小至小于0.3～0.5倍测线长度（陈昌彦等，2007）。当缺乏经验时，应在现场通过试验确定。

（2）空间采样率（即道间距，相邻检波器之间的距离）、采样点数（即检波器道数）和检波器排列长度共同控制了瑞利波测试的最小和最大有效深度，在实际测试中应根据测试目标的深度和规模综合设计采样点数、采样率，保证获得能够有效反映地层剖面结构的瑞利波波形信息。检波点距或道间距，宜不大于最小勘探深度所需波长的1/2。采样间隔的选择，应满足工程项目的要求。

开展瑞利波现场测试时，应对现场测试情况进行细致完整的记录，记录表示例见表6-4-3。

瑞利波现场测试记录表　　　　**表6-4-3**

工程名称：________________　测试地点：________________

测试目的：✎工程勘察、✎地基检测、✎其他生产、✎科研　天气状况：__________测试日期：__________

剖面号	文件号	位置	采集道数	偏移距（m）	道间距（m）	采样间隔（μs）	震源类型	震源地表情况	剖面线地表情况	环境干扰状况	现场测试评价	备注
现场地层情况概述												

测试：　　　　　　记录：　　　　　　校对：

三、数据处理

面波数据处理分析应采用专门软件，软件一般应包括以下功能：采集资料预处理功能（数据检查、干扰波识别、剔除），生成频散曲线，根据频散曲线分层反演波速并确定分层厚度，利用频散曲线形成速度影响彩色剖面，绘制地质剖面图。目前，我国多道瞬态面波法测试技术发展很快，相关仪器生产厂家都配套了专门的反演计算软件，但利用反演软件进行计算和解释时，还应该充分考虑测试场地的工程地质情况，力求计算数据准确。

瑞利波频散曲线的工程解译和应用中，频散曲线的“之”字形特征是重要的分层和解释依据，很多研究成果表明，频散曲线上的“之”字形异常反映了地下弹性接口的分界面，速度曲线突变的深度往往对应介质的接口深度，故一般可以作为划分地质接口的依据。但目前的研究尚未能给出其确切的成因和意义，它不仅与介质的结构变化有关，也与瑞利波的多阶模成分的相互干扰有关，与频散曲线提取原则具有密切关系，并不是所有的“之”字形拐点都可以作为工程解译的依据。

根据瑞利波采集数据进行瑞利波信号提纯和频散曲线提取是瑞利波测试中最重要的工作之一。目前关于提取频散曲线的方法主要有频率-波数谱（f-k）变换法、慢度-频率（τ-f）变换法、互相关法、表面波谱分析方法、扩充 Prony 方法等。其中 f-k 法能够较为可靠地分离各阶瑞利波成分，是目前比较成熟的数据处理方法，推荐采用这种方法。

在进行面波探测成果解释时，应与钻孔或其他数据相结合。应通过对已知的钻孔等资料对曲线的“之”字形拐点和曲率变化进行分析，求出对应层的面波相速度，并根据换算深度绘制速度-深度曲线。

根据实测瑞利波速度 v_R，泊松比 ν 值，换算成剪切波波速 v_S。而后计算相应各土层的动剪变模量和动弹性模量。目前，不同的科研机构或单位在不同地区进行了地基动力特性的面波测试试验，根据试验结果分别建立了与相应地区对应的地基动弹性模量与动剪切模量计算公式，这些计算公式都带有一定的经验性和针对性，某些参考系数存在一定的偏差。因此在进行此类工作时，条件允许的情况下应在勘察现场进行波速测井和标贯试验，以建立场地的面波速度与地基动力参数的对应关系。在不具备条件的情况下，可以在分析的前提下，借用邻近区域地质条件下的经验公式。

1. 时间差法

瑞雷波以单一简谐波形式传播时，距振源第一个检波器位移表达式为：

$$u_1 = A_1 \sin(\omega \cdot t - \varphi) = A_1 \sin\omega\left(t - \frac{x}{v_R}\right) \tag{6-4-2}$$

则距第一检波器距离为 ΔX 的第二检波器的位移表达式可写为：

$$u_2 = A_2 \sin\omega\left[(t + \Delta t) - \frac{(x + \Delta x)}{v_R}\right] \tag{6-4-3}$$

在稳态面波的两道原始振动记录图 6-4-3（a）上，由于周围环境振动及仪器电噪声干扰，记录的振动波形会发生畸变，因此在分析前先要将振动波形采取适当滤波方法。将干扰信号消除，使其基本上恢复激振频率的面波信号，如图 6-4-3（b）所示，两条曲线的第一个峰值代表该波的同一个相位，量出它到达两个检波器的时差 Δt。

同样，由式（6-4-2）和式（6-4-3）也可以算出两检波器 U_1 和 U_2 的时间差 Δt 为：

$$\Delta t = \frac{\Delta x}{v_R}$$

则：
$$v_R = \frac{\Delta x}{\Delta t} \tag{6-4-4}$$

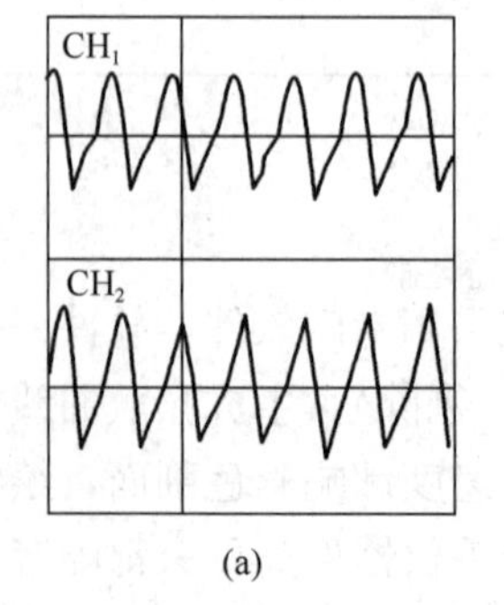

(a)

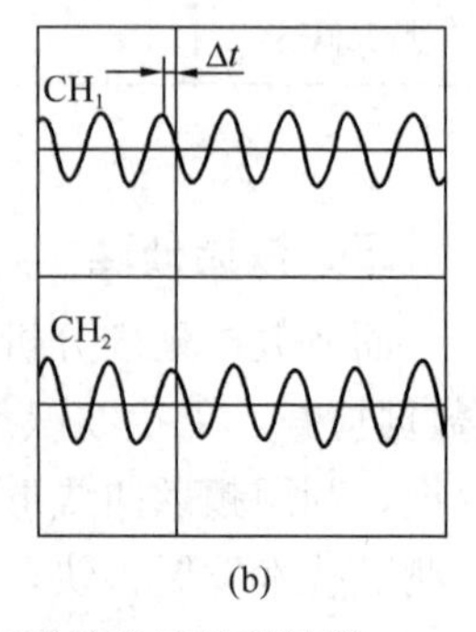

(b)

图 6-4-3　面波的原始记录及滤波处理效果

一般把 Δx 调整为小于一个波长的

长度。

2. 相位差法

《地基动力特性测试规范》GB/T 50269 推荐的是相位差法，它是在同一时刻 T 观测到两个检波器实测波形的相位差 $\Delta\varphi$，则相位表达式为：

$$\Delta\varphi=\omega\cdot\left(t-\frac{x}{V_{R}}\right)-\omega\cdot\left(t-\frac{x+\Delta x}{v_{R}}\right) \tag{6-4-5}$$

则
$$\Delta\varphi=\frac{\omega\cdot\Delta x}{v_{R}} \tag{6-4-6}$$

因而
$$v_{R}=\frac{\omega\cdot\Delta x}{\Delta\varphi}=\frac{2\pi\cdot f\cdot\Delta x}{\Delta\varphi} \tag{6-4-7}$$

式中　v_{R}——瑞利波波速（m/s）；

$\Delta\varphi$——两台传感器接收到的振动波之间的相位差（rad）；

Δx——两台传感器之间的水平距离（m）；

f——振源的频率（Hz）。

当相位差 $\Delta\varphi$ 为 360°时，两检波器之间的距离正好为一个波长，则式（6-4-7）可写为：

$$v_{R}=f\cdot\lambda_{R} \tag{6-4-8}$$

稳态瑞利波测试时，当震源在地面上以一固定频率 f 作竖向的简谐振动时，相邻地面的瑞利波以相近频率 f 谐波的形式传播，由上述方法可确定相应频率的速度 v_{R}（f）。改变 f，重复测量和计算，即可得到不同频率相对应的面波速，获得 v_{R}-f 曲线，也可根据波速、频率、波长的关系 $v_{R}=f\lambda$ 换算成 v_{R}-λ 曲线。

瞬态瑞利波法测试时，瞬时冲击可以看做许多单频谐振的叠加，因而记录到的波形也是谐波叠加的结果，呈脉冲形的面波，波形曲线如图 6-4-4 所示，对记录信号作频谱分析和处理，把各单频面波分离开并获得相应的相位差，即可同样计算并绘制 v_{R}-f 或 v_{R}-λ 曲线。

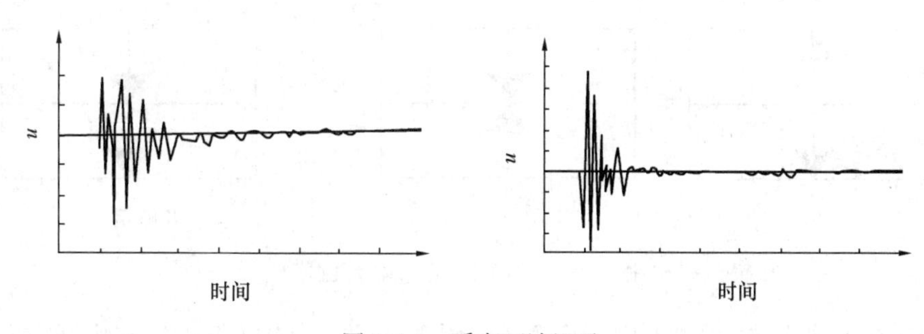

图 6-4-4　瞬态面波记录

地基的剪切波速，应按下列公式计算：

$$v_{s}=\frac{v_{R}}{\eta_{S}} \tag{6-4-9}$$

$$\eta_{S}=\frac{0.87+1.12\mu}{1+\mu} \tag{6-4-10}$$

式中　η_{S}——与泊松比有关的系数；

μ——地基的动泊松比。

第五节 弯曲元法

弯曲元技术由于原理简明、操作便捷并且具备无损检测等特点，自 1978 年 Shirley 和 Hampton 首次采用弯曲元测试室内制备高岭土试样的剪切波速以来，被广泛地应用于土样的小应变剪切模量测量研究。

一、设备和仪器

弯曲元的细部构造如图 6-5-1 所示。其核心部件由两片压电陶瓷片和中间的金属垫片组成。Leong 等指出，对于可进行 S 波、P 波同时测试的弯曲元，串音影响（cross-talk）将对接收信号产生较大的影响。为了减小串音影响，采用绝缘的聚四氟乙烯（铁氟龙）层外包铝箔层对压电陶瓷片进行屏蔽防护。同时为了确保弯曲-伸缩元可以在不同的情况下使用，其最外面被封以环氧树脂从而起到防水的作用。

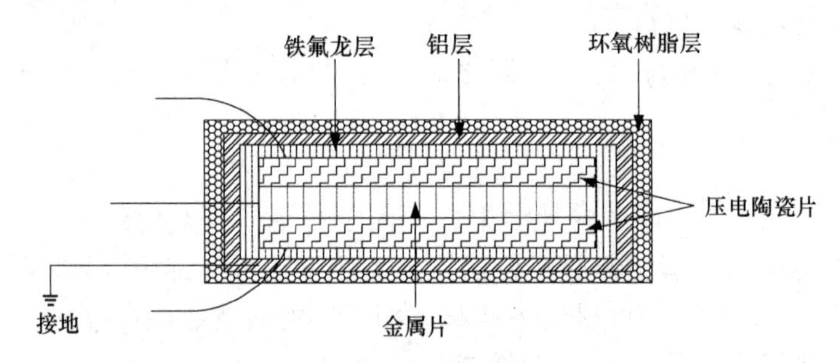

图 6-5-1 弯曲元细部构造示意图

压电陶瓷片根据极化方向的不同可以分为 X 型和 Y 型，如图 6-5-2 所示。当两个压电陶瓷片以相反的极化方向组合时为 X 型，当两个压电陶瓷片的极化方向相同时为 Y 型。

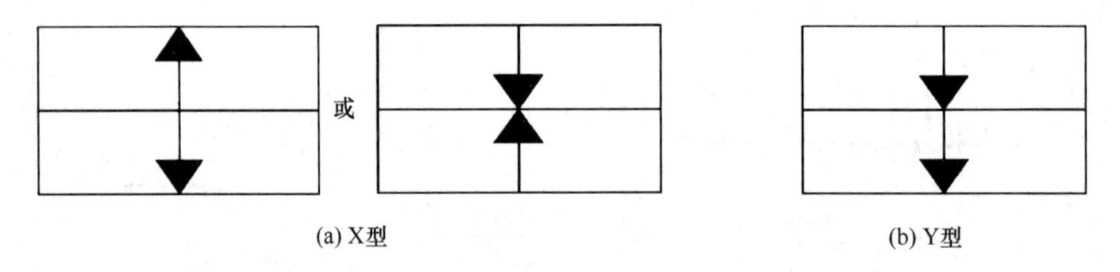

图 6-5-2 压电陶瓷片组合类型

根据连接方式不同，压电陶瓷片又可分为串联和并联（图 6-5-3）。在串联方式中，激振电压加在两个压电陶瓷片之间；在并联方式中，激振电压加在两个压电陶瓷片与中间的金属垫片之间。当对两种连接方式的压电陶瓷片施加相同强度的激振电压时，并联的压电陶瓷片产生的位移约为串联时的两倍，当将相同幅值的振动转化为电信号时，串联方式将得到更强的电信号，因此并联压电陶瓷片更适合作为激发端，串联压电陶瓷片更适合作为接收端。

对于 S 波，发射端的两个压电陶瓷片（Y 型）极化方向相同，采用并联连接，当施加激发信号电压脉冲后，极化方向相同的压电陶瓷片一片伸长，另一片则缩短，产生弯曲运

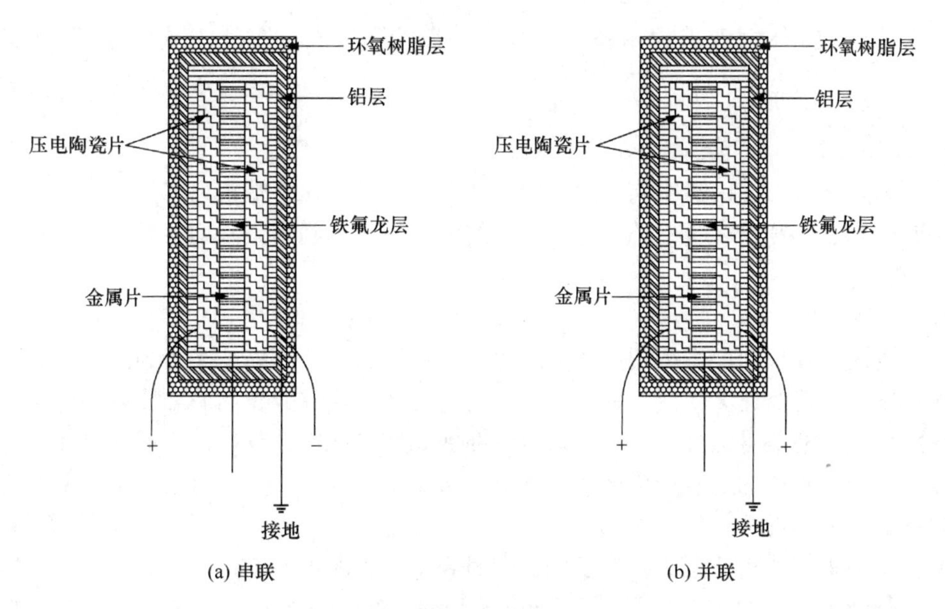

(a) 串联　　(b) 并联

图 6-5-3　弯曲元连接方式示意图

动并在周围土体中产生横向振动，即产生 S 波。接收端的两个压电陶瓷片（X 型）极化方向相反，采用串联连接，当 S 波通过土体从发射端传播到接收端时，接收端将 S 波振动转化为电信号，与发射信号同时显示和储存在示波器上，通过信号对比得到剪切波传播时间，由传播距离计算得到剪切波速。对于 P 波，将 X 型压电陶瓷片由串联改为并联，Y 型压电陶瓷片由并联改为串联。当施加激发信号电压脉冲后，极化方向相反的两片压电陶瓷片（X 型）同时伸长或者缩短，在周围土体中产生竖向振动，即产生 P 波。当 P 波通过土体从发射端传播到接收端时，接收端将 P 波振动转化为电信号，与发射信号同时显示和储存在示波器上，通过信号对比得到压缩波的传播时间，由传播距离计算得到压缩波速。

二、测试方法

对装配有弯曲元的实验设备，在试样安装需要注意：保证弯曲元与试样直接良好接触，滤纸或者其他保护膜需要为弯曲元的插入留出空隙；在进行弯曲元测试之前，需要根据土样的种类等因素，调整弯曲元的输出波形（简谐波、方波等）、功率（即电压 V）以及频率（Hz），调整示波器的放大倍数等，保证示波器显示的波形（包括激发波和接收波）、转折点、极值点等足够清晰；在进行弯曲元测试时，点击按钮（或者使用软件）使得激发元激发剪切波（或纵波），激发波形与接收波形会显示在示波器上；为减少误差，可进行两次激振。

三、数据处理

剪切波传播时间的主要确定方法有初达波法、峰值法和互相关法，不同研究者对上述方法有不同的认识，柏立懂、Lee、Leong、谷川、陈云敏等认为初达波法能比较可靠地确定剪切波传播时间，而 Viggiani、吴宏伟等认为互相关法一定程度上提高了弯曲元试验中确定剪切波速的客观性，建议采用互相关法；Youn、柏立懂和董全杨等建议采用弯曲元与共振柱的对比试验，有助于弯曲元剪切波传播时间的准确确定。

剪切波波速和压缩波波速由剪切波和压缩波的传播距离 L 和传播时间 T 确定，如下式：

$$V_s\ (V_P)\ =L/T_s\ (L/T_P) \tag{6-5-1}$$

研究者普遍认为的传播距离为上下两个弯曲元或伸缩元顶端距离。但对于传播时间的确定不同研究者们并没有统一的方法。不同的激发频率和确定方法均会对波速的确定造成影响。

1. 频率影响

在压电陶瓷片弯曲产生剪切波的同时也会产生压缩波，压缩波在土中的传播速度大于剪切波在土中的传播速度，压缩波将先于剪切波到达，这部分压缩波和反射的剪切波产生与剪切波反相位的信号部分，即近场效应。在剪切波测试中，近场效应的存在往往对剪切波接收信号初始到达的识别产生巨大的影响。Jovicic 等和 Brignoli 等指出增大激发信号的频率将有效地减小近场效应的影响。

研究者多采用波传播距离与波长的比值对频率的影响进行定量分析。对于一个给定的波速，波长随频率的增大而减小。Sanchez-Salinero 等认为当 d/λ 大于 2 时，可忽略近场效应的影响；Arulnathan 等的试验结果发现当 d/λ 大于 1 时，近场效应将会消失；Arroyo 等建议 d/λ 应大于 1.6；Leong 等认为有效减小近场效应影响的 d/λ 至少应大于 3.33。图 6-5-4 为典型的福建砂在不同频率正弦波激发信号下的剪切波接收信号波形。在剪切波主要部分到达之前与剪切波信号反相位部分（图中虚线圈内区域）即为近场效应影响部分。可见，近场效应的存在将使剪切波初始到达的判断变得困难。由图 6-5-4 中可以看出，近场效应在激发信号频率较低时最显著，随着激发信号频率的增大近场效应显著减弱。但当激发信号频率大于 20kHz 时，接收信号波形相似，增大频率对减小近场效应的作用较小。这是由于增大激发频率可减小压缩波的影响，但对反射剪切波的减弱作用较小。

图 6-5-5 为典型的福建砂在不同频率正弦波激发信号下的压缩波接收信号波形。与图 6-5-4 中剪切波接收信号对比可以发现，压缩波接收信号波形在不同激发频率下均较为清晰，可较容易地确定压缩波的初至时间，从而可以准确地得到压缩波传播时间。

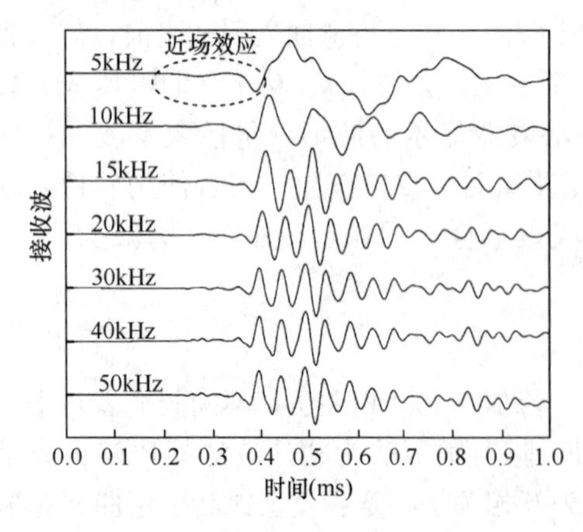

图 6-5-4　不同激振频率下典型 S 波接收信号波形图

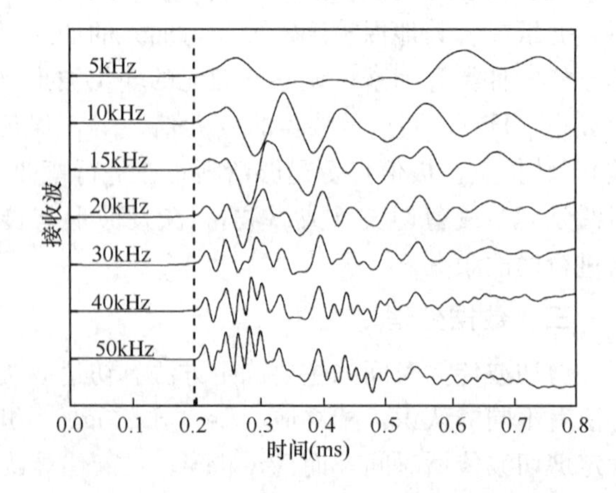

图 6-5-5　不同激振频率下典型 P 波接收信号波形图

2. 不同传播时间确定方法影响

初达波法采用激发波与接收波起始点之间的时间间隔作为波的传播时间，由于较好理解，国内研究者多采用该方法进行剪切波传播时间的确定。但在剪切波测试中，近场效应的存在往往对剪切波接收信号初始到达的识别产生巨大的影响。依据不同研究者对剪切波接收信号初始到达点的选取，可能的剪切波初始到达点为 S1、S2、S3 和 S4，如图 6-5-6（a）所示。

峰值法采用激发波与接收波第一个波峰之间的时间间隔作为波的传播时间。如图 6-5-6（a）所示，可能的接收波波峰点为 P1、P2。

互相关法（Cross-correlation method）是由 Viggiani 和 Atkinson 提出的，通过分析激发信号与接收信号之间的相关程度来确定信号的传播时间。采用互相关法对接收信号的典型分析结果如图 6-5-6（b）所示，图中 CC1 和 CC2 即为互相关法可能的特征点。

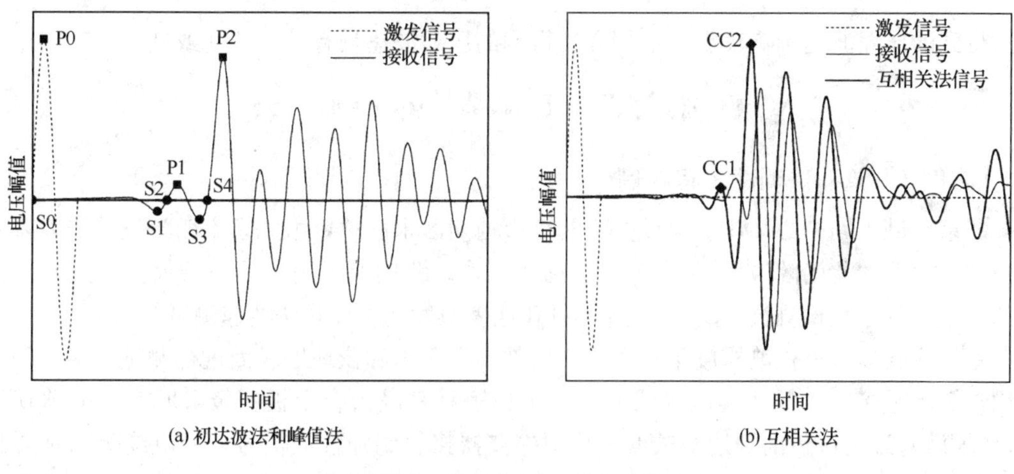

图 6-5-6　确定传播时间的特征点

由三种不同确定方法的所有可能特征点得到的剪切波速如图 6-5-7 所示，为了准确确定剪切波速也进行了相同试样的共振柱试验，部分特征点结果与共振柱试验结果差距较大，超出图示范围，图中未表示。由图中可以看出，不同确定方法下频率对剪切波速的影响规律相同，即剪切波速随激发信号的频率增大而略有增加。当激发信号频率小于 5kHz 时，不同方法得到的剪切波速具有较大的离散性；当激发信号频率为 10～20kHz（$d/\lambda \approx$ 3～8）时，不同方法得到的剪切波速结果差别较小，峰值法、互相关法和 S4 点初达波法结果相近，并与共振柱试验得到的剪切波速结果较为一致；当激发信号频率大于 20kHz 时，不同方法得到的剪切波速又产生了较大的离散性。结合前文激发信号频率对接收信号波形的影响可以看出，当激发信号频率大于 20kHz 时，增大激发信号频率对减小近场效应作用较小，并不能得到更为可靠的剪切波速。因此，针对本文的试验结果，可以得出：采用激发信号为 10～20kHz 的峰值法和互相关法可以得到较为可靠的剪切波速，当采用初达波法时，应采用第一个零电位点（S2）作为接收剪切波信号的初始到达处，即《地基动力特性测试规范》采用的时域初达波法。

压缩波接收信号在不同频率的激发信号下均较为清晰，可较为容易地确定压缩波的初始达到，从而可以准确地得到压缩波传播时间。在试验激发信号频率区间内，频率对不同

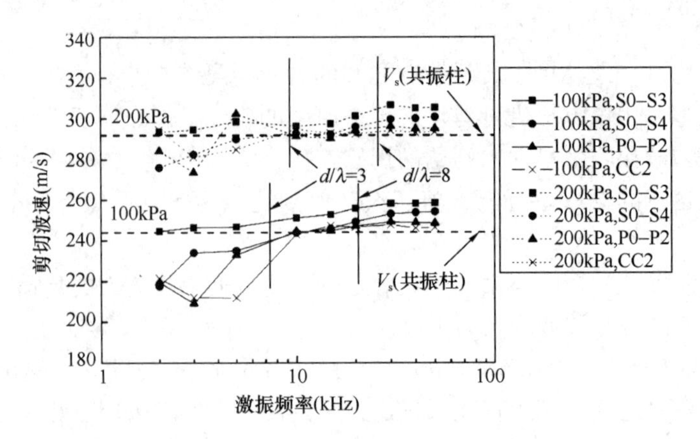

图 6-5-7　不同确定方法得到的剪切波速

方法得到的压缩波速影响较小，不同方法得到的压缩波速具有较好的一致性。

第六节　工　程　实　例

［实例 1］单孔法测试工程实例

北京市城市副中心某住宅项目位于北京市通州区宋庄镇，由北京市勘察设计研究院有限公司（简称“北勘院”）承担本项目的勘察工作。北勘院采用长沙白云仪器开发有限公司的岩土工程质量检测仪 CE92601 进行单孔地表激发孔中接收法波速测试。

钻探成孔后，将检波器放至孔底，自底部向上每米和依地层界面进行测试。测试横波时用铁锤水平敲击木板两端；测试纵波时用铁锤垂直敲击合金板。敲击所产生的剪切波（或压缩波）经地层传播到达测试点，孔中检波器接收到弹性波信号，经电缆传入地震仪进行放大、记录、储存。测试点的间隔平均为 1m 一个测试点，界面处的测试点需重复测试，进行一致性分析。

根据压缩波与剪切波的不同振相特征，可以在不同地层界面点准确测定压缩波或剪切波的到达时间，准确求出各地层的波速值。

单孔法波速测试计算过程见表 6-6-1，钻孔波速测试成果见图 6-6-1。

单孔法波速测试计算过程表　　　　表 6-6-1

工程编号	2021 技勘 045		钻孔编号	17			
孔源距离(m)	1.5		V_{se}(m/s)=225.10				
地面高差(m)	0						
地层深度 H(m)	旅行时间 T(ms)	斜率 k	校正时间 T(ms)	深度差 ΔH(m)	校正时间差 $\Delta T'$(ms)	速度 V(m/s)	分层传播时间 (s)
0.0	0	0	0	—	—	—	—
3.6	22.5	0.92308	20.769231	3.6	20.769231	173	0.020769
4.8	28.2	0.95448	26.916335	1.2	6.147105	195	0.006147
7.0	37.8	0.97780	36.960931	2.2	10.044596	219	0.010045
9.0	46.5	0.98639	45.867317	2.0	8.906386	225	0.008906
11.0	54.9	0.99083	54.396576	2.0	8.529259	234	0.008529
13.5	65.1	0.99388	64.701831	2.5	10.305255	243	0.103053

续表

地层深度 H（m）	旅行时间 T（ms）	斜率 k	校正时间 T（ms）	深度差 ΔH（m）	校正时间差 $\Delta T'$(ms)	速度 V（m/s）	分层传播时间 (s)
14.7	70.2	0.99483	69.837357	1.2	5.135526	234	0.005136
17.0	78.6	0.99613	78.295806	2.3	8.458449	272	0.008458
20.0	89.1	0.99720	88.850459	3.0	10.554652	284	0.010555

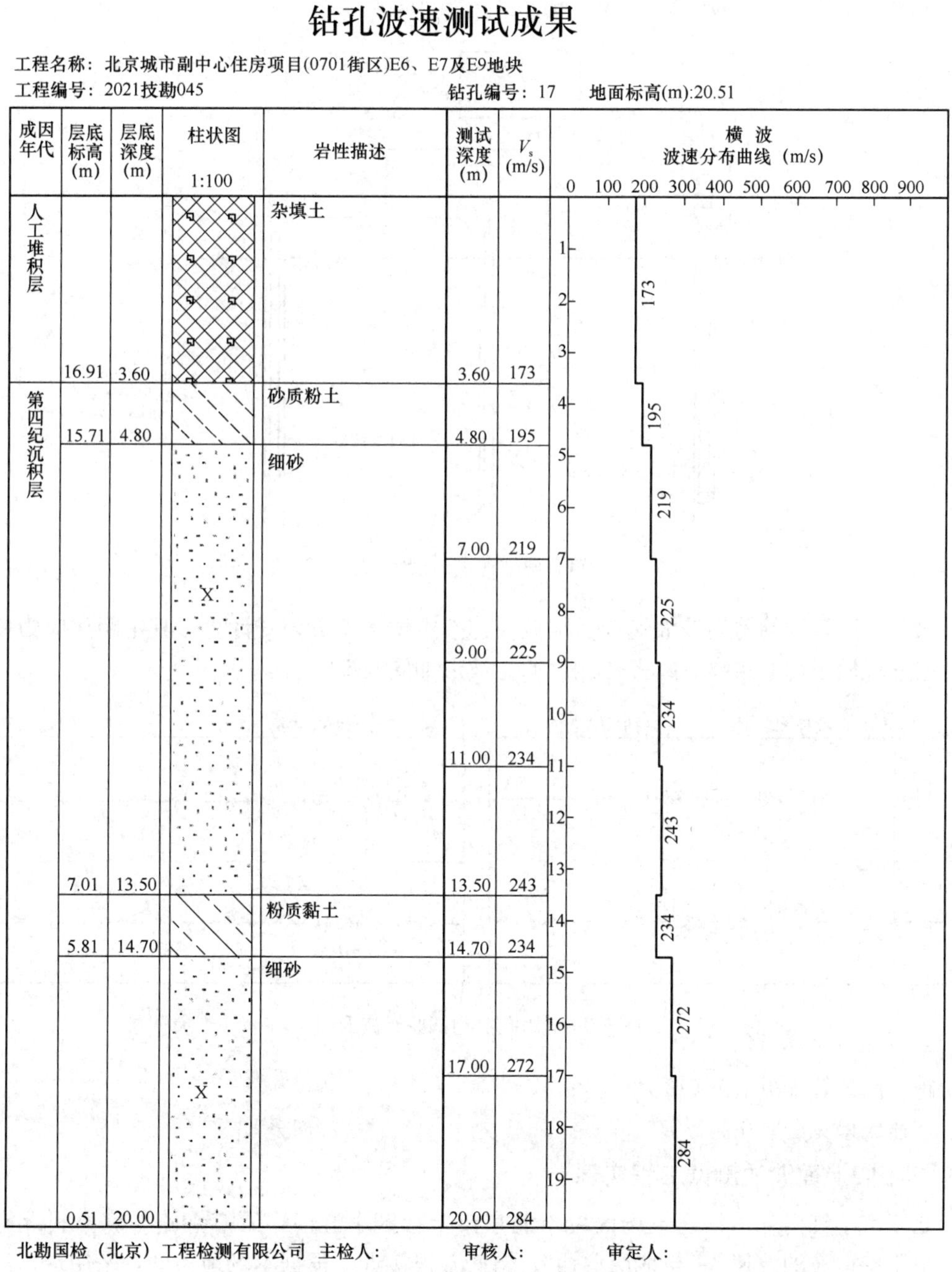

钻孔波速测试成果

工程名称：北京城市副中心住房项目(0701街区)E6、E7及E9地块

工程编号：2021技勘045　　　　钻孔编号：17　　地面标高(m):20.51

成因年代	层底标高(m)	层底深度(m)	柱状图 1:100	岩性描述	测试深度(m)	V_s(m/s)
人工堆积层	16.91	3.60		杂填土	3.60	173
第四纪沉积层	15.71	4.80		砂质粉土	4.80	195
				细砂	7.00	219
			X		9.00	225
					11.00	234
	7.01	13.50			13.50	243
	5.81	14.70		粉质黏土	14.70	234
				细砂	17.00	272
	0.51	20.00	X		20.00	284

北勘国检（北京）工程检测有限公司　主检人：　　　　审核人：　　　　审定人：

图 6-6-1　钻孔波速测试成果

［实例 2］跨孔法测试工程实例

某工程场区位于北京市朝阳区东三环中路与建国门外大街交汇处西北角。在紧邻 B14 号钻孔处布置 1 组测深 30m 的跨孔法测试孔，采用 1 个振源孔，两个接收孔的“一发双收”方式进行测试。三个钻孔布置在一条直线上，孔间距相等（本次孔间距为 3m），激发孔与接收孔之间距离均需根据钻孔测斜数据进行校正，测试时，振源与接收孔内的传感器设置在同一水平面上。跨孔法测试的现场布置示意图见图 6-6-2。

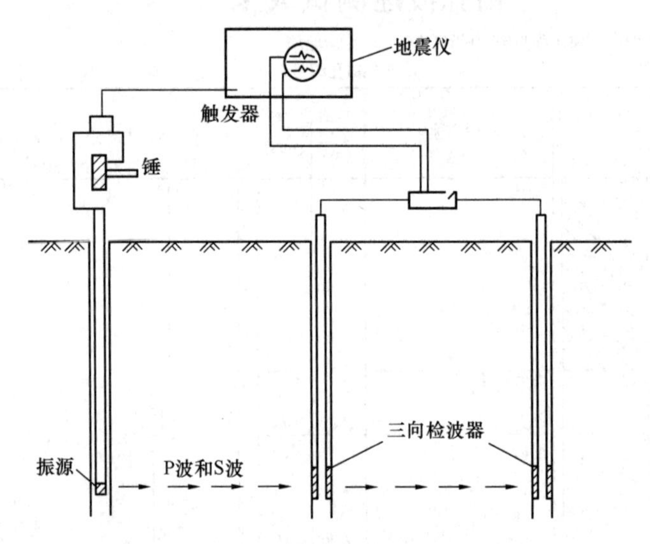

图 6-6-2　跨孔法波速测试现场布置示意图

每个测试深度的剪切波波速及压缩波波速按本章第三节公式计算，其中距离应为按测斜数据进行校正过的距离。跨孔法测试原始波形如图 6-6-3。

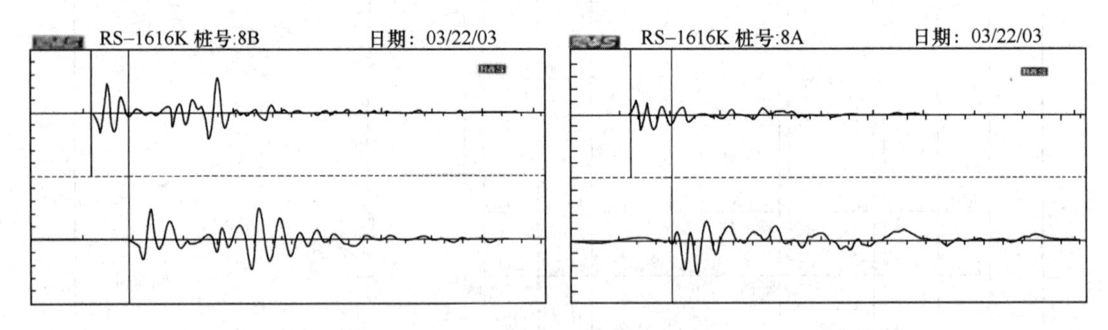

图 6-6-3　跨孔法测试原始波形图

跨孔法计算表见表 6-6-2。

波速成果见图 6-6-4。

［实例 3］面波法测试工程实例

北京市小红门某工程建筑场区位于北京市丰台区小红门，万寿寺路与郭家村北路之间。由于瑞雷波的波速 v_R 与地层剪切波波速 v_s 很接近，根据本场地条件，采用瑞雷波法测试场地剪切波波速。瑞雷波法测试波速现场连接如图 6-6-5 所示。

跨孔法波速测试计算过程表 表 6-6-2

测点深度 (m)	距离 (m)	传播时间 (ms)	波速值 (m/s)	测点深度 (m)	距离 (m)	传播时间 (ms)	波速值 (m/s)
0.5	3.01	—	—	15.5	3.58	—	—
1.0	3.01	—	—	16.0	3.61	9.6	376
1.5	3.01	—	—	16.5	3.64	—	—
2.0	3.01	16.3	185	17.0	3.66	9.4	390
2.5	3.01	—	—	17.5	3.69	—	—
3.0	3.01	14.7	205	18.0	3.71	9.6	387
3.5	3.02	—	—	18.5	3.74	—	—
4.0	3.02	13.5	224	19.0	3.77	10.2	370
4.5	3.02	—	—	19.5	3.80	—	—
5.0	3.03	11.7	259	20.0	3.83	9.6	399
5.5	3.03	11.1	273	20.5	3.86	—	—
6.0	3.05	—	—	21.0	3.89	10.4	374
6.5	3.06	—	—	21.5	3.92	—	—
7.0	3.08	11.7	263	22.0	3.94	13.6	289
7.5	3.10	—	—	22.5	3.96	—	—
8.0	3.12	11.7	267	23.0	3.98	12.8	311
8.5	3.15	—	—	23.5	4.00	—	—
9.0	3.17	11.7	271	24.0	4.02	12.8	314
9.5	3.20	—	—	24.5	4.05	—	—
10.0	3.23	11.1	291	25.0	4.07	11.8	345
10.5	3.26	—	—	25.5	4.09	—	—
11.0	3.29	—	—	26.0	4.11	12.0	342
11.5	3.32	12.0	276	26.5	4.12	—	—
12.0	3.35	—	—	27.0	4.13	11.8	350
12.5	3.38	—	—	27.5	4.14	—	—
13.0	3.42	10.2	335	28.0	4.14	11.2	370
13.5	3.45	—	—	28.5	4.13	—	—
14.0	3.49	9.3	375	29.0	4.12	8.4	490
14.5	3.52	—	—	29.5	4.10	8.4	488
15.0	3.55	9.6	370	30.0	4.07	—	—

测试时，采用多道瞬态瑞雷波测试仪进行数据采集，然后进行频率（f）一波数（k）域变换分析，按照频率-波数域中的主能量计算频散曲线，并反演出剪切波速度。

瑞雷波现场测试参数的选取和排列长度对瑞雷波测试质量具有重要的影响，其中偏移距、道间距、检波器道数、振源激发频带等是影响测试深度和精度的重要参数。瑞雷波的最大测试深度相当于最大波长的二分之一，最小测试深度则相当于道间距的二分之一。

跨孔法钻孔波速测试成果

工程名称：中国国际贸易中心三期工程

工程编号：2003技036　　钻孔编号：B14　　地面标高(m):39.38

成因年代	层底标高(m)	层底深度(m)	柱状图 1:130	岩性描述
人工堆积层	38.98	0.40		黏质粉土素填土
	35.58	3.80		杂填土
第四纪沉积层	33.38	6.00	f	粉砂
	32.98	6.40		砂质粉土
	32.58	6.80		粉质黏土
	31.28	8.10		砂质粉土
	26.58	12.80	X	细砂
	25.68	13.70	Z	中砂
	22.48	16.90		圆砾
	18.18	21.20		卵石
	16.88	22.50		粉质黏土
	15.78	23.60		黏质粉土
	14.98	24.40		粉质黏土
	12.28	27.10	x	细砂
	9.38	30.00		卵石

测试深度(m)	V_s(m/s)	测试深度(m)	V_P(m/s)
2.00	185	2.00	293
3.00	205	3.00	293
4.00	224	4.00	583
5.00	259	5.00	583
5.50	273	5.50	583
7.00	263	7.00	715
8.00	267	8.00	715
9.00	271	9.00	910
10.00	291	10.00	910
		11.00	910
11.50	276		
		12.00	910
13.00	335	13.00	910
14.00	375	14.00	1463
15.00	370	15.00	1463
16.00	376	16.00	1463
17.00	390	17.00	1569
18.00	387	18.00	1569
19.00	370	19.00	1569
20.00	399	20.00	1569
21.00	374	21.00	1569
22.00	289	22.00	1415
23.00	311	23.00	1415
24.00	314	24.00	1415
25.00	345	25.00	1469
26.00	342	26.00	1469
27.00	350	27.00	1469
28.00	370	28.00	1747
29.00	490	29.00	1747
29.50	488	29.50	1747

北京市勘察设计研究院　　主检人:　　审核人:　　审定人:

图 6-6-4　跨孔法波速测试成果图

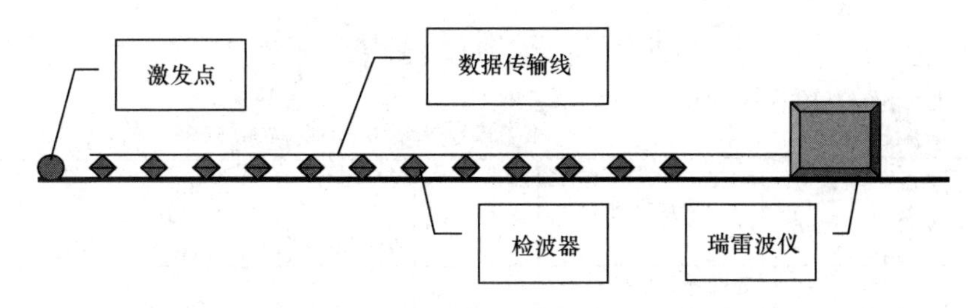

图 6-6-5　瑞雷波法波速测试现场连接示意图

本工程采用的参数如下：道间距为 1m，24 道检波器，偏移距为 5m，震源采用 15 磅的大锤激发，时间采样间隔为 0.025ms，采样点数为 1024 点。

本次探测中，瑞雷波仪采用的是北京市水电物探研究所研制的 SWS-2 型多波列工程勘探检测仪及 24 道低频检波器。

针对资料整理，首先要对现场采集的波形记录进行瑞雷波信号提取，然后采用 *f-k* 域变换的数据处理方法进行瑞雷波的频散曲线整理与分析，根据实测频散曲线确定初始参数模型，运用层状介质中瑞雷波频散曲线的正演算法计算理论频散曲线，然后对比和拟合理论频散曲线和实测频散曲线并使前者与后者达到最大可能的拟合，最终计算出地下各层介质的剪切波速度。

本工程测试的瑞雷波测试成果见图 6-6-6。

[实例 4] 弯曲元法测试工程实例

一、工程概况

本试验测试和对比了不同密实度和围压条件下日本 Toyoura 砂和英国 Leighton Buzzard (LB) 砂的小应变剪切模量，分析了弯曲元输出信号的特征和不同传播时间确定方法对弯曲元法试验结果的影响。

二、试验设备及方法

本试验采用英国 GDS 弯曲元测试系统，弯曲元尺寸为宽 11mm，厚 1.2mm，插入土的深度 2mm。通过外部控制盒改变接线方式，该弯曲元能同时进行压缩波（P 波）和剪切波（S 波）测试，因此也可称为弯曲-伸展元。试验输入信号波形和频率可根据用户自定义输入。

试验采用烘干条件下的日本 Toyoura 砂（细砂）和英国的 LB 砂（粗砂），级配曲线如图 6-6-7 所示。表 6-6-3 列出了试验砂的基本物理指标。试样尺寸为直径 50mm，高度 100 mm。采用干砂压实法（dry tamping）分 5 层制样，试样初始相对密实度 D_r分别控制在 30%，50%和 80%。制样完成后，先对其施加 25 kPa 的真空吸力，然后测定试样尺寸、安装驱动头和装配压力室。随后分别在 50，100，200 和 400 kPa 等向围压下固结 15 min，并进行弯曲元试验。固结过程中用内置高精度 LVDT 测定竖向应变，并假设各向应变相等计算固结后试样的孔隙比。

试验砂的基本物理参数　　**表 6-6-3**

名称	颗粒比重	平均粒径（mm）	不均匀系数	最大孔隙比	最小孔隙比
Toyoura 砂	2.64	0.216	1.39	0.967	0.633
LB 砂	2.65	0.833	1.46	0.948	0.791

钻孔波速测试成果

工程名称：北京小红门居住区一期R4地块（R4-A1#及R4-C3#）

工程编号：2008技002-1　　钻孔编号：21　　地面标高(m):37.96

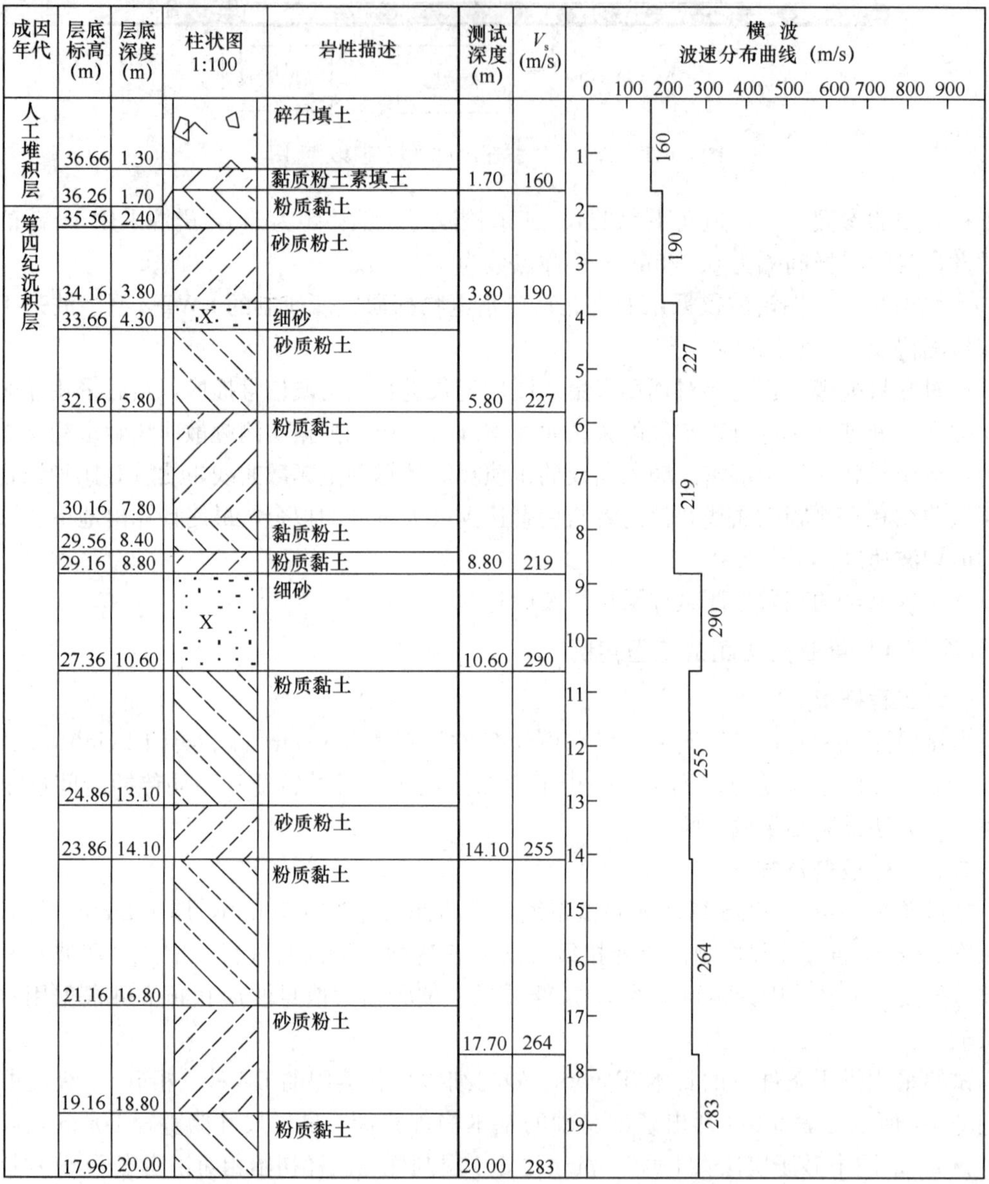

成因年代	层底标高(m)	层底深度(m)	柱状图 1:100	岩性描述	测试深度(m)	V_s(m/s)	横波 波速分布曲线（m/s）
人工堆积层	36.66	1.30		碎石填土			
	36.26	1.70		黏质粉土素填土	1.70	160	
第四纪沉积层	35.56	2.40		粉质黏土			
	34.16	3.80		砂质粉土	3.80	190	
	33.66	4.30		细砂			
	32.16	5.80		砂质粉土	5.80	227	
	30.16	7.80		粉质黏土			
	29.56	8.40		黏质粉土			
	29.16	8.80		粉质黏土	8.80	219	
	27.36	10.60		细砂	10.60	290	
	24.86	13.10		粉质黏土			
	23.86	14.10		砂质粉土	14.10	255	
	21.16	16.80		粉质黏土			
	19.16	18.80		砂质粉土	17.70	264	
	17.96	20.00		粉质黏土	20.00	283	

北勘国检（北京）工程检测有限公司　主检人：　　审核人：　　审定人：

图 6-6-6　瑞雷波波速测试成果图

弯曲元的标定主要是测定由于信号在系统线路中传播等引起的系统延时。标定方法为将弯曲元发射单元和接收单元直接接触并进行剪切波测试，设备记录到的输入和输出信号的时间差即为系统延时。经测定，本试验弯曲元测试系统的系统延时为5.5μs。同时，根据标定也可以清楚输入和输出信号初始极化方向的关系，这样有利于剪切波初始到达点的合理确定。本试验中，输入和输出信号的初始极化方向相同。值得注意的是，当一个弯曲

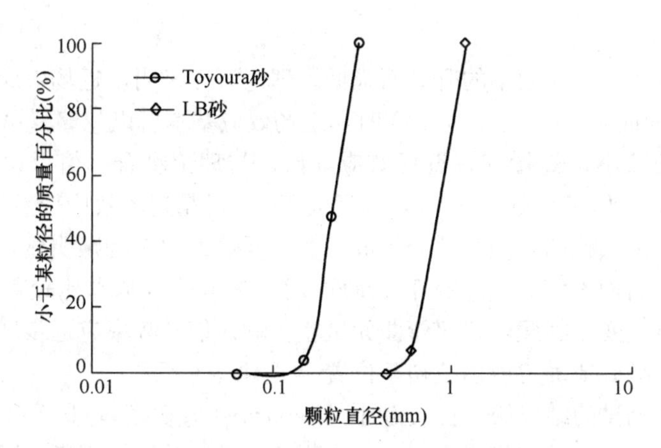

图 6-6-7　试验砂的颗粒级配曲线

元相对另一个旋转 180°时，输入和输出信号的初始极化方向会改变。

三、试验结果

图 6-6-8 给出了同一试样弯曲元试验中不同输入频率时 S 波的输出信号。可见，S 波的输出信号相对输入信号（单个正弦）更复杂且比较难于精确确定传播时间。但是经过仔细观察和分析，可得出如下三点结论。

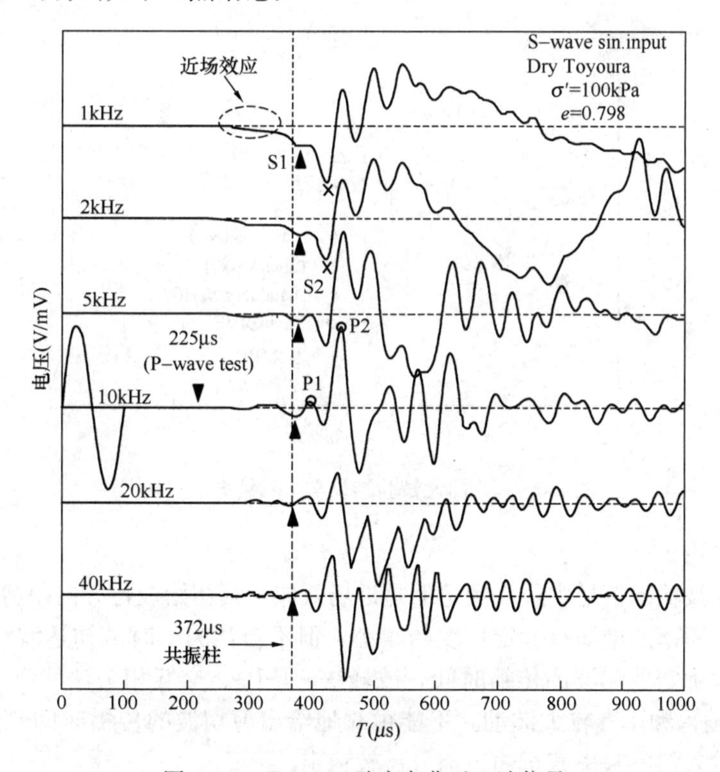

图 6-6-8　Toyoura 砂中弯曲元 S 波信号

（1）最先到达的是近场效应（Near field）中的压缩波（P 波），因为它的传播时间跟实测 P 波相近，且它的初始极化（向下）和输入信号的初始极化（向上）相反，跟理论预测完全符合。

（2）近场效应随着输入频率的升高而降低。理论研究表明，近场效应随着传播距离与波长的比值 R_d 增加而降低。当 R_d 大于 2 时，近场效应基本可以忽略。试验中，随着输入频率的增加，波长减小，R_d 增加，近场效应降低，与理论吻合。值得说明的是，尽管在输入频率 40kHz 时，R_d 值已接近 14.7，远远大于 2，可是近场效应依然存在。

（3）输出信号由低频和高频两部分组成，在较低输入频率特别明显，且高频部分基本跟输入频率无关。当输入信号频率高于 10kHz 后，输出信号基本比较稳定，不随输入信号频率增加而明显改变。因此，建议弯曲元试验中输入信号频率应逐步增加直至输出信号比较稳定，以便更准确地确定剪切波初至位置。

对本次弯曲元测试的结果跟以往文献中 Toyoura 砂剪切模量进行了对比（图 6-6-9），本试验结果和以往文献中的结果吻合很好，表明弯曲元试验设备可靠，同时也表明弯曲元剪切波传播时间确定的合理准确。为消除不同试样孔隙比不同的影响，试验结果用下面公式来均一化：

$$G_0 = AF(e)\left(\frac{p'}{p_a}\right)^n \tag{6-6-1}$$

式中 A 为跟土颗粒特性和土体组构等相关的常数；$F(e)$ 为孔隙比函数，反映孔隙比 e 的影响，采用 $F(e)=(2.17-e)2/(1+e)$；p_a 为参考应力，取 98kPa；n 为应力指数，反映有效围压 p' 的影响。

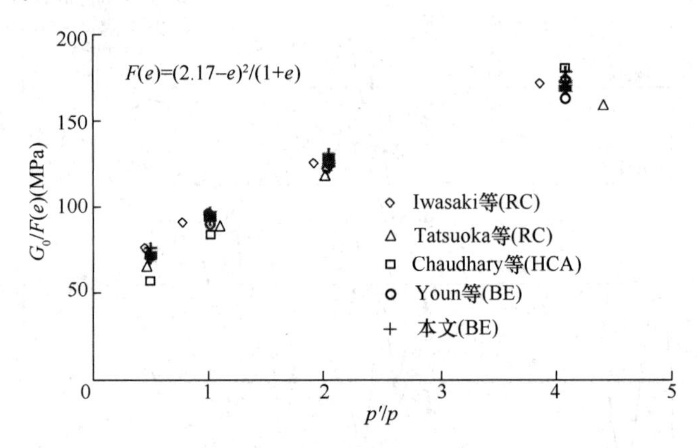

图 6-6-9 弯曲元试验结果与文献结果的对比

四、试验结论

弯曲元剪切波输出信号中最先到达的是近场效应，其初始极化方向跟剪切波相反。近场效应随着输入频率的增加有一定程度的减小，但不会消失。时域初达波法（S-S）能比较准确和可靠地确定剪切波的传播时间，波峰法（P-P）、交互相关法（CC）和交互功率法（CP）均随输入频率有较大波动，不能可靠地给出剪切波的传播时间。建议弯曲元试验中逐步提高输入信号频率直至输出信号比较稳定。

第七章　循环荷载板测试

第一节　概　　述

循环荷载板测试，是将一个刚性压板，置于地基表面，在压板上反复进行加荷、卸荷试验，量测各级荷载作用下的变形和回弹量，绘制应力-地基变形滞回曲线，根据每级荷载卸荷时的回弹变形量，确定相应的弹性变形值 S_e 和地基抗压刚度系数。适用于按 Winkler 弹性地基板设计的大型（设备）基础，如水压床、机床及公路和飞机场等工程。

在加载形式上，由单循环荷载发展到多循环荷载、静-动组合加载以及偏心加载等。但由于这种荷载试验采用的承压板面积较小，致使影响试验精度的因素增多；如果仪器设备使用不当或忽略试验的条件，则往往得不到预期效果，甚至会做出错误判断。为此，研究和探讨荷载板试验的检测精度和应用时的各种临界条件，是非常具有实际工程意义的。

第二节　设 备 和 仪 器

一、测试设备和加载装置

测试设备与静力荷载设备相同，有铁架载荷台，油压载荷试验设备，加荷装置可采用载荷台或采用反力架、液压和稳压等设备，或在载荷台上直接加重物。

测试前应考虑设备能承受的最大荷载，同时要考虑反力或重物荷载，载荷台或反力架应稳固、安全可靠，设备的承受荷载能力应大于试验最大荷载的 1.5 倍。

1. 承压板（台）

(1) 钢质承压板

适用于各种土层，承压板面积一般为 0.25～1.0m²，承压板需要有一定厚度和足够刚度。

(2) 钢筋混凝土承压板

在现场制作，承压板面积可达 1.0m²以上，适用于特殊目的，在多桩复合地基载荷试验时，由于压板面积大，常用现浇的钢筋混凝土板。

(3) 砖砌承压台

在现场没有现成的承压板时可以采用砖砌的承压台，但要保证有足够的强度和刚度。

2. 半自动稳压油压载荷试验设备

适用于承压板面积为 0.25～1.0m²。利用高压油泵，通过稳压器及反力锚定装置，将压力稳定地传递到承压板。该设备由下列三部分组成：

(1) 加荷及稳压系统

由承压板、加荷千斤顶、立柱、稳压器和支撑稳压器的三脚架组成。加荷千斤顶、稳压器、储油箱和高压油泵分别用高压胶管连接，构成一个油路系统。

(2) 反力锚定系统

包括桁架和反力锚定两部分，桁架由中心柱套管、深度调节丝杠、斜撑管、主钢丝绳、三向接头等组成。

（3）观测系统

用百分表或其他自动观测装置进行观测。

3. 载荷试验机

该设备采用了液压加荷稳压、自动检测记录、逆变电源等技术，提高了自动化程度。适用于黏性土、粉土、砂土和混合土。

该设备由下列四部分组成：

（1）反力装置

为伞形构架式，由地锚、拉杆、横梁、立柱等组成。

（2）加压系统

由承压板、加荷顶、高压油管及其连接件和液压自动加荷台等组成。

（3）自动检测记录仪

由数字钟与定时控制、数字显示表和打印机组成。

（4）交直流逆变器

4. 载荷试验设备

适用于黏性土、粉土、砂土和粒径不大的碎石土。该设备采用了滚珠丝杠和广电转换新技术，自动化程度较高，设备由下列三部分组成：

（1）稳压加荷装置

由砝码、钢丝绳、天轮、滚珠丝杠稳压器、加荷顶、承压板、手动油泵、油箱和压力表等组成。

（2）反力装置

由“K”形刚性桁架、反力螺杆、反力横梁和活顶头等组成。

（3）沉降观测装置

采用光电百分表，由吊挂架、传感器下托、光电转角传感器、警报器、数字显示仪和备用电源等组成。

5. 静力载荷测试仪

适用于黏性土、粉土、砂土和碎石土等。该仪器自动化程度高，可实现自动加载、自动补荷、自动判别稳定、自动存储数据，并可进行现场实时数据处理。

常用载荷试验设备如图 7-2-1 所示。

二、加荷方法

采用千斤顶加荷时，其反力支撑可采用荷载台、地锚、坑壁斜撑和平洞顶板支撑等提供。可根据现场土层性质、试验深度等具体条件按表 7-2-1 选用加荷方法。

各种加荷方法适用条件　　表 7-2-1

类型	适用条件
堆载式	设备简单，土质条件不限，试验深度范围大，所需重物较多
撑壁式	设备轻便，试验深度宜在 2～4m，土质稳定
平洞式	设备简单，要有 3m 以上陡坎，洞顶土厚度大于 2m，且稳定
锚杆式	设备复杂，需下地锚，表土要有一定锚着力

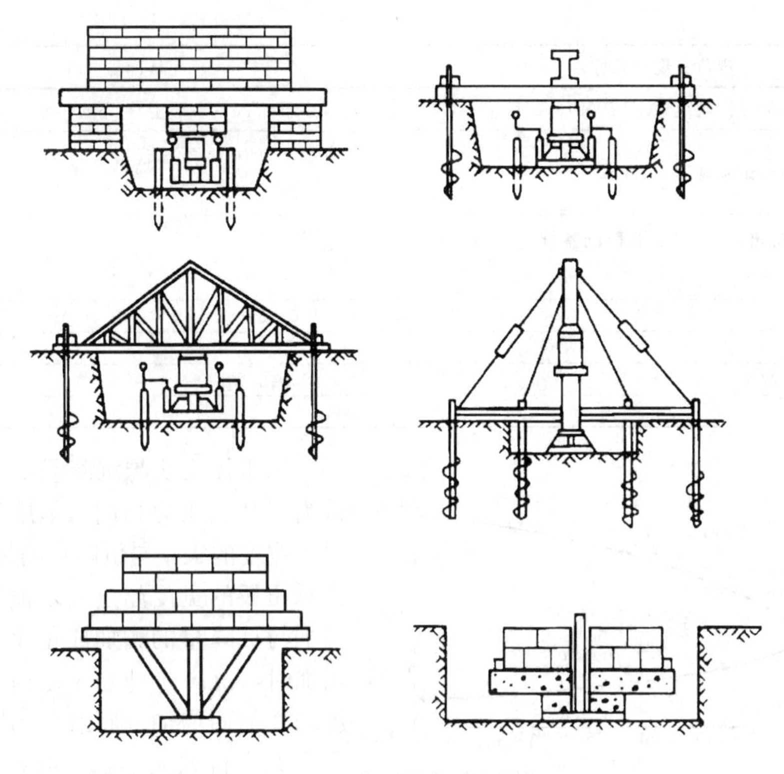

图 7-2-1　常用载荷试验设备

三、观测要求

测试地基变形的仪器，可采用百分表或位移传感器，测量精度不应低于 0.01mm。

观测变形值可采用 10～30mm 行程的百分表，其量程较大，在试验中不需要经常调表，可减少观测误差，提高测试精度。有条件时，也可采用电测位移传感器观测。

第三节　测试前的准备工作

一、承压板

测试资料表明，在一定条件下，地基土的变形量与荷载板宽度成正比关系，当压板宽度增加（或减少）到一定限度时，变形不再增加（或减小），趋于一定值。对荷载板大小的选择，各国也不相同，美、英、日等国家偏重使用小压板，苏联等国家一般规定用 0.5m^{2}压板，亦用 0.25m^2（硬土）压板。我国多采用 0.25～0.5m^{2}压板。

对于循环荷载板测试，承压板应具有足够的刚度，其形状可采用正方形或圆形；承压板面积不宜小于 0.5m^2；对密实土层，承压板面积可采用 0.25m^2。

国内外一些规范、规程对承压板面积的规定如表 7-3-1 所示。

承压板面积　　　　**表 7-3-1**

规范、规程名称	承压板面积（m^2）
《岩土工程勘察规范》GB 50021—2001（2009 年版）	不应小于 0.25（一般土），不应小于 0.50（软土、粒径大的填土）

续表

规范、规程名称	承压板面积（m^2）
《建筑地基基础设计规范》GB 50007—2011	不应小于 0.25（一般土），不应小于 0.50（软土）
《岩土静力载荷试验规程》YS 5218—2018	不宜小于 0.07（岩石地基），不应小于 0.25（一般土），不应小于 0.5（软土）
上海市地方标准：《岩土工程勘察规范》DGJ 08—37—2012	不宜小于 0.5
美国 ASTM	0.10～0.36
日本标准	0.09
苏联 ГОСТ—77	0.1～1.0
波兰标准	≥0.5

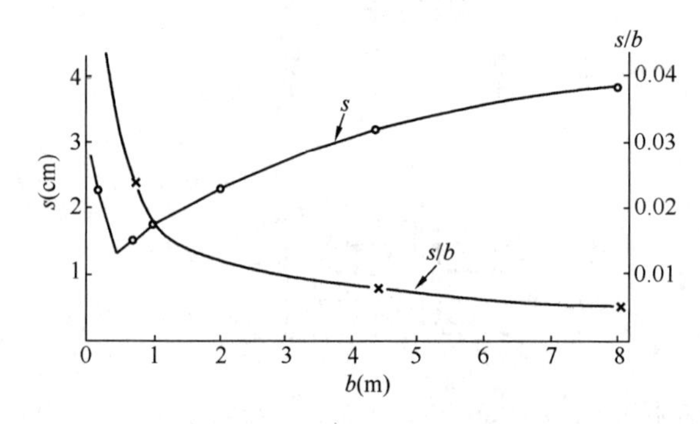

图 7-3-1　承压板（基础）宽度与沉降的关系

承压板尺寸与沉降量的关系：一般认为当基底压力相同、承压板宽度很小时，宽度的大小与沉降量的增加成反比，当承压板的宽度超过一定值后，宽度的增加与沉降量的增加成正比，当宽度再增加时，沉降量即趋于定值，不再随宽度的增加而增加。原冶金部勘察系统曾在太原进行的大小承压板对比试验中提供如下资料（图 7-3-1 和表 7-3-2）。

承压板尺寸与比例界限的关系：根据我国一些勘察单位的试验研究，认为在相同埋深的条件下，不同尺寸的承压板测得的比例界限 p_0 值是不变的，但相同尺寸的承压板，埋深不同时，p_0 值是变化的。

承压板（基础）宽度与沉降量数据的关系　　**表 7-3-2**

$b=\sqrt{A}$（cm）	s（cm）	s/b	说明
24.5	2.30	0.094	试验压力 p=160kPa
70.7	1.55	0.022	
100.0	1.80	0.018	
200.0	2.30	0.011	
440（基础）	3.20	0.008	基础计算压力为 160kPa，s 值已考虑施工期间的沉降
800（基础）	3.80	0.005	

二、试坑位置

鉴于地基的弹性变形、弹性模量和地基抗压刚度系数与地基土性质有关，如果承压板下面的土与拟建基础下的土性质不同，则由试验资料计算的参数不能用于设计基础，因此承压板的位置应选择在设计基础附近相同土层上，其土层结构宜与设计基础的土层结构相同，应保持试验土层的原状结构和天然湿度，试坑底标高宜与设计基础底标高一致。

三、试坑底面宽度

试坑底面的宽度应大于承压板的边长或直径的 3 倍，根据研究结果表明：在砂层中，不论压板放在砂的表面，还是放在砂土中一定深度处，在同一水平面上，最大变形范围均发生在 0.7～1.75 倍承压板直径范围，超过压板直径 3 倍以上，土的变形就极微小了。另外一些试验资料表明，坑壁的影响随离压板的距离增加而迅速减小，当压板底面宽度和试坑宽度之比接近 1∶3 时影响很小，可以忽略不计。

试坑底面应保持水平面，并宜在承压板下用中、粗砂层找平，其厚度宜取 10～20mm。

四、试验土层

应保持试验土层的原状结构和天然湿度，在试坑开挖时，应在试验点位置周围预留一定厚度的土层，在安装承压板前再清理至试验标高。

五、承压板与土层接触处的处理

在承压板与土层接触处，应铺设厚度不超过 20mm 厚的中砂或粗砂找平层，以保证承压板水平并与土层均匀接触。对软塑、流塑状态的黏性土或饱和松散砂，承压板周围应铺设 200～300mm 厚的原土作为保护层。

六、试验标高低于地下水位的处理

当试验标高低于地下水位时，为使试验顺利进行，应先将水位降至试验标高以下，并在试坑底部铺设一层厚 50mm 左右的中、粗砂，安装设备，待水位恢复后再加荷试验。

七、沉降观测

沉降观测装置的固定点，应设置在变形影响区以外。

八、试验精度

荷载量测精度不应低于最大荷载的±1%，承压板的沉降可采用百分表或电测位移计量测，其精度不应低于±0.01mm。

第四节　测　试　方　法

一、准备内容

循环荷载板测试前，应具备场地的岩土工程勘察资料；场地的地下设施、地下管道、地下电缆等的平面图和纵剖面图；测试现场及其邻近的振动干扰源；尚应具备拟建基础的位置和基底标高等资料。

二、试验点布置

在进行测试时，应尽可能将试验点布置在实际基础的位置和标高处。

三、测试内容

循环荷载板测试结果，应包括下列内容：

(1) 测试的各种曲线图；

(2) 地基弹性模量；

(3) 地基抗压刚度系数的测试值及经换算后的设计值。

四、循环荷载

循环荷载的大小和测试次数应根据设计要求和地基性质确定。

荷载应分级施加，第一级荷载应取试坑底面土的自重，变形稳定后再施加循环荷载，其增量可按表 7-4-1 采用。

各类土的循环荷载增量　表 7-4-1

试验土层特征	每级荷载增量（kPa）
淤泥，流塑黏性土，松散砂土	≤15
软塑黏性土、粉土，稍密砂土	15～25
可塑—硬塑黏性土、粉土，中密砂土	25～50
坚硬黏性土、粉土，密实砂	50～100
碎石土，软岩石、风化岩石	100～200

五、加荷方法

为了防止加载偏心，千斤顶合力中心应与承压板的中心点重合，并保证力的方向和承压板平面垂直。

可采用单荷级循环法或多荷级循环法加荷。每一荷级反复循环次数黏性土宜为 6～8 次，砂性土宜为 4～6 次。

每级荷载的循环时间，加荷与卸荷均宜为 5min，并应同时观测变形量。

六、变形稳定标准

测试时，先在某一荷载下（土自重压力或设计压力）加载，使压板下沉稳定（稳定标准为连续 2h 内，每小时变形量不超过 0.1mm）后，再继续施加循环荷载，其值按表 7-4-1 选取，也可按土的比例界限值的 1/10～1/12 考虑选取，观测相应的变形值。每次加荷、卸荷要求在 10min 内完成（即加荷观测 5min，卸荷回弹观测 5min）。

单荷级循环法：选择一个荷级，以等速加荷、卸荷，反复进行，直至弹性变形接近常数，一般黏性土为 6～8 次，砂性土为 4～6 次。

多荷级循环法：选择 3～4 个荷级，每一荷级反复进行加荷、卸荷 5～8 次，直到弹性变形为一定值后进行第 2 个荷级试验，依次类推，直至加完预定的荷级。

变形稳定标准：考虑到土并非纯弹性体，在同一荷载作用下，不同回次的弹性变形量是不相同的。前后两个回次弹性变形差值小于 0.05mm 时，可作为稳定的标准，并取最后一次弹性变形值。

每一级荷载作用下的弹性变形宜取最后一次循环卸荷的弹性变形量。

七、试验结束条件

1. 承压板周围的土明显地侧向挤出，周边岩土出现明显隆起或径向裂缝持续发展；

2. 沉降 s 急剧增大，荷载-沉降（p-s）曲线出现陡降段，本级荷载的沉降量大于前级荷载沉降量的 5 倍；

3. 某级荷载下，24h 沉降速率不能达到稳定标准；

4. 总沉降量与承压板直径或宽度之比超过 0.06。

满足前三种情况之一时，其相对应的前一级荷载为极限荷载。

八、回弹观测

分级卸荷，观测回弹值。分级卸荷量为分级加载量的 2 倍，15min 观测一次，1h 后再卸下一级荷载，荷载完全卸除后，应继续观测 3h。

第五节　数　据　处　理

一、绘制曲线

试验数据经计算、整理后，绘制 P_L-t（应力-时间曲线图）、S-t（地基变形量-时间曲线图）、S-P_L（地基变形量-应力曲线图）、S_e-P_L（地基弹性变形量-应力曲线图），可分开绘制，也可合起来绘制。

二、地基弹性变形量

加荷后，地基土产生变形，即包含了弹、塑性变形，称之为总变形；而卸荷回弹变形，可认为是弹性变形值。

地基弹性变形量应按下式计算：

$$S_e = S - S_P \tag{7-5-1}$$

式中　S_e——地基弹性变形量（mm）；

S——加荷时地基变形量（mm）；

S_P——卸荷时地基塑性变形量（mm）。

当地基弹性变形量-应力散点图不能连成一条直线时，应根据各级荷载测得的地基弹性变形量，按最小二乘法进行回归分析计算，得出地基弹性变形量-应力直线图。

三、地基弹性模量

地基弹性模量，可根据地基弹性变形量-应力直线图（图 7-5-1），按下式计算：

$$E = \frac{(1-\mu^2)Q}{DS_{eL}} \tag{7-5-2}$$

式中　E——地基弹性模量（MPa）；

D——承压板直径（mm）；

Q——承压板上最后一级加载后的总荷载（N）；

S_{eL}——在地基弹性变形量-应力直线图上，相应于最后一级加载的地基弹性变形量（mm）。

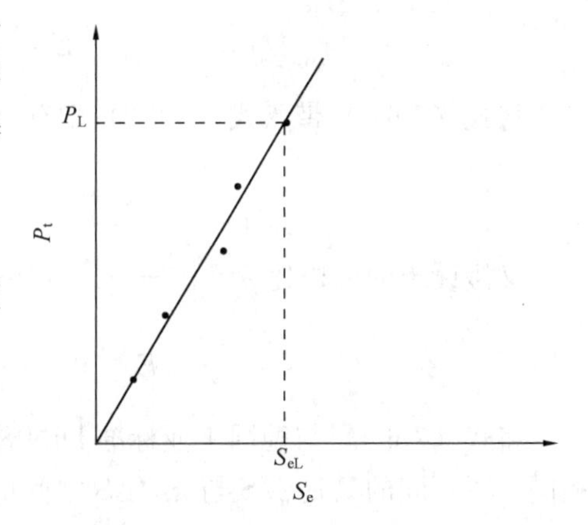

图 7-5-1　地基弹性变形量-应力直线示意图
P_t—应力；P_L—最后一级加载作用下，承压板底的总静应力（kPa）；S_e—地基弹性变形量；S_{eL}—最后一级加载的地基弹性变形量

地基弹性模量可按弹性理论公式进行计算，关键是要准确测定地基土的弹性变形值。对于地基的泊松比值，可以进行实测，也可按表 7-5-1 数值选取。密实的土宜选低值，稍密或松散的土宜选高值。

各类土的泊松比　　表 7-5-1

地基土的名称	卵石	砂土	粉土	粉质黏土	黏土
μ	0.2～0.25	0.30～0.35	0.35～0.40	0.40～0.45	0.45～0.50

四、地基刚度系数

地基刚度系数，是根据循环荷载板试验确定的弹性变形值与应力的比值求得。该方法简单直观，比较符合地基土的实际状况。

地基抗压刚度系数，宜按下式计算：

$$C_z = \frac{P_L}{S_{eL}} \tag{7-5-3}$$

式中　P_L——最后一级加载作用下，承压板底的总静应力（kPa）。

基础设计时，按式（7-5-3）计算的地基抗压刚度系数应乘以换算系数。

第六节　循环荷载计算公式的分析与讨论

一、变形系数与变形模量的关系及其含义

设某土体承受总荷载为 P，产生的沉降量为 S，其压应力为 σ，则有

$$P = \frac{\pi}{4} d^2 \sigma \tag{7-6-1}$$

而一般计算变形模量计算公式为

$$E = (1 - \mu^2) \frac{P}{Sd} \tag{7-6-2}$$

将式（7-6-1）带入式（7-6-2）则有

$$E = (1 - \mu^2) \frac{\pi}{4} d \frac{\sigma}{S} \tag{7-6-3}$$

又假设土的泊松比 $\mu = \frac{1}{4.76}$，$1-\mu^2 \approx 0.95$ 带入式（7-6-3）得

$$E = 0.95 \frac{\pi}{4} d \frac{\sigma}{S} = 0.75 d \frac{\sigma}{S} \tag{7-6-4}$$

将式（7-6-4）与德国工业标准 DINI8134 引用的变形系数公式比较发现，其形式基本相同；所不同的只是 σ/S 与 $\Delta\sigma/\Delta S$ 之间的差异。由于公式计算是在一个有意义的应力范围 $\Delta\sigma$ 内进行的，即选取范围是具体项目试验规定的最大试验荷载强度。因此，当承压板面积一定时，变形系数 EV 表示在应力变化 $\Delta\sigma$ 范围内，引起单位沉降变化所承受压力的相对大小；变形模量 E 则是在某一总荷载作用下，引起某单位沉降所承受力的相对大小。前者表示特定区间沉降变化的趋势，后者表示荷载作用下沉降量的大小。显然，σ-S 曲线呈线性变化时，如对于砾石土 $E \approx EV$；σ-S 曲线呈非线性变化时，砂类土、黏性土计算的 EV 结果显然要比变形模量 E 偏高。为此，在国外实际运用时需在设计说明书中，对不同工程对象和土壤性质要求不同的 EV 值，以弥补其不足。

二、变形曲线特征

有学者通过对实际工程 480 余份循环荷载板试验报告的统计分析，变形曲线具有 A、B、C、D、E 型五种主要特征（表 7-6-1）。从统计结果可以看出，对于一般均质地基，在正常压实情况下，属于 B 型的占 70%以上，荷载曲线处于弹性变形阶段（压密阶段），无明显临界拐点，地基承载力一般在 0.5MPa 以上。

其他类型总计不超过 30%，荷载变形曲线，从弹性变形过渡到塑性变形（剪切变形）

阶段，或从塑性变形进入破坏阶段，多数曲线无明显的临界拐点，显然，这是由于压实不好的缘故。基于这种小直径的循环荷载板试验方法，规定了最大标准应力为0.5MPa，并把$0.3\sigma_{max}=0.15$MPa至$0.7\sigma_{max}=0.35$MPa应力范围的σ-S曲线关系看成线性变化，作为确定变形系数EV、变形模量E值的依据，因此，A、B、C、D、E类型曲线，只要按照一定平移方法，校正其原点和截距，都可以归结为B型曲线，并不改变荷载板试验的计算结果和公式含义，于是，这类问题可以简化为只研究B型曲线的性质就足够了。

变形曲线五种主要特征统计表　　　　**表 7-6-1**

曲线类型	$\Delta\sigma$区间变化曲线的形状		占统计总数的比例
	曲线（Ⅰ）	曲线（Ⅱ）	
A型	沉降速度呈匀加速变化	近似为直线	18.6%
B型	两条曲线的沉降速率呈线性变化		71.1%
C型	沉降速度呈匀减速变化	呈线性变化	8.0%
D型	沉降速度呈匀加速变化		1.8%
E型	沉降速度呈匀减速变化		0.5%

三、曲线性质及取值界限

变形曲线可以是通过原点的一系列放射线，鉴于二次加荷试验是在第一次加载的基础上进行的，土体已有不同程度的压密，两直线必然有一个交点。ΔS越小变形系数EV值越大。限制ΔS不大于某一值（即限制EV不小于某一定值），可以使被压实的土体具有一定的刚度和承载能力。但应指出，对于异常坚固的地基，循环荷载板试验施加的最大荷载往往达不到临界荷载，所以，有时无法获得被测土的承载力值。

沉降比表示两直线的斜率比，即在相同荷载作用下二次受压产生的沉降，比初次受压产生的沉降所减少的倍数；其值表示土体在荷重下的稳定性及反复压实的可能性。如果两次试验的曲线近于平行，相对沉降量变化较小，比值接近于1，则只能说明土体再压实的可能性很小，不能说明土体具备了足够的刚度和较小的变形量。相同的沉降比，可以从平行于该组曲线的一系列等倾斜线中取得。所以一旦给定它们的斜率，我们就能确定曲线的位置。

掌握变形曲线的这些性质，施工人员和监测工程师就可以在试验进行的过程中，粗略地预估变形系数值，提前（全部荷载板试验完成之前）判断该试验代表区域路基的压实情况，如果低于标准规定，就可及早地调配压路机械。

大量的实践证明，对于一般正常分层填筑和较好压实的地基基础，沉降比总是在一定范围波动。如果填筑材料不好，施工方法不当，或基础下出现空洞的情况，变形曲线会出现更大的坡度，没有经过压实的土体，沉降变形比甚至更大，发生这样大的变形其基础承载能力也不会很高。

对于其他几种变形曲线，如果曲率变化很大，并有明显的临界拐点（除ΔS均有较小值的个别情况外），一般都属于非正常压实状态，其试验结果将不是变形系数偏小，就是其比值超出规定值，需要重新压实。

第七节　影响循环荷载板测试精度的因素

循环荷载板试验基于弹性、各向同性、半无限空间理论，假定土体是许多互不联系的弹簧组成的模型，一个圆形刚性板在竖向集中荷载作用下的地面沉降。但实际上，被测土体是非均质的，所以，这类试验只能间接反映土体的加载变形情况。此外，当平板受到荷载时，荷载是垂直向下的，按太沙基土力学理论，板下的破坏形成弹性楔区；当荷载增加时，随同板一起贯入土中，并形成径向剪切区；因此，土的物理力学性质、均质性、粒度、状态等，均对破坏形式和测试结果有较大的影响。

提高试验精度和保证测试结果的可靠性，应从设备本身和测试条件两个方面不断地完善和改进。

一、荷载板的平整度和刚度

荷载板的两面应平行，并具有足够的刚度。顶面不允许有切铣痕迹，底面光洁度不低于二级（W）。试验前应对板进行变形检查。方法是将承压板放在一个特别加载支架下面，并垫一个试验介质——高强度匀质橡胶垫板（厚 20mm，变形模量 $E_0=500$MPa）；确保中心加载，并测量挠曲变形，方法是：沿承压板的某一直径上，安放四块百分表，其中两块放在承压板的边缘，另两块安放在中心附近。如果加荷时测表读数有一个发生明显差异，则必须采取适当措施，加强板的强度，否则要在以后的计算结果中进行修正。

二、荷载板的受力状态

因为试验荷载是垂直向下的，为此必须保证加载千斤顶水平安放，并在反力梁与顶的接触处装一个特制球形座，以消除由接触面的微小不平而造成的偏心。对于加载系统和反力锚定系统做成一体式的试验车，更应特别注意该处的结构设计，避免机构的附加应力对所测荷载强度的影响。

三、油压表精度

为了检验因接触摩擦产生的压力损失，需要配制一个荷载板加荷支架，该支架可量测荷载到 10t，支架上安装一个经过专门计量单位标定的测力环（加载支架承受力 $P\geqslant 1.2P_{\max}$），然后，进行压力损失测量。方法是将压力以 0.05MPa 等增量逐级加载，直到压力表所能承受的最大压力，并逐次记录测力环和压力表的读数，然后以同样梯度卸载；按此过程反复三次，检查压力读数的重复性，并计算误差，作为修正的依据。整个量测工作应在千斤顶伸出 1/3、1/2 或 2/3 时为宜。

四、锚定反力

为便于野外荷载试验，必须有一个可行驶的锚定反力系统。通常的做法是用一辆载重汽车，其平衡重量应至少比最大加载荷载大一吨，如试验最大荷载为 35kN，则支座反力的平衡重为 35kN×0.101972t/kN+1t=4.6t，普通卡车的载重是作用在前后两对车轮上的，所以具体应用时，应将上述求得的平衡重加倍。国外常采用 10t 以上的卡车作为反锚系统的平衡重。

五、测桥要求和测表精度

为测量沉降变形必须有一个测桥（地面参考系），测桥的跨度和刚度是由荷载作用影响线决定的。根据计算对 $d=300$mm 荷载板，测桥距板中心至少为 0.75m（测桥跨度 1.5m）；对 $d=600$mm 荷载板，测桥跨度 $L\geqslant 2.2$m；荷载板与平衡设备（汽车后轮胎）间的距离 $b\geqslant 1.2$m，测桥通常用不锈钢制成，并且有很高的抗弯曲性能。

观测沉降变形用的测表应具有 0.01mm 的精度，通常采用三只百分表按 120°圆心角等中心距设置，以量测荷载板平面法线方向的位移，一般控制表的最高、最低读数差不得超出一倍。当发现读数异常、读数差过大等，说明荷载板发生严重倾斜，被测土处于非匀质状态；或仪器本身有问题，该试验无代表性，应重新检查仪器，并另行选点进行试验。

六、荷载板的试验条件

1. 荷载板尺寸与被测土粒度的关系

基床系数的测定与荷载板的直径有关。根据模型定律，当荷载板直径不同时，可以用下式换算

$$\frac{K_1}{K_2}=\frac{d_1}{d_2} \tag{7-7-1}$$

式中　d_1、d_2——荷载板直径；

K_1、K_2——d_1、d_2对应的基床系数。

该式的适用条件是：$300\text{mm}\leqslant d\leqslant 762\text{mm}$。且土在 1.5 倍荷载板直径的深度范围内是均质的；如该深度范围是分层填筑时，其每层密实度应大致相同。因此，这一方法的试验条件只能在粗粒土、坚硬的细粒土及混合颗粒土上进行试验。尤其对于小直径荷载板，不允许在粒度过大的岩块填料上做试验。因为此时测得的地基承载能力和相对下沉量，不仅取决于压密程度，还受岩块尺寸大小、岩块的形状及存在状态的影响。为避免荷载板试验结果的离散性，在国际通用标准中做了明确的规定。例如德国工业标准 DINI8134 中指出：比荷载板直径 1/4 还要大的土颗粒部分，一定要少并且少到忽略不计的程度。当采用 $d=300$mm 直径的荷载板，即 75mm 被定为填料粒度的上限；否则就不能应用这种方法进行测量。

2. 土体含水量的影响

土体中含水量的多少，对荷载板试验的结果影响很大。高含水量的填土层或在刚下过雨的路基上做试验，由于土壤浸水，土中产生和保持较高的孔隙水压力。尤其是砂性土，孔隙水压力的增高，使抗剪强度大为降低，引起荷载试验的 K_s值变小。这亦是我们应用该方法做路基填筑压实控制时应该注意的。因此，在制定施工测试技术标准时，应规定试验条件，避开那些特殊情况。

3. 土体的性质和状态的影响

对水分挥发快的均质砂粒土以及表面结壳和松动的土（表层因其他原因发生扰动的土）进行荷载板试验，必须在非扰动范围或影响范围之下进行，但不可改变被测土的密度。

对于细粒土（黏土、淤泥），只有在其坚硬密实的状态下，才能很好地进行荷载板试验和计算。在可疑情况下，必须确定试验点之下不同深度（直至 $1.5d$）土的含水量，因为它将影响着最终的试验结果。

第八节 工 程 实 例

[实例 1] 某煤制甲醇及深加工动力装置区测试项目

一、工程概况

某煤制甲醇及深加工工业区内主要建（构）筑物包括：厂前区、压力容器生产厂房、压力容器阻焊厂房、大件组装车间维修中心、空分装置、事故水池、污水处理、加压泵房及消防水池、循环水站、110kV 总变、热电站、脱盐水站、脱硫脱硝、净化装置、煤气化装置、卸储煤装置区、余热回收、甲醇装置、硫回收、MTO 装置、聚丙烯单元、聚乙烯单元、可燃液体汽车装卸区、酸碱站装卸区、丙烯罐区、乙烯罐区、己烯-1/丁烯-1 异戊烷罐区、PP/PE 包装及仓库、烯烃罐区和火炬等。其中煤气化装置、MTO 装置、聚丙烯装置等涉及动力机器基础设计，在动力装置区进行天然地基的循环载荷板试验，测得天然地基的地基抗压刚度系数 C_z。

拟建场地地处毛乌素沙漠东南缘与陕北黄土高原过渡的地段，场地地貌单元属风积沙丘。地层由新到老为新近回填土、风积（Q_4^{eol}）粉细砂、第四系全新统冲积（Q_4^{al}）粉细砂、第四系上更新统冲积（Q_3^{al}）粉土，侏罗系（J）砂岩。根据设计要求，本次循环载荷板试验在风积（Q_4^{eol}）粉细砂地层实施，埋深相对标高为－2.5m。

二、试验过程

（1）试验设备

采用堆重提供反力，堆重总重约为 300kN。试验承压板为圆形钢板，压板直径为 800mm，面积为 0.50m²，试验面为风积（Q_4^{eol}）粉细砂。

图 7-8-1 循环载荷板试验加载现场图

静载试验设备由下列系统组成(图 7-8-1)：

① 反力系统：由堆载设备及配重材料组成；

② 加载系统：由 50t 千斤顶及油压表组成；

③ 观测系统：由基准梁、百分表及其连接件等组成。

（2）试验方法

① 加荷方式采用单荷级循环法执行；

② 第一级荷载取 100kPa，本次变形稳定后再施加循环荷载。循环加荷分 6 级等量进行，每循环加载增量为 50kPa，最大加载量为 400kPa；

③ 每一荷级反复循环 4 次，每次加荷与卸荷时间均为 5min；

④ 试验终止条件：当出现下列情况之一时，可终止试验：

a. 沉降急骤增大、土被挤出或压板周围出现明显的裂缝；

b. 总加载量达到 400kPa。

三、数据分析

本次试验共完成循环载荷试验 3 点，选取其中一点试验进行分析，各级对应的地基弹性变形量见表 7-8-1，据此绘制的地基弹性变形量-应力关系图，见图 7-8-2。根据式（7-5-2）和式（7-5-3）计算得出地基弹性模量 E 为 7.28MPa（泊松比 μ 取 0.35），地基抗压刚度系数 C_z 为 1.33×10^4kN/m^3。

地基弹性变形量统计表　　表 7-8-1

荷载（kPa）	100	150	200	250	300	350	400
弹性位移（mm）	6.06	8.9	11.93	15.9	21.25	24.38	30.12

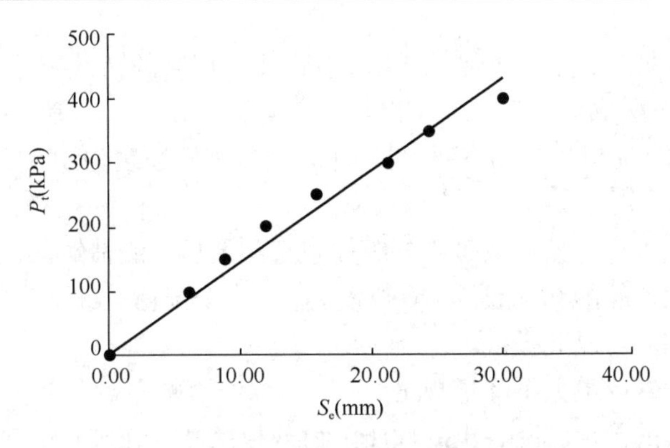

图 7-8-2　地基弹性变形量-应力关系图

［实例 2］某高速铁路路基填土压实质量测试项目

一、工程概况

20 世纪 80 年代，国外某高速铁路（运行速度 250km/h）采用循环荷载板方法控制路基填土压实质量，取得了很好的效果。

二、试验设备

主要由三部分组成：

（1）加荷及承压系统：包括承压板、加荷千斤顶及小油泵、立柱、球形联接座等。

（2）反力锚定系统：反力锚定装置的设计，取决于荷载板直径的大小和最大加载值。除了一般静载试验采用的撑臂式、平洞式和锚杆式三种方式外，对于野外小直径荷载板试验，是用一辆装载 10～50t 重物的大型卡车，尾端焊一段工字梁，做为反力锚定系统的承压面。使用这种试验车，移动极其方便，一个测点试验做完后，在几分钟内，即可将所有试验设备转移到下个试验站。

球形座安装在千斤顶与工字钢梁之间，借以消除因接触面的微小不平行而造成的偏压，保证竖向集中荷载垂直地传递到承压面上。

（3）沉降观测系统：通常采用一个特制的直杆型金属支架或三足型支架，做为地面参考坐标，沉降的位移测量系用三只百分表安装在金属支架上，表的伸缩杆则呈 120°布置在承压板周边的平面上。极少数国家（如日本），采用两只测表。我国大秦线施工，已研究采用了位移传感器；并使加荷系统与反力锚定系统组合为一体，靠机械液压传动装置实现各部动作。此外还安装了一台单板机，可自动采集和处理数据，形成一台荷载板测试车，大大简化了设备安装手续，缩短了试验操作时间。

三、试验步骤

（1）试验准备

铲平被测地面，垫一层细砂。安装承压板并用水准尺找平。安装百分表及金属支架，检查其稳定性。随后，依次安装各层垫板、立柱、小千斤顶、球形座。操纵油泵手柄，使球座与反力承压面（工字梁）恰好接触。调整百分表盘至零点。试增加微小荷载，使各百分表指针有微小动作。准备好秒表，记录纸和安装必要挡风措施，即完成加载前的一切准备工作。

（2）加载分级

加载一般以相等增量进行。英、美标准通常以 69kPa 的荷载强度为一级。德国标准对于 d=300mm 的荷载板以压力 5kN，相当于荷载强度 70.7kPa 为一级，一般加至 7 级即 35kN 时停止加载，完成应力-沉降曲线。此时地基承压强度为 495.2kPa。

（3）加载方式

以循环静载方式进行，按加载等级分级加载直到最后一级荷载的沉降稳定后，开始卸荷。卸荷梯度为最大荷载的 0.5 或 0.25 倍逐级进行。全部荷载卸除后，记录残余变形量；又开始另一个加载循环，以此类推。

（4）最大试验荷载或最大沉降量规定

主要取决于试验的预计沉降、土的性质及荷载板尺寸。在国外的一些标准中，对于铁路、公路工程，为求算变形模量：采用 d=300mm 荷载板试验，荷载一直加到沉降值达到 5mm 或荷载板正应力达到 0.5MPa 为止，采用 d=600mm 荷载板相应的沉降规定限度为 7mm 或最大荷载强度为 0.25MPa。

（5）沉降稳定判断

沉降稳定所需的时间，可根据试验进行中的时间-变形曲线变化趋势来推测。

美国标准规定：一般每分钟大约发生 0.051mm 的变形即认为稳定；

德国标准规定：每分钟读取下沉量一次，直到前后两次读取的沉降值（或回升值）不大于 0.02mm，即认为稳定，转到下一级加载或卸载。

四、试验成果

通过荷载板试验，可以获得各种典型曲线，诸如：时间-沉降；单一荷载下的应力-沉降；荷载回弹；循环荷载下的应力-沉降；重复荷载与沉降对比；及荷载尺寸影响等曲线。这些曲线进一步揭示了荷载板试验各参变量间的内在联系和被压实土体的物理力学性质；试验成果则常以基床反应模量、变形模量、沉降比等广泛地应用于土建工程中。

实际应用时，总是将荷载板试验应力-应变曲线计算结果和指标要求都列在同一页报告单内，以便对计算复核和分析判断。

该高速铁路路基工程压实标准和有关技术指标统计如表 7-8-2 所示。

为了完成这种特殊试验，通常每 50～100km 管区，配备一辆专用试验检测车。全部试验工作由一个试验员和一个司机担任，每天可做 3～4 个试验。通过大量的施工实践应用，这种试验方法对大型土方工程施工的质量控制效果是极其显著的，基本达到重载或高速铁路的设计验收标准。

压实标准和有关技术指标统计表　　**表 7-8-2**

部位		厚度（cm）	填料要求	填筑标准
一、路堤				
路堤上部	基床表层： 基面下 0～30cm	30	符合规定级配曲线	压实系数≥0.98 变形模量≥120MPa 沉降比≤2.2
	基床表层： 基面下 30～100cm	70	符合填料要求 一般规定	压实系数≥0.95 变形模量≥80MPa 沉降比≤2.5
路堤下部	基床以下 100cm 至原地面	H-100	同上	压实系数≥0.90 变形模量≥60MPa（非黏性填料） 变形模量≥45MPa（黏性填料） 沉降比≤2.5
二、路堑				
基床表层：基面下 0～30cm		30	同路堤	压实系数≥0.98 变形模量≥120MPa 沉降比≤2.2
基床表层：基面下 30～100cm		厚度根据开挖情况确定	同路堤	压实系数≥0.95 变形模量≥80MPa 沉降比≤2.5
基床以下 100～150cm		H-100	同路堤	压实系数≥0.90 变形模量≥80MPa（非黏性填料） 变形模量≥45MPa（黏性填料） 沉降比≤2.5

第八章　振动三轴测试

第一节　概　　述

土质地基、边坡及工程建（构）筑物在地震和其他动荷载作用下的动力反应分析和安全评估，需要依据于土的动力特性及其力学模型，其中包括土的动变形和动强度等方面的性质参数。一方面，地基土是传播多种振动的介质，它会对振动的强烈强度和包含的频率成分产生不可忽视的影响；另一方面，振动在土中传播的过程中，又对地基土施加了动力作用（包括动荷载和振动加速度等形式）而使其性状发生改变，如其使地基产生附加位移和变形甚至失稳，可能会严重损伤与之相关的建（构）筑物。

一、动力作用对土的工程性状影响概述

对于松散的土体，可用摇晃或振动的方法使之达到更加密实的状态。一些实验结果表明，动荷载和振动加速度的大小不同、作用次数或持续时间不同，对土体的体积变形和密实度将会产生不同的影响。竖向简谐动荷载对有侧限约束的砂土密实度的影响的研究表明：对频率在 1.8～6.0Hz 范围内变化的动荷载，初始相对密度为 60%的砂土样实验结果如图 8-1-1 所示，其中纵坐标为土的体积应变，横坐标 N 是动荷载作用的次数，σ_z 为初始竖向静压应力，σ_d 为竖向动应力幅值。由图可见，对于一定的 σ_d/σ_z，试样的体应变与 $\lg N$ 近似呈线性关系；当 N 一定时，试样的体应变会随 σ_d/σ_z 增大而增大。

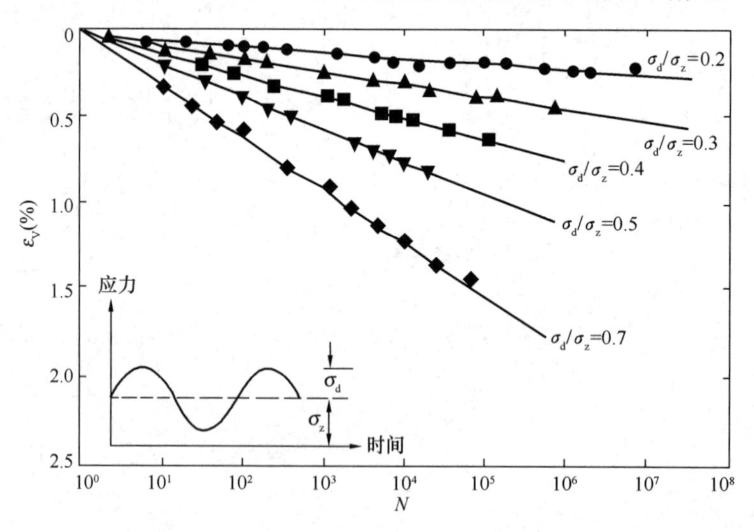

图 8-1-1　动荷载对砂土体积应变的影响

为考察振动加速度对砂土密实度的影响，将砂土装入固定在振动台上的容器使其具有侧向约束，其上施加竖向静压应力 σ_z 后，通过振动台向试样施加周期性振动 $z=A_z\sin(\omega t)$，而试样承受的加速度幅值 $a_{max}=A_z\omega^2$。对每组（ω，a_{max}），试样受振的持续时间视

其变形达到稳定状态而定；停止振动后测定试样的压缩变形量，并由此计算它的干重度。图 8-1-2 是砂土的干重度随振动加速度幅值变化的关系曲线，由此可见，土的干重度约在 $a_{\max}/g<0.7$（g 为重力加速度）时基本不变，土的孔隙体积也基本没有变化；当 $0.7 \leqslant a_{\max}/g \leqslant 2.5$ 时，土的干重度会随加速度幅的增大而明显地增大，土的孔隙体积变小了；但当振动加速度继续增大时，土的干重度反而回落，土的孔隙体积增大。其他相关试验结果表明，对土的密度基本不产生影响的振动加速度幅值，与土的类型有关，随饱和度、黏粒含量的增大而增大，但随初始孔隙比的增大而减小。

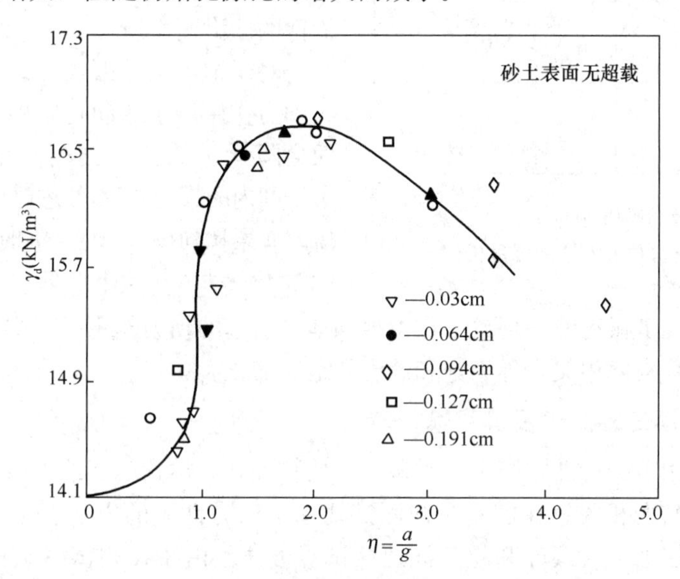

图 8-1-2　振动加速度对砂土干重度的影响

对于饱和土，当动力作用达到一定的程度后，在每个周期的动力作用中，土孔隙体积的减小趋势和孔隙水的可压缩性均不可忽略，导致土中产生残余超静孔隙水压力（下文简称土的动孔压），且随动力作用次数或持续时间的增多而不断地增大。根据太沙基有效应力原理，在总应力基本不变的条件下，动孔压的上升将导致土的有效应力降低，继而使得土体发生软化现象，土的模量和强度都会随之降低。另一方面，无黏性土的渗透性要好于黏性土，当动力作用停止后，饱和无黏性土中的动孔压消散，一般会比饱和黏性土的要快得多。一般来说，随着动孔压的消散，饱和土的模量和强度随之逐渐恢复，甚至会高于受到振动作用前的数值。

二、动力作用对土的抗剪强度的影响

根据土力学理论，与地基承载力密切相关土的抗剪强度 τ_f 可表示为：

$$\tau_f = c' + (\sigma - u)\tan\varphi' \tag{8-1-1}$$

式中 σ 和 u 分别为总应力和孔隙水压力，c' 和 φ' 分别为土的内黏聚力和内摩擦角。由于动力作用会在不同程度上影响这几个参数，土的抗剪强度将会随之变化。

对于非饱和土体，振动对其抗剪强度的影响主要体现在土性参数 c' 和 φ' 的变化上。采用干河砂与饱和密实河砂所做地基动承载力模型实验研究表明：动力作用速率的影响比较明显，当变形速率小于 0.05mm/s 时，地基的动承载力呈现逐渐降低的趋势；但当变形

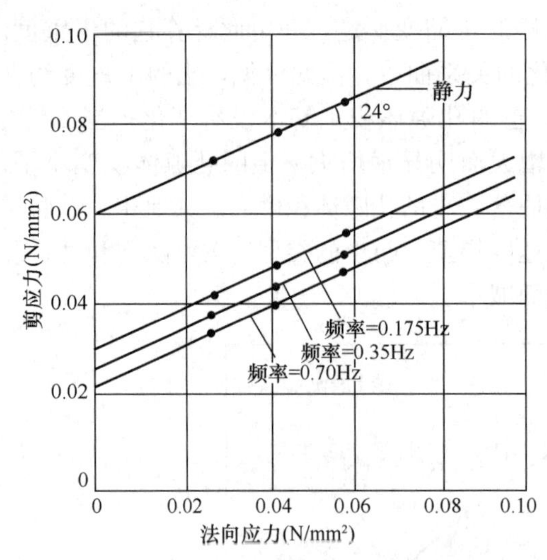

图 8-1-3　振动对土体抗剪强度的影响

速率超过 0.05mm/s 后，地基承载力将随加载速率的升高而增大。对压密到最佳含水量的班脱土和砂土的混合试样进行过周期振动剪切试验，测得的摩尔强度包线如图 8-1-3 所示。由图可见，振动对土的内摩擦角所产生的影响不大，但会较明显地降低内凝聚力，并且其降低的程度会随振动频率和土压缩性的增大而有所增大。

对于饱和土，由式（8-1-1）可见，由持续动力作用产生的动孔压将不断地升高，继而会降低土的抗剪强度。对于饱和无黏性土，其内凝聚力往往可忽略不计，当孔隙水压力 u 累积到接近总应力 σ 时，会使得 $\tau_f \to 0$，此时土在动力作用下已散失了抵抗剪切变形的能力，土体出现了振动液化现象。在由强烈地震引起的动力作用下，饱和砂土地基出现的冒水喷砂而失稳与此相关，称为饱和砂土的地震液化。

三、土的振动三轴测试及其用途

土在动力作用下的特性，与土的类型、初始物理和力学状态、约束条件以及动力作用特性等内外因素密切相关。在实验室内测试地基土动力性质的方法有很多种，包括动三轴、动单剪、动扭剪、共振柱和超声波速测试等方法。由于在测试时试样的初始力学状态、约束条件和施加的动荷载形式有所不同，这些方法各有其适用范围和优缺点。如超声波速测试，可在静力固结和三轴测试类似的试样上进行，由于超声波能量小，在传播过程中使得试样受到的动力作用微弱，需用灵敏度高的超声换能器才能检测到信号。测定得到试样波速并由此得到的土的模量，对应的土体应变远小于 10^{-4}。共振柱测试的试样一般与静力三轴测试类同，其测试分析原理是线性振动理论，但为测试试样共振频率和模量所施加的动荷载和为测试试样阻尼比而施加的初始变形，都会使得试样的应变比超声波速测试时的要高一两个数量级。相比之下，对试样和初始固结与静力三轴测试类同的动三轴测试，试样受动荷载作用引起的应变范围要大得多，当应变高于一定的量级之后，仍沿用线性振动理论来整理数据和确定参数只是一种实用的简便做法，由此确定的试样模量会随应变的增大而降低，阻尼比则是随应变的增大而增大。本章的振动三轴测试和第八章的共振柱测试相对简便，是目前国内外在工程实际中应用广泛的两种方法。将两者测试结果结合起来，便可以获得更大应变范围内土的动力特性变化。

由于地震的危害性巨大，动三轴测试方法主要是为了研究饱和砂土的地震液化特性而研制的。国家标准《土工试验方法标准》GB/T 50123 的 2019 年版增加了这个方法，并规定适用土类为饱和的细粒土和砂土，其他粗粒土可参照测试。土的动力特性参数的测定与所选用的力学模型有关。在动力作用下，土的力学模型较多，但当前在国内外工程界应用广泛的是等效黏弹体模型，基本力学元件由弹簧和黏性阻尼并联而成（图 8-1-4），其应力-应变可以表示为：

$$\sigma = \sigma_E + \sigma_c = E\varepsilon + c\dot{\varepsilon} \qquad (8\text{-}1\text{-}2)$$

式中　σ、ε——黏弹性元件的应力、应变；

$\dot{\varepsilon}$——应变速率；

σ_E——弹簧应力；

σ_c——黏壶应力；

E——弹性模量；

c——黏滞阻尼系数。

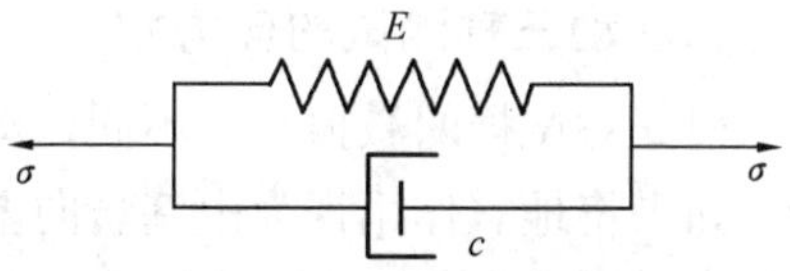

图 8-1-4　黏弹性力学模型

本章以这一模型为理论基础来测定土的动剪切模量、动弹性模量和阻尼比及其随应变的变化。另外，动三轴测试还可用于确定土的动强度（含饱和砂土的抗液化强度）和动孔隙水压力（简称动孔压）。综合应用这些测试结果，可对地基土的地震响应以及其他动荷载作用下的动力响应，进行线性黏弹性或非线性的计算分析。

动三轴测试不但可用来测定土已有力学模型的参数，供工程设计使用，而且还可以根据科学研究探索的需要，对尚未深入了解的试样在初始状态、排水条件和激振方式等方面按特殊的要求进行测试。规范中涉及的测试报告内容，主要是针对前者而规定的；对于探索试样动力特性规律的研究，则可以根据需要来增加测试报告的内容。

第二节　设备和仪器

一、动三轴测试系统

根据驱动方式的不同，动三轴仪可分为电磁式、液压式、气压式和惯性式。测试中所选用的动三轴仪，主要组成包括主机、静力控制系统、动力控制系统、量测系统、数据采集与处理系统等：

1. 主机包括试样压力室和激振器；

2. 静力控制系统用于控制试样饱和的反压以及试样初始固结所需的围压、轴向压力等；

3. 动力控制系统用于控制施工试样各种形式的动荷载；

4. 量测系统主要是指用于测量施加于试样的动荷载及其使试样产生的位移和孔隙水压力；

5. 数据采集与处理系统则是由计算机根据程序接收各种传感器感应的信号并进行数字化处理。

整个设备系统各部分的工作性能应稳定，误差不应超过容许的范围。例如，动三轴测试的主机动力加载系统在以正弦波形式激振时，实际波形应对称，且其拉、压两个半周的幅值和持时的相对偏差均不宜大于 10%。

受不同部分仪器设备能力的相互制约，动三轴仪实测的试样应变幅范围一般为 10^{-4}～10^{-2}，精度高的能测至 10^{-5} 的低应变幅。由于土的应力-应变关系具有强烈的非线性，因而要求在工程应用对象动力反应分析所需要的应变幅范围内，通过适当的测试设备，实测土的动模量、阻尼比或动强度、动孔压。当需要测试更宽应变范围内土的动参数时，可与共振柱试验等进行联合测试。动三轴仪实测的应变幅范围的上限值，应能满足土的动强度所对应的破坏标准的要求。

二、动三轴测试的应力状态

根据对试样的激振方式不同，动三轴仪又分成单向激振和双向激振两种。

如果将地震作用视为由基岩向上传播的剪切波，则在分层界面和地表都接近于水平的地基内，任一水平面上的应力，在地震波到达前只有正应力 σ_c 而无剪应力（$\tau_c=0$）；地震波到达后，地震作用将引起一个反复作用的动剪应力$\pm\tau_d$，而正应力仍然是 σ_c。

在地震作用下，地基土的这种应力状态变化，可以通过在双向激振的动三轴仪中试样45°平面上应力的变化来模拟，如图 8-2-1 所示。地基中某点地震前的应力状态，可模拟成在试样上施加一个轴向固结应力 σ_{1c} 和一个侧向固结应力 σ_{3c}，45°平面上的正应力为 $\sigma_c=\frac{\sigma_{1c}+\sigma_{3c}}{2}$，剪应力为 $\tau_c=\frac{\sigma_{1c}-\sigma_{3c}}{2}$。受地震作用时，当动荷载作用在压半周时，相当于在试样的轴向增加一个应力 $\sigma_d/2$，在侧向减小一个应力 $\sigma_d/2$，此时 45°平面上的正应力不变，但增加了一个剪应力（$\tau_d=\sigma_d/2$）；当动荷载作用在拉半周时，相当于在试样的轴向减小一个应力 $\sigma_d/2$，在侧向增加一个应力 $\sigma_d/2$，此时 45°平面上的正应力不变，但增加了一个反向的剪应力（$-\tau_d=-\sigma_d/2$）。可见，采用双向激振的动三轴仪进行试验，将幅值为 $\sigma_d/2$ 的动应力按 180°的相位差反复地施加于试样的轴向和侧向时，即可在 45°平面上得到正应力 σ_c 不变而剪应力 $\tau_d=\pm\sigma_d/2$ 往复变化的作用过程。当采取等向固结时，$\sigma_{1c}=\sigma_{3c}=\sigma_c$，试样 45°平面上的初始剪应力为 $\tau_c=0$，与上述水平层状地基中土的水平面上受地震作用的应力状态相同。

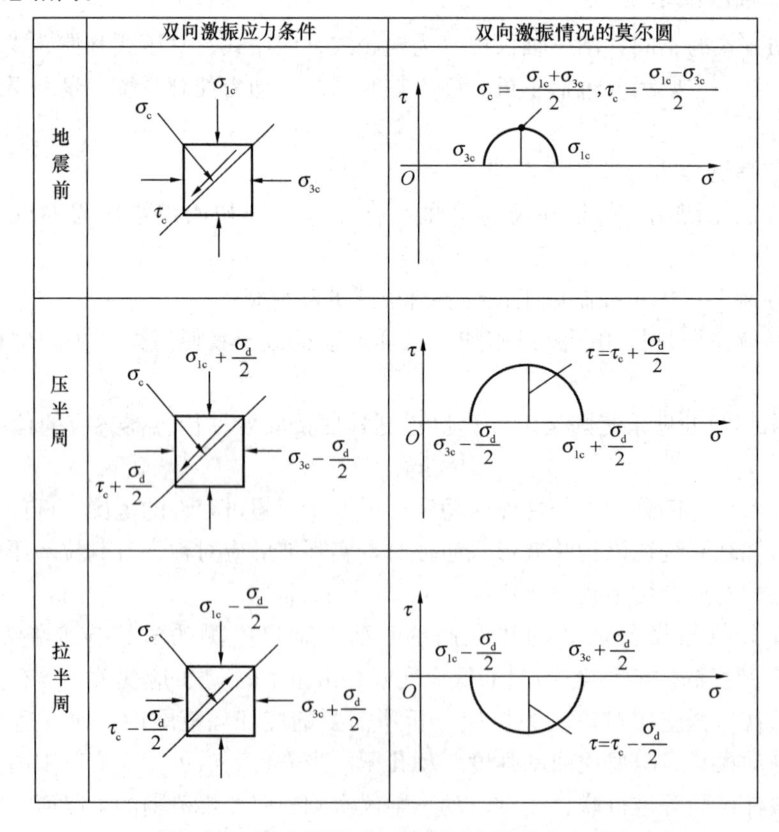

图 8-2-1 双向激振动三轴测试土样的应力状态

常用的单向激振的动三轴仪虽仅能在轴向对试样施加动应力，但也能模拟上述形式的地震作用变化过程。假设试样固结应力状态与上述双向激振的相同，然后在轴向反复施加增和减的一个动应力 σ_d，侧向压力保持不变。

此时试样 45°平面上的应力状态为：正应力 $\sigma=\sigma_c\pm\sigma_d/2$，剪应力 $\tau=\tau_c\pm\sigma_d/2$，可见其正应力也增加了一个循环反复的动应力。对完全饱和土来说，若假设对不排水的试样同时施加轴向、侧向均等的应力 $\sigma_d/2$，则对土的作用主要是产生接近于等量的孔隙水压力，土的有效应力乃至土的变形和强度基本上不会受到影响。因此，为了消除试样 45°平面上正应力的变化，在轴向施加压应力（σ_d）的半周期，假设同时对试样施加了其值一半的等向拉应力（$-\sigma_d/2$），具体做法则是从实测孔压中减除 $\sigma_d/2$；当在轴向施加拉应力（$-\sigma_d$）的半周期时，假设同时对试样施加了其值一半的等向压应力（$\sigma_d/2$），具体做法则是对实测孔压加上 $\sigma_d/2$。经过这样的修正后，对单向激振动三轴测试的试样，其 45°平面上的应力状态等效于正应力 $\sigma=\sigma_c$，剪应力 $\tau=\tau_c\pm\sigma_d/2$。

以上对两种激振方式下试样的应力状态分析表明，激振方式及其特性对土的动力特性影响较大。为更好地研究土的动力特性，动三轴测试的主机动力加载系统，宜具有按给定任意形态的数字信号进行激振的能力。

第三节　测　试　方　法

一、动三轴测试的控制条件

常规动三轴测试即针对一定密度和结构状态的饱和试样，在初始静力固结、轴向激振、不排水条件下量测初动应力、动应变和动孔压等三条时程曲线。这三条曲线是对土动力变形和强度特性进行各种分析的基础。当然，动三轴测试也可以在其他条件下进行，以便尽可能地模拟土实际所处的或研究需要的各种条件。让试样物性、初始静力状态、动力作用方式和排水条件符合实际应用情况的重要性，并不亚于为确保试验精度在试验各个环节上所必须注意的技术要求。

1. 土性条件

土性条件主要是模拟测试土的实际粒度、含水量、密度和结构。对于原状试样，只需注意不在制样过程中使试样遭受扰动即可；对于人工制备试样，则主要是控制含水量和密度。若是饱和砂土，所要模拟的主要土性条件就是密度，即按砂土在地基或土工构筑物中的实际密度来控制试样的密度。若实际密度在一定范围内变化，则应控制几种代表性较强的密度状态。当没有直接实测的密度数据时，可以按野外标准贯入试验的击数所对应的相对密度来控制试样的密度。但若砂土中含有相当数量的砾卵石等粗粒料，则由于受到现有振动三轴仪试样尺寸的限制，对它的模拟尚需摸索粗粒料含量的选定。当土中的粗粒能够形成较为稳定的骨架而细粒只起填充孔隙的作用时，土的动力性质主要取决于粗粒部分的特性，土发生液化的危险性降低；反之，当粗粒含量不足以形成土的稳定骨架，粗料只是散布在细料之中，土的动力特性主要由细粒部分决定时，土发生液化的危险性会较大。因此，若要测试土的振动液化特性，则对后者可以只用细料制样来进行试验。而对前一种情况下，一种观点认为它实际上不会发生液化，无须再进行液化试验。在如汶川大地震的情况下，这一观点是否合适尚值得商榷。若需要测试的是这种土的模量和阻尼等特性参数，则无论在哪种情况下，粗粒料的影响均不容忽视，最好是通过现场测试或采用大型动三轴仪测试较为可靠。

2. 初始静力条件

初始静力条件主要是模拟土在动力作用起始时的固结应力状态。在动三轴测试中，常用控制土的固结应力 σ_{1c} 与 σ_{3c}（固结应力比 $K_c=\sigma_{1c}/\sigma_{3c}$）来观察不同初始静力状态下土的动力性状，它的破坏面仍将发生在与大主应力面呈（$45°+\varphi'/2$）的平面上。在需要用 45°面上的应力来模拟地震波由基岩向上传播时水平面上的动剪应力变化，则可根据本章第二节的论证，采用固结应力比 $K_c=1$ 的等向固结状态。

3. 动力作用条件

动力作用条件主要是模拟动力作用的波形、方向、幅值、频率和持续时间等。对于模拟地震来说，若按照 Seed 和 Idriss 的简化法，则可以将地震波随机变化的信号简化为一种等效简谐振动作用，其剪应力幅值为

$$\tau_e = 0.65\tau_{max} \tag{8-3-1}$$

式中 τ_{max}——地震作用下土受到的最大剪应力。

等效循环数 N_{eq} 及持续时间按地震的震级来选定（如表 8-3-1），频率选用 1～2Hz，地震方向按水平剪切波考虑（固结应力比 $K_c=1$）。这是目前用动三轴测试土的动强度时常用的方法。

地震作用的等效破坏振次和参考持续时间 **表 8-3-1**

地震震级 M	5.5～6.0	6.5	7.0	7.5	8.0
等效破坏振次 N_{eq}	5	8	12	15～20	26～30
持续时间（s）	8	14	20	40	60

在地震作用下，深度 h 处的地基土受到的最大剪应力 τ_{max} 的确定，定性来说需要计算水平地震剪切波从基岩向上在土层中传播产生的质点加速度及其对应的惯性力分布，τ_{max} 与该深度以上至地表土体的总惯性力有关。若假设土体为刚体和地震地面运动的最大加速度为 a_{max}，因各深度处的土体加速度相同，则在任一深度 h 处的最大剪应力为：

$$\tau_{max} = \rho a_{max} h \tag{8-3-2}$$

式中 ρ 为深度 h 之上地基土的平均质量密度。但是，地基土实际上具有变形能力，从基岩向上至地面，水平地震加速度一般是逐渐增大的，也就是说，水平地震加速度随深度的增大而逐渐减小。因此，深度 h 处的最大剪应力比式（8-3-2）的小，其折减系数 η 与所在深度及其上方土的密度相关。由于土层密度变化相对较小，为简化计算，可按深度取平均值进行计算。综上所述，动三轴测试确定等效剪应力相关的最大地震剪应力为

$$\tau_{max} = \eta\rho a_{max} h \tag{8-3-3}$$

作为初步的认识，假设由水平地震剪切波引起的土体水平加速度从基岩向上是线性增加的，地面水平加速度是基岩的 α 倍，则折减系数 η 与深度 h 的关系经过推导可表示为

$$\eta = 1 - \frac{h}{2H}\left(1 - \frac{1}{\alpha}\right) \tag{8-3-4}$$

式中，H 为基岩以上土层的厚度。显然，当假设土层为刚体时，$\alpha=1$，式（8-3-4）给出 $\eta=1$，式（8-3-3）与式（8-3-2）一致。由式（8-3-4）可见，折减系数 η 随深度 h 的增加而线性地减小，其减小的程度与基岩以上土层厚度及其对地震加速度的放大倍数相关。

地基水平地震加速度沿深度的实际变化，并非严格地线性减小。式（8-3-5）和表8-3-2是文献经过地震反应分析而给出的一个地基 23m 深度内的折减系数，可由此对其特性作进一步的了解。

$$\eta=\begin{cases}1.0-0.00765h, h\leqslant 9.15\text{m}\\1.174-0.0267h, 9.15\text{m}<h<23\text{m}\end{cases}\tag{8-3-5}$$

剪应力折减系数 η **表 8-3-2**

h（m）	0	1.5	3.0	4.5	6.0	7.5	9.0	10.5	12
η	1.000	0.985	0.975	0.965	0.955	0.935	0.915	0.895	0.850

除了上述以工程应用为目的的测试外，在研究土的其他动力特性时，需要控制试样在不同固结应力比条件下进行动三轴测试。激振的波形和波序特征，对土的动力特性参数有着不可忽视的影响。因此，动三轴测试时施加的动力条件，应尽量与实际情况相一致。

另外，在侧重于地基地震响应的土动力学书刊上，经常看到一种说法：动力条件中的频率对土的动力特性影响较小而可以不加考虑。在软土地区，地震作用的主要频率及其变化范围一般较小，但随着实际工程遇到的动荷载频率及其范围的增大（如强夯加固地基、轨道交通运营、液压高频振动桩锤等引起的振动），这种观点将不再适用。图 8-3-1 给出的是饱和砂土动三轴测试的结果，表明在初始固结应力和动应力幅一定的情况下，其振动液化所需的时间随振动频率的升高而降低，但达到液化所需要的振次会随之增多。可见，当考察的振动频率范围较大时，频率对土的动力特性存在影响显而易见。

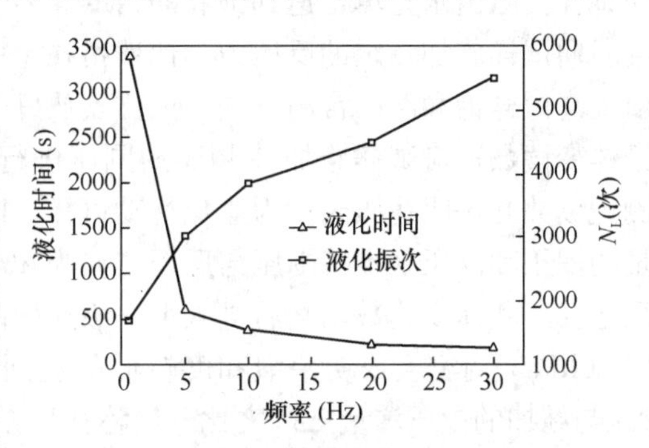

图 8-3-1 振动频率对饱和砂土振动液化特性的影响

4. 排水条件

排水条件主要是模拟试样的不同排水边界对动孔压和动应变变化的影响。考虑到地震作用的短暂性和试验成果在应用上的安全性，动三轴测试大多是在不排水条件下进行。但是，在排水条件下（分完全排水和部分排水两种）的测试结果已经表明。

尽可能地模拟土的实际排水边界条件，对工程应用具有重要性。为了允许试样在动力作用过程中能够部分排水，可以在孔压管路上安装一个砂管，并用改变砂管长度和砂土渗透系数的方法来控制排水条件上的变化。

二、动三轴测试方法

土动力特性测试，要求根据一定的试验方案，先制备好试样，使其达到要求的密度、含水量、结构和应力状态；然后施加预设形式的动荷载，同时量测试样的动应力、动应变以及动孔压时程曲线。

1. 试样制备

试样尺寸一般是直径 39.1mm，最大的为 101mm，高径比 2～2.5。其制备是动三轴测试中的一个关键环节，必须解决好试样的成型、密度、饱和度及其均匀性等方面的问题。因具体方法与静三轴测试中的试样制备基本相同，在此不再逐一赘述。

研究表明，土的动力特性与其饱和度关系密切。孔隙比与饱和度的高低，对试样在承受动荷载作用时的土骨架变形特性有明显的影响，而饱和土中孔隙水中若含有一定量的空气微小气泡，将会明显地降低孔隙水的体积模量。因此，控制好试样的饱和度对提高测试成果的质量十分重要。对非饱和试样，可由制样用土的初始含水量与制样的干密度来计算和控制试样的饱和度。对要求饱和的试样，为使试样达到尽可能高的饱和度，通常采用无空气的蒸馏水，并施加反压或进行抽气，对砂土还可采用预湿煮沸等措施，主要目的是排除制样用水或试样孔隙中的空气。还可以利用其质量密度比空气的大且易溶于水的特性，在样模内先盛满二氧化碳（CO_2）气体，然后将干砂按预控密度分层装入，放好活塞并绑扎好乳胶薄膜密封，再自下而上通入 CO_2（体积约达孔隙体积的 10 倍以上），使其尽量减少试样中可能残留的空气；然后，由下而上向试样通入无空气的水，使得 CO_2 溶于水而使试样孔隙由水充填，达到饱和的目的。

向试样施加一定的反压力，使残留在土中的少量气泡压缩变小或溶解于水，已成为目前提高试样饱和度的常用方法。试样安放好并安装上压力室罩后，关闭孔压和反压阀，测记体变读数；对试样施加 20kPa 的围压进行预压，再缓慢打开孔压阀，等到孔压稳定时测记读数并关闭孔压阀；为避免扰动试样，同时打开围压阀和反压阀，对试样分级施加等量的围压和反压（维持围压与反压之差为 20kPa），再缓慢打开孔压阀并等待孔压稳定时测记孔压和体变读数，然后进入下一级这样的测试。分级施加的围压和反压，对软黏土可取 30kPa，对密实或初始饱和度较低的土则可取到 50～70kPa。当某级实测的孔压增量 Δu 与施加的围压增量 $\Delta\sigma_3$ 之比（简称孔压系数）不低于 0.98 时，可认为试样已经饱和，否则继续重复分级施加围压和反压，直到满足这个条件。但是，由于饱和黏性土存在凝聚力，一般动孔压不会累积到出现地震液化的问题，为避免反压饱和时间过长，对其在围压作用下的孔压系数要求暂可放松到不小于 0.95。

2. 施加静荷载

施加静荷载，主要是按照预设的固结应力状态，对试样施加侧向应力 σ_{3c} 和轴向应力 σ_{1c}。对等向固结，为提高试样的成形稳定性，先对试样施加 20kPa 的侧向应力，然后逐级施加等量的侧向应力和轴向应力，直到它们两者相等并达到预设的数值，打开排水阀或体变管阀使得试样能够排水固结。对不等向固结，先按预设的侧向应力进行等向固结加载，在其变形稳定后，再继续逐级增加轴向应力直到预设的数值。

当试样的固结排水过程基本停止，即排水量和孔压基本上不再变化时，关闭排水阀门，为后续在固结不排水条件下进行动力测试做准备。与此同时，应测量试样的排水量和高度变化，并由此计算振动试验前试样的干密度和试样长度，后者是计算动轴向应变的一个依据。

3. 施加动荷载

施加动荷载是在试样完成固结后进行的。在施加动荷载之前，应仔细检查管路阀门的开关、测试仪器是否处于正常状态，然后设定好待施加的动荷载波形、幅值、频率和振动次数。开始施加动荷载后，需注意观察试样形态和各种测试参数的变动情况，对出现的异常现象应做好记录。动荷载作用的终止时间视测试目的而定。

图 8-3-2 试验曲线表明，在动应力幅一定的条件下，随着作用时间的增加，试样的动应力、动孔压经历了轻微变化、明显变化和急速变化的三个发展阶段，它们依次对应于土样的振动压密（Ⅰ）、振动剪切（Ⅱ）和振动破坏（Ⅲ）三种物理状态。这三种状态间的两个界限点，从动孔压曲线上看得相对比较清楚，对应的振次分别为图中的 N_c 和 N_u，可分别称为土的临界动力强度和极限动力强度。

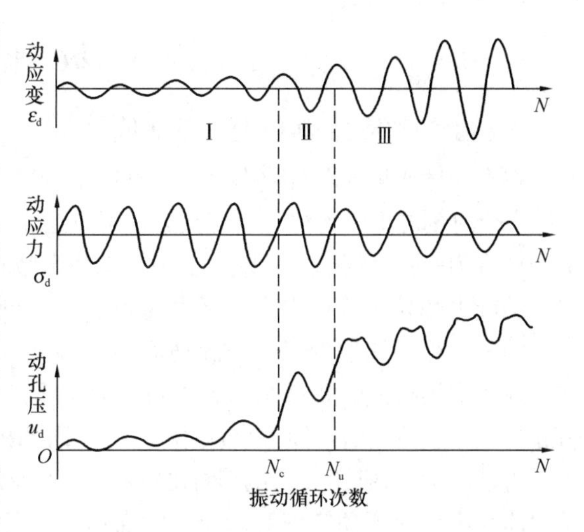

图 8-3-2　等向固结不排水动三轴测试曲线

振动压密阶段发生在动力幅小或持续时间短的情况，此时土的结构没有或只有轻微的破坏，应变和孔压上升相对较小，动应力幅维持得较为稳定；振动剪切阶段发生在动力作用超过临界动力强度之后，此时应变和孔压增大得比较明显，动应力幅尚基本上还能维持；振动破坏阶段发生在动应力作用达到极限动力强度之后，此时孔压急骤上升，变形迅速增大，已难以维持预设的动应力幅，土样失稳破坏。

在一个试样上施加多级动力作用以测定动模量和阻尼比随应变幅的变化，可以节省试验工作量，对于原状土还可节省取样数量并解决土性不均匀问题。但是，这样做有可能因预振造成孔隙水压力升高而影响后面几级的试验结果。为减少这种预振的影响，应尽量缩短在每级动力作用的持续时间或振动次数。规范规定了动力作用的振次不宜大于 5 次，且宜少不宜多。对此，更合理的确定方法是根据上述动三轴测试结果的规律，先进行尝试性试验来测定土样的临界动力强度 N_c，在满足土样动模量和阻尼比测试要求的前提下，选定的每级振动次数尽可能地远小于 N_c。

当需要测定试样的动强度和液化指标时，终止动力作用的条件，可选择在试样内的动孔压达到了侧向压力，或者在轴向动应变 2.5%～10.0%范围内选择一个数值作为判定标准。通常选用的轴向动应变为 5.0%，但对重要工程可选取更小的数值。对于地震作用模拟进行的动三轴测试，目前普遍采用等效破坏振次，它与地震震级相关，如表 8-3-1 所列。如果在开始做某一工程地基土的测试工作时，设计人员尚未能够对破坏标准做出明确的选择，则可根据地基土的性质、工程运行条件或动荷载的性质以及工程的重要性，选用 1～2 种甚至 3 种破坏标准进行测试并整理成果，以供设计人员在后续的计算分析时酌情选用。

终止试验后，打开排水管，使试样中的孔压消散到零，若相关工程还要估算地基液化后的沉降量，则可记录此消散过程。然后关闭测试设备，按与装样相反的步骤拆卸仪器和取出试样，并根据需要决定是否再测定试样的干密度。

4. 测算动应力、动孔压、动应变的时程曲线

动应力、动应变、动孔压的时程曲线是动三轴测试的基本成果（图 8-3-2）。测试工作结束后，应根据记录到的各种数据，对它们按不同的干密度、固结应力比和不同的动应力进行整理；再根据测试的目的，利用它们对土的动力特性，如动模量、阻尼化、动强度、动孔压模型、液化剪应力、动本构关系等，进行相关的计算分析。

第四节 数 据 处 理

一、土的动应力-动应变关系曲线

在周期性变化的动荷载作用下，测试了试样的动应力、动应变和动孔压等时程曲线，读取同一个时刻的动应力和动应变数据，可以绘制出试样的动应力-应变关系曲线（图 8-4-1）。土的动应力-动应变关系曲线会具有三个基本特点：非线性、滞后性和应变累积性。当施加的动应力幅较小或作用次数不多时，可以得到如图 8-4-2 所示曲线，在加载、卸载、再加载的一个循环周期内，试样的动应力-动应变关系曲线是一个以坐标原点 O 为中心的对称、封闭的滞回圈，被称为滞回曲线。将不同动应力周期作用的最大动应力 $\pm\sigma_d$ 和由它引起的最大应变 $\pm\varepsilon_d$，即各个应力-应变滞回圈的顶点 a 和 b 连接起来，所得到的一条曲线称为动应力-动应变关系的骨干曲线。骨干曲线反映了动应力与动应变之间的非线性，滞回曲线则反映了动应变对动应力的滞后性。可见，骨干曲线表示了不同应力循环的最大动应力与最大动应变之间的关系，而滞回曲线表示了某一个应力循环内各时刻动应力与动应变之间的关系。但是，当作用的动应力较大或次数较多时，土中塑性变形的出现将会使上述滞回曲线不再能够封闭和对称，滞回曲线的中心点逐渐向应变增大的方向移动，反映出应变逐渐累积的特性。

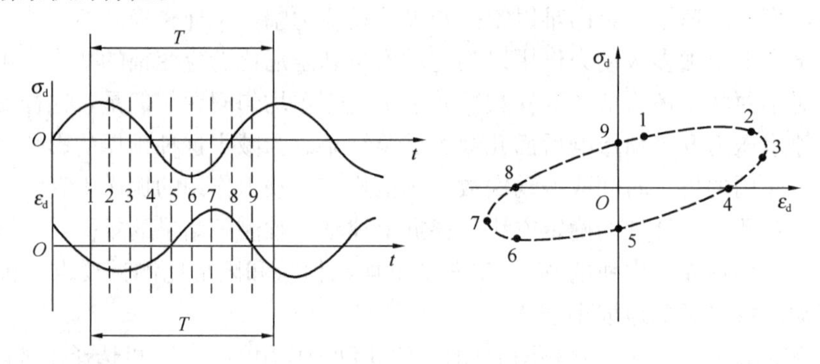

图 8-4-1　土的动应力-动应变关系曲线

二、土的动模量计算

土的动模量包括动弹性模量 E_d 和动剪切模量 G_d。在如图 8-4-2 所示的试样轴向动应力-动应变关系曲线上，对端点 a 和 b 所在的滞回圈，连接这两点的直线对横坐标轴的斜率，就是这个循环加载过程测得的动弹性模量：

$$E_d = \frac{\sigma_d}{\varepsilon_d} \tag{8-4-1}$$

式中，σ_d 和 ε_d 是图 8-4-2 中 a 点的纵、横坐标值。求出的动弹性模量与这个 ε_d 相对应。对不同的滞回圈，如此进行计算，便可得到给定试样密度和固结压力下的动弹性模量与动应变之间的关系曲线。

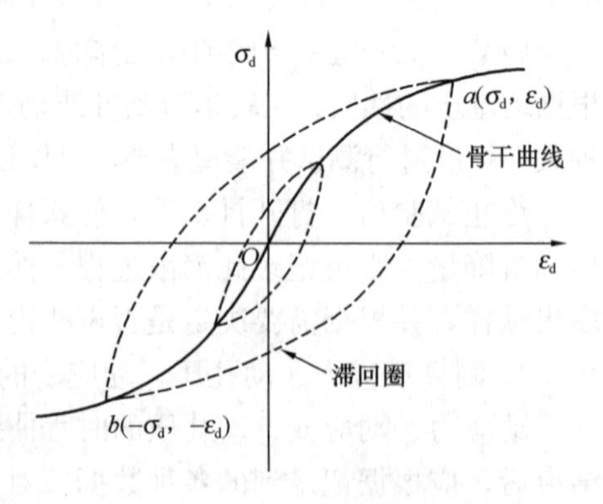

图 8-4-2　土的动应力-动应变关系滞回曲线

从上述计算方法不难看出，由式（8-4-1）得到的试样动弹性模量是图 8-4-2 中骨干曲线的割线模量，其最大值 $E_{d,max}$ 就是这条骨干曲线在坐标原点 O 处附近的直线段斜率。为便于将不同固结压力下试样的动弹性模量-动应变关系曲线绘制在同一幅图上并观察规律，通常将动弹性模量关于其最大值进行归一化，即绘制 E_d/E_{dmax}-ε_d 关系曲线。

当采用《地基动力特性测试规范》中的式（9.4.3-1）～（9.4.3-3）换算得到试样的动剪切模量 G_d 和剪应变 γ_d，则可以绘制 G_d/G_{dmax}-γ_d 关系曲线。式中包含的泊松比 μ_d，对饱和土，其值接近于 0.5；对非饱和土，其值一般处于 0.3～0.4。

三、土的阻尼比计算

在图 8-1-4 所示的黏弹性模型中，阻尼比 ζ_d 为阻尼壶的黏性系数 c 与临界阻尼系数 c_{cr} 之比，它和对数减幅系数 δ 及能量损失数 ψ 之间的关系为：

$$\zeta_d = \frac{1}{4\pi}\psi = \frac{1}{4\pi}\frac{\Delta W}{W} \tag{8-4-2}$$

式中，ΔW 为一个循环周期内损耗的能量，W 为动力作用的能量。对黏弹性体而言，一个周期内弹性力的能量损耗等于零，能量损耗应等于阻尼力所做的功。因此，$\Delta W = \int_{-\varepsilon_d}^{\varepsilon_d} c\dot{\varepsilon}\mathrm{d}\varepsilon = \int_0^T c\dot{\varepsilon}\frac{\mathrm{d}\varepsilon}{\mathrm{d}t}\mathrm{d}t = \int_0^T c\dot{\varepsilon}^2\mathrm{d}t$。可以证明，在轴向动应力 $\sigma=\sigma_d\sin(\omega t)$ 作用下，ΔW 可以近似地等于由图 8-4-2 上滞回曲线所围定的面积 A_s，即 $\Delta W=A_s$。又因为一个周期内动力作用的能量为 $W=\frac{1}{2}\sigma_d\varepsilon_d$，所以，由式（8-4-2）定义的轴向振动阻尼比可表示为：

$$\zeta_{dz} = \frac{A_s}{4\pi W} = \frac{A_s}{\pi}\Big/\left[\frac{1}{2}(2\sigma_d)(2\varepsilon_d)\right] = \frac{A_s}{\pi A_t} \tag{8-4-3}$$

式中，A_t 为图 8-4-2 中滞回圈的端点 a（σ_d，ε_d）、b（$-\sigma_d$，$-\varepsilon_d$）及其对称点（σ_d，$-\varepsilon_d$）的彼此连线围成的直角三角形面积。这是《地基动力特性测试规范》中的式（9.4.2-2）和图 9.4.2 采用的计算方式，但在一些书刊中，采用的是由坐标原点（0，0）、a（σ_d，ε_d）及其在横坐标轴上的投影点（0，ε_d）连线围成的直角三角形面积 A_1，则式（8-4-3）变成：

$$\zeta_{dz} = \frac{A_s}{4\pi A_1} \tag{8-4-4}$$

由式（8-4-3）可见，阻尼比是动应力-动应变关系图上的两个面积之比，动剪应力与动正应力、动剪应变与动正应变按各自的比例换算后，这两个面积之比却将维持不变。也就是说，剪切模量对应的阻尼比与轴向振动阻尼比 ζ_{dz} 是相同的。为简便起见，可将其符号统一表示成 ζ_d。

四、土的动强度计算

对密度或孔隙率、固结应力比、破坏准则相同但所受动应力不同的多组试样振动破坏的测试结果，首先计算试样 45°面上的动强度比 R_f：

$$R_f = \frac{\sigma_d}{2\sigma_c} \tag{8-4-5}$$

式中，σ_c——试样平均固结应力，二维问题时 $\sigma_c=(\sigma_{1c}+\sigma_{3c})/2$。也有用 σ_{3c} 替代式（8-4-5）来定义动强度比的，在阅读相关科技资料时，应注意核对所采用的定义。

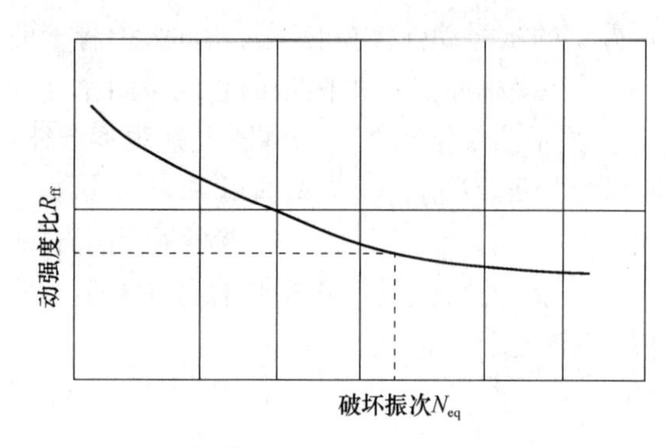

图 8-4-3　动强度比与破坏振次的关系曲线示意图

然后，绘制这个动强度比与其对应的破坏振次的关系曲线（图 8-4-3），其中破坏振次所在的横坐标通常选用对数坐标。应用时，根据工程要求的固结应力比和等效破坏振次，在该曲线上确定相应的动强度比 R_{ff}。

对密度或孔隙率、破坏准则类型、固结应力比相同但固结应力不同的一组试样，可由 R_{ff} 和固结应力确定破坏时的动应力，并绘制一组应力圆（图 8-4-4），由其公共切线确定试样的固结不排水动强度参数 c_d（动凝聚力）和 φ_d（动摩擦角），它们满足土的动强度 τ_{fs} 的计算公式：

$$\tau_{fs} = c_d + \sigma_f \tan\varphi_d \tag{8-4-6}$$

式中　σ_f ——潜在破坏面上的法向应力。

此式适用于饱和土与非饱和土。图 8-1-3表明，土的动摩擦角与静摩擦角相差较小。因此，可利用该种土的静三轴试验结果比较判断动三轴测试得到的数据是否合理。

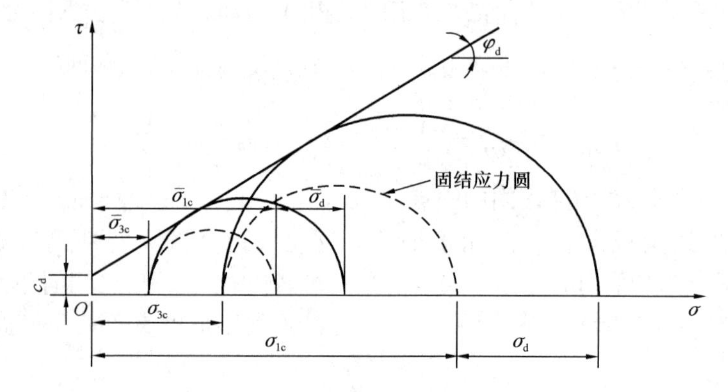

图 8-4-4　受压试样动强度的总应力圆分析

根据土力学知识，砂土的凝聚力可取为零。取 $c_d=0$，则式（8-4-6）变成：

$$\tau_{fs} = \sigma_f \tan\varphi_d \tag{8-4-7}$$

在图 8-4-4 中，轴向和侧向固结应力分别为 σ_{1c}、σ_{3c}，破坏时的轴向动应力 σ_d 的总应力圆圆心位于 $\left(0,\dfrac{\sigma_{1c}+\sigma_d+\sigma_{3c}}{2}\right)$，半径为 $\dfrac{\sigma_{1c}+\sigma_d-\sigma_{3c}}{2}$。试样潜在破坏面对应于式（8-4-7）的直线与此应力圆切点，故有：

$$\sigma_f = \frac{\sigma_{1c}+\sigma_d+\sigma_{3c}}{2} - \frac{\sigma_{1c}+\sigma_d-\sigma_{3c}}{2}\sin\varphi_d \tag{8-4-8}$$

$$\tau_{fs} = \frac{\sigma_{1c}+\sigma_d-\sigma_{3c}}{2}\cos\varphi_d \tag{8-4-9}$$

按照《地基动力特性测试规范》GB/T 50269—2015 式（8.4.7-1）～（8.4.7-3）的定义，上面两个式子可改写为：

$$\sigma_f = \sigma_{f0} + R_{ff}\sigma_c(1 - \sin\varphi_d) \tag{8-4-10}$$

$$\tau_{fs} = \tau_{f0} + R_{ff}\sigma_c\cos\varphi_d = \tau_{f0} + \tau_{fd} \tag{8-4-11}$$

式中　σ_{f0}——潜在破坏面上的初始法向应力，$\sigma_{f0} = \dfrac{\sigma_{1c} + \sigma_{3c}}{2} - \dfrac{(\sigma_{1c} - \sigma_{3c})\sin\varphi_d}{2}$；

τ_{f0}——潜在破坏面上的初始剪应力，$\tau_{f0} = \dfrac{(\sigma_{1c} - \sigma_{3c})\cos\varphi_d}{2}$；

τ_{fd}——与工程等效破坏振次对应的动强度，$\tau_{fd} = R_{ff}\sigma_c\cos\varphi_d$。

应指出的是，当式（8-4-5）中的 σ_c 采用了 σ_{3c} 时，则式（8-4-10）和式（8-4-11）中的 σ_c 也应更换成 σ_{3c}。

在拉伸试验中，试样在完成初始固结后，轴向会施加一个拉应力 $-\Delta\sigma_1$，然后再施加循环反复作用的动荷载 σ_d，使得 $\sigma_{3c} > \sigma_{1c} - \Delta\sigma_1 - \sigma_d$；也可能是未施加 $-\Delta\sigma_1$，但 $\sigma_{1c} - \sigma_{3c}$ 较小而 σ_d 相对较大，导致 $\sigma_{3c} > \sigma_{1c} - \sigma_d$。可见，当试样出现拉伸破坏时，要根据（0，$\sigma_{1c} - \Delta\sigma_1 - \sigma_d$）或（0，$\sigma_{1c} - \sigma_d$）和（0，$\sigma_{3c}$）作应力圆。为简便起见，下面讨论 $\Delta\sigma_1 = 0$ 且 $(\sigma_{1c} - \sigma_d) > 0$ 的情况。对此，由作图法容易得到受拉时潜在破坏面上的法向应力和剪应力：

$$\sigma_f = \frac{\sigma_{3c} + \sigma_{1c} - \sigma_d}{2} - \frac{\sigma_{3c} - \sigma_{1c} + \sigma_d}{2}\sin\varphi_d = \sigma_{f0} - R_{ff}\sigma_c(1 - \sin\varphi_d) \tag{8-4-12}$$

$$\tau_{fs} = \frac{\sigma_{1c} + \sigma_d - \sigma_{3c}}{2}\cos\varphi_d = \tau_{fd} - \tau_{f0} \tag{8-4-13}$$

式中，$\tau_{f0} = \dfrac{\sigma_{1c} + \sigma_{3c}}{2} + \dfrac{(\sigma_{1c} - \sigma_{3c})\sin\varphi_d}{2}$，其余符号均如上所述。

上述试样受压和受拉的潜在破坏面位于同一条强度线上，由几何关系得：

$$\sin\varphi_d = \frac{(\sigma_{1c} + \sigma_d) - \sigma_{3c}}{2} \Big/ \frac{(\sigma_{1c} + \sigma_d) + \sigma_{3c}}{2}，受压 \tag{8-4-14}$$

$$\sin\varphi_d = \frac{\sigma_{3c} - (\sigma_{1c} - \sigma_d)}{2} \Big/ \frac{\sigma_{3c} + (\sigma_{1c} - \sigma_d)}{2}，受拉 \tag{8-4-15}$$

将两式联立求解，则可以得到试样同时具有受拉与受压破坏的临界状态条件：

$$\left.\begin{aligned} \sigma_d &= (\sigma_{1c} + \sigma_{3c})\sin\varphi_d \\ \sigma_d &= (\sigma_{1c} - \sigma_{3c})/\sin\varphi_d \end{aligned}\right\} \tag{8-4-16}$$

由此继而可得：

$$\sigma_d = \sqrt{\sigma_{1c}^2 - \sigma_{3c}^2} \tag{8-4-17}$$

以上三个式子均可用来判断试样破坏的性质：动应力幅 σ_d 不大于等号右侧数值时为受压破坏，反之为受拉破坏。式（8-4-17）不涉及动摩擦角 φ_d，相对更便于应用。

定义潜在破坏面上的初始剪应力比 α_0 为：

$$\alpha_0=\frac{\tau_{f0}}{\sigma_{f0}} \tag{8-4-18}$$

显然，对初始等向固结的饱和砂土试样，$\alpha_0=0$，其相应于工程等效破坏振次的动强度为：

$$\tau_{fs}=\tau_{fd}=R_{ff}\sigma_c\cos\varphi_d \tag{8-4-19}$$

将《地基动力特性测试规范》GB/T 50269—2015 中的式（8.4.8）与之比较，可得 $C_r=\cos\varphi_d$。由于土的静止侧向压力系数 K_0 与静摩擦角 φ 在数值上存在近似关系 $K_0=1-\sin\varphi$，动、静摩擦角数值又比较接近，所以，可得到一个近似关系：$C_r=\sqrt{2K_0-K_0^2}$。

五、动孔隙水压力计算

土的变形与强度特性，与有效应力密切相关。对饱和土来说，若总应力基本不变，其有效应力与孔隙水压力此起彼伏，互为消长。因此，了解孔隙水压力的变化特性十分重要。

在动应力作用过程中，饱和试样的孔隙水压力会随时间的延续而发生波动，但它的总变化趋势是单调增长的。动孔压宜取记录时程曲线上的峰值，但根据工程需要，亦可取残余孔压数值。

在动三轴测试中，试样的最大动孔压小于等于侧向固结压力，视静、动应力作用的具体组合情况而定。从试样动孔压的波动变化来看，在振动初期（图 8-3-2 中的Ⅰ区）会表现出与动应力同相位变化的特点，反映出土在该时段内弹性为主的变形特征。随着动力作用时间或次数的增多，试样会出现非弹性变形，应变将滞后于应力（图 8-3-2 中的Ⅱ区），最后动孔压出现不规则的形态（图 8-3-2 中的Ⅲ区），反映试样的特性已经复杂化。

从单调增长的残余孔压来看，试样由于受到振动导致土骨架塑性变形而使得动孔压逐渐上升，最后达到一个与动应力大小相对应的稳定值，它往往会接近于侧向固结压力。对饱和砂土的等向固结试样（固结比 $K_c=1$），Seed 等人将单调增长的残余孔压随振次的变化采用孔压比（u_d/σ_c）与振次比（N/N_L）的关系来表达，则不同固结压力对应的曲线比较接近，大多处于如图 7-4-5 所示的两条实线之间，其拟合函数可以表示为：

$$\frac{u_d}{\sigma_c}=\frac{2}{\pi}\arcsin\left(\frac{N}{N_L}\right)^{\frac{1}{2\beta}} \tag{8-4-20}$$

式中，N 为振次，N_L 为试样初始液化（孔压等于侧压）时对应的振次；θ 为由试验确定的常数，图 8-4-5 中的虚线对应于 $\beta=0.7$。

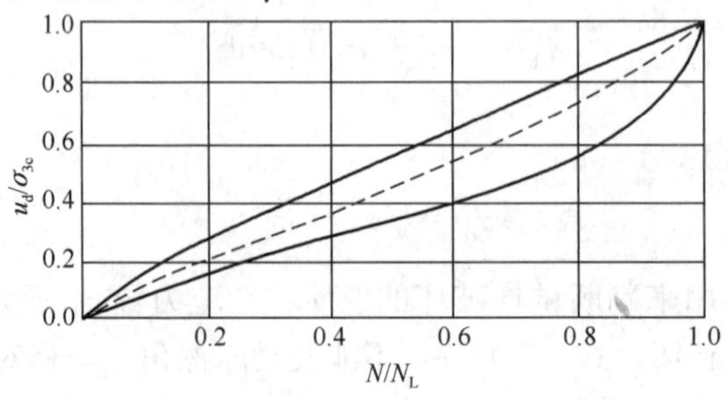

图 8-4-5　饱和砂土孔压比-振次比曲线（等向固结）

对非等向固结试样（固结比 $K_c>1$），N_L 有时不好测定，便改用动孔压达到初始固结压力一半时的振动次数 N_{50} 来替代。Finn 等人考虑固结比 K_c 及初始剪应力状态的影响，提出了如下的孔压拟合函数：

$$\frac{u_d}{\sigma_{3c}}=\frac{1}{2}+\frac{1}{\pi}\arcsin\left[\left(\frac{N}{N_{50}}\right)^{\frac{1}{\theta}}-1\right] \tag{8-4-21}$$

式中　θ_1、θ_2——经验系数，$\theta=\theta_1K_c+\theta_2$，由试验确定。

当 $D_r=50\%$时，取 $\theta=3K_c-2$，由式（8-4-21）绘制的一组曲线如图 8-4-6 所示。

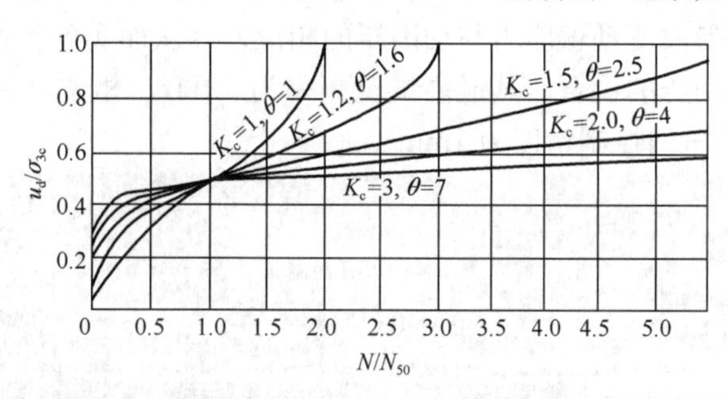

图 8-4-6　饱和砂土孔压比-振次比曲线（非等向固结）

《地基动力特性测试规范》GB/T 50269—2015 对动孔压测试数据的整理，采用的是潜在破坏面上的初始剪应力比 α_0。对饱和砂土，由其定义式（8-4-18），可推导出与固结比 K_c的关系式：

$$\alpha_0=\begin{cases}\dfrac{(K_c-1)\cos\varphi_d}{(K_c+1)-(K_c-1)\sin\varphi_d}，试样受压破坏\\[2ex]\dfrac{(K_c-1)\cos\varphi_d}{(K_c+1)+(K_c-1)\sin\varphi_d}，试样受拉破坏\end{cases} \tag{8-4-22}$$

由此可知，砂土潜在破坏面上的初始剪应力比 α_0 主要与固结比 K_c和动摩擦角 φ_d 相关。对于等向固结，$K_c=1$，$\alpha_0=0$；对于非等向固结，$K_c>1$，$\alpha_0>0$。

第五节　工　程　实　例

［实例 1］建筑物地基动三轴测试工程实例

某会展中心项目为评价其场地地基粉土层的动力特性，评价地基土的地震效应，选取 2 组粉土试样进行了动三轴测试。

一、项目概况

该场地勘探深度范围内地基土共分为 8 层，自上而下为：素填土①Q_4^{al}、粉土②Q_4^{al}、粉土—粉质黏土③Q_4^{al}、粉、细、中砂④Q_4^{al}、粉质黏土-细、中砂⑤Q_3^{al}、粉质黏土⑥Q_3^{al}、粉质黏土⑦Q_2^{al+pl}、粉质黏土-粉土⑧Q_2^{al+pl}。

在“标准贯入试验＋静力触探试验”判别砂土液化可能性的基础上，为了进一步判别饱和粉土的液化可能性，从不同深度处取粉土试样进行了室内动三轴测试。

二、试样

测试所用土样为取自该项目场地内的粉土（原状土）。试样制备、安装与饱和方法应符合现行国家标准《土工试验方法标准》的有关规定。粉土试样在周围压力作用下的孔隙水压力系数不小于0.98，满足标准要求。保证同一深度处的各组试样干密度基本相当，从而使得测试结果具有可比性。

三、测试仪器

测试仪器为英国进口GDS变围压三轴测试系统（图8-5-1），其基本组成同传统三轴仪一样，不同的是GDS系统中增加了计算机控制与分析模块。该设备通过电机伺服系统施加动轴向应力，通过油压施加动围压，不但能够单独控制动偏应力与动围压的幅值，而且能够通过自定义波形改变动偏应力与动围压的相位差，从而实现各种幅值及相位差条件下循环偏应力与循环围压的耦合。其最高试验频率为10Hz，相位可调，压力的量测控制精度为1kPa，体积的量测控制精度为$1mm^3$。

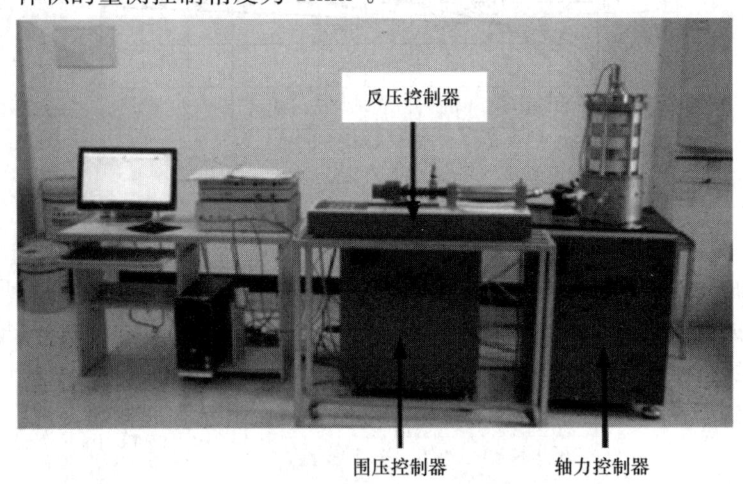

图8-5-1　GDS变围压动三轴系统

四、测试方法

根据地基土的现场应力条件确定试样的固结应力条件，每一种试样的初始剪应力比选用1个，与之相对应的侧向固结应力采用2个（59kPa、79kPa），每一个侧向固结应力下采用3个试样不同的振次（10次、20次、30次）进行测试。

五、数据处理及成果

室内动三轴试验结果见图8-5-2～图8-5-4，统计结果见表8-5-1。

（1）$K_c=1$、$\varepsilon_{df}=5\%$（双幅应变）

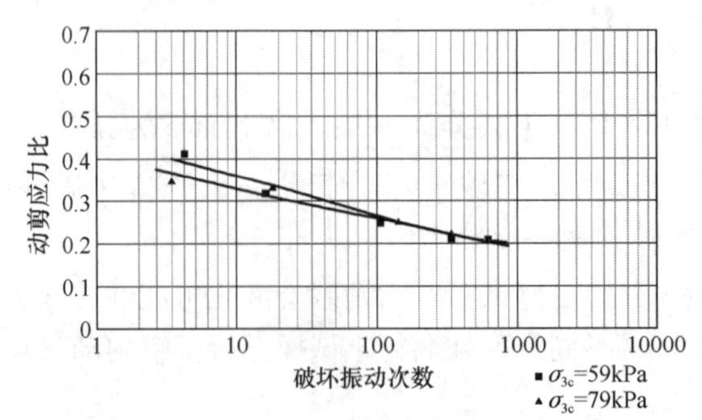

图8-5-2　不同取土深度土样的动强度曲线

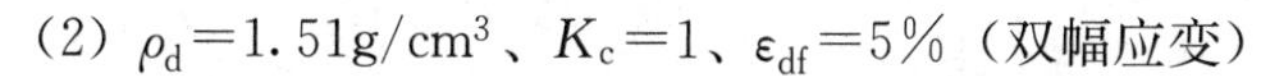

（2）$\rho_d=1.51\mathrm{g/cm^3}$、$K_c=1$、$\varepsilon_{df}=5\%$（双幅应变）

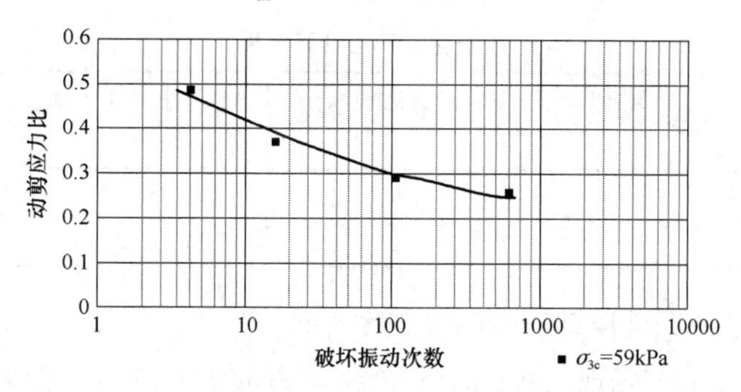

图 8-5-3　取土深度 4m 土样的动强度曲线

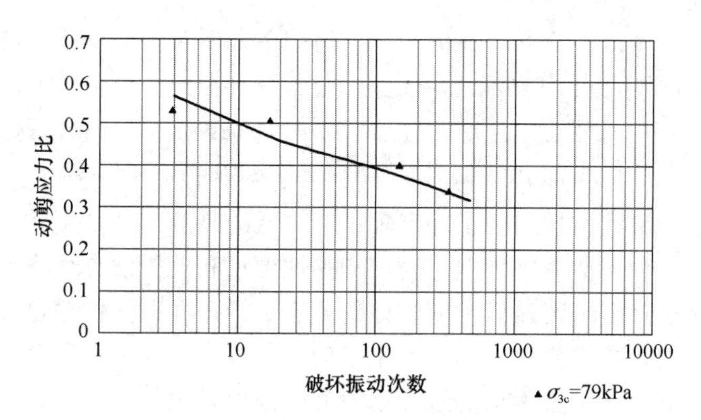

图 8-5-4　取土深度 6m 土样的动强度曲线

室内动三轴试验结果　　**表 8-5-1**

取土深度（m）	干密度（$\mathrm{g/cm^3}$）	固结后干密度（$\mathrm{g/cm^3}$）	固结应力比 K_c	周围压力 σ_{3c}（kPa）	破坏振次 N_f	破坏标准 双幅应变 $\varepsilon_{df}=5\%$ 破坏动应力 σ_{df}（kPa）	破坏动剪应力比 $\frac{\tau_{df}}{\sigma_{3c}}$
4.0	1.51	1.571	1.0	59	10	41.4	0.351
					20	37.8	0.320
					30	35.8	0.304
6.0		1.588		79	10	50.6	0.320
					20	47.1	0.298
					30	45.2	0.286

根据上述动三轴试验结果，分别按下列公式计算了地震作用的等效平均剪应力 τ_e 和抗液化剪应力 τ，对粉土进行了液化判别（表 8-5-2）。

$$\tau_e=0.65k\frac{a_{\max}}{g}\gamma d_s \tag{8-5-1}$$

$$\tau'=\tau\cdot a'=c_r\sigma_v'\left(\frac{\sigma_{df}}{2\sigma_{3c}}\right)_{N=10次}\cdot a' \tag{8-5-2}$$

在计算抗液化剪应力时，考虑到室内制备土样密实度与天然土层的差异，乘以经验修

正系数 α'，取 $\alpha'=0.7$。

抗液化剪应力计算结果 **表 8-5-2**

土层	取土深度（m）	地震剪应力 τ_e（kPa）	抗液化剪应力 τ（kPa）	修正后抗液化剪应力 τ'（kPa）	判别结果
粉土②Q_4^{al}	4.0	7.36	9.27	6.49	$\tau_e>\tau'$液化
	6.0	10.89	11.79	8.25	

［实例 2］地铁沿线地层动三轴测试工程实例

某地铁项目为评价其场地地基土的动力特性，选取 28 组试样进行了动三轴试验。

一、项目概况

该建设场地位于城市中心区，地形平坦，地貌单元属黄土梁洼。保障地铁沿线建筑物安全。该场地勘探深度范围内地基土共分为 13 层，自上而下为：素填土①Q_4^{ml}、黄土②Q_3^{eol}、古土壤③Q_3^{el}、黄土④Q_2^{eol}、粉质黏土⑤Q_2^{al}、中砂⑥Q_2^{al}、粉质黏土⑦Q_2^{al}、中砂⑧Q_2^{al}、粉质黏土⑨Q_2^{al}、粗砂⑩Q_2^{al}、粉质黏土⑪ Q_2^{al}、粗砂⑫ Q_2^{al}、粉质黏土⑬ Q_2^{al}。

该项目对地基土原状试样进行了动三轴试验，目的是测定地基土的动模量及阻尼比等动力特性，为振动安全评估提供依据。动剪切弹性模量和动压缩弹性模量可以通过它们之间的关系互相换算。具有一定黏滞性或塑性的岩土试样，其动弹性模量和动阻尼比都是随着许多因素而变化的，最主要的影响因素是主应力量级、主应力比和预固结应力条件及固结比等，动弹性模量的含义及测求的过程远较静弹性模量为复杂。

二、测试资料

本次测试测定较大应变（大于 10^{-4}）范围内材料动压缩模量和阻尼比随应变的变化规律。

1. 试样

本次试验试样为原状样，采用三轴试验的专用削土器制备圆柱形的原状试样，试样高度 $h=80$mm，直径 $D\approx39.1$mm（具体尺寸用游标卡尺量测）。

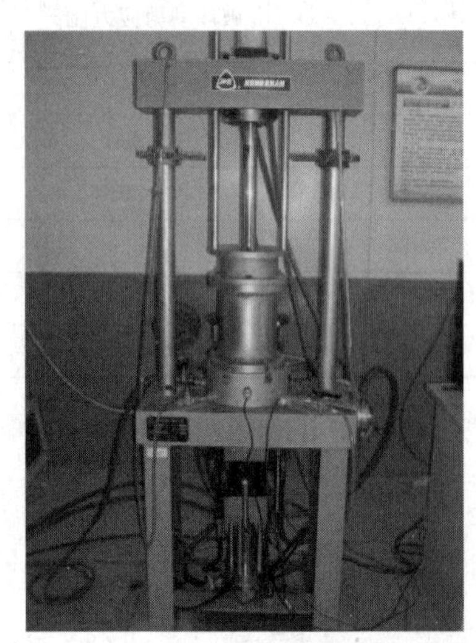

图 8-5-5 微机控制多功能三轴试验机主机

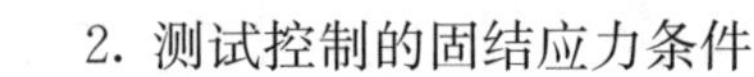

2. 测试控制的固结应力条件

动三轴试验的固结应力比 $K_c=\sigma_{1c}/\sigma_{3c}=1.0$，周围压力 σ_{3c}分别为 100kPa、200kPa、300kPa。

3. 固结稳定标准

以试样轴向变形每小时变化不大于 0.01mm 作为固结稳定标准。

4. 测试仪器

动三轴试验用微机控制多功能三轴试验机(图 8-5-5)，振动波形为正弦波（频率 1Hz）。

5. 测试标准

测试过程严格按照《土工试验规程》相关要求进行。

三、数据处理及成果

试样在均压条件下固结，待均压情况下固结完成后，关闭排水开关，再对每个试样分级施加逐级增长的动应力，每级振动 5 次，用计算机采集动应力、动应变。

按波动应变（峰谷值的一半）和动应力的峰值分别做出 σ_d-ε_d 关系曲线，根据该关系整理出不同 ε_d 时的动模量 σ_d，做出 E_d-ε_d 关系曲线。从试验结果可以看出，σ_d-ε_d 关系均近似符合双曲线关系即：

$$\sigma_d = \frac{\varepsilon_d}{a + b\varepsilon_d} \tag{8-5-3}$$

式中　a、b——试验常数，故可把 $1/E_d \sim \varepsilon_d$ 关系拟合为直线，a 为直线与纵轴的截距，b 为直线的斜率。有如下关系：

$$a = 1/E_{d0},\ b = 1/\sigma_{dy} \tag{8-5-4}$$

式中　E_{d0}——初起动压缩弹性模量；

σ_{dy}——最大动应力。

阻尼比根据选定振次（$N=1$）一个周期内各时刻的动应力和动应变得出的滞回圈大小计算得出，绘出 λ-ε_d 关系曲线。

选取 4 组代表性动三轴试验的统计结果如表 8-5-3～表 8-5-6 所示，σ_d-ε_d 关系曲线和 λ-ε_d 关系曲线见图 8-5-6～图 8-5-9，另选取 12 组试样测试结果统计如表 8-5-7 所示。从曲线图和统计表中可以看出，土的动压缩弹性模量随着动应变的增加而减小；动阻尼比随着动应变的增加而基本呈线性增加。

1. 试样 1

试样 1 动三轴试验结果统计表　　表 8-5-3

土样编号：T7-3-2	取土深度：3.0m				固结状态：$K_C=1.0$　$\sigma_{3c}=200$kPa				
$a=8.9\times10^{-3}$MPa^{-1}	$b=6.4$MPa^{-1}				$E_{d0}=112.4$MPa				
动压缩弹性模量 E_d、阻尼比 λ 与轴向动应变 ε_d 的关系									
ε_d（10^{-3}）	0.132	0.357	0.489	0.793	1.193	1.662	2.486	3.676	6.852
σ_d（kPa）	14.7	32.1	40.2	54.7	69.6	82.5	99.9	114.8	133.2
E_d（MPa）	111.6	90.0	82.4	69.0	58.3	49.6	40.2	31.2	19.4
λ	0.068	0.088	0.109	0.138	0.163	0.173	0.193	0.193	0.199

2. 试样 2

试样 2 动三轴试验结果统计表　　表 8-5-4

土样编号：T10-8-2	取土深度：8.0m				固结状态：$K_C=1.0$　$\sigma_{3c}=200$kPa				
$a=13.5\times10^{-3}$MPa^{-1}	$b=8.6$MPa^{-1}				$E_{d0}=74.1$MPa				
动压缩弹性模量 E_d、阻尼比 λ 与轴向动应变 ε_d 的关系									
ε_d（10^{-3}）	0.095	0.214	0.385	0.594	0.832	1.944	2.626	3.563	4.713
σ_d（kPa）	7.0	14.6	22.8	30.7	37.7	62.5	73.3	81.5	88.5
E_d（MPa）	73.6	68.2	59.3	51.7	45.3	32.1	27.9	22.9	18.8
λ	0.082	0.085	0.097	0.104	0.115	0.145	0.147	0.151	0.153

3. 试样 3

试样 3 动三轴试验结果统计表 **表 8-5-5**

土样编号：T10-13-1	取土深度：13.0m				固结状态：K_C=1.0 σ_{3c}=300kPa			
$a=7.4\times10^{-3}$MPa^{-1}	$b=4.2$MPa^{-1}				E_{d0}=135.1MPa			
动压缩弹性模量 E_d、阻尼比 λ 与轴向动应变 ε_d 的关系									
ε_d (10^{-3})	0.180	0.263	0.445	0.692	0.956	1.288	1.861	2.591	3.506
σ_d (kPa)	22.9	31.2	47.2	65.2	81.9	99.5	121.7	142.9	160.1
E_d (MPa)	127.7	118.6	105.9	94.3	85.7	77.2	65.4	55.1	45.7
λ	0.067	0.068	0.091	0.115	0.131	0.147	0.170	0.182	0.185

4. 试样 4

试样 4 动三轴试验结果统计表 **表 8-5-6**

土样编号：T4-8-1	取土深度：8.0m				固结状态：K_C=1.0 σ_{3c}=200kPa			
$a=8.2\times10^{-3}$MPa^{-1}	$b=11.9\times10^{-2}$MPa^{-1}				G_{d0}=121.9MPa			
动压缩弹性模量 E_d、阻尼比 λ 与轴向动应变 ε_d 的关系									
γ_d (10^{-4})	0.015	0.022	0.095	0.137	0.198	0.263	0.403	0.470	0.618
G_d (MPa)	118.3	116.6	93.2	93.1	90.0	89.2	80.7	79.5	64.3
λ	0.023	0.025	0.043	0.046	0.048	0.050	0.052	0.055	0.056

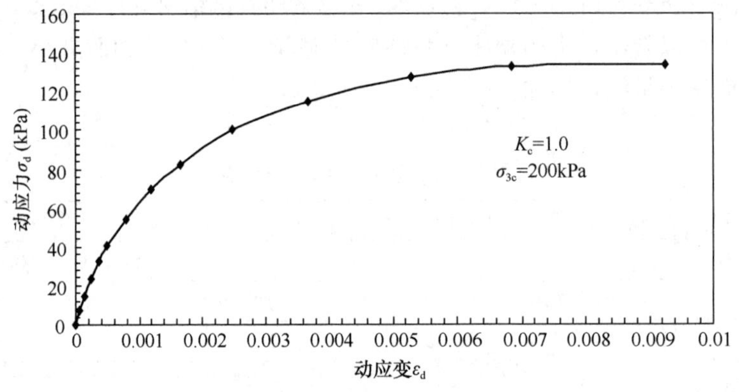

(a) T7-3-2土样的σ_d-ε_d关系曲线

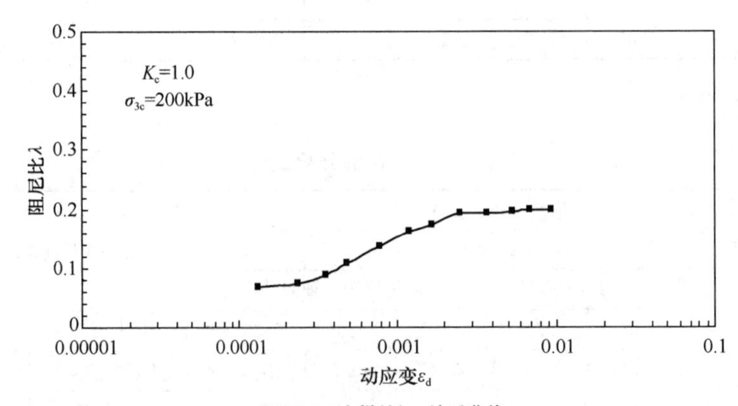

(b) T7-3-2土样的λ-ε_d关系曲线

图 8-5-6 动三轴试验成果图（T7-3-2 土样）

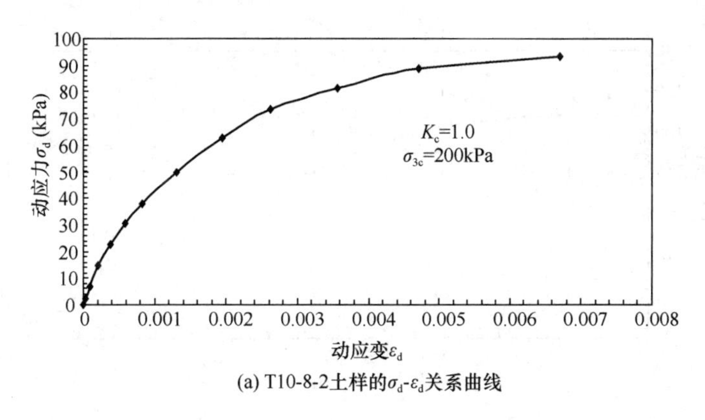

(a) T10-8-2土样的σ_d-ε_d关系曲线

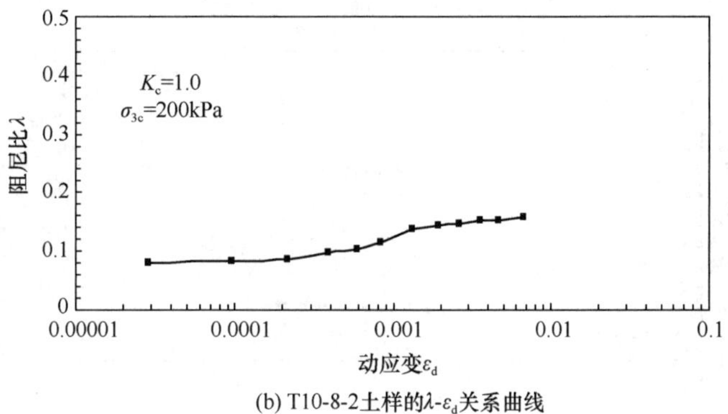

(b) T10-8-2土样的λ-ε_d关系曲线

图 8-5-7　动三轴试验成果图（T10-8-2 土样）

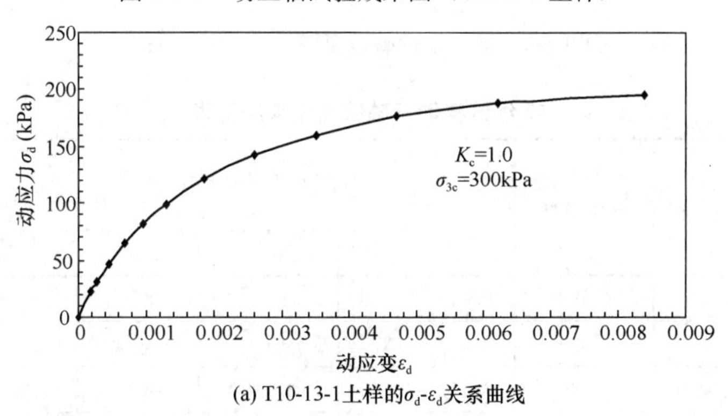

(a) T10-13-1土样的σ_d-ε_d关系曲线

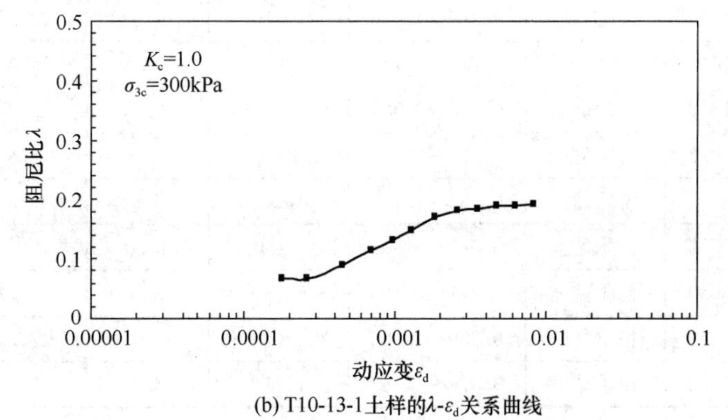

(b) T10-13-1土样的λ-ε_d关系曲线

图 8-5-8　动三轴试验成果图（T10-13-1 土样）

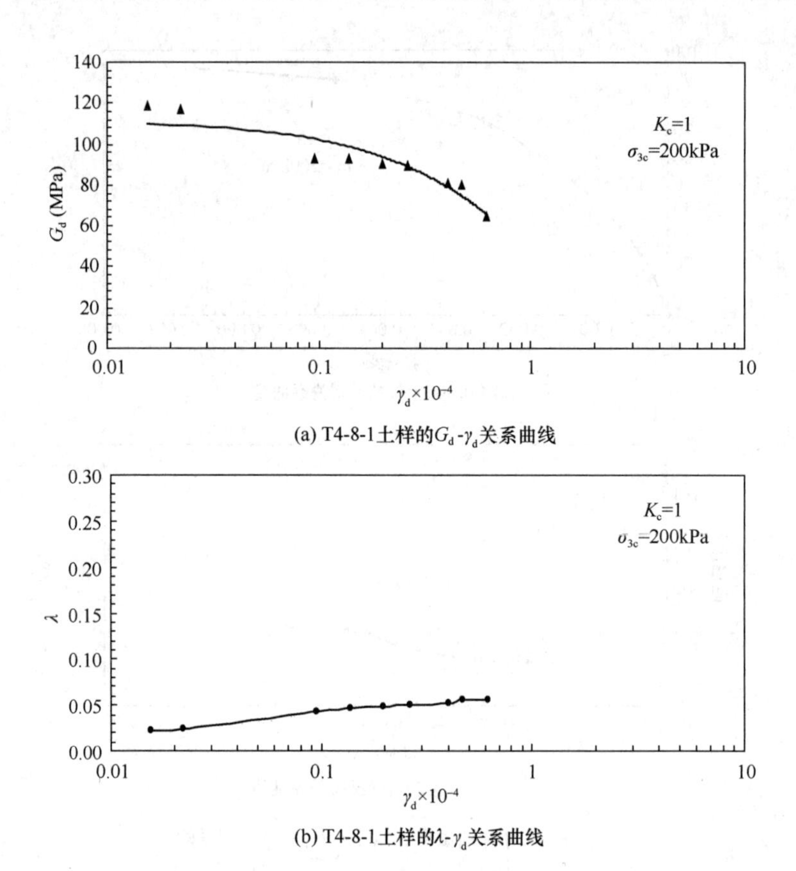

图 8-5-9　动三轴试验成果图（T4-8-1 土样）

12 组试样动三轴试验结果统计表　　　**表 8-5-7**

项目 序号	土样编号	取样深度（m）	岩土名称	动压缩弹性模量 $E_d=\frac{1}{a+b\varepsilon_d}$				动阻尼比 λ 范围
				ε_d（10^{-3}）范围	a（MPa^{-1}）	b（MPa^{-1}）	E_{d0}（MPa）	
1	4-2-2	8.2	素填土	0.110～3.168	14.8×10^{-3}	8.8	67.6	0.082～0.186
2	4-4-1	10.0	素填土	0.104～2.273	17.8×10^{-3}	18.4	56.2	0.111～0.189
3	4-6-1	12.0	黄土	0.113～4.145	7.2×10^{-3}	8.6	138.9	0.081～0.178
4	4-8-1	14.0	古土壤	0.095～4.755	5.3×10^{-3}	7.2	188.7	0.061～0.155
5	4-10-2	16.2	黄土	0.217～6.112	40.0×10^{-3}	60.5	25.0	0.204～0.228
6	4-12-2	18.2	黄土	0.250～6.325	58.8×10^{-3}	12.5	58.8	0.096～0.195
7	4-14-1	20.0	粉质黏土	0.391～7.529	14.2×10^{-3}	13.8	70.4	0.146～0.247
8	4-19B	25.2	粉质黏土	0.085～4.105	4.4×10^{-3}	9.5	227.3	0.065～0.188
9	1-19-1	27.0	粉质黏土	0.089～5.661	12.5×10^{-3}	11.0	80.0	0.119～0.192
10	4-26-1	36.0	粉质黏土	0.241～6.586	9.6×10^{-3}	8.8	104.2	0.093～0.182
11	4-31-2	46.2	粉质黏土	0.259～4.882	7.2×10^{-3}	4.2	138.9	0.088～0.170
12	4-36B	56.2	粉质黏土	0.379～5.757	8.1×10^{-3}	3.0	123.5	0.108～0.154

第九章 共振柱测试

第一节 概 述

目前可采用三种主要仪器（共振柱、动三轴、扭剪仪）测定土的模量和阻尼比，但三种仪器原理不同，对应变的适用范围也不同，测出的或推出的动剪切模量和阻尼比差异较大。从目前看，没有一种仪器能完全满足工程上的要求。采用两种仪器联合测定方法，如共振柱和动三轴联合测定法、共振柱和扭剪仪联合测定法，虽是一种发展趋势，但由于受到仪器原理等限制，其方法尚不成熟，有待深入研究。比较而言，共振柱原理可靠，方法较为理想，仍是目前给出（中）小应变下动剪切模量与阻尼比较为可靠的仪器，对其小应变限制条件，可采用较为合理的方式解决，即采用公认的曲线形式推广到大应变的结果。

共振柱测试的理论基础是波在土体中的传播理论——波动理论。共振柱测试是对类似于动三轴测试的土试样，施加一系列频率的轴向振动或绕竖轴转动（扭转）的简谐激振力，同时测定试样的轴向动位移或扭转角幅，由此获得试样的位移或转角幅与频率之间的关系曲线，并由其峰点确定试样的共振频率以及峰点附近曲线上升和下降段之间的特征宽度。由这些实测数据来确定试样的动弹性模量或动剪切模量及阻尼比的计算公式，则是基于将土试样当成线性黏弹体模型建立起来的。这就是共振法测试名称的由来，同时也要求了土试样在测试中承受的应变幅不能过大而进入明显的非线性状态。根据各种土的测试结果，一般认为共振柱测试的最大应变幅不宜超过 10^{-4}。

在共振柱仪器上测试试样阻尼比，目前采用更多的是自由振动法：在判断已能确定试样的共振频率之后，切断激振而让试样处于自由振动状态，同时测得试样振动衰减时程曲线，再由此和线性黏弹体模型的自由振动解理论公式来计算试样的阻尼比。

共振柱仪可在 10^{-6}～10^{-3}的应变范围内测试土的动力性质参数，而动三轴测试却难以在小于 10^{-4}的应变范围测得可靠的结果。因此，共振柱测试常与动三轴测试相配合，将它们的测试结果整合起来，便于得到更为完整的试样动模量、阻尼比与动应变的关系曲线（图 9-1-1）。

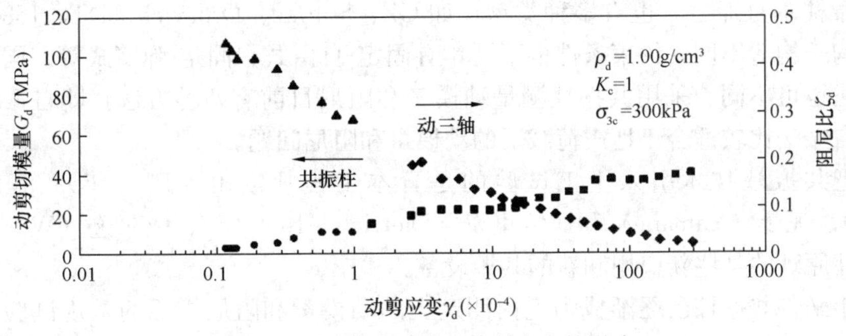

图 9-1-1 动荷载对砂土体积应变的影响

在实际应用中，当整合如图 9-1-1 所示共振柱和动三轴测试的结果时，由于设备系统等方面的差别，在数据接壤区域可能会出现相互错位现象。对此，鉴于共振柱测试的相对精细性，不妨以其为基准，对动三轴测试的结果适当进行整体性修正，以使得两种测试数据整合形成的曲线具有较好的连续性。另外，当应变幅不大于 10^{-5} 时，试样的动剪切模量或动弹性模量相对比较稳定，为试样动模量随应变变化的曲线上的最大值 G_{dmax} 或 E_{dmax}，相应的阻尼比一般很低，土试样接近于理想弹性体了。图 9-1-2 就是利用这个最大动剪切模量进行归一化而得到的动剪切模量比 $G_d/G_{d,max}$ 与剪应变幅 γ_d 的关系曲线，可见对同一类土，不同固结压力下的这种曲线在一个颇为狭窄的区间内变化。

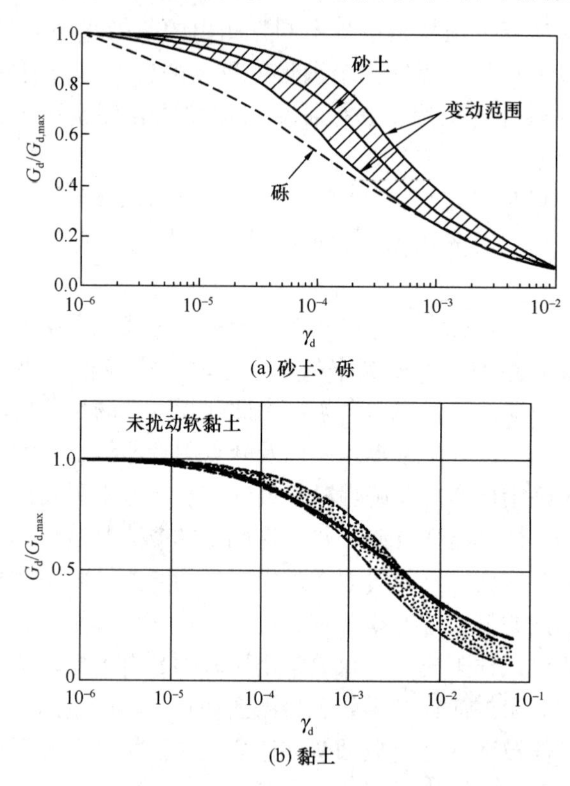

图 9-1-2　动剪切模量比与动剪应变关系

第二节　设备和仪器

就共振柱本身而言，也有多种类型，如 GZ、Sotoke、Drnevich、DTC-158、GS 等，它们的结构、构造不同，约束条件也不同，有固定-自由式、固定-弹簧式等。同种共振柱的试样方法也可不同。采用共振柱测量动模量和阻尼目前有两种方法，即自振法和共振法。其中自振法比较适合于地震荷载下的动模量和阻尼问题。

最早把共振柱技术引入土工试验的是日本工程师饭田（1938 年）。其后，香农（Shannon）、亚曼（Yamane）和迪特里奇（Dietrich，1959 年）、威尔逊（Wilson）等介绍了共振柱原理的某些新应用和新的共振设备。

近些年来，共振柱已逐渐成为室内测定土的动模量和阻尼指标的常规试验方法。美国、日本、德国等国已广泛应用了这种试验技术。目前已发展到用微计算机控制整个试验过程，包括采用、计算和打印试验结果等。但在振动次数少于1000次的试验中，用共振柱试验是不适宜的。

根据试样上、下两端约束方式的不同，共振柱仪可分为一端固定一端自由、一端固定一端受弹簧和阻尼器支撑两类；按试样受振方式，又可分为稳态强迫振动法和自由振动法两类；按试样振动模式，则可分为扭转振动和轴向振动两类，如图9-2-1所示。有的共振柱仪可沿侧向和轴向对试样施加不同的压力，也有的则只能施加等向压力，而在实际工程中地基土的初始静力状态，各向等压的情况相对比较少见。另外，试样按截面形式分实心圆柱试样和空心圆柱试样两种。在扭转振动测试中，实心圆柱试样截面的动剪应变从中心沿径向由零逐渐增加至最大值，分布极其不均匀，需要选定一个代表性的动剪应变与所测得的动剪切模量相对应；空心圆柱试样，截面圆环上沿径向的动剪应变分布相对均匀，但空心圆柱试样的制备要比实心试样的相对困难一些。

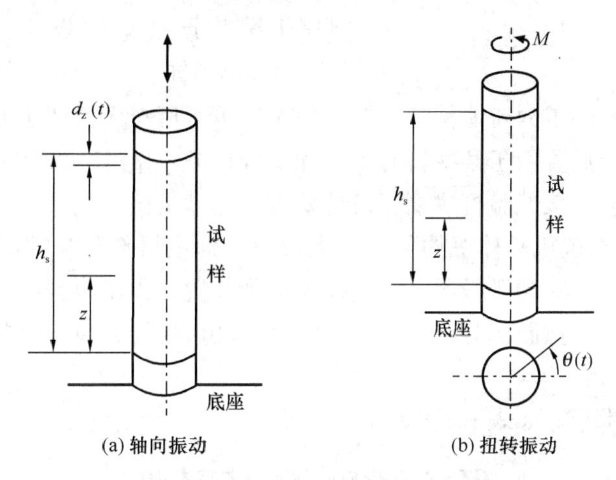

图9-2-1　共振柱测试中的两种基本激振形式

扭转振动与轴向振动的激振端压板系统，无弹簧-阻尼器和有弹簧-阻尼器的各种类型共振柱仪都可以采用，但各自均须进行有关参数的率定。

所选用的共振柱仪，主要组成包括主机、静力控制系统、动力控制系统、量测系统、数据采集与处理系统等。其中与动三轴测试系统类似的部分，包括对试样进行饱和处理、初始固结等方面；有所不同的是，不对试样所受的动扭矩或动轴力进行测试，但需增加对试样顶端微幅振动的扭转角或轴向位移的测试，与此相关的振动传感器及其技术性能指标，应满足测试精度的要求。

根据材料力学，对长度为 h_s 的圆形截面试样，若已知在其端部施加的扭矩 M 及其两端产生的相对转角 θ、截面直径 D_s 等参数，则试样的剪切模量 G 可由下式计算：

$$G=\frac{Mh_s}{\theta I_s} \tag{9-2-1}$$

式中，$I_s=\frac{\pi D_s^4}{32}$ 为试样截面对其中心的极惯性矩。扭转振动的共振柱测试，对试样端部施加扭矩，可由如图9-2-2所示的两对力偶作用产生，但每个力的大小、方向、作用线及其相互距离均要进行严格的测试和控制。在试样及激振驱动系统安装时，须使得磁极中心到线圈上、下端的距离相等，两对线圈的高度一致，线圈两侧的磁隙相同且对称于线圈

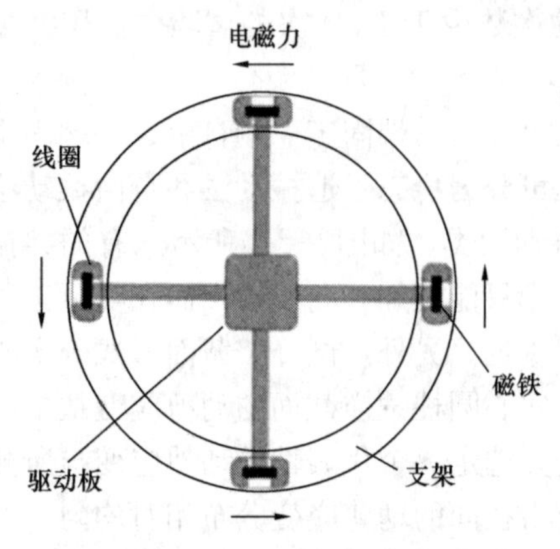

图 9-2-2　共振柱测试中扭矩施加方式示意图

支架。

目前常用的共振柱仪，对试样在不同频率下进行稳态扭转振动测试，获得与一系列频率对应的试样顶端转角幅，其中最大转角幅对应的频率就是试样与顶端测试器件所构成体系的共振频率，由此再利用结构动力学理论公式，就可以求得试样的动剪切模量。这种做法，在一定程度上，可以使试样端部所受动扭矩进行精确测试和控制的要求有所降低。

在进行扭转或轴向振动测试过程中，为监控对试样施加的动荷载不至于过大而进入非线性状态，共振柱仪需要配备动孔隙水压力量测系统。

GZ-1 型共振柱试验机于 1981 年开始研制，1982 年 4 月制造完毕。这是一台由微机控制的振动设备，既可用共振法测土的压缩模量和剪切模量，也可用自由振动法测土的剪切模量和阻尼比。经过调试标定后曾用于某些科研工作和工程任务，做过一批黏土、轻亚黏土和砂土试验。试验结果表明，该试验机达到了设计要求，能满足试验要求。

GZ-1 型共振柱试验机总体机构包括两大部分，即主机部分与控制部分。主机部分包括：①扭转激振器；②纵向激振器；③支撑与平衡装置；④压力容器；⑤管路系统；⑥底座及容器起吊装置等。控制部分包括：①放大器；②数模及数模转换器；③微机；④打印机等。

试验机主要技术指标如表 9-2-1 所示。

GZ-1 型共振柱试验机主要技术指标　　表 9-2-1

试样尺寸		激振力		激振频率	
实心	空心	扭转	纵向	扭转	纵向
直径 d=0.04m 高度 H=0.08m	外径 D=0.07m 内径 d=0.04m 高度 H=0.14m	0.59N·m	19.6N	0～150Hz	0～500Hz

现分别将主机各部分机构及其性能叙述如下：

1. 扭转激振器

扭转激振器是由 4 个驱动线圈，4 个永久磁铁组成。驱动线圈阻抗是 4.5Ω，驱动电流是 1A，磁隙是 0.01m，磁感应强度为 1250Gs。4 块磁铁分成甲乙两组，两组磁铁对试样中心分别等距离地固定在驱动板的两端。每组中每 1 个磁铁与另一组相对位置上磁铁的重量要相等。否则，在试验过程中驱动板会产生倾斜。若永久磁铁块的重量不一样，可采用铅块或铅片平衡两组重量。其重量为 4.46N，每个驱动线圈可产生驱动力 2.45N，总激振力为 9.81N。扭转力臂为 0.06m，最大扭转力矩为 0.59N·m。4 个线圈固定在支架上，磁铁相对线圈以试样中心为轴作扭转振动。

2. 纵向激振器

纵向激振器与电磁振动三轴仪激振装置是相似的，其结构也大体相同，不同之处是产生磁场的磁钢是用永久磁铁，磁隙的磁感应强度为 1850Gs。磁铁的外圆直径 $\varphi=6.6$cm，高为 6.6cm，纵向激振器的中心有 $\varphi=22$cm 的孔。运动线圈的线径是 0.25mm，阻抗是 4.5Ω，最大激振力为 19.6N。

3. 支撑与平衡装置

纵向激振器由两根立柱支撑。运动线圈和上加压盖都与导向轴连结，由常力弹簧平衡其全部或部分重量。常力弹簧的特性曲线如图 9-2-3 所示，由图可知，开始常力弹簧有一个初始伸长，此伸长与载荷力有关。初始伸长是弹簧从弯曲状态过渡到矫直状态，达到矫直状态之后，伸长的大小不再受载荷力的影响。也就是说，载荷一定时，弹簧可以自由伸长。由此可见，在纵向振动过程中常力弹簧不会改变激振力的大小，是它平衡部分或全部上压盖及运动线圈的重量的理想原件。

运行线圈上下往复运动时由导向轴导向。导向轴在“线轴承”的内轴套里上下往复运动时，他们之间互相滚动，因而导向轴与线轴承之间的摩擦非常小，对试验结果基本无影响。因此，采用“线轴承”作为导向轴也是一个很好的原件。

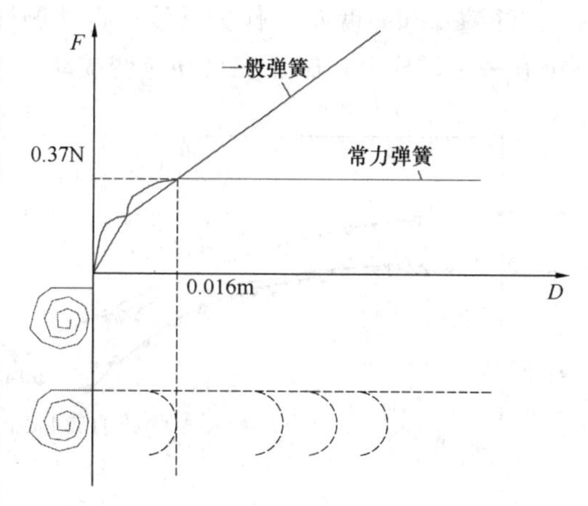

图 9-2-3　常力弹簧特性曲线

4. 压力容器

压力容器采用有机玻璃圆筒，其下压圈与下底座以压力锅形式的机构连接，通过两根立柱将压力室上盖定位，这样使上盖、侧壁和底座三者连接起来，形成一个封闭的容器，内装纵向及扭转激振器。选择有机玻璃筒使容器尽量大，这样可方便试样安装和拆卸，但要进行强度、刚度计算。

5. 管路系统

本试验机管路系统所用的阀固定在一块有机玻璃板上，通过一根立柱固定在底台上。管路系统操作方便，有浸水饱和、抽水、侧压加载等管路，也可安装 CO_2 循环水管路。

在侧压加载系统中安装一个限压阀来保证侧压在试验过程中达到稳定。这套管路系统可随时根据试验的要求添加或更换。

6. 平台及容器起吊装置

为了避免在试验过程中受外部干扰信号影响导致试验结果误差，将主机固定在刚度比较大的平台上。平台是由厚分别为 0.04m、0.07m 的上下两块钢板与工字钢焊接而成。平台底面又垫了 0.03m 厚的胶皮板，起隔振作用。

立柱上部设有滑轮起吊架，用平衡锤将有机玻璃容器重量平衡掉，试验时可将容器起吊至任意位置，操作非常方便。

第三节 测 试 方 法

就不同类型共振柱而言，其端部的约束条件、试样的尺寸和性状不同，试验仪器的性能也不尽相同，特别是端部约束条件，对试验结果影响很大。另外，试验成型的质量和方法、固结压力、固结时间、排水状态以及操作方式等均对结果有影响，特别是成型质量的好坏，对试验结果影响较大。

共振柱测试，试样制备使其达到要求的密度、含水量、结构和初始固结应力状态，然后施加预设频率和幅度的简谐振动荷载，以量测其稳态振动状况下试样顶端的扭转角或轴向位移振幅，再由测得的扭转角或轴向位移振幅与频率关系曲线特征参数，应用理论公式计算出试样的动模量和阻尼比。

实心圆柱试样制备中的成型、密度、饱和度及其均匀性等方面的技术要点，与动三轴测试中的基本相同。空心圆柱试样的制备，相对要复杂一些，需要专门的制样工具。共振柱测试宜制备多个性质相同的试样，在不同侧压和固结比下进行测试。侧压和固结比宜根据实际工程情况确定，可选用 1～4 个侧压、1～3 个固结比。每个试样固结完成后，应量测其直径 D_s 和高度 h_s，作为后续进行共振柱测试计算分析的起始条件。

在一个试样上，施加多级动应变或动应力以测定动模量和阻尼比随应变幅的变化时，后一级动应变或动应力幅可比前一级增加一倍。对一个试样进行多级振动测试，可以节省试验工作量，节省原状土取样数量并解决土性不均匀问题，但有可能因预振造成试样土骨架趋于密实和饱和土孔压升高而影响后面几级的试验结果。图 9-3-1是共振柱法与对试样细观结构扰动相对更轻的自振柱法测试结果的比较，可见共振柱法因具有一定的振密效应，会使得试样动剪切模量比自振柱法的相对要大，前者两次测试结果的差别比后者的也会大一些。因此，为减少这种振动效应的影响，共振柱测试应尽量缩短在每级振动下的测试时间，这就要求共振柱仪操作人员能熟练操作。对同一试样上允许施加动应变或动应力的级数因具体情况多变，难以做出合理的统一规定，《地基动力特性测试规范》GB/T 50269—2015 相关条文只是对试验在测试中出现的孔压和最大应变提出了控制原则，

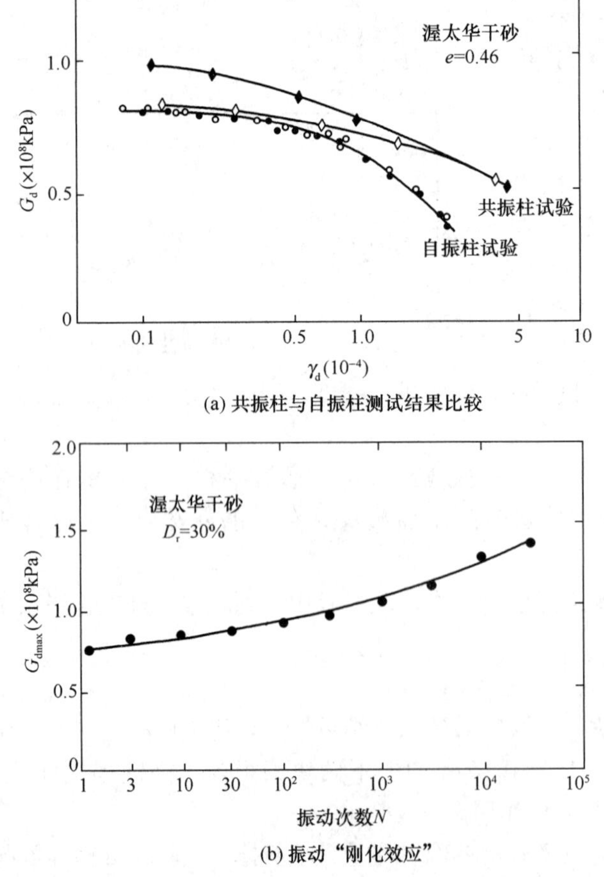

(a) 共振柱与自振柱测试结果比较

(b) 振动"刚化效应"

图 9-3-1 振次对干砂动剪切模量测试结果的影响

由此经过观测结果来限制振动次数和动应变或动应力的幅值。

为测试试样及激振与量测系统的扭转共振频率 f_t 或轴向共振频率 f_1，先将激振用的信号发生器输出调到合适的给定值，然后由低向高逐渐增大激振频率，每个频率下的持续时间以观测到的系统响应已基本稳定来确定，如此直到系统响应出现峰值（图 9-3-2），对应的激振频率就是要测定的共振频率。

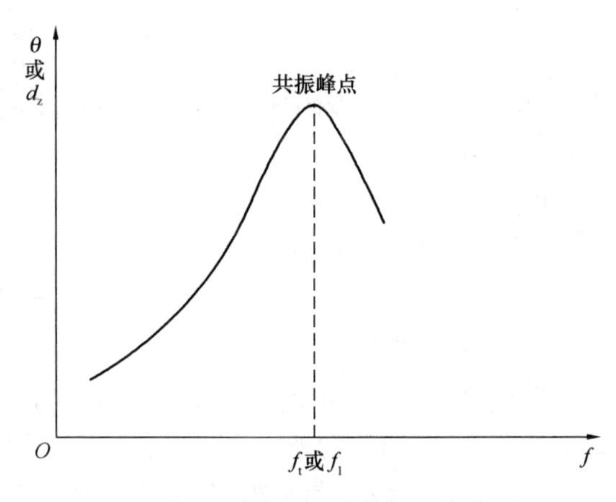

图 9-3-2　共振柱试样扭转角或轴向位移幅与频率关系曲线

若试样阻尼比改用采用自由振动法测定，则超过共振频率的测试点数可以不必太多，只要能确认响应的峰点和对应的共振频率即可。但若也是采用这种稳态响应曲线来计算阻尼比，则超过共振频率的测试点数需要足够的多，以满足计算公式的适用条件。当采用自由振动法测定阻尼比时，对试样施加一定的扭矩后，立即予以释放，并记录试样的自由振动时程信号。

第四节　数　据　处　理

以往整理数据方法不统一，结果差异很大。经过近些年的试验和研究分析，双曲线拟合试验数据方法得到公认。但很多试验结果表明，双曲线拟合的两个参数在中等应变处存在着较为明显的转折点。

一、试样动应变幅计算

对底端固定、顶端被扭转激振的实心圆柱试样来说，在平截面假设下，试样截面中心处的剪应变和剪应力为零，由此沿径向到试样侧边，剪应变和剪应力是逐渐增大的。对于线弹性试样，可以假设它们沿径向呈线性变化，如图 9-4-1 所示。由图可见，在动剪应变大于约 10^{-5}之后，动剪切模量会随着动剪应变的增大而减小。由于扭转振动试样截面中心附近的剪应变比外侧面附近区域的明显要小，用试样顶面侧边实测的扭转角幅 θ 计算其外侧面处的动剪应变幅 $\frac{\theta D_s}{2h_s}$（其中 D_s 为圆柱试样截面直径），是整个截面上的最大值。在小应变的前提下，仍假设试样截面沿径向的动剪应变是线性变化的，其分布直角三角形的形心与截面中心的距离则为$\frac{D_s}{3}$，对应的动剪应变幅为：

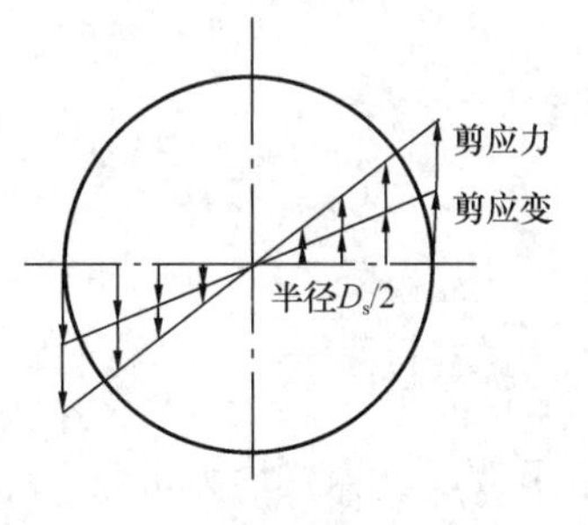

图 9-4-1　受扭试样截面上的剪应力与剪应变分布

$$\gamma_d = \frac{\theta D_s}{3h_s} \tag{9-4-1}$$

可将此作为整个截面动剪应变幅的代表值。

对底端固定、顶端被扭转激振的空心圆柱试样来说，截面上的动剪应变幅分布相对较为均匀，可用其内、外半径中点处的动剪应变幅作为试样截面动剪应变的代表值：

$$\gamma_{d}=\frac{\theta(D_{1}+D_{2})}{4h_{s}} \tag{9-4-2}$$

式中　D_1、D_2——空心圆柱试样的外直径、内直径。

对轴向振动来说，在平截面假设下，可以认为试样截面上的各点位移幅在振动过程中是相同的。因此，根据试样顶面的实测位移幅 d_z 和初始固结完成后的试样高度 h_s，便可计算相应的轴向动应变幅 ε_d：

$$\varepsilon_{d}=d_{z}/h_{s} \tag{9-4-3}$$

二、试样动模量计算

共振柱测试土试样的动弹性模量 E_d 和动剪切模量 G_d，依据于有限长度的等直杆振动理论解。图 9-4-1 所示的坐标系圆柱试样底端固定，顶端安装有总质量为 m_a 的激振压板和量测传感系统。假设土为黏弹性材料，则对扭转振动的试样，其运动方程为：

$$\frac{\partial^{2}\theta(z,t)}{\partial t^{2}}=\frac{G_{d}}{\rho_{s}}\frac{\partial^{2}\theta(z,t)}{\partial z^{2}}+\frac{\eta_{t}}{\rho_{s}}\frac{\partial^{3}\theta(z,t)}{\partial z^{2}\,\partial t} \tag{9-4-4}$$

式中　$\theta(z,t)$——与试样底端距离为 z 处截面随时间 t 而变的转角；

ρ_s——试样的质量密度；

η_t——试样扭转（剪切）振动黏性系数。

对轴向振动，可列出其运动方程为：

$$\frac{\partial^{2}d(z,t)}{\partial t^{2}}=\frac{E_{d}}{\rho_{s}}\frac{\partial^{2}d(z,t)}{\partial z^{2}}+\frac{\eta_{l}}{\rho_{s}}\frac{\partial^{3}d(z,t)}{\partial z^{2}\,\partial t} \tag{9-4-5}$$

式中，$d(z,t)$ 是与试样底端距离为 z 处截面随时间 t 而变的轴向位移，η_l 是试样轴向振动黏性系数。

对式（9-4-4）可取其解为：

$$\theta(z,t)=A(z)X(t) \tag{9-4-6}$$

代入式（9-4-4）并经整理得：

$$\frac{G_{d}}{\rho_{s}}\frac{A''}{A}=\frac{\ddot{X}}{X+\dfrac{\mu_{t}}{G_{d}}\dot{X}} \tag{9-4-7}$$

式中　A''——A 对坐标 z 求两阶导数；

$\dot{X}$、$\ddot{X}$——X 对时间 t 求一阶、二阶导数。

式（9-4-7）等号两边包含的变量分别是坐标 z 和时间 t 的函数，其算式均为常数方能成立。记这个常数为 $-\omega_n^2$，可以证明 ω_n 是试样扭转振动的固有圆频率。于是，式（9-4-7）变成两个常微分方程，其解分别为：

$$A''+\left(\frac{\omega_{n}}{V_{s}}\right)^{2}A=0 \tag{9-4-8}$$

$$\ddot{X}+\frac{\mu_{t}\omega_{n}^{2}}{G_{d}}\dot{X}+\omega_{n}^{2}X=0 \tag{9-4-9}$$

式中　V_s——试样中 S 波的传播速度，$V_s=\sqrt{G_d/\rho_s}$。

式（9-4-8）、式（9-4-9）的解分别为：

$$A = a_1 \sin\left(\frac{\omega_n z}{V_s}\right) + a_2 \cos\left(\frac{\omega_n z}{V_s}\right) \tag{9-4-10}$$

$$X = b e^{-\zeta_t \omega_n t} \sin(\omega_d t + \varphi) \tag{9-4-11}$$

式中　a_1、a_2、b、φ——积分常数；

ζ_t——试样的扭转振动阻尼比，$\zeta_t = \mu_t \omega_n / (2G_d)$；

ω_d——试样有阻尼扭转自由振动的圆频率，$\omega_d = \omega_n \sqrt{1-\zeta_t^2}$。

试样是连续体，其固有圆频率在理论上具有无限多个，且相邻两个的数值之差与 $\frac{\pi V_s}{h_s}$ 接近，而共振柱测试的共振频率与试样的第一阶固有频率相关。因此，下面推导试样有关动力响应与特性公式时，可忽略第一振型以外的各个振型的影响。由于试样底端固定，$\theta(0,t)=0$，式（9-4-10）中的 $a_2=0$。试样顶端截面扭矩与激振压板及量测传感系统（简称试样顶端系统）产生的转动惯性力矩相对应：

$$G_d I_s \frac{\partial \theta(h_s, t)}{\partial z} = -J_a \frac{\partial^2 \theta(h_s, t)}{\partial t^2} \tag{9-4-12}$$

式中　J_a——试样顶端系统的转动惯量（也称为质量惯性矩），由仪器标定方法确定。

由于共振柱测试中试样的动剪应变乃至阻尼比都很小，在求解试样系统的固有圆频率时，为了简化起见，假设式（9-4-11）中的阻尼比为零，即近似地取 $X = b\sin(\omega_n t)$，将其及 $A = a_1 \sin\left(\frac{\omega_n z}{V_s}\right)$ 代入式（9-4-12），整理得：

$$\frac{J_a}{I_s} \frac{V_s \omega_n}{G_d} \tan\left(\frac{\omega_n h_s}{V_s}\right) = 1 \tag{9-4-13}$$

由于试样的转动惯量 $J_s = \rho_s h_s I_s$，$G_d = \rho_s V_s^2$，上式可以改写成：

$$F_t \tan F_t = \frac{1}{T_{t0}} \tag{9-4-14}$$

式中，$F_t = \frac{\omega_n h_s}{V_s}$，$T_{t0} = \frac{J_a}{J_s}$。式（9-4-13）是在假设试样顶端系统为刚体的条件下得到的，这是待求 ω_n 的一个超越方程，可由数值方法求解。

由于试样顶端系统实际上并非仅具有质量惯性效应的刚体，其黏弹性动力特性对共振柱试样的固有圆频率需要校正。图 9-4-2 是近似考虑试样顶端系统动力特性影响的计算简图，经推导得到式（9-4-14）的校正式：

$$F_t \tan F_t = \frac{1}{T_t} \tag{9-4-15}$$

式中，$T_t = \frac{J_a - K_0/\omega_n^2}{J_s} = T_{t0}\left[1 - \left(\frac{f_{at}}{f_t}\right)^2\right]$，$K_0 = (2\pi f_{at})^2 J_a$ 为试样顶端约束激振及量测系统的扭转弹簧常数，f_{at} 为无试样时激振压板及量测系统实测的扭转向共振频率（该系统无约束弹簧-阻尼器时取 0），f_t 为试样与顶端系统整体实测的扭转向共振频率。

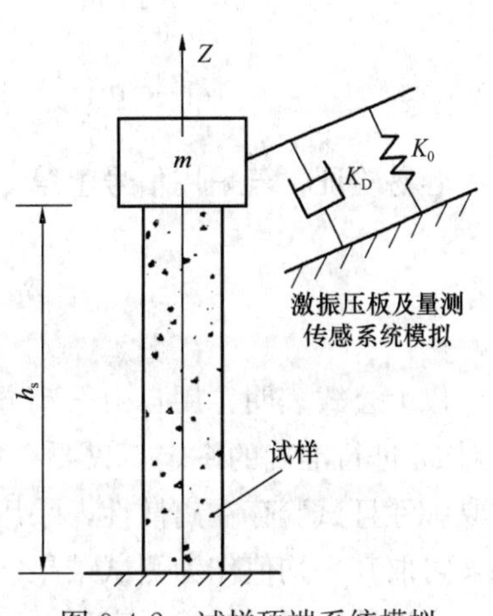

图 9-4-2　试样顶端系统模拟

由式（9-4-15）得出扭转向无量纲频率因数 F_t 之后，试样的动剪切模量由下式计算：

$$G_d = \rho_s\left(\frac{2\pi f_t h_s}{F_t}\right)^2 \tag{9-4-16}$$

对试样的动弹性模量 E_d，由共振柱轴向振动测试结果和仪器校正数据，可经与上述类似的过程，推导出如下计算公式：

$$E_d = \rho_s\left(\frac{2\pi f_1 h_s}{F_1}\right)^2 \tag{9-4-17}$$

$$F_1 \tan F_1 = \frac{1}{T_1} \tag{9-4-18}$$

式中，$T_1 = \frac{m_a}{m_s}\left[1-\left(\frac{f_{a1}}{f_1}\right)^2\right]$，$m_s$ 和 m_a 分别是试样的质量和试样顶端系统的质量，f_{a1} 为无试样时激振压板及测量系统实测的轴向共振频率，f_1 为试样与顶端系统整体实测的轴向共振频率。

三、试样阻尼比计算

对底端固定、顶端受扭的共振柱试样系统，由式（9-4-10）和式（9-4-11），可将其顶端扭转角表示为：

$$\theta(h_s, t) = a_0 e^{-\zeta_t \omega_n t}\sin(\omega_d t + \varphi) \tag{9-4-19}$$

式中，$a_0 = a_1 b\sin\left(\frac{\omega_n h_s}{V_s}\right)$，是一个与时间 t 无关的常数，可由初始条件来确定。

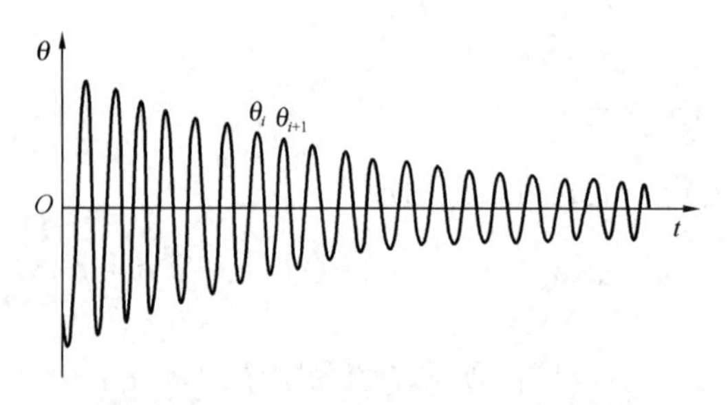

图 9-4-3　共振柱测试试样自由扭转振动信号示意图

式（9-4-19）与有阻尼单自由度体系的自由振动解，在形式上完全相同。由经典结构动力学理论可知，在如图 9-4-3 所示的试样扭转振动信号上，横坐标时间轴上、下的峰、谷点，落在 $\pm a_0 e^{-\zeta_t \omega_n t}$ 对应的曲线上的，相邻两个峰（谷）点的时间间隔则为 $T_d = 2\pi/\omega_d$。记信号上第 i、$i+1$ 个峰为 θ_i 和 θ_{i+1}，定义其比值的自然对数为对数递减率 δ_t：

$$\delta_t = \ln\left(\frac{\theta_i}{\theta_{i+1}}\right) = \ln(e^{\zeta_t \omega_n T_d}) = \zeta_t \omega_n T_d = \frac{2\pi\zeta_t}{\sqrt{1-\zeta_t^2}} \tag{9-4-20}$$

容易验证，若采用信号上第 i、$n+1$ 个峰值 θ_i 和 θ_{i+n}，则为：

$$\delta_t = \frac{1}{n}\ln\left(\frac{\theta_i}{\theta_{i+n}}\right) = \frac{2\pi\zeta_t}{\sqrt{1-\zeta_t^2}} \tag{9-4-21}$$

以上公式表明，用自由振动方法测定共振柱试样系统的扭转振动对数递减率时，可以不对 a_0 进行准确的率定，只要在自由振动过程中保持不变即可。由于试样特性并非理想的黏弹性且试验存在离散性，采用不同的峰值计算出的对数递减率，在数值上会有一些差别，可取其平均值作为测试结果。

由试验测得对数递减率后，可由式（9-4-19）得到相应的阻尼比：

$$\zeta_t = \frac{\delta_t}{\sqrt{4\pi^2 + \delta_t^2}} \approx \frac{\delta_t}{2\pi} \tag{9-4-22}$$

经验算并结合图 9-4-4 可知，当 $\delta_t < 1.55$ 或 $\zeta_t < 0.236$ 时，由上式求出的阻尼比大于精确值，误差在3%之内。共振柱试样进行自由振动测试时的应变和阻尼比数值均较低，这个近似公式具有足够高的精确度。

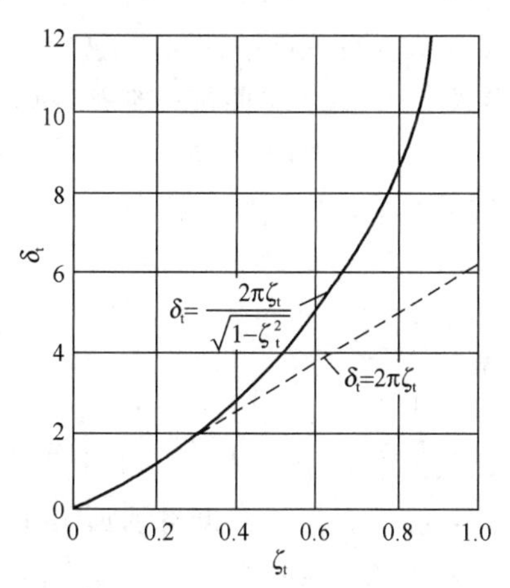

图 9-4-4　试样自由扭转振动 δ_t-ζ_t 关系曲线

与动模量测试相似，上述推导的试样系统的阻尼比，也需对试样顶端安装的激振及量测系统黏弹性（图 9-4-2）的影响进行校正。根据结构动力学理论，自由振动对数递减率等于能量损失系数之半，即 $\delta_t = \frac{1}{2}\frac{\Delta W_s + \Delta W_{at}}{W_s + W_{at}}$，其中 W_s、W_{at} 分别为试样和试样顶端系统的能量，ΔW_s、ΔW_{at} 表示相应的损失。定义试样系统的扭转振动能量比 $S_t = W_{at}/W_s$，试样的对数递减率 $\delta_s = \frac{\Delta W_s}{2W_s}$，无试样时激振及量测系统的对数递减率 $\delta_{at} = \frac{\Delta W_{at}}{2W_{at}}$，则得到：

$$\delta_t = \frac{1}{2}\frac{\Delta W_s + \Delta W_{at}}{W_s + W_{at}} = \frac{\delta_s + S_t\delta_{at}}{1 + S_t} \tag{9-4-23}$$

对此进行整理，得到试样的对数递减率 $\delta_s = \delta_t(1 + S_t) - \delta_{at}S_t$，由此得到校正后的试样阻尼比为：

$$\zeta_t = \frac{\zeta_s}{2\pi} = \frac{\delta_t(1 + S_t) - \delta_{at}S_t}{2\pi} \tag{9-4-24}$$

式中，$S_t = \frac{32K_0h_s}{\pi C_m G_d D_s}$，代入式（9-4-15）、式（9-4-16）后则为 $S_t = \frac{J_a}{C_m J_s}\left(\frac{f_{at}F_t}{f_t}\right)^2$。$C_m$ 是一个与 T_t 有关的参数，变化范围 1.00～1.03，可近似地取为 1。

求出阻尼比 ζ_t 后，再由图 9-4-3 确定的平均周期 T_d，可计算出一个试样的自振频率 $f_t = [T_d(1-\zeta_t^2)]^{-1}$。在相同的剪应变幅条件下，此值与前述测得的共振频率应基本相符，其差别大小可以用来辅助判别测试结果的离散程度。

对试样采用轴向自由振动测试的阻尼比，经类似上面的理论推导，可得：

$$\zeta_{dz} = \frac{\delta_1(1 + S_1) - \delta_{a1}S_1}{2\pi},\ S_1 = \frac{m_a}{m_s}\left(\frac{f_{a1}F_1}{f_1}\right)^2 \tag{9-4-25}$$

式中　δ_1 ——试样及其顶端系统整体的轴向自由振动对数递减率；

δ_{a1} ——试样顶端系统轴向自由振动的对数递减率；

S_1 ——试样顶端系统与试样轴向振动能量比。其余符号与式（9-4-18）相同。

四、试样最大动模量与平均固结应力的关系

整理最大动剪切模量 G_{dmax} 或最大动弹性模量 E_{dmax} 与平均固结应力（有效应力）σ_c 的关系时，早期大多采用三维的八面体平均应力。近些年来，已有较多的工作证明，最大动剪切模量只与在质点振动和振动传播两个方向上作用的主应力有关，而几乎不受作用在竖向振动平面上的主应力影响。共振柱和动三轴仪中的试样，初始固结是轴对称应力状

态，是二维问题，而大量土工动力反应计算也是二维分析。因此，规范容许也可以按二维条件来计算试样的平均固结应力。

对共振柱测试中的圆柱试样，按二维条件计算的平均固结应力 σ_c 为 $\sigma_{c2}=(\sigma_{1c}+\sigma_{3c})/2=(K_c+1)\sigma_{3c}/2$，而按三维条件计算则为 $\sigma_{c3}=(K_c+2)\sigma_{3c}/3$。于是，$\sigma_{c2}-\sigma_{c3}=(K_c-1)\sigma_{3c}/6\geqslant 0$（等向固结时为0），即 $\sigma_{c2}\geqslant\sigma_{c3}$。因此，对同一种试样，分别采用二维和三维条件下的平均固结应力拟合公式，其参数会有所不同：

$$G_{d,max}=C_1P_a^{1-m_1}\sigma_c^{m_1} \tag{9-4-26}$$

$$E_{d,max}=C_2P_a^{1-m_2}\sigma_c^{m_2} \tag{9-4-27}$$

式中引入了大气压力 P_a（100kPa），主要是使 C_1、C_2 成为无量纲的土性系数。

美国学者于20世纪六七十年代曾对砂土和黏土试样做了大量的低应变动剪切模量的测试，经拟合试验数据得到圆粒砂（孔隙比 $e<0.8$）、角粒砂和黏土的最大动剪切模量公式，可依次写为：

$$G_{d,max}=\frac{690.8(2.17-e)^2}{1+e}P_a^{\frac{1}{2}}\sigma_c^{\frac{1}{2}}\text{，圆粒砂土} \tag{9-4-28}$$

$$G_{d,max}=\frac{323.0(2.97-e)^2}{1+e}P_a^{\frac{1}{2}}\sigma_c^{\frac{1}{2}}\text{，角粒砂土} \tag{9-4-29}$$

$$G_{d,max}=\frac{323.0(2.97-e)^2}{1+e}(OCR)^KP_a^{\frac{1}{2}}\sigma_c^{\frac{1}{2}}\text{，黏性土} \tag{9-4-30}$$

式中，$G_{d,max}$、P_a、σ_c 的单位均为kPa，OCR 为超固结比，参数 K 与黏性土塑性指数的相关性列于表9-4-1。

K 与塑性指数的关系 **表 9-4-1**

I_p	0	20	40	60	80	≥100
K	0.00	0.18	0.30	0.41	0.48	0.50

对上述三个经验公式，采用的是三维条件下的平均固结应力 σ_c。以式（9-4-28）为例，若采用二维条件下的平均固结应力，假设试样按 $K_0=0.6$ 固结和维持公式中 $\sigma_c^{\frac{1}{2}}$ 的形式，则 $K_c=1.67$，$\sigma_{c2}/\sigma_{c3}=1.5(K_c+1)/(K_c+2)=1.091$，公式中的系数690.8，将变成 $690.8/\sqrt{1.091}=661.4$。

为转换坐标便于线性化拟合实测数据，将式（9-4-26）、式（9-4-27）变成如下无量纲的形式：

$$\frac{G_{d,max}}{P_a}=C_1\left(\frac{\sigma_c}{P_a}\right)^{m_1} \tag{9-4-26a}$$

$$\frac{E_{d,max}}{P_a}=C_2\left(\frac{\sigma_c}{P_a}\right)^{m_2} \tag{9-4-27a}$$

以式（9-4-26a）为例，对其等号两边取对数，则有：

$$\lg\left(\frac{G_{d,max}}{P_a}\right)=\lg C_1+m_1\lg\left(\frac{\sigma_c}{P_a}\right) \tag{9-4-31}$$

可见，在双对数坐标中（图 9-4-5），用直线拟合，斜率就是 m_1，与 $\sigma_c/P_a=1$ 对应的 $G_{d,max}/P_a$ 即为 C_1。

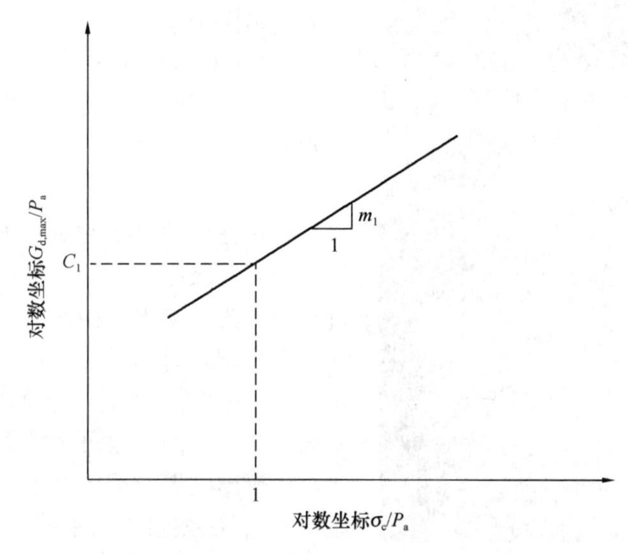

图 9-4-5　试样最大动剪切模量与固结应力关系拟合

从理论上讲，弹性波测试得到的 S 波速度 V_s，可用来校核共振柱测试得到的最大动剪切模量：

$$G_{d,max}=\rho_s V_s^2 \tag{9-4-32}$$

式中　ρ_s——土的质量密度。

第五节　工　程　实　例

[实例 1] 某地铁工程中完成的地层试样共振柱试验

一、工程概况

为了评估某地铁工程长期运营对周边重要建筑物和古建筑的影响，需要计算在地铁运行激励下建筑物的动力响应。根据仿真试算和经验，地铁振动引起的剪切应变一般在 $10^{-6}\sim10^{-5}$ 范围之内，因此本项目采用共振柱试验所得到各地层的动弹性模量、阻尼比等动力参数，作为计算动参数。

二、试验过程

1. 试样制备

本次试验试样为原状样，在现场开挖探井后取不同地层的试样。采用三轴试验的专用削土器制备圆柱形的原状试样，试样高度 $h=80$mm，直径 $D\approx39.1$mm（具体尺寸用游标卡尺量测）。

对原状黄土试样进行共振柱试验，测定较小应变（$<10^{-4}$）范围内试样动剪切模量及动阻尼比随剪应变的变化规律。本项目共完成 27 组共振柱测试。

2. 试验控制的固结应力条件

共振柱试验的固结应力比 $K_c=\sigma_{1c}/\sigma_{3c}=1.0$，根据取土深度，周围压力 σ_{3c} 分别为 100kPa、200kPa、300kPa。

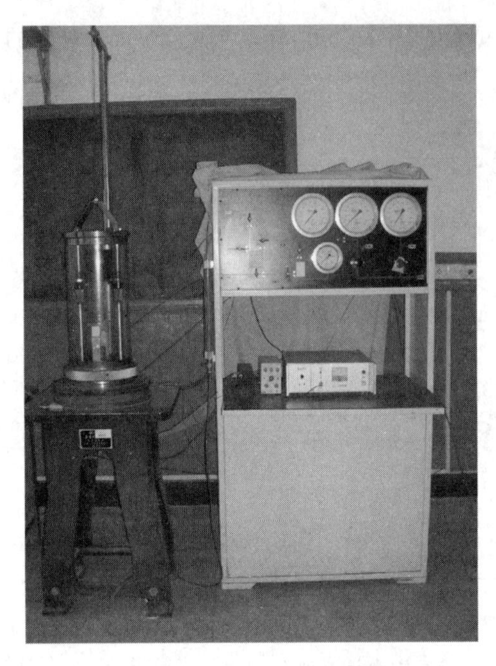

图 9-5-1　GZ-Ⅳ型共振柱试验仪

3. 固结稳定标准

以试样每小时轴向变形不大于 0.01mm 作为固结稳定标准。

4. 测试仪器

共振柱试验用 GZ-Ⅳ 型共振柱试验仪（图 9-5-1）。

三、数据分析

共振柱试验是在对试样施加均压达到固结后，向其逐级施加扭转激振，在每级扭矩下进行频率扫描，测出共振曲线。然后即可由试样的自振频率，计算出剪切模量 G_d（对应于该扭矩下共振时的剪应变 γ_d），做出 G_d-γ_d 关系曲线（图 9-5-2）。也可由共振曲线用频率宽度法，计算出共振时剪应变 γ_d 对应的阻尼比 ζ_d，做出 ζ-γ_d 关系曲线（图 9-5-3）。

又由于此时的 τ_d-γ_d 关系也符合双曲线，即

$$\tau_d = \frac{\zeta_d}{a + b\gamma_d} \tag{9-5-1}$$

故可转换出 $1/G_d$ 与 γ_d 之间关系为线性关系，该线性关系的截距及斜率分别用 a、b 表示，且有如下关系：

$$a = 1/G_{d0} \tag{9-5-2}$$

$$b = 1/\tau_{dy} \tag{9-5-3}$$

式中　G_{d0}——起始动剪切弹性模量；

τ_{dy}——最大动剪应力。

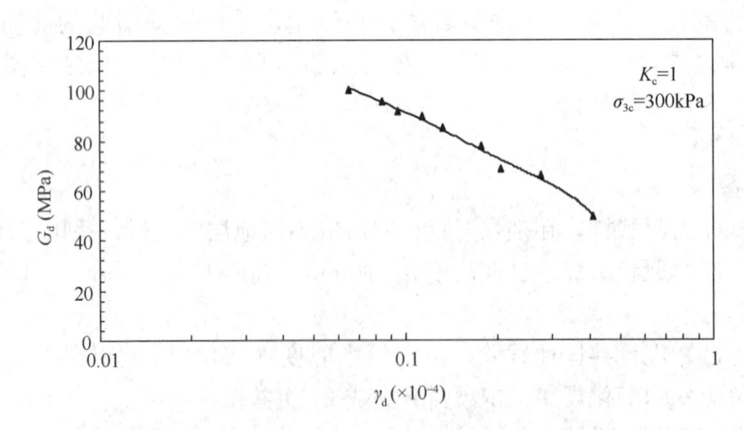

图 9-5-2　土样共振柱 G_d-γ_d 关系曲线示意图

各试样共振柱试验的结果见表 9-5-1。

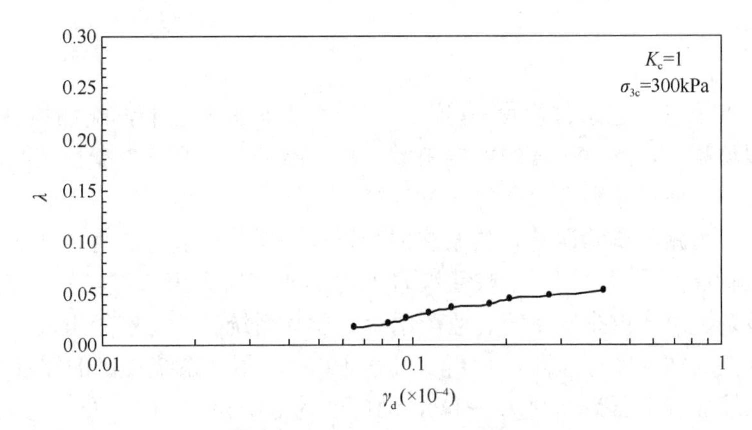

图 9-5-3 土样共振柱 ζ-γ_d 关系曲线示意图

各试样共振柱试验结果汇总表 **表 9-5-1**

项目 序号	土样编号	取样深度(m)	土层	动剪切弹性模量 $G_d=\frac{1}{a+b\gamma_d}$				动阻尼比 ζ 范围
				γ_d (10^{-4}) 范围	a (MPa^{-1})	b (kPa^{-1})	G_{do} (MPa)	
1	T4-2-1	2.0	夯筑土③$_1$	0.063～0.720	9.1×10^{-3}	8.0×10^{-2}	109.9	0.045～0.073
2	T4-4-3	4.0	夯筑土③$_1$	0.049～0.626	8.7×10^{-3}	6.0×10^{-2}	114.9	0.015～0.056
3	T4-8-1	8.0	夯筑土③$_2$	0.015～0.618	8.2×10^{-3}	11.9×10^{-2}	121.9	0.023～0.056
4	T4-9-2	9.0	夯筑土③$_2$	0.038～0.582	8.6×10^{-3}	10.3×10^{-2}	116.3	0.018～0.066
5	4-6	12.0	夯筑土③$_2$	0.101～0.524	7.3×10^{-3}	6.4×10^{-2}	137.0	0.015～0.051
6	T1-4-1	4.0	素填土④$_2$	0.107～0.840	12.0×10^{-3}	9.8×10^{-2}	83.3	0.036～0.055
7	T1-9-3	9.0	黄土⑥	0.058～0.529	6.4×10^{-3}	6.2×10^{-2}	156.3	0.012～0.048
8	T1-11-3	11.0	黄土⑥	0.152～0.746	8.3×10^{-3}	6.1×10^{-2}	120.5	0.020～0.065
9	4-12-3	26.0	黄土⑧	0.060～0.319	4.8×10^{-3}	7.8×10^{-2}	208.3	0.030～0.056
10	6-8-2	29.0	黄土⑧	0.014～0.217	5.6×10^{-3}	39.3×10^{-2}	178.6	0.025～0.053
11	4-14-3	32.0	粉质黏土⑨	0.041～0.538	5.8×10^{-3}	6.6×10^{-2}	172.4	0.020～0.052
12	7-13-13	28.0	粉质黏土⑩	0.053～0.858	12.9×10^{-3}	26.8×10^{-2}	77.5	0.020～0.058
13	3-12-1	38.0	粉质黏土⑩	0.023～0.434	6.1×10^{-3}	10.4×10^{-2}	163.9	0.025～0.057
14	4-18-3	45.0	粉质黏土⑩	0.027～0.939	9.0×10^{-3}	26.3×10^{-2}	111.1	0.024～0.053

[实例 2] 高铁路基工程中的共振柱试验

一、工程概况

红黏土作为一种具有高强度和低压缩性的特殊土，通常被认为是天然的地基，但其裂隙性、分布不均匀性等不良地质性质，给高铁工程带来安全隐患，往往需要处理。目前对重塑红黏土小剪应变幅值条件下的动力特性研究甚少，本工程通过共振柱试验来研究小应变幅值条件下，重塑红黏土动剪切模量和动阻尼比 2 个动力指标，并对其规律进行分析，以求为相关高速铁路路基工程实践提供参考。

二、共振柱试验

1. 试验概况

共振柱试验是在一定条件湿度-密度和应力条件下的土柱上，施加扭转或弯曲振动，并逐级改变驱动频率，测出土样的共振频率，再切断动力，测试出振动衰减曲线。根据共振频率及试样的几何尺寸和端部条件，可计算出试样的动剪切模量 G，根据衰减曲线可计算出阻尼比 D。为减小试验误差，共振柱试验要求试样的长度为其直径的 2 倍以上。

共振柱试验仪器采用中国科学院武汉岩土力学研究所国家重点实验室的 GDS 共振柱试验系统。该系统主要由排水系统、监测系统、驱动系统、压力室等组成。试验系统应变通过驱动系统上的加速度计监测，其精度可达 10^{-10}。驱动系统提供的驱动力由电磁线圈提供，驱动系统加载电压为 0.0001～1V，动应变的范围在 1×10^{-6} 及以上。

2. 试验土样及其基本物理参数

试验所用土样选自武汉至咸宁城际铁路试验段周边，试验土体为重塑土。为研究红黏土的工程特性以及确定试验参数，进行了颗粒分析、液塑限及击实等室内物理力学特性试验。

颗粒分析试验结果：研究用的红黏土的粒径均小于 0.075mm，属细粒土。

液塑限试验结果：试验土样液限为 45%，塑限为 20.9%，塑性指数 23.1。液塑限分析可知，该种红黏土具有较高的塑性指数，说明该种红黏土颗粒较细，土体中黏粒含量较高，这与颗粒分析试验结果相对应。根据《铁路工程土工试验规程》，可判定该红黏土为高液限黏土。

击实试验结果：试验结果表明，试验土样最优含水率为 20%，最大干密度为 1.616g/cm³。

3. 试验方案

为使试样满足《高速铁路设计规范》对路基力学性能的要求，其基本参数根据物理力学特性试验确定。

试样含水率取最优含水率，即 20%。密度的取值根据《铁路工程土工试验规程》要求：铁路基床底层填料的压实系数要达到 95%以上，在此取 $K=0.95$，因此，试样密度为 1.84g/cm³。试样制作通过液压千斤顶压制成型。试验所用土样尺寸为 ϕ50mm×100mm。

为保证试验数据的准确性、可对比性，选用 3 组参数相同的土样进行平行试验。每组土样包括 4 个土样，分别进行围压 50kPa、100kPa、150kPa 和 200kPa 的共振试验。剪应变在 $1\times10^{-4}\sim1\times10^{-2}$ 的范围内土体模量变化较大。因此，特别对第 1 组试样进行了较大剪应变的共振试验，以便分析在较大剪应变条件下，动剪切模量和动阻尼比的变化规律。

为方便进行数据处理，对 3 组试样进行编号。采用 TS1、TS2 和 TS3 分别表示 3 组试样。TS1-50 和 TS1-100 分别表示第 1 组试样中进行围压 50kPa 和 100kPa 试验的试样，依此类推。

试验固结过程采用等向排水固结。试样固结完成的标准按照《铁路工程土工试验规程》要求，1h 内固结排水量变化不大于 0.1cm³，或轴向变形 5min 内不大 0.005mm。试验过程中发现，上述条件很容易满足，因此，固结过程统一采用 1h，固结过程中可使仪器与土样更紧密地接触，以保证试验效果。

三、试验结果及分析

1. 相同围压下 3 组试样的试验结果对比

4 种围压下 3 组试验的试验结果如图 9-5-4 所示。

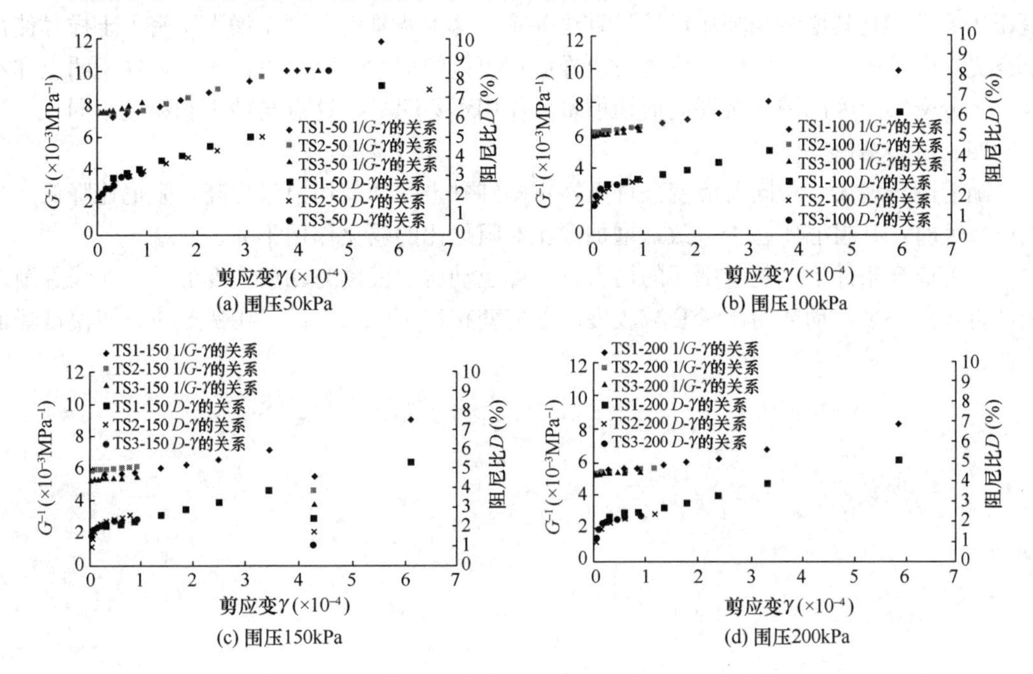

图 9-5-4　不同围压条件下 D-γ 及 $1/G$-γ 试验曲线

由图 9-5-4 可以看出，3 个试样在不同围压下的试验数据表现出了良好的一致性，数据之间的差异较小。

同时，可知 $1/G$-γ 的关系曲线是直线关系。由 Duncan 和 Chang 所提出的双曲线型应力应变关系可知，该模型经变换后可得到 $1/G$-γ 的关系也为直线，可见前者的规律与后者是相符的。此外，阻尼比 D-γ 的关系曲线在剪应变较小时，其关系满足对数关系，当剪应变增加到一定值后，其关系满足直线关系，这种关系不符合 Hardin 等所提出的关于阻尼比的公式。

2. 不同围压下同一试样试验数据

不同围压下条件下，同一组试样由于参数相同，其在 4 个围压下的数据表现出相同的规律。

剪应变较小时（$\gamma<1\times10^{-4}$），在一定围压条件下，阻尼比随剪应变的增加而增加。当剪应变小于 5×10^{-5} 时，阻尼比与剪应变的关系呈指数关系；当剪应变超过 5×10^{-5} 后，其关系呈直线发展关系。

剪应变较小时（$\gamma<1\times10^{-4}$），一定应变条件下，随着围压的增加，土样阻尼比逐渐减小。但围压超过 100kPa 后，增加围压阻尼减小的量值较小，说明在较高的围压水平下，土样阻尼比趋于一定值，其仅与剪应变的大小有关。

一定围压条件下，随着应变的增加，剪切模量 G 不断减小。但小应变条件下（$\gamma<1\times10^{-4}$）其关系呈“直线”关系，红黏土的这种规律与砂土的变化规律相同。当剪应变超过 1×10^{-4} 后，动剪切模量减小速率较快。可见，小应变幅值条件下，可认为土样处于弹性

变形范围内，剪切模量变化较小。一旦进行塑性变形，土样内结构受到破坏，孔隙比增大，剪切模量便下降较快。

一定应变条件下，随着围压的增加，剪切模量 G 逐渐增加，剪切模量的增量与围压呈正比关系，且其增量与围压增量呈直线关系。这主要是由于围压增大压密了土样，使得土样更加密实所致。但围压的增大对土样剪切模量的增大影响并不甚显著，这说明土样本身已十分密实，因此围压对提高剪切模量的作用不甚明显，这点与砂土和粉土不同。

四、试验结论

随着围压增大，相同剪应变条件下，重塑红黏土的动剪切模量提高，阻尼比降低。当围压较大时，其阻尼比趋于一致，增加围压对阻尼比的弱化作用不大。

小剪应变条件下，随着围压的增大，红黏土动剪切模量与动剪应变的关系曲线逐渐趋于“直线”关系，动剪切模量衰减较慢。剪应变超过 1×10^{-4}后，红黏土动剪切模量降低较快。

第十章　空心圆柱动扭剪测试

第一节　概　　述

由于天然土体往往存在各向异性，不同方向上土体的力学性状和参数不同，动三轴仪只能通过施加偏应力来模拟平面上的剪应力，扭剪仪只能通过控制扭矩来模拟纯剪的应力状态，这些设备都只能使土体单元上主应力方向发生突变，无法实现主应力轴的连续旋转，因此难以进行土体各向异性的研究。

具体而言，如常规振动三轴仪，试样振动时只能改变其轴力，因此土体单元所能经历的应力路径一般只有大主应力（轴向应力）往复变化，中小主应力（径向和切向应力）相等且恒定，且三个主应力的方向固定不变的形式（当轴向可施加拉力时，亦可实现大主应力与小主应力方向在试样轴向和径向上的突变式互换）；而双向振动三轴仪，由于轴力和围压可任意变化，因此在实现土样单元体三个主应力大小变化的同时（其中大、中主应力或中、小主应力变幅必须一致），也可实现大、小主应力方向的突变式互换；动真三轴仪，可以同时独立改变土样单元体中三个主应力的幅值，但大、中、小三个主应力方向只能在三维空间中进行突变式正交换位；而动（直）单剪仪，虽然可能由于振动开始前试样中各向不等压的初始应力状态，与振动过程中水平剪应力的变化共同构成试样在应力全量空间中的主应力轴连续旋转，但是这种主应力轴旋转方式的旋转角度以及主应力幅值可变情况受到很大制约，而且从应力增量的体系而言，仍属于主应力增量方向固定的变载方式，并且测定的总是土样某一特定剪切面（或者剪切方向）上的应力应变特性；而空心圆柱仪（HCA）则由于可以同时、独立对土样施加轴力和扭矩变载，并且预先调节试样的内外围压，从而在实现主应力幅值改变的同时，大小主应力方向在垂直于中主应力的固定平面中连续旋转。与常规三轴试验相比，空心扭剪试验具有以下优点：试样为空心薄壁，应力应变分布更均匀；试验过程中可以实现主应力轴连续旋转；可以任意控制中主应力 σ_2 的大小；可以实现非三轴复杂应力路径试验。

因此空心圆柱仪（HCA）是目前能够较为合理地研究土体在含有主应力轴旋转等复杂应力状态下土体动力特性的试验器材。HCA 全称为 Hollow Cylinder Apparatus，中文名称空心圆柱仪。由于常用于进行扭剪试验有时也被称作空心圆柱扭剪仪，但它与我们通常所说的空心扭剪仪在加载力系的变载方式上有较大不同：空心圆柱仪在缓慢变载条件下可以独立控制轴力 W，扭矩 M_t，内压 P_i 与外压 P_o，从而对圆筒状土体单元施加一组独立的应力分量，即单元体轴向应力 σ_z、环向应力 σ_θ、径向应力 σ_r 以及垂直于向平面的剪应力 $\tau_{z\theta}$，恰与研究平面主应力轴旋转时所需的大、中、小主应力以及大主应力旋转角四个独立变量形成映射关系（图 10-1-1），从而达到模拟复杂应力路径的要求。

主应力方向旋转变化是地震、波浪、交通荷载作用下地基土体所受应力路径的主要特征，其对土体的影响与主应力轴定向剪切应力路径有着显著差别。当土体所受动力作用符合下列情况之一时，宜采用空心圆柱动扭剪测试：

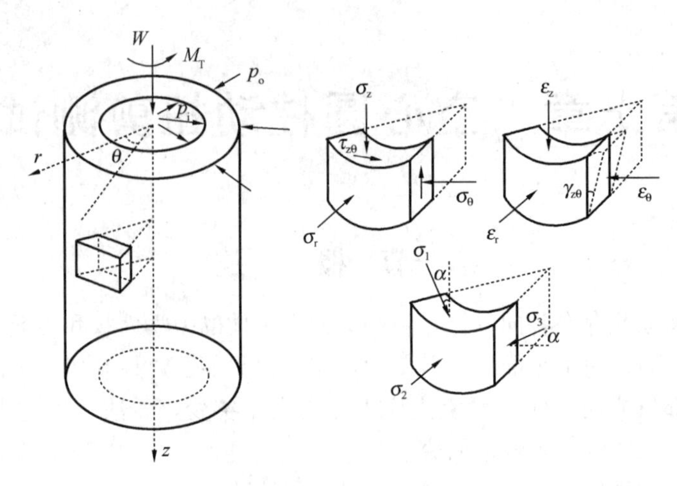

图 10-1-1　空心圆柱扭剪原理图

一、地震作用

在以往的地震反应分析中，认为地震作用以水平剪切为主，故简化为单向激振循环荷载条件采用动三轴仪测试来模拟地震运动。然而在近场地震作用下，竖向地震力的作用也是不容忽视的，在这种情况下，采用动扭剪测试实现偏应力与剪应力耦合的荷载作用方式来模拟地震作用更符合实际情况。

二、波浪作用

波浪荷载作用的一个简化周期内，某一时刻，当波峰作用在所研究土体单元正上方时，将对其产生正的竖向压力，当波谷作用时，则产生负的竖向压力，这样在一个波长距离的波作用下，土单元中产生的应力是由三轴应力作用的圆形轨迹，而在波浪作用的中间瞬间，土单元中产生水平剪应力，此水平剪应力将随波的传播改变方向，这样在波浪荷载作用下土单元中的循环应力是沿主应力方向连续旋转变化的。

三、交通作用

车辆荷载作用下路基土单元的受力状态是交替变化的。当车轮距离研究的土体单元一段距离时，最大应力分量是剪应力；当车轮正好位于土单元时，水平剪应力为零，最大应力分量为正应力差；当车轮离开时，土单元又处于受剪状态最终将处于无应力状态。因此车辆荷载作用时，土单元中的循环应力也随着主应力方向的旋转而改变。

第二节　设 备 和 仪 器

空心圆柱仪（HCA）主要由压力室、轴向和旋转双驱动设备、内/外周围压力系统、反压力系统、孔隙水压力量测系统、轴向和扭转变形量测系统、体积变化量测系统、模拟信号与数字信号控制及转换系统和计算机控制系等组成（图 10-2-1）。测试设备中的加压和量测系统均没有规定采用何种方式，因为空心圆柱仪在不断改进，只要设备符合试验要求均可采用。

空心圆柱仪应具有良好的频响特性，且性能稳定、灵敏度高、失真小。系统最大测试状态的频率应达到稳定的 5Hz，同时轴向、径向双向同步耦合动态加载时，在任何相位差的情况下，系统不管单机还是耦合时均不相互影响（双向都独立施加 5Hz，最后耦合频率应达 5Hz）。

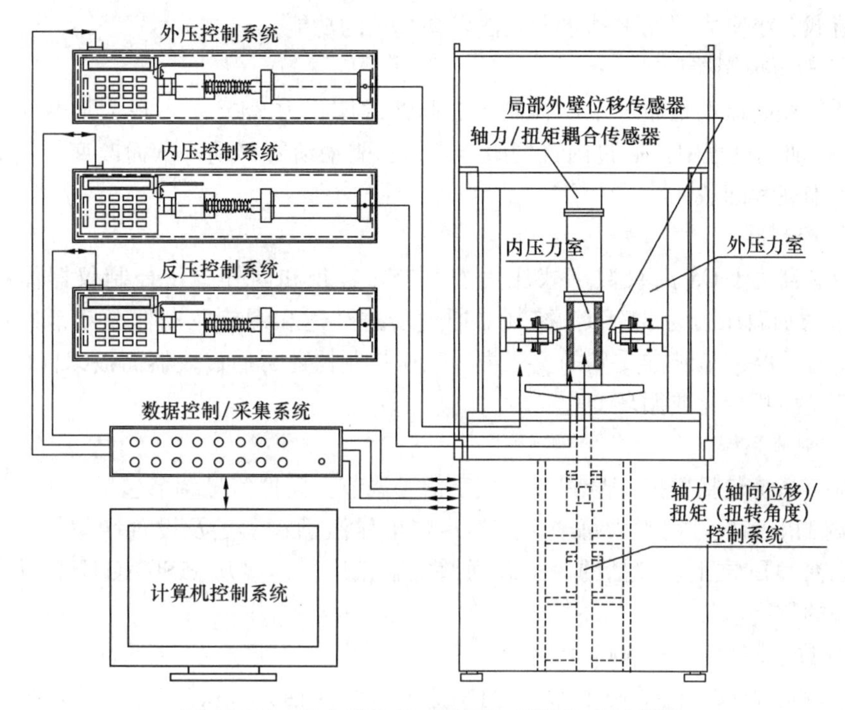

图 10-2-1　空心圆柱仪（HCA）系统构成示意图

一、轴力、扭矩加载系统

轴力、扭矩加载系统由轴向马达驱动装置和扭转马达驱动装置组成。在加载过程中通过齿形传动带驱动滚珠丝杠和花键轴的两个方向的无刷直流伺服马达驱动器实现轴力和扭矩的加载和卸载。压力室底部设置的用来承载试样的基座位于马达驱动器的顶部，基座上设有各种排水、孔压测量管道接口，包括内外围压、反压以及孔压管道的进出接口。基座可以由软件操控实现升降及旋转，从而使得试样在压力室内处于合适的位置。压力室顶部设置的用来与试样合轴的顶座上安装有可交换式轴力/扭矩传感器，用来测量通过底部马达驱动器施加的轴力荷载和扭矩的大小。

二、压力室及主机系统

压力室及主机系统包含一体化的压力室和平衡锤（压力室顶盖宜采用大的矩形连接杆，从而获得较高的旋转刚度），与压力室顶盖连接的内置水下轴力扭矩传感器负责轴力和扭矩值的读取，轴向和旋转双驱动基座负责轴力和扭矩的施加以及轴向、扭剪应变的量测。

根据室内岩土土工测试的特点，推荐采用响应速度快、分辨率高、加载最为稳定可靠的伺服电机控制形式。步进电机控制的特点是频率不能高于 10Hz，荷载也能高于 60kN，在低频和低荷载情况下伺服电机的性能是所有形式中最为优越的。

岩土工程测试，由于土的强度是有限的，绝大多数的情况下都是小荷载和低频的测试，特别是动态测试，轴向力通常小于 1kN，测试频率通常低于或者等于 1Hz，在一些高速公路或者高铁研究项目中主频率可能会到达 5Hz 左右，但是这时候测试荷载会更低，所以伺服电机加载形式是比较好的选择。更大的加载范围或频率范围只会导致精度下降，并且在小荷载、小应力情况下基本上无法发挥真正的功能。

1. 内外围压控制器

内外围压控制器都是通过水压控制，控制器的体积为 200cm^3，最大加载压力可以达到 2MPa。在加载过程中，通过内置伺服步进马达驱动活塞移动，从而改变控制器体积来实现压力的加载和卸载。

2. 反压控制器

反压控制器为 GDS 高级数字式压力控制器，容积和内外围压控制仪器体积同样为 200cm^3，最大加载压力为 2MPa。控制器通过步进马达和螺旋驱动器驱动活塞压缩水体积，通过闭合回路调节试样受到的反压力。反压控制器还可通过仪器面板编程，实现不同斜率线性控制体积变化或循环变化。

3. 信号调节系统

信号调节系统包括模拟信号调节和数字信号调节。模拟信号调节包括一个 8 通道的安装在 DTI 内的电脑板，用来为每个传感器提供电压激励、调零及设置增益值等。数字信号调节集成在 DTI 之上，包括的一个 8 通道电脑板用于连接从 HSDAC 卡到马达控制器及其他设备的数字信号。

4. GDS 数字控制系统（DCS）

GDS 数字控制系统包括两个 DCS 控制盒，一个为轴向/扭转控制系统，另一个为内外围压控制系统。DCS 以高效数字控制为基础，配有 16bit 数据采集（A/D）和 16bit 控制输出（D/A）装备，以每通道 10Hz 的控制频率运行，通过高速 USB 接口与计算机连接。轴向/扭转 DCS 通过闭合回路实现轴力/轴向位移及扭矩/扭转角的伺服控制。内外围压 DCS 通过闭合回路伺服控制内外围压经静态、动态加载和卸载。

三、水压控制加载系统

水压控制加载系统为三个独立的压力体积控制器，能提供独立的或电脑控制的外压、内压、反压调节及相应体变量测。加载时通过控制器的马达推进，引起控制器水腔体变，从而产生必要的荷载。

四、数据采集、信号控制及转换系统

用于测试加载应力、土样变形和孔隙水压力等参数的动态传感器，应满足量程、频响特性和精度等方面的技术要求。例如控制系统最大 5Hz 控制能力的情况下的闭环采样速率应为 5kHz。

五、计算机控制系统

计算机控制系统应包含了数据采集的核心模块、标准静态和低频循环的高级加载模块、应力路径试验模块、动态加载试验模块等。

1. HCA 软件系统

外部设备主要包括计算机（PC 系统）、附加传感器测量设备（局部应变传感器 LVDT 和局部孔压传感器等）以及试验辅助设备。

HCA 软件系统中用来控制试验步骤和数据记录的系统又称为 GDSLAB。利用 GD-

SLAB 软件系统不仅能实现空心圆柱试验，还可以进行三轴以及直剪试验。

GDSLAB 软件系统包含三种默认的试验模块：

（1）高级加载试验模块（Advanced Loading Module）

在高级加载试验模块中，可以实现轴向，扭转方向，内、外围压及反压 5 个主要加载参数的独立控制，从而实现各种复杂应力条件的加载和卸载。轴向方向控制可以施加轴力（kPa）和轴向位移（mm）；扭转方向控制可以施加扭矩（N·m）和扭转角（°）；一般通过此模块对试样进行饱和和固结过程。

（2）HCA 应力路径试验模块（HCA Stress Path Module）

在应力路径试验模块中，通过控制平均主应力 p、偏应力 q、中主应力系数 b 及主应力方向 α 4 个参数来实现不同应力路径加载试样，一般用来开展不同主应力方向定轴剪切试验和主应力轴旋转试验，在试样中可以控制排水条件。

（3）HCA 动力加载试验模块（HCA Dynamic Loading Module）

在动力加载试验模块中，可对轴向，扭转方向及内、外围压 4 个加载参数施加独立动力波形。轴向可施加循环轴向荷载/轴向位移实现应力/应变控制的动力循环试验；扭转方向可施加循环扭矩/扭转角实行应力/应变控制的动力循环试验；内、外围压施加动力循环荷载可实现动力加载过程中变围压条件，而且内、外围压可独立施加不同的动力波形。动力加载中采用的波形可以使软件内置的正弦波、三角波、方波以及半正弦波等，也可是用户自定义波形（包含 1000 个加载数据点的 ASCLL 文件）。动力加载过程中同样可控制排水条件，加载频率最高可达到 10Hz。

2. HCA 测量系统量程及精度

表 10-2-1 给出了 HCA 各部件的加载量程以及测量精度。可以看出，HCA 的传感器设备都具有很高精度，能够保证试验的精度要求。

HCA 传感器量程和精度 **表 10-2-1**

类型	量程	精度
轴向力	3kN	0.3kN
轴向位移	40mm	0.001mm
扭矩	30N·m	0.03N·m
扭转角	无限制	0.36°
内（外）围压	2MPa	0.5kPa

3. HCA 试样尺寸要求

为了尽量减小试样端部效应的影响以及保证试样在横截面上受力均匀，Saada 和 Townsend（1981）基于弹性理论以及中央区域的假设，给出了 HCA 试样尺寸应满足的条件：

1）试样高度：$H \geqslant 5.44\sqrt{r_o - r_i}$

2）试样内外径比：$n = r_i/r_o \leqslant 0.65$

其中 H 为试样高度，r_i 为试样内半径，r_o 为试样外半径。

空心圆柱扭剪系统的核心部分是加载和测量系统，这两部分的精度决定了空心圆柱扭剪系统的性能，而信号控制与转换系统为数据的输出和采集提供了基础。

六、真实的应力路径的模拟能力

应力路径对土的动力特性影响较大。实际工程中，土体所受动力荷载的形式是复杂多变的，仅通过施加常规的正弦波或三角形波难以模拟真实的应力路径。空心圆柱仪的主机动力加载系统，应具有按给定任意数字信号波形进行激振的能力。

七、轴压

为保证试验精度，推荐静态轴压不宜大于 10kN，动态不宜大于 8kN。

八、扭转角度

实际试验中最大扭转角只取决于试样本身，但仪器最大扭转角度不应低于 45°。

九、扭矩

空心圆柱系统应能提供 100N·m 左右的动静态扭矩。同时也不宜过大，正常土体能够承受的荷载是有限的，100N·m 已经完全满足测试要求，大量程会造成精度的下降。

十、土试样几何尺寸

为了减小曲率效应和端部效应对试验结果的影响，试样的几何尺寸应符合下列表达式的要求，以保证试验结果的合理性。

$$h_s \geqslant 5.44\sqrt{r_o - r_n} \tag{10-2-1}$$

$$r_n / r_o \leqslant 0.65 \tag{10-2-2}$$

式中　r_o——试样外半径（mm）；

r_n——试样内半径（mm）。

推荐的空心试样内径为 60mm，外径为 100mm，高度为 200mm。

十一、应变范围

测试设备的实测应变幅范围，应满足工程动力分析的需要。空心圆柱仪能够实测的应变范围与振动三轴仪相近，一般为 $10^{-4} \sim 10^{-2}$。

十二、其他规定

以上空心圆柱动扭剪测试应符合现行国家标准《土工试验方法标准》GB/T 50123—2019 的有关规定。

第三节　测　试　方　法

试样的制备、安装和饱和方法，应符合现行国家标准《土工试验方法标准》GB/T 50123—2019 的有关规定。试样制备，其含水量和干密度等指标宜与工程现场条件相类似。

一、试样制备

原状试样制备过程中，应先对土样进行描述，了解土样的均匀程度、杂质等情况后，才能保证物理性试验的试样和力学性试验所选用的一样，避免产生试验结果相互矛盾的现象。在试样制备过程中应尽量减小对试样的扰动，现有的内芯切取法主要有机械式和电渗式两种。机械式适用于强度较高的黏性土，利用 7 个直径不同的钻刀，从小到大依次对试样进行取芯，通过渐进式修正达到设计空心内径的要求。电渗式适用于含水量高达80%～100%的软土，对试样施加直流电源正负两极，利用电势降使试样中的水从正极流向负极，产生润滑作用，把一根由探针引导穿过试样正中的电线连上负极，利用张紧的电线切割内壁，如此内芯与试样孔壁在润滑作用下较易分离，对试样的扰动也小。

二、试样饱和以及固结

试样的饱和过程十分重要，充分饱和能保证测试中体积变化量以及孔压等测量的准确性。针对黏土试样，饱和过程应满足三轴测试规范。针对散体材料，如砂、碎石等，饱和过程应包括三个流程：CO_2饱和、无气水饱和及反压饱和。CO_2饱和过程的基本原理是利用CO_2密度相对较大的特点置换掉砂土试样孔隙中的空气。无气水饱和过程基本原理是利用CO_2易于溶于水的特点排净砂土试样中的已经置换的CO_2。反压饱和是通过施加围压和反压进一步压缩砂土试样中残留的气泡，使试样完全饱和。试样饱和完毕后要进行B值检测，当B值满足试验要求才能保证试样的充分饱和。

试样在固结前应掌握地基土体现场应力条件，从而确定测试时试样固结围压的大小。为保证试样完全饱和，应在固结压力施加完毕后让试样在恒定压力下进行足够时间的蠕变，当试样每小时的排水量不大于60mm^{3}时，判定试样固结完成。

试样在固结前应经过饱和。饱和宜采用反压饱和法，即利用分级施加反压及围压的方法来压缩融解试样内原有气体，确保试样的饱和。

当饱和系数B_{sat}接近1（通常大于0.95）认为试样已饱和。饱和试样在周围压力作用下的孔隙水压力系数，应符合规范的规定。

测试时应使试样在周围压力作用下进行固结，试样的固结应力条件应根据地基土的现场应力条件确定。试样排水速度不大于0.06mm^3/h时，可继续施加动应力或动应变。

当试验采用渗透性低（如软黏土）的土样时，固结时需要采用双面排水，而孔压传感器与下排水通路连通。双排水条件下，孔压读数接近预设反压值，因此难以从孔压消散度判别固结是否稳定。故固结度的判别应以排水量与时间对数轴的关系为依据，但略有别于传统常规三轴试样的固结稳定准则。由于空心圆柱黏土试样渗透系数小，因此固结时间较长。

根据中华人民共和国行业标准《土工试验方法标准》GB/T 50123—2019中振动三轴试验固结中黏土样排水速度不超过0.1cm^3/h，即可视作固结稳定的标准，来作为空心黏土试样固结稳定的主要依据。

1. 原状黏土

施工现场取土能否保持土样的原状性是后续试验能否顺利进行的关键。由于所选择的空心圆柱试样尺寸相对较大，有利于抑制试验时尺寸、端部等负效应的产生，但大尺寸给原状试样的制备增添了新的难度。特别对原状软黏土样而言、因为强度较低、灵敏性高、在现场挖掘、搬运、试样成形、安装等过程中都易产生扰动和破坏。因此必须满足空心圆柱试样的尺寸要求，同时避免取样、装载、搬运过程中对土块内部的扰动，保持土样的原状性。

2. 重塑黏土

第一种，泥浆加压固结。先将土样与无气水充分混合，得到1.5～2倍液限的泥浆。然后对泥浆施加一定的压力，使泥浆失水，泥浆由于失水压缩，逐步形成在一定压力下稳定的重塑上，利用取土器取出土样进行土工试验。此种方法的优点是：可以得到既定压力下的重塑土饱和试样，并且一次制备可得到多个性质较为均一的试样，根据排水压缩过程，可根据量化指标（排水量、沉降量等）判定土样预固结稳定。而其缺点也较为明显：制样设备较为笨重，制备试样耗时长，对取样操作要求也较高，当土样量较大、含水率较高时，试样压缩过程缓慢，导致固结过程时间较长。

第二种，分层击实法。采用标准质量的击实锤，对多层碎散土样击实到既定尺寸。此法的优点是：制样快速（数分钟即可制备完成），操作简便，对于自然含水率土样/烘干土样均可使用。其缺点也十分明显，击实法导致土样上下层密度差异大，均匀性及初始应力状态难以控制。

3. 砂土

在研究组构对砂土力学特性影响时，由于很难获取原状砂样，往往采用不同制样方法制备砂样进行室内单元体试验。制样方法主要有落砂法、湿捣法等。不同制样方法制备的砂样具有不同的组构。

由落砂法制得的砂样颗粒长轴的排列方向近于水平方向。其方法是根据拟控制的相对密实度称取制样所需的烘干砂，并进行合理等分。将每份砂装入漏斗后，保持一定落距，使漏斗绕内外橡皮膜形成的圆筒匀速转动，同时落砂制样，以使颗粒分布均匀，每份砂土高度控制为。不同相对密实度的砂土通过落距控制。

由湿捣法制得的砂样，其颗粒排列无最优排列方向，近于杂乱无章排列。湿捣法的具体操作为将试样所需的砂烘干后与一定质量的无气水均匀搅拌后用塑料薄膜包裹后放入密封容器内静置；后将湿砂分成若干等份依次倒入成样模具中，每份砂土经击实器击实，每层高度根据需要进行控制，通过施加不同程度的击实能可制成具有不同相对密实度的试样。

三、试样安装

由于空心圆柱试样尺寸较大，因而在试样的制备过程中，如何保证试样具有较高的均匀性和可重复性是试验者最为关注的问题之一，准确进行试验操作将会有效地减少人为因素引起的试验误差。空心圆柱扭剪试样安装的主要步骤如下：

1. 压力室外安装

（1）准备工作：检查内外橡皮膜是否漏水，准备好试验所需的各种材料，对仪器进行清孔以保证管路畅通，软件清零。

（2）用橡胶圈将内膜固定在底座上，检查内膜安装是否存在漏水等问题。

（3）安装底部透水石，并用螺丝拧紧。

（4）将试样安放在透水石上。

（5）用承膜筒辅助安装试样的外膜，先用外膜封闭环箍紧试样外膜底部，将外膜上端翻至试样端部边缘处。

（6）将顶盖定位器的对开支架安置在基座上，锁定底部不锈钢对开环，再将不锈钢顶盖安放在试样顶部。注意当顶盖与试样顶部准接触时，用定位器顶部对开环将顶盖锁定在顶盖定位器上，锁定的目的主要是避免在外翻固定试样顶部的橡皮内膜与顶盖时，将作用在顶盖上的额外压力（远大于帽盖重力）传递到试样上。

（7）合上帽盖，用连接螺丝旋紧。

(8) 移除顶盖定位器，将外膜上端翻上，用橡皮圈密封外膜于试样顶盖，密封位置要高于透水石与顶盖的交接面。

如此，试样压力室外的安装工作进行完毕。

2. 压力室内安装

(1) 将样芯放置于底座之上，与压力室内的管线相连。

(2) 调整位置固定底座，施加轻微的轴力使顶盖与压力室顶部轴力传感器接触，并固定顶盖。

(3) 向内腔中通水，使内腔充满。

(4) 放下压力室仓并固定，外腔通水。

如此，试样压力室内的安装工作进行完毕。

四、其他情况

测试不同类型的动荷载作用时，施加动应力或动应变的波形和频率，应与工程对象所承受的动力荷载相近。

对经受地震、波浪和交通等动力作用的工程土体进行测试时，应采用相应的竖向偏应力和扭矩加载波形。

针对不同的工程对象，动力试验中应选用相应的真实应力路径。试验中通过控制轴力和扭矩的加载波形，即可得到不同的应力路径。经受地震、波浪和交通等动力作用的工程土体在 $\tau_{z\theta}-(\sigma_z-\sigma_\theta)$ 平面上的应力路径如图 10-3-1 所示。

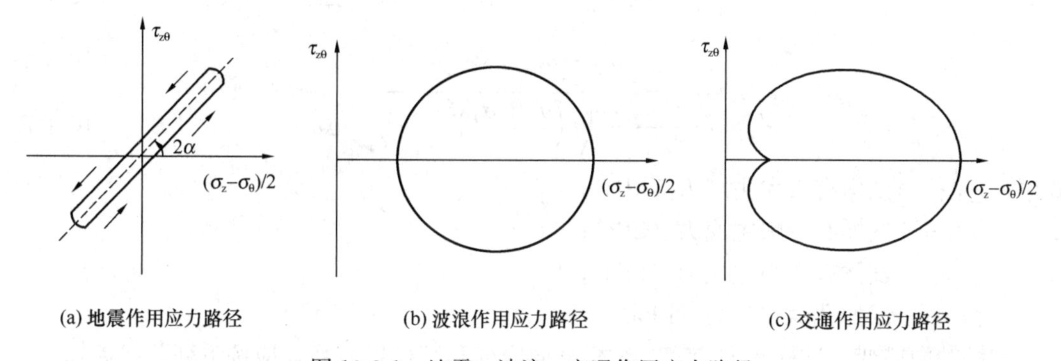

图 10-3-1　地震、波浪、交通作用应力路径

第四节　数　据　处　理

试样轴力、内围压、外围压、扭矩、轴向位移、外径位移、内径位移、扭转角位移和孔隙水压力等物理量应按仪器的标定系数及试样尺寸，由测试记录值换算确定。

考虑到空心圆柱试样截面上应力并不是均匀分布的，因此在测试中应力分量计算将薄壁土单元上的平均应力作为空心圆柱试样截面的应力分量。Hight 等（1983）给出了 HCA 试样所有应变分量平均值的计算公式：

试样轴向应力、环向应力、径向应力和剪应力，应按下列公式计算：

$$\sigma_z=\frac{W}{\pi(r_{co}^2-r_{ci}^2)}+\frac{p_o r_{co}^2-p_i r_{ci}^2}{(r_{co}^2-r_{ci}^2)} \tag{10-4-1}$$

$$\sigma_\theta = \frac{p_o r_{co} - p_i r_{ci}}{r_{co} - r_{ci}} \tag{10-4-2}$$

$$\sigma_r = \frac{p_o r_{co} + p_i r_{ci}}{r_{co} + r_{ci}} \tag{10-4-3}$$

$$\tau_{z\theta} = \frac{T}{2}\left[\frac{3}{2\pi(r_{co}^3 - r_{ci}^3)} + \frac{4(r_{co}^3 - r_{ci}^3)}{3\pi(r_{co}^2 - r_{ci}^2)(r_{co}^4 - r_{ci}^4)}\right] \tag{10-4-4}$$

式中　σ_z ——试样轴向应力（kPa）；

σ_θ ——试样环向应力（kPa）；

σ_r ——试样径向应力（kPa）；

$\tau_{z\theta}$ ——试样剪应力（kPa）；

W ——试样轴力（N）；

p_o ——试样外围压（kPa）；

p_i ——试样内围压（kPa）；

T ——试样扭矩（N・m）；

r_{co} ——固结完成后试样外径（mm）；

r_{ci} ——固结完成后试样内径（mm）。

试样有效大主应力、试样中主应力和试样小主应力，应按下列公式计算：

$$\sigma'_1 = \frac{\sigma_z + \sigma_\theta}{2} + \sqrt{\left(\frac{\sigma_z - \sigma_\theta}{2}\right)^2 + \tau_{z\theta}^2} - \Delta u \tag{10-4-5}$$

$$\sigma'_2 = \sigma_r - \Delta u \tag{10-4-6}$$

$$\sigma'_3 = \frac{\sigma_z + \sigma_\theta}{2} - \sqrt{\left(\frac{\sigma_z - \sigma_\theta}{2}\right)^2 + \tau_{z\theta}^2} - \Delta u \tag{10-4-7}$$

式中　σ'_1 ——试样有效大主应力（kPa）；

σ'_2 ——试样有效中主应力（kPa）；

σ'_3 ——试样有效小主应力（kPa）；

Δu ——试样孔隙水压力（kPa）。

试样轴向应变、试样环向应变、试样径向应变和试样剪应变，应按下列公式计算：

$$\varepsilon_z = \frac{d_z}{h_{cs}} \tag{10-4-8}$$

$$\varepsilon_\theta = -\frac{d_o + d_i}{r_{co} + r_{ci}} \tag{10-4-9}$$

$$\varepsilon_r = -\frac{d_o - d_i}{r_{co} - r_{ci}} \tag{10-4-10}$$

$$\gamma_{z\theta} = \frac{\theta(r_{co}^3 - r_{ci}^3)}{3h_{cs}(r_{co}^2 - r_{ci}^2)} \tag{10-4-11}$$

式中　ε_z ——试样轴向应变；

ε_θ ——试样环向应变；

ε_r ——试样径向应变；

$\gamma_{z\theta}$ ——试样剪应变；

d_z——试样轴向位移（mm）；

d_o——试样外径位移（mm）；

d_i——试样内径位移（mm）；

θ——试样扭转角位移（rad）；

h_{cs}——固结完成后试样高度（mm）。

试样大主应变、试样中主应变和试样小主应变，应按下列公式计算：

$$\varepsilon_1=\frac{\varepsilon_z+\varepsilon_\theta}{2}+\sqrt{\left(\frac{\varepsilon_z-\varepsilon_\theta}{2}\right)^2+\gamma_{z\theta}^2} \tag{10-4-12}$$

$$\varepsilon_2=\varepsilon_r \tag{10-4-13}$$

$$\varepsilon_3=\frac{\varepsilon_z+\varepsilon_\theta}{2}-\sqrt{\left(\frac{\varepsilon_z-\varepsilon_\theta}{2}\right)^2+\gamma_{z\theta}^2} \tag{10-4-14}$$

式中　ε_1——试样大主应变；

ε_2——试样中主应变；

ε_3——试样小主应变。

由于空心圆柱扭剪仪既可以像动三轴仪一样测量试样的轴向动应力-动应变，又可以同时测量试样的剪切动应力-动应变，因此空心圆柱扭剪仪可同时求得试样的动弹性模量和动剪切模量。

试样的动弹性模量和试样的动剪切模量应分别根据记录的轴向动应力-动应变滞回曲线和剪切动应力-动应变滞回曲线，按下列公式计算：

$$E_d=\frac{\sigma_d}{\varepsilon_d} \tag{10-4-15}$$

$$G_d=\frac{\tau_{z\theta}}{\gamma_{z\theta}} \tag{10-4-16}$$

动三轴仪只能独立控制轴向偏应力和围压两个加载参数，定义强度比时动应力仅为轴向偏应力，即最大主应力与最小主应力之差，不能考虑中主应力的影响。空心圆柱仪能够独立控制轴力 W，扭矩 M_T，内压 p_i 与外压 p_0，可以独立控制三个大主应力的大小和方向。因此，采用空心圆柱仪定义的强度比考虑了中主应力的影响，更加符合工程实际受力状态，其取值也更为准确。在测试记录的动应力、动应变和动孔隙水压力的时程曲线上，应按规范规定的破坏标准确定破坏振次。相应于该破坏振次的动强度比，应按下列公式计算：

$$R_f=\frac{q}{2\sigma'_{0c}} \tag{10-4-17}$$

$$q=\sqrt{\frac{1}{2}[(\sigma'_1-\sigma'_2)^2+(\sigma'_1-\sigma'_3)^2+(\sigma'_2-\sigma'_3)^2]} \tag{10-4-18}$$

$$\sigma'_{0c}=(\sigma'_{1c}+\sigma'_{2c}+\sigma'_{3c})/3 \tag{10-4-19}$$

式中　q——试样广义剪应力幅值（kPa）；

σ'_{0c}——初始平均固结应力（kPa）；

σ'_{1c}——试样固结完后的大主应力值（kPa）；

σ'_{2c}——试样固结完后的中主应力值（kPa）；

σ'_{3c}——试样固结完后的小主应力值（kPa）。

同一固结应力条件下多个试样的测试结果，宜绘制动强度比与破坏振次的半对数关系曲线，并可按工程要求的等效破坏振次，由该曲线确定相应的动强度比。

第五节 工 程 实 例

［实例 1］某高速公路工程地基土试样动扭剪试验

某高速公路路段大部分建于软黏土地基之上，其软黏土土层厚达 20～30m。软黏土土层具有高含水率、高压缩率、低强度及低渗透性等不利的工程特性，为避免施工期间产生过大沉降，采用超载预压方式对地基土进行预处理。高速公路截面结构示意图如图 10-5-1所示。

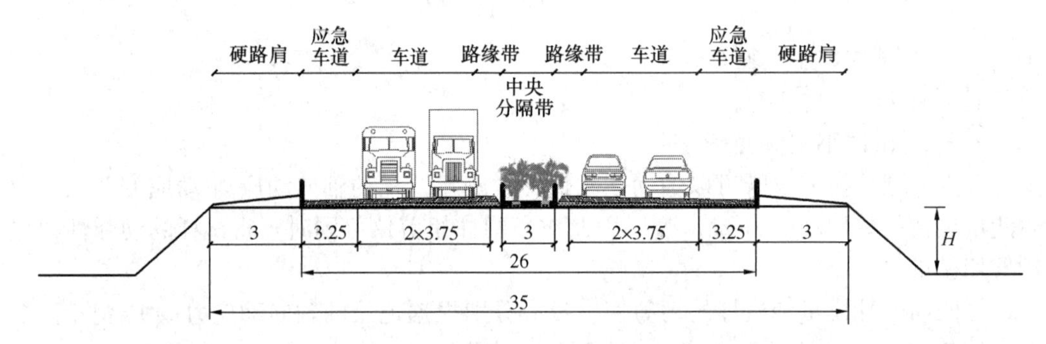

图 10-5-1　某高速公路截面结构示意图

在道路施工期间及通车后，均对道路沉降进行了监测。图 10-5-2 为某路段沉降情况监测曲线。堆载高度如图中方形曲线所示，预压约 700～800d 后卸载，施工完成后高度基本上不再变化。施工完成之前，路面沉降如图中菱形曲线所示。开始通车后的路面沉降如圆形曲线所示。

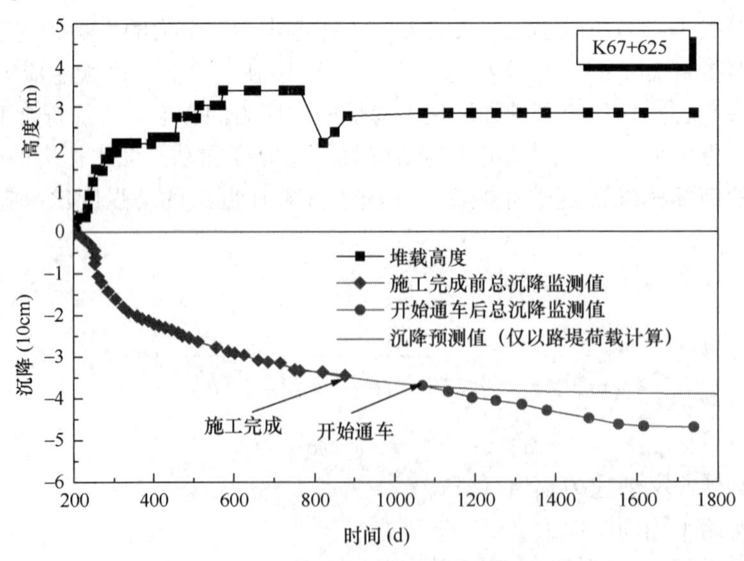

图 10-5-2　高速公路沉降情况监测曲线

根据该工程施工完成前的沉降数据，其沉降泊松曲线方程为：

$$y_{\mathrm{i}} = \frac{k}{1 + ae^{-bt}} \tag{10-5-1}$$

式中　y_{i}——沉降预测值（m）；

t——时间（d）；

a、b、k——待定参数，均为正数。

拟合得出各参数值，则预测沉降量随时间变化应如图 9-5-2 中实线所示。由图中可看出，预测曲线与通车后的实测数据有一定差距，实际沉降均大于常规预测值，如 K67＋625 路段通车约 700d 后（总时间轴第 1750d 左右），实际总沉降比预测总沉降多 10cm 左右。

造成该误差的原因是施工完成前，路基仅受路堤堆载等引起的静荷载，根据施工完成前数据外推得出的沉降预测也只考虑了静荷载；通车后，路基在静荷载基础上还受到交通荷载的作用，可见交通荷载引起的道路沉降不可忽视。在此，预测曲线与实测曲线之间的差值就是需要考虑的交通荷载引起的沉降。

一、取样方式及土样参数

原状土取样于该高速公路 B 段附近 3m 深的平整基坑内。勘测得地下水位约为水平面下 1m 处。采用薄壁管切土法将原状土土块取出，两端密封后运回实验室妥善保存，具体步骤见第二章。采用土样质量（扰动程度）检测方法对所取土样进行检测，测得土样质量等级为“好”。该软黏土基本物理指标如表 10-5-1 所示。

B 段地区软黏土基本物理指标　　　**表 10-5-1**

参数	取值	参数	取值
土粒比重 G_s（g/cm^3）	2.73～2.74	初始孔隙比 e_0	1.23～1.34
天然含水量 w_n（%）	44.3～47.6	液限含水量 w_L（%）	45
天然密度 ρ_0（g/cm^3）	1.74 ～ 1.78	塑性指标 I_p	26

二、试验方案

K_0固结后完成后，保持内外围压不变，对试样施加轴力或扭矩，加载波形如图 10-5-3 所示。本研究试验共分两组。第一组试验只施加竖向应力，因而无主应力轴旋转效应（NPSR），即 η=0，加载波形如图 10-5-3(a)，共 10 个试样。第二组试验为考虑主应力轴旋转的交通荷载试验（PSR），共 6 个试样。对于考虑主应力轴旋转的交通荷载引起的应力状态，扭剪应力幅值约为竖向动应力的 1/3，因此该组试验 η 值统一取 1/3，加载波形如图 10-5-3(b)。所有试验加载频率为 1Hz，该取值较能代表路基所受交通荷载频率，所有试验循环次数为 10000 次。

三、试验结果

1. 累积应变经验公式推导

图 10-5-4 描绘了双对数坐标下累积应变随循环次数的发展情况。累积应变发展情况受应力影响较大，VCSR 和 η 是累积应变经验公式中的重要参数，通过简单的经验公式 $\mathrm{CSR}=\mathrm{VCSR}\sqrt{1+4\eta^2}$ 将 VCSR 和 η 有效地整合到单个 CSR 参数中统一考虑。本工程中也采用 CSR 对不同主应力轴旋转情况下的土体所受应力水平进行统一描述。

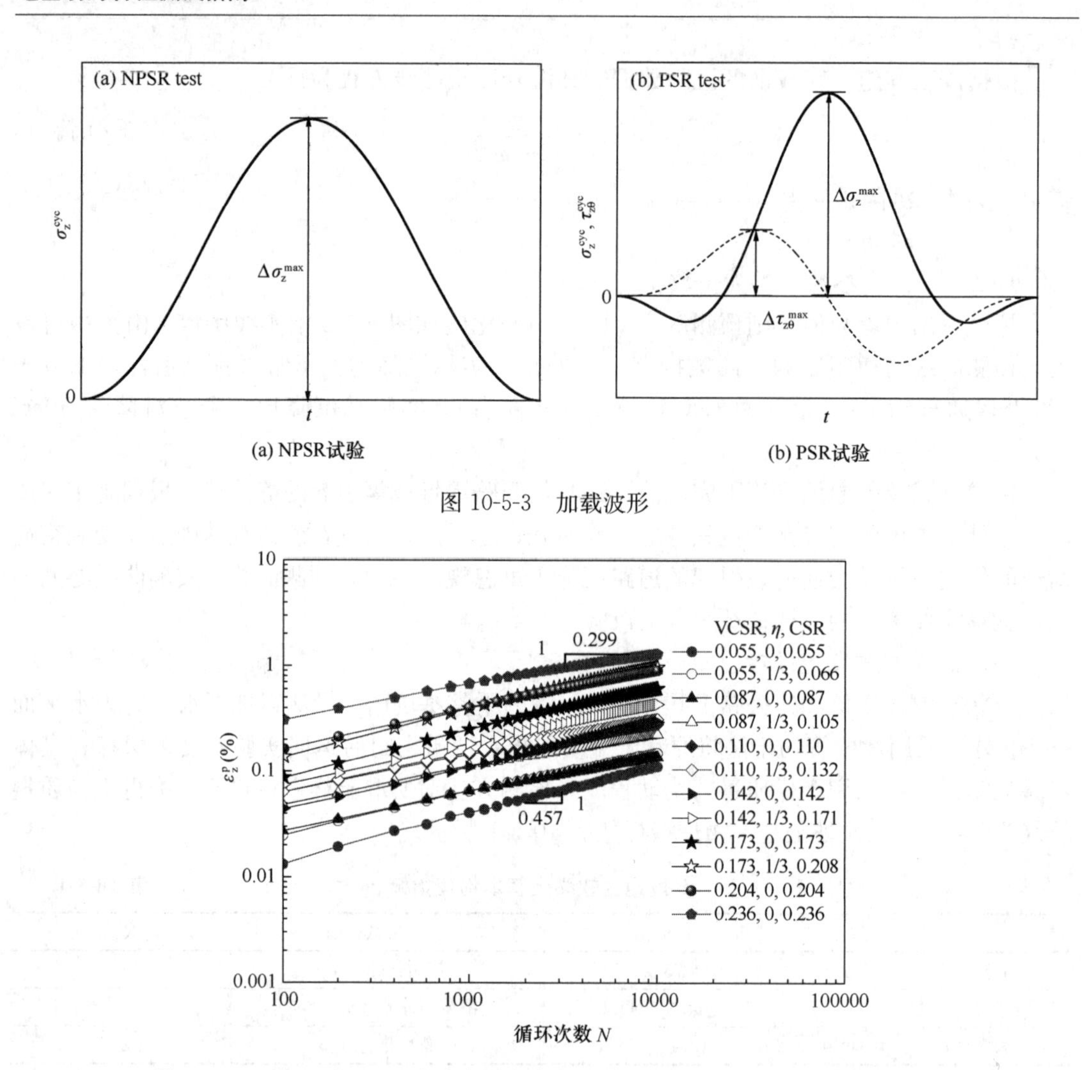

图 10-5-3　加载波形

图 10-5-4　NPSR 和 PSR 试验中累积应变随循环次数变化情况（双对数坐标）

图 10-5-5 绘制了 100、1000 和 10000 次循环后竖向累积应变与 CSR 的关系。当 CSR 小于 0.04 时，累积应变的发展十分有限。当 CSR 大于 0.04 时，随着 CSR 增加，累积应变开始迅速增加。因此 CSR= 0.04 可认为是该试验用土在循环荷载下的门槛循环应力比 TCSR，该值略大于 K_0 固结温州软黏土门槛循环应力比（0.014 ～0.029），略小于等压固结温州软黏土在同等循环加载下的门槛循环应力比（0.5 ～0.9）。

同时在 $\log\varepsilon_p$ 和 $\log N$ 之间存在一个理想的线性关系，该关系在 1000 次循环后尤为明显。据此，累积应变的经验公式可建立为：

$$\log\varepsilon_p = \log\varepsilon_{p,1000} + \lambda\log\frac{N}{1000} \tag{10-5-2}$$

或

$$\varepsilon_p = \varepsilon_{p,1000}\left(\frac{N}{1000}\right)^{\lambda} \tag{10-5-3}$$

式中　λ——斜率。

为进一步研究等式（10-5-2）中的两个参数（$\varepsilon_{p,1000}$ 和 λ），图 10-5-6 描绘了半对数坐标下循环加载 1000 次后竖向累积应变与 CSR 关系。当 CSR 大于 TCSR 时，在半对数坐标

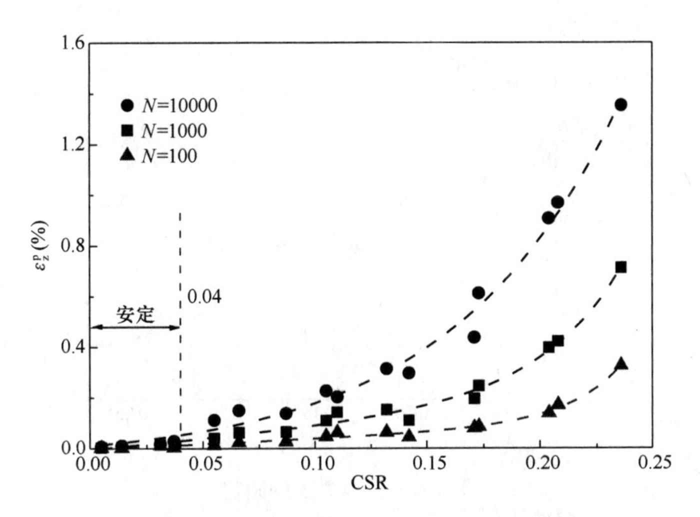

图 10-5-5　经过 100、1000 及 10000 次循环后竖向累积应变与 CSR 关系

下，$N=1000$ 时的累积应变与 CSR 呈线性关系，因此可用指数方程表示 $\varepsilon_{p,1000}$：

$$\varepsilon_{p,1000}=ae^{b\mathrm{CSR}} \tag{10-5-4}$$

式中　a——参考应变，定义为在参考循环应力比 CSR= 0.1 时循环 1000 圈后的累积应变值；

b——斜率，决定了 $\varepsilon_{p,1000}$ 与 CSR 坐标下曲线的形状。

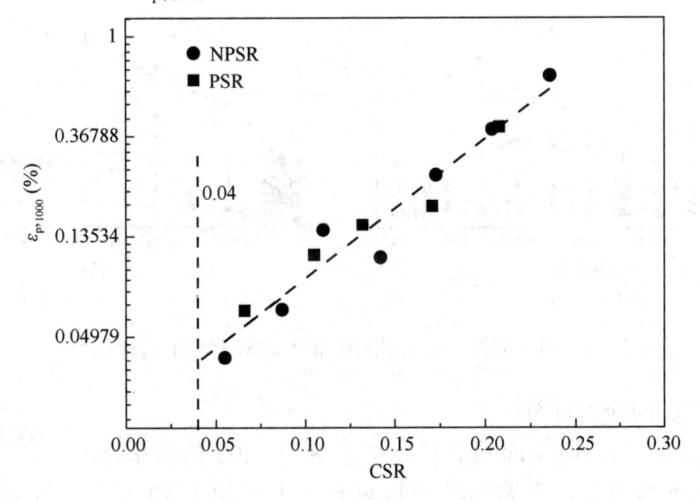

图 10-5-6　循环加载 1000 后竖向累积应变与 CSR 关系（半对数坐标）

该试验中，$a=0.09$，$b=13.91$。则公式（10-5-4）可以写为：

$$\varepsilon_{p,1000}=0.09e^{13.91(\mathrm{CSR}-0.1)} \tag{10-5-5}$$

图 10-5-7 绘制了参数 λ 与 CSR 的关系图。尽管 λ 值在一定范围内有所变化，但 λ 的变化对而累积应变发展情况影响不大，以往学者常把 λ 当做常数，粗略地认为 λ 只与土壤的性质有关。因此，本工程取平均值 $\lambda=0.35$。将式（10-5-5）和 $\lambda=0.35$ 代入公式（10-5-3）可得出累积应变经验公式：

$$\varepsilon_{p}=0.09e^{13.91(\mathrm{CSR}-0.1)}\left(\frac{N}{1000}\right)\lambda \tag{10-5-6}$$

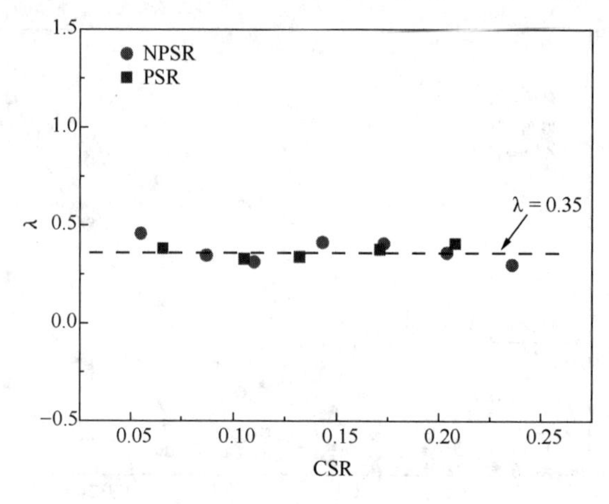

图 10-5-7　参数 λ 的确定

为了验证该公式预测精度和合理性。根据式（10-5-6）计算得到的累积应变与试验数据的比较如图 10-5-8 所示。可看出该经验公式预测能力良好，可用于计算交通荷载下土体竖向累积应变随时间发展情况。

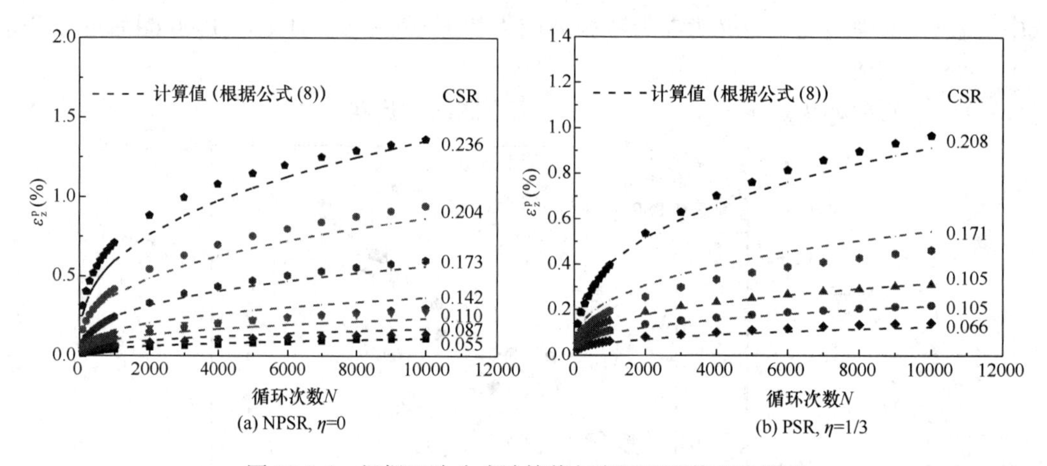

图 10-5-8　根据经验公式计算值与实际监测值对比情况

2. 交通荷载竖向应力计算

从车流量来看，该路段全面开通后，交通量为 2200 辆卡车/天（单程）。相比于重型卡车，小客车的重量只有大卡车的 1/10 或者 1/30，因此参与计算车辆只考虑重型卡车。重型卡车根据轴数和轴间距的不同，分为不同类型。其中，以四轴重型卡车为例，车轮分布情况见图 10-5-9。根据车重及轮胎压强等算得轮胎与地面的接触面积及应力分布，通过三维弹性有限元计算，得到 C 点下方软黏土路基由不同吨位的卡车引起的竖向动应力在不同深度下的分布（图 10-5-10）。

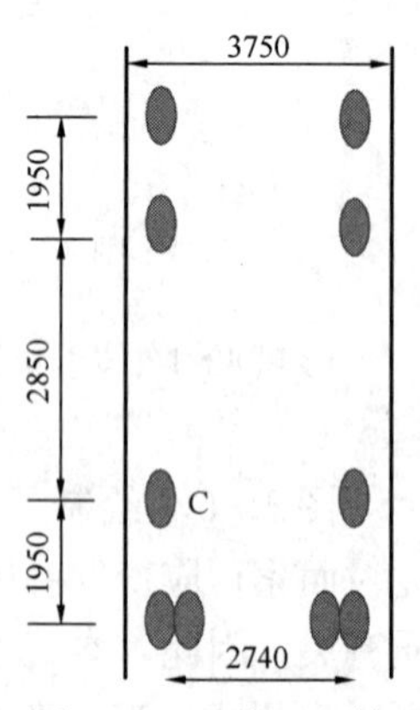

图 10-5-9　典型四轴重型卡车的车轮分布（单位：mm）

四、交通荷载引起的沉降预测

获得有效地累积应变经验公式（应力应变关系）及竖向动应力幅值（应力）后，便可开始预测沉降（应变）。为便于计算和预测精度，将软黏土层每层划分为 0.1m。根据循环应力比的定义，随深度变化的动应力振幅 σ_z^{ampl}（图 10-5-10），有效平均主应力按照 $p'_0=(\sigma'_1+2K_0\sigma'_1)/3$ 计算。计算有效平均主应力与 CSR 如图 10-5-11所示，竖向应力（σ'_1）应该按预压时最大高度计算。将得到的参数值代入式（10-5-6），计算深度为从天然软土开始计算，至动应力衰弱至门槛循环应力比 CSR＝0.04 处。（从天然软土开始计算是由于考虑到：（1）路堤的刚度远大于软土；（2）对工程进行实测，发现道路上没有明显的车辙。）

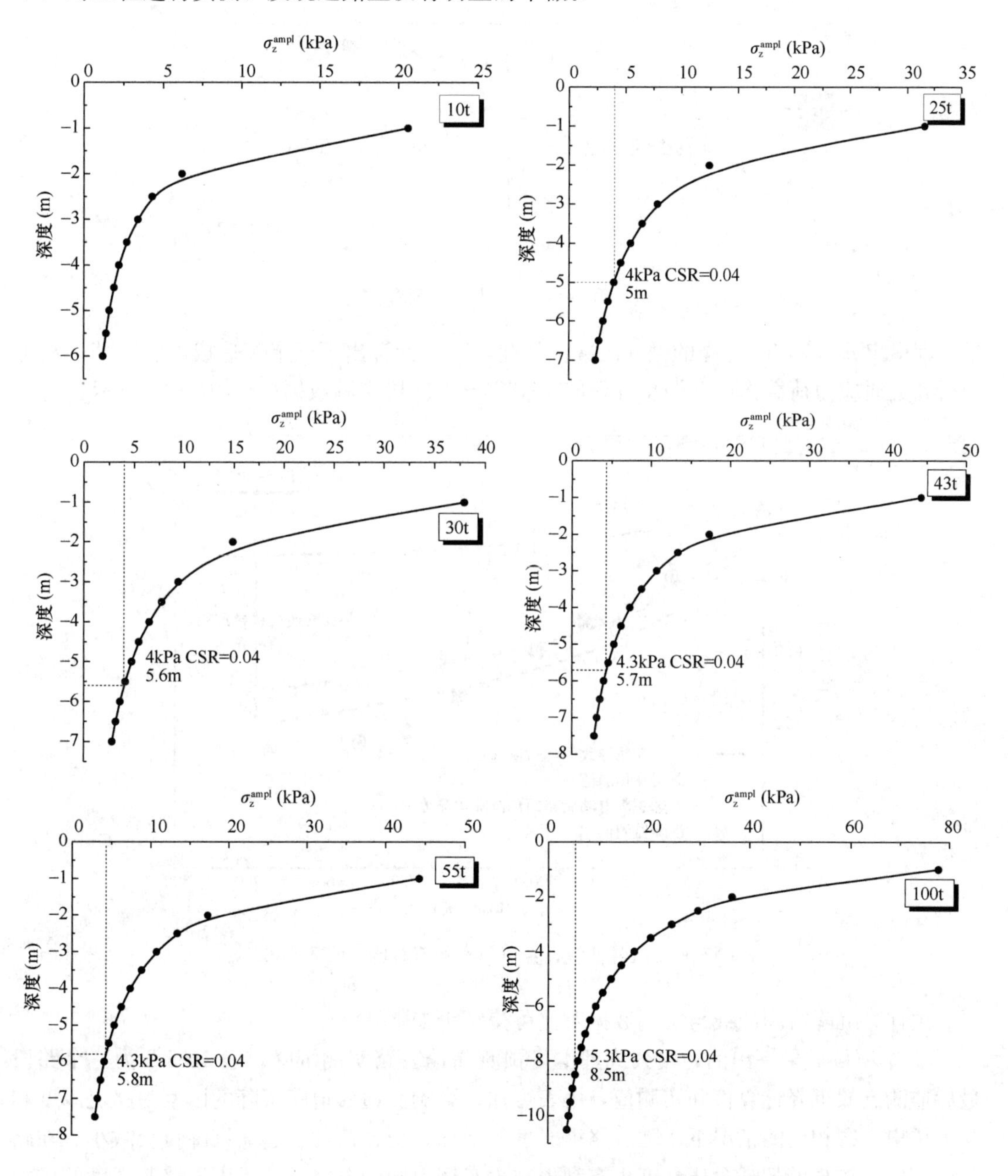

图 10-5-10　点 C 上方竖向动应力幅值 σ_z^{ampl} 随深度发展情况

根据不同卡车类别，以某一类车的日均车流量，计算出一定通车天数内该类车的总流

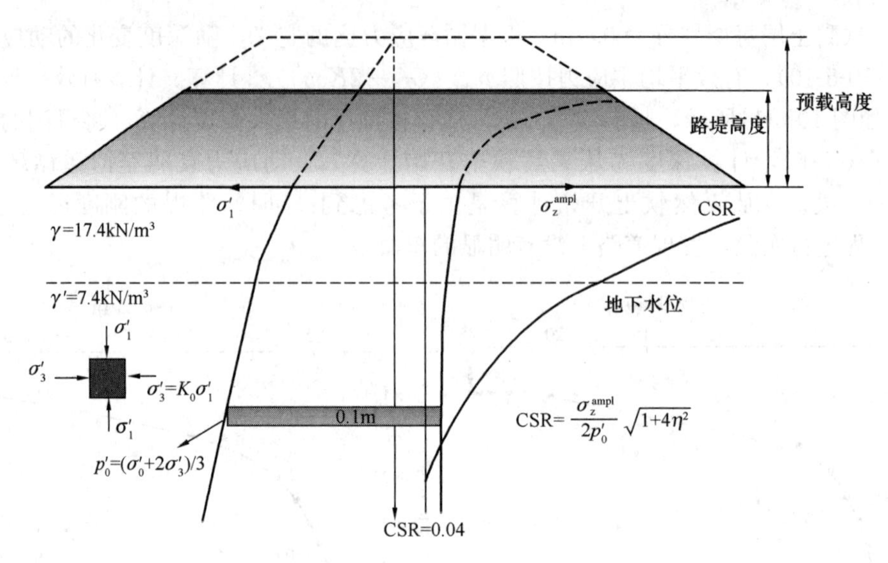

图 10-5-11　计算示意图

量，即得出式（10-5-6）中的循环次数。如此，分别计算出不同卡车造成的沉降值，相加即得到交通应力荷载作用下的总沉降值。K67 + 625 段实测数据如图 10-5-12 所示。

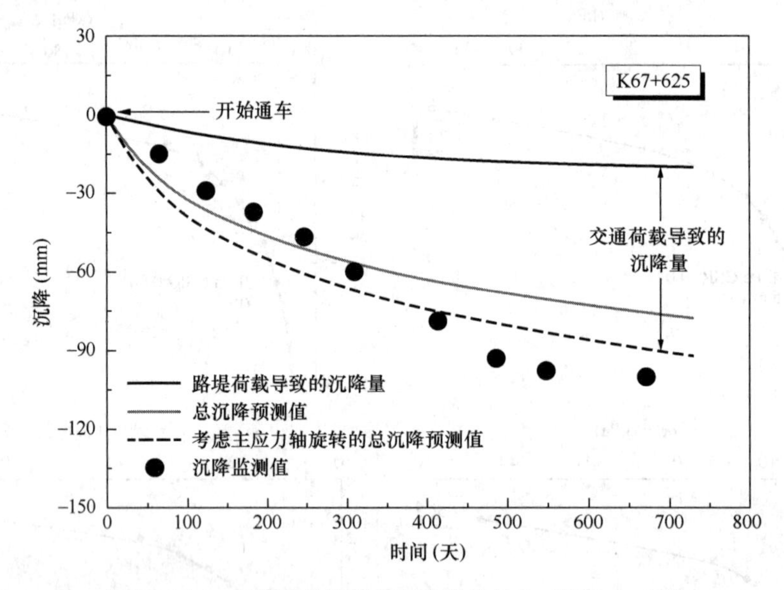

图 10-5-12　沉降曲线计算值与实测值对比（K67 + 625）

由计算沉降时间曲线与实测数据对比可得结论如下：

1. 本项目成果提出的经验公式基本可预测高速公路实测沉降。表 10-5-2 为三个路段最后监测点的沉降计算值和实测值，由表可知，影响交通后道路沉降的因素为路堤厚度和受力历史。在相同的情况下，随着路堤厚度的增加，交通荷载引起的沉降量会减小。在路基处理中，较高的超载预压高度也有利于减少车辆引起的沉降。这是由于路基高度的增加和超载预压降低了循环应力比。

2. 主应力旋转时产生的沉降量大于无主应力旋转时产生的沉降量，且前者更符合现场沉降。路堤的厚度和应力历史也影响主应力旋转对道路沉降的作用，累积变形随 CSR 呈指数型增长。因此，降低 CSR 也有利于减小主应力旋转对于道路沉降造成的不利影响。

计算值与实测值对比　　**表 10-5-2**

里程：K67＋625		
路堤厚度（m）	3.2	
预加载堆载高度（m）	3.7	
交通荷载引起的道路沉降（mm）（最后一个监测点）	监测值	81
	计算值	72

［实例 2］某地铁车站地基土试样动扭剪试验

一、工程概况

动扭剪仪是通过对空心圆筒试样同时施加静扭转剪应力、竖向轴应力、内腔流体压力和外壁压力室流体压力，以及单独或同时施加动扭剪应力、竖向轴应力等测试土动力特性的。不仅模拟了土的三向主应力条件，而且模拟了地震作用下土单元的主应力轴旋转，以及复杂应力路径。

本项目采用空心圆柱扭剪试验仪对西安原状黄土进行了不同含水率、不同固结围压的动扭剪震陷特性试验研究。

二、土样基本物理性质及试验方法

1. 土样的物理性质指标与制备

试验选用西安某地铁车站施工现场，取土深度 5～8m，属于 Q_3 黄土。经室内常规试验测定，其基本物理性质：天然密度为 1.68g/cm^3，含水率为 21.0%，干密度为 1.39g/cm^3，液限为 34.2%，塑限为 18.6%，塑性指数为 15.6%。试样制备成空心圆柱体，内、外直径分别为 6cm、10cm，高为 15cm。空心圆柱体试样由专门配套的切削、钻孔、削铣工具，先切削成直径 10cm、高 15cm 的圆柱体，再在圆柱体中心钻孔，最后削铣钻孔制成内径 6cm 的圆筒体。测试每个试样的含水率和干密度，然后，将它们分别用保鲜袋包裹，放入密闭保湿缸内，使试样内部水分达到均匀平衡状态，以便用于试验。

2. 试样的应力状态

空心圆柱扭剪仪的试验原理是通过对圆筒试样施加轴向荷载 W，水平内扭矩 T 以及内腔压力 p_i、外腔压力 p_o。由扭矩 T 作用施加扭剪应力 $\sigma_{z\theta}$；由内、外腔压力作用施加径向应力 σ_r 和环向应力 σ_θ；由轴力及内、外腔压力作用施加轴向应力 σ_z。然后，单独或同时施加动扭剪应力和轴向应力进行土试样的动力响应测试。试样的内、外腔压力分别由内、外腔气压转换为水压作用于乳胶膜密封试样内、外壁上而施加，故内、外壁面上无剪应力，σ_r 为主应力，且 $\sigma_r=\sigma_2$，如图 10-5-13 所示。根据轴向和环向平面内的应力条件，可计算得到大、小主应力，以及主应力方向角。

3. 动力试验参数及方法

（1）固结

本次试验通过现场探井采取原状黄土制备圆筒试样，通过风干—保湿、滴水—保湿在保湿缸内由土的水膜转移平衡方法控制含水率分别为 12%，18% 和 24%。将配置好含水

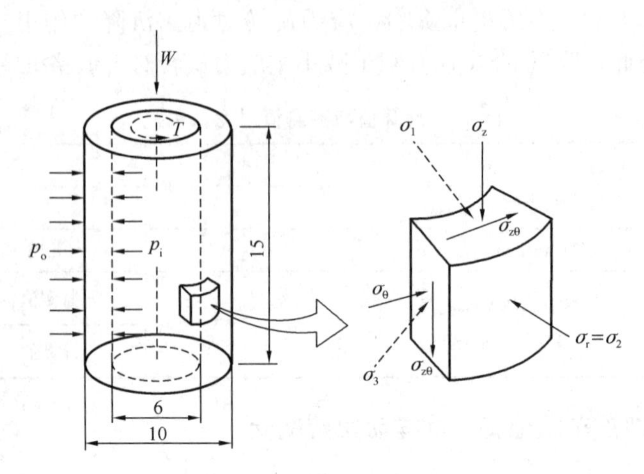

图 10-5-13 空心圆柱试样的加载和应力条件（单位：cm）

率的圆筒试样由内腔、外壁乳胶膜包裹，密封安装在压力室底座、顶盖中间；然后，沿轴向和内外壁分别施加均等固结围压（100kPa，200kPa，300kPa），待固结变形稳定后结束固结。

（2）动扭剪试验

试验时，对试样施加循环扭剪应力，循环作用直到试样破坏。在循环剪切过程中测试非饱和黄土的动应变，循环扭剪动应力的时程曲线见图 10-5-14。

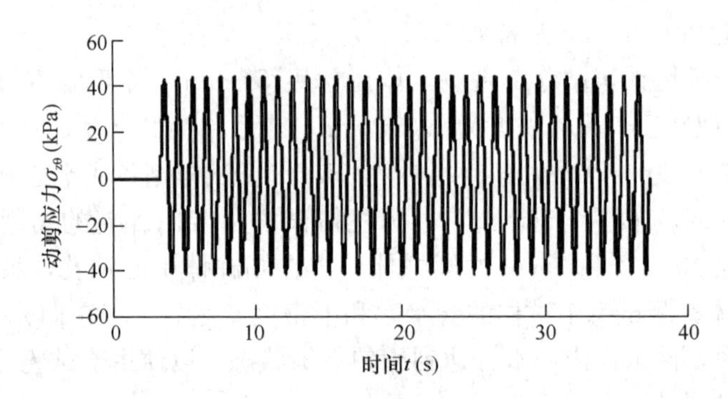

图 10-5-14 扭剪动应力时程曲线

4. 试样的动应变

在静动荷载作用下，黄土的应变反应包括剪应变和体应变。非饱和黄土的震陷实际上是土的体缩应变，因此，震陷变形特性可以通过土的体应变变化规律来研究。

当圆筒试样径向变形时，试样外壁径向鼓胀变形导致外腔水位上升，可由外腔压差传感器测试外腔水位相对于压力室水位（保持不变）的压差；试样内壁径向鼓胀变形导致内腔水位下降，可由内腔压差传感器测试内腔水位相对于压力室水位的压差。

三、试验成果与分析

1. 循环振次对黄土震陷变形的影响

在均压固结条件下，动扭剪应力循环作用使得土结构不断受到扰动破坏，逐渐产生竖向应变。循环扭剪动应力作用下，黄土试样轴向应变的时程曲线如图 10-5-15 所示。不同均等固结围压下，圆筒试样内外腔的水位均保持不变，表明试样环向、径向应变均等于零。由轴向应变可以确定震陷系数，依据轴向应变时程曲线，可分别得到循环震次 N 为 10 次、20 次和 30 次的震陷系数随动剪应力的变化曲线，如图 10-5-16 所示，表明了固结围压分别为 100kPa，200kPa，300kPa 作用下黄土的震陷变形规律。

可以看出，在一定固结围压和振次条件下，不同含水率黄土的轴向累积应变随着动剪应力增大而增加，即黄土的震陷系数随着动剪应力增大而增大。在较小动剪应力作用下，黄土的震陷变形较明显，表明黄土的弱结构单元易遭到破坏；此后，随着动剪应力的增大，黄土的结构遭到动剪切作用的破损越来越严重，黄土的震陷变形逐渐增大。比较不同固结围压条件下循环动剪应力作用 10 次、20 次和 30 次的震陷曲线，可知在一定动剪应力条件下，黄土的震陷变形随振次的增大而增大。

2. 含水率对黄土震陷变形的影响

（1）黄土的震陷变形受含水率变化的影响较大。在相同固结围压和动剪应力条件下，黄土的含水率越大，其震陷系数越大。这说明黄土具有大空隙架空结构、高孔隙比和裂隙构造，易受不同含水率水膜楔入作用，不同含水率黄土的结构性不同，承受动剪应力的抗力也不同。含水率增大时，土骨架结构中土粒之间的水膜增厚，基质吸力减小，土结构性降低，土结构的抗力减小，固结围压作用下土结构发生变化，动剪应力作用时，震陷变形增大。因此，含水率变化引起土结构的骨架土粒和孔隙分布排列特征和联结特征变化，是影响震陷变形的主要因素。

（2）比较不同含水率黄土的震陷曲线，随着含水率的增大，黄土震陷曲线逐渐变陡，即黄土震陷系数随动剪应力的变化速率增大。这是因为黄土的含水率增大削弱了土结构性，使得土结构的动力屈服强度减小，循环动剪应力作用增大，增强了动力破坏土结构的能力，从而增大了黄土的震陷变形速率。

3. 固结围压对黄土震陷变形的影响

针对含水率分别为 12%、18% 和 24% 的黄土，在循环振次为 10 次的动剪应力作用下，不同固结围压黄土的震陷系数随动剪应力的变化规律特征表明，在同一含水率和动剪应力条件下，固结围压越大，黄土的震陷系数越小。

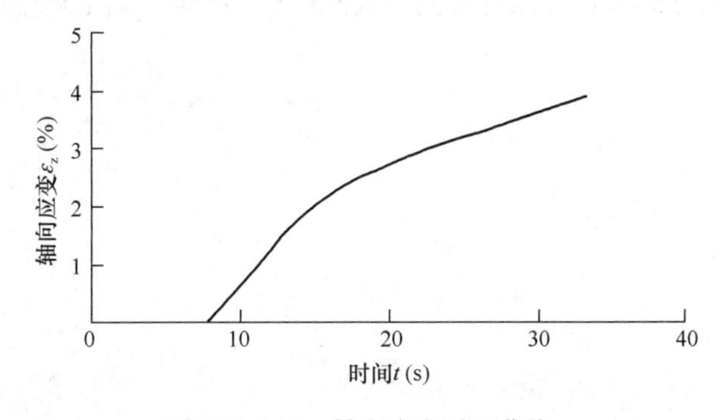

图 10-5-15　轴向应变时程曲线

四、试验结论

（1）在循环扭剪作用下，均压固结圆筒黄土试样产生明显的轴向累积变形，且初始增长较快，随后逐渐变缓。然而，圆筒试样的内、外径基本保持不变。

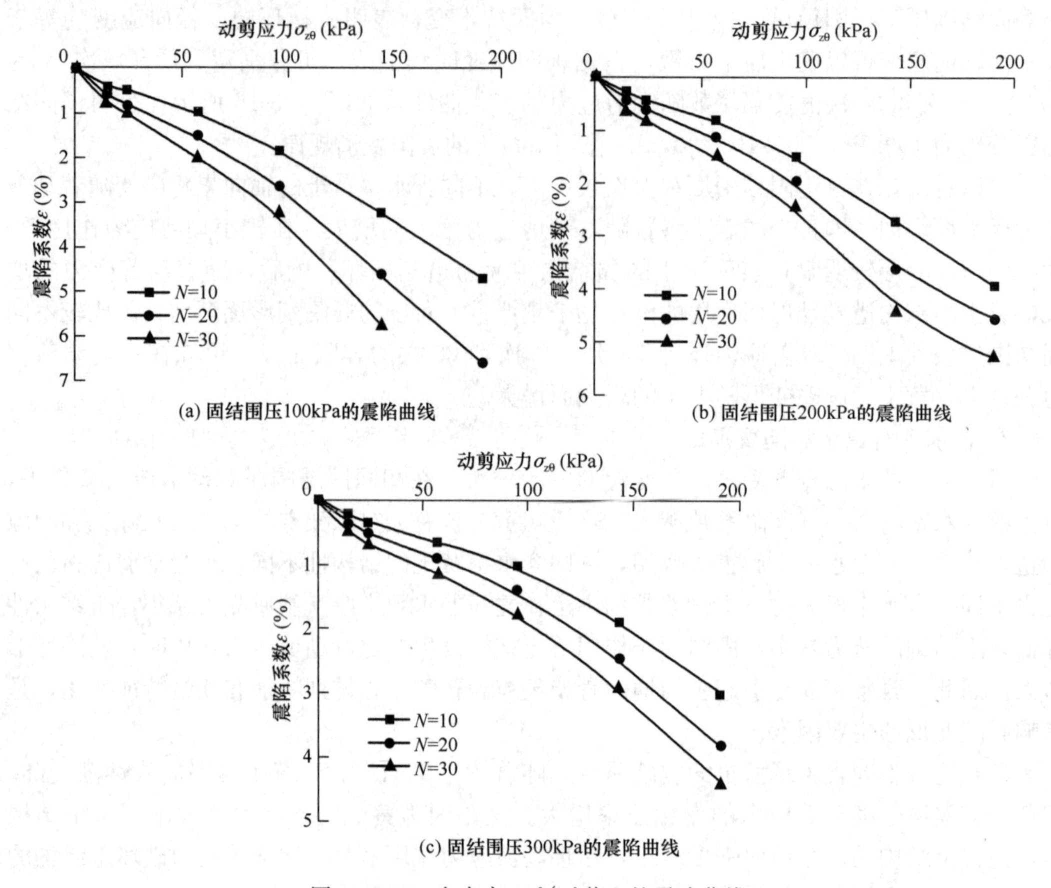

图 10-5-16　含水率 12%时黄土的震陷曲线

（2）黄土的震陷变形随含水率呈线性增大；随动剪应力幅值呈二次多项式增大；随振次呈自然对数增大。

（3）固结围压越大，黄土的压硬性和内摩擦性使其动抗剪能力越大，动剪应力作用下黄土的震陷变形越小。即，较大固结围压条件下，黄土产生震陷变形量越大需要的动力作用强度越大。

参考文献

[1] 中华人民共和国国家标准. 地基动力特性测试规范：GB/T 50269—2015 [S]. 北京：中国计划出版社，2015.

[2] 中华人民共和国国家标准. 动力机器基础设计标准：GB 50040—2020 [S]. 北京：中国计划出版社，2020.

[3] 中华人民共和国国家标准. 土工试验方法标准：GB/T 50123—2019 [S]. 北京：中国计划出版社，2019.

[4] 中华人民共和国国家标准. 岩土工程勘察规范：GB 50021—2001（2009 年版）[S]. 北京：中国建筑工业出版社，2002.

[5] 中华人民共和国行业标准. 多道瞬态面波勘察技术规程：JGJ/T 143—2017 [S]. 北京：中国建筑工业出版社，2017.

[6] 徐建. 建筑振动工程手册（第二版）[M]. 北京：中国建筑工业出版社，2016.

[7] 徐建. 动力机器基础设计指南 [M]. 北京：中国建筑工业出版社，2022.

[8] 化建新，郑建国. 工程地质手册（第五版）[M]. 北京：中国建筑工业出版社，2018.

[9] 王杰贤. 动力地基与基础 [M]. 北京：科学出版社，2001.

[10] 谢定义. 土动力学 [M]. 北京：高等教育出版社，2011.

[11] 李广信，张丙印，于玉贞. 土力学（第二版）[M]. 北京：清华大学出版社，2013.

[12] 李荣建，邓亚虹. 土工抗震 [M]. 北京：中国水利水电出版社，2014.

[13] 刘维宁，马蒙. 地铁列车振动环境影响的预测、评估与控制 [M]. 北京：科学出版社，2014.

[14] 胡宗武，吴天行. 工程振动分析基础（第三版）[M]. 上海：上海交通大学出版社，2011.

[15] 郑建国. 动力基础四周土体对地基刚度的影响 [J]. 工程勘察，1999，(1)：4-6.

[16] 师黎静，陶夏新. 地脉动方法最新研究进展 [J]. 地震工程与工程振动，2007，27 (6)：30-37.

[17] 陈云敏，周燕国，黄博. 利用弯曲元测试砂土剪切模量的国际平行试验 [J]. 岩土工程学报，2006，28 (7)：874-880.

[18] 董全杨，蔡袁强，徐长节，等. 干砂饱和砂小应变剪切模量共振柱弯曲元对比试验研究 [J]. 岩土工程学报，2013，35 (12)：2283-2289.

[19] 刘小生，汪闻韶，常亚屏，等. 地基土动力特性测试中的若干问题 [J]. 水利学报，2005，36 (11)：1298-1306.

[20] 张占吉. GZ-1 型共振柱试验机 [J]. 岩土工程学报，1986，8 (5)：78-83.

[21] 周健，陈小亮，杨永香，等. 饱和层状砂土液化特性的动三轴试验研究 [J]. 岩土力学，2011，32 (4)：967-973.

[22] 袁晓铭，孙锐，孙静，等. 常规土类动剪切模量比和阻尼比试验研究 [J]. 地震工程与工程振动，2000，20 (4)：134-140.

[23] 何昌荣. 动模量和阻尼的动三轴试验研究 [J]. 岩土工程学报，1997，19 (2)：39-48.

[24] 王军，谷川，蔡袁强，等. 动三轴试验中饱和软黏土的孔压特性及其对有效应力路径的影响 [J]. 岩石力学与工程学报，2012，31 (6)：1290-1296.

[25] 王源昆. 荷载板试验在土建工程中的应用与探讨 [J]. 路基工程，1988，(5)：35-48.

[26] 邵帅，邵生俊，陈攀，等. 黄土的动扭剪震陷特性试验研究 [J]. 岩土工程学报，2020，42 (6)：1167-1173.

[27] 王汝恒，贾彬，邓安福，等. 砂卵石土动力特性的动三轴试验研究 [J]. 岩石力学与工程学报，2006，25 (s2)：4059-4064.

[28] 顾晓强，杨峻，黄茂松，等. 砂土剪切模量测定的弯曲元、共振柱和循环扭剪试验 [J]. 岩土工程学报，2016，38 (4)：740-746.

[29] 李剑，陈善雄，姜领发，等. 重塑红黏土动剪切模量与阻尼比的共振柱试验 [J]. 四川大学学报（工程科学版），2013，45 (4)：62-68.

[30] 李昊. 地脉动测试分析技术与工程应用 [J]. 勘察科学技术，2000，(6)：59-62.
[31] 胡仲有，杨仕升，李航. 地脉动测试及其在场地评价中的应用 [J]. 世界地震工程，2011，27 (2)：211-218.
[32] 黄永进. 地基土中道路交通振动的衰减特性测试分析 [J]. 上海国土资源，2012，33 (3)：45-49.
[33] 楼梦麟，谭广宝. 公路交通运行引起的振动实测及其衰减分析 [J]. 力学季刊，2013，34 (4)：663-672.